W0253912

Leitfäden der angewandten Mathematik und Mechanik

Unter Mitwirkung von
Prof. Dr. E. Becker, Darmstadt
Prof. Dr. G. Hotz, Saarbrücken
Prof. Dr. K. Magnus, München
Prof. Dr. F. K. G. Odqvist, Stockholm
Prof. Dr. E. Stiefel, Zürich

herausgegeben von
Prof. Dr. Dr. h. c. H. GÖRTLER, Freiburg i. Br.

Band 15

B. G. Teubner Stuttgart

Turbulente Strömungen

Eine Einführung in die Theorie und ihre Anwendung

Von Dr.-Ing. E. h. Julius C. ROTTA
Wissenschaftlicher Mitarbeiter der
Deutschen Forschungs- und Versuchsanstalt
für Luft- und Raumfahrt E. V.,
Aerodynamische Versuchsanstalt Göttingen

1972. Mit 104 Figuren

B. G. Teubner Stuttgart

ISBN 978-3-322-91207-7 ISBN 978-3-322-91206-0 (eBook)
DOI 10.1007/978-3-322-91206-0

Softcover reprint of the hardcover 1st edition 1972

Vorwort

Die turbulente Flüssigkeitsbewegung stellt schlechthin das ungelöste Problem der Strömungslehre dar. Dabei handelt es sich hier um eine äußerst verbreitete Erscheinung, die die gesamte praktische Strömungsmechanik geradezu beherrscht. In bemerkenswertem Kontrast hierzu steht die Feststellung, daß viele der Physiker und Ingenieure, die als hervorragende und keineswegs einseitige Experten der Strömungslehre gelten, relativ wenig mit der Materie der turbulenten Strömungen vertraut sind. Ferner ist festzustellen, daß eine unübersehbare Fülle von Einzelveröffentlichungen existiert und daß laufend weitere Forschungsarbeiten zur Turbulenz erscheinen, daß es aber nur wenige Buchveröffentlichungen gibt, die als Lehrbuch geeignet sind. Im Vergleich zu den auf anderen Teilgebieten der Strömungslehre vorhandenen Büchern ist der Prozentsatz an Büchern über Turbulenz verschwindend gering. Ein deutschsprachiges Buch, das die in den vergangenen drei Jahrzehnten erzielten Fortschritte der Turbulenz-Forschung angemessen behandelt, ist nicht verfügbar. Diese Sachlage mag den Versuch rechtfertigen, die bestehende Lücke zu schließen.

Der Band soll eine Einführung in die Theorie vermitteln mit dem Ziel, die wesentlichen Tatsachen der turbulenten Strömungen dem Verständnis des Lesers nahezubringen und ihn mit den Anwendungsmöglichkeiten der theoretischen Methoden vertraut zu machen.

Der vorgegebene Umfang erforderte eine strenge Eingrenzung des Stoffes. Es werden nur sogenannte „ausgebildete turbulente" Strömungen behandelt. Auf die Stabilität der laminaren Strömungen und die Entstehung der Turbulenz wird nicht eingegangen. Viele wichtige Fragen, wie Diffusion und Wärmeübertragung, Schallerzeugung und der Einfluß von Dichteänderungen, können nur kurz erwähnt werden. Andere Probleme konnten nicht einmal genannt werden, so z. B. die turbulenten Strömungen rheologischer Flüssigkeiten und Plasmaturbulenz, um nur zwei zu nennen.

Das Buch wendet sich an Mathematiker, Physiker und theoretisch interessierte Ingenieure. Es werden Grundkenntnisse in der Strömungslehre vorausgesetzt. Außerdem wird es dem Leser zugute kommen, wenn er mit den wichtigsten Begriffen der Wahrscheinlichkeitslehre und der mathematischen Statistik vertraut und in der Denkweise der Wahrscheinlichkeitstheorie geübt ist, obgleich diese Disziplinen fast nur als Quellen der Terminologie und für gewisse Grundkonzeptionen benutzt werden.

In der Theorie turbulenter Strömungen werden Hilfsmittel angewendet, die man in der übrigen Strömungslehre nicht benötigt und die deshalb vielen Lesern nicht so geläufig sein werden. Da man diese Hilfsmittel auch in den einschlägigen Mathematik-Lehrbüchern nicht in der benötigten Form findet, schien eine verhältnismäßig ausführliche Darlegung der Grundlagen erforderlich. Wegen des systematischen Aufbaus und um den Leser von den physikalisch einfacheren zu den komplizierteren Erscheinungen zu führen, wurde mit der Darlegung der isotropen Turbulenzfelder begonnen und dann über die homogenen nichtisotropen Felder und die Grundprobleme der Scherströmungen zu den praktisch wichtigen Einzelfällen übergegangen. Da die Theorie der isotropen Turbulenz am weitesten durchdrungen ist, erscheint ihre Darlegung vom mathematischen Standpunkt aus komplizierter als die der Scherströmungen; bei den letzteren müssen die theoretischen Schlußfolgerungen in stärkerem Maß durch experimentelle Befunde ergänzt werden.

Zunächst möchte ich den Herausgebern dafür danken, daß sie den Band über turbulente Strömungen in der Reihe der Leitfäden vorgesehen und mir die Bearbeitung übertragen haben. Dann gilt mein Dank den Herren Prof. Dr. H. Schlichting und Dr. F. W. Riegels, deren Unterstützung die Fertigstellung des Buches ermöglicht hat. Herrn Prof. Dr. E. Becker, Dr. W. Bürger, Dr. K. Kraemer und Dr. E. Wedemeyer bin ich für die kritische Durchsicht des Manuskripts und für wertvolle Ratschläge zutiefst dankbar. Fräulein Else Hieser gebührt mein besonderer Dank für die saubere und schnelle Anfertigung der Reinschrift. Bei Fräulein Franziska Möbers und Herrn G. Reisel bedanke ich mich für die Fertigstellung der Abbildungen. Dem Verlag ist für die ausgezeichnete Herstellung des Buches sowie für die Geduld zu danken, die er mir bei den mehrfachen Überschreitungen der Ablieferungsfrist des Manuskripts erwiesen hat.

Schließlich verdanke ich Frau Irmgard Wölke, Herrn Dr. H. U. Meier und Dr. M. Tanner wertvolle Hilfe beim Lesen der Korrekturen.

Göttingen, Herbst 1971 J. C. Rotta

Inhalt

1. Allgemeine Grundlagen

2. Homogene Turbulenzfelder

3. Turbulente Scherströmungen

4. Erscheinungsformen turbulenter Scherströmungen

Häufiger benutzte Bezeichnungen

A van Driestsche Konstante, Gl. (3.116)
b Halbbreite bei freier Turbulenz
C Kolmogoroffsche Konstante, Gl. (2.153)
C, C_r Integrationskonstanten des Wandgesetzes, s. 3.2
$c(Re)$ Beiwert zur turbulenten Dissipation, Gl. (2.241)
c_D Beiwert des Dissipationsintegrals (Grenzschichten)
c_d Beiwert des Dissipationsintegrals (freie Turbulenz)
c_F Beiwert des Reibungswiderstandes
c_f örtlicher Reibungsbeiwert
$\mathrm{d}\boldsymbol{r}$ Volumenelement $(=\mathrm{d}r_1\,\mathrm{d}r_2\,\mathrm{d}r_3)$
$\mathrm{d}\boldsymbol{k}$ Volumenelement des Wellenzahlenraumes $(=\mathrm{d}k_1\,\mathrm{d}k_2\,\mathrm{d}k_3)$
$\mathrm{d}\boldsymbol{x}$ Volumenelement $(=\mathrm{d}x_1\,\mathrm{d}x_2\,\mathrm{d}x_3)$
$\mathrm{d}\boldsymbol{Z}$ Vektor der Amplitude (Fourier-Zerlegung) mit den Komponenten $\mathrm{d}Z_i$ in x_i-Richtung
E Energiespektraldichte
$f(r), g(r)$ Korrelationsfunktionen der isotropen Turbulenzfelder
H_{12}, H_{32}, I Formparameter (Grenzschichten)
I_n, I'_n Integralmomente (freie Turbulenz)
J Impulsintegral
K Konstante des Mitten- bzw. Außengesetzes
$\boldsymbol{k}$ Vektor der Wellenzahlen mit den kartesischen Koordinaten $k_i\,(i=1,2,3)$
k Betrag der Wellenzahl $(=|\boldsymbol{k}|)$
$k(r)$ Dreifachkorrelationsfunktion der isotropen Turbulenzfelder
k_p Beizahl, Gl. (2.261)
k_r Höhe der Rauhigkeitserhebungen
k^* Rauhigkeitszahl $(=k_r u_\tau/\nu)$
L Integral-Längenmaß
l Mischungsweg
l_s Kolmogoroffsche Mikro-Länge
m Exponent der Geschwindigkeitsverteilung (Gleichgewichtsgrenzschichten)
p Druck
$\boldsymbol{q}$ Vektor des Wärmestromes mit den Komponenten q_i in x_i-Richtung
q Betrag der Geschwindigkeitsschwankungen $(=(u'_i u'_i)^{1/2}=(u'^2+v'^2+w'^2)^{1/2})$
R Rohrradius
Re Reynolds-Zahl
R_{ij} Korrelationsfunktion
$\boldsymbol{r}$ Vektor des Abstandes zweier Beobachtungspunkte mit den Komponenten r_i in x_i-Richtung
r Betrag des Abstandes zweier Beobachtungspunkte $(=|\boldsymbol{r}|)$
r radiale Koordinate beim Zylinderkoordinatensystem
s Entropie
T Temperatur
t Zeit
U Anströmgeschwindigkeit
U_c Phasengeschwindigkeit
$\boldsymbol{u}$ Vektor der Geschwindigkeit mit den Komponenten u_i in x_i-Richtung
u, v, w Komponenten des Geschwindigkeitsvektors in x-, y-, z-Richtung
u_τ Schubspannungsgeschwindigkeit $(=\sqrt{\tau_w/\varrho})$
$\boldsymbol{x}$ Ortsvektor mit den kartesischen Koordinaten $x_i\,(i=1,2,3)$
x, y, z kartesische Koordinaten
y^* dimensionsloser Wandabstand $(=y u_\tau/\nu)$

B Birkhoffsche Invariante
γ Intermittenzfaktor

δ	Dicke der turbulenten Strömungsschicht, Grenzschichtdicke
δ_1	Verdrängungsdicke
δ_2	Impulsverlust- bzw. -überschußdicke
E	direkte Dissipation
ε	turbulente Dissipation
ε_τ	Wirbelviskosität
$\varkappa$	v. Kármánsche Konstante, Gl. (3.67)
$\varkappa_H$	Heisenbergsche Konstante, Gl. (2.126)
Λ	Loitsianskiische Invariante
λ	Taylorsches Mikro-Längenmaß
λ	Wärmeleitzahl
λ	Rohrwiderstandsbeiwert
μ	dynamische Zähigkeit (Scherzähigkeit)
μ_d	Druckzähigkeit
ν	kinematische Zähigkeit
Π	dimensionsloser Druckgradient (Gleichgewichtsgrenzschichten)
ϱ	Dichte
σ	Streuung
σ	Exponent der Grobstruktur, s. 2.4.2
T	Tensor der Reibungsspannungen mit den Koordinaten τ_{ij}
T_t	Tensor der Reynoldsschen Spannungen mit den Koordinaten $-\varrho\overline{u_i' u_j'}$
τ	Zeitdifferenz
τ	Schubspannung
Φ	Gesamtdissipation
Φ_{ij}	Spektraltensorfunktion
$\boldsymbol{\omega}$	Wirbelvektor ($=\operatorname{rot}\boldsymbol{u}$) mit den Komponenten ω_i in x_i-Richtung
ω	Frequenz
ω	dimensionslose Schubspannungsgeschwindigkeit ($=u_\tau/u_\infty=\sqrt{c_f/2}$)

Indizes

w	Wand
∞	außerhalb des Turbulenzgebietes

Anmerkung. Statistische Mittelwerte (Erwartungswerte) werden durch Überstreichen gekennzeichnet, Schwankungen um diese Mittelwerte durch $'$; z. B. $u_i=\overline{u}_i+u_i'$; $\overline{u_i'}=0$. Die Bezeichnung von Vektoren und Tensoren hält sich an das Normblatt DIN 1303 (August 1959). Skalare Produkte werden in der Form $\boldsymbol{a}\cdot\boldsymbol{b}$ geschrieben.

1. Allgemeine Grundlagen

1.1. Einleitung

Die Bedeutung des in diesem Buch behandelten Teilgebietes der Strömungslehre folgt aus der Tatsache, daß die als Turbulenz bezeichnete Bewegung in sehr vielen Fällen strömender Gase oder Flüssigkeiten auftritt; man darf sogar sagen, daß bei der Mehrzahl aller wirklichen Strömungen die Turbulenz im Spiel ist.

Der Ingenieur hat in erster Linie die Strömungen in und um technische Apparaturen vor Augen. Diese Strömungen lassen sich in folgende Grundtypen einteilen:

Turbulenz beim Durchströmen von Sieben oder Gittern (Windkanalturbulenz),
Strömungen in Leitungen,
freie Turbulenz (in Strahlen, Nachläufen und Vermischungsgebieten),
Grenzschichten, Wandstrahlen.

Daneben verlaufen die meisten geophysikalischen Strömungen turbulent. Es sind dies die atmosphärischen Strömungen, Strömungen in Flüssen, Gezeitenströmungen u.a.m. Auch die Strömungen in klimatisierten Räumen sind gewöhnlich turbulent.

In der Astrophysik kommen turbulente Strömungen in der Chromosphäre sowie in den Sternatmosphären vor und spielen bei der Entwicklung der Spiralnebel eine Rolle.

Die Turbulenzbewegung wirkt sich in vielseitiger Weise aus. So ist z.B. der Reibungswiderstand beströmter Flächen bei turbulenter Strömung wesentlich größer als bei laminarer, und er folgt anderen Gesetzen. Andererseits wird durch Turbulenz mitunter eine frühzeitige Ablösung der Strömung verhindert und somit der Strömungswiderstand vermindert. Eine wesentliche Eigenschaft turbulenter Strömungen ist die heftige Durchmischung der Flüssigkeit, so daß Beimengungen (z.B. Rauch in Luft) rasch verteilt werden und die Wärmeübertragung bei turbulenter Strömung sehr intensiv ist. Turbulente Strömungen lösen Vibrationen an festen Körpern aus (z.B. Wind an Bauwerken). Die Böenbeanspruchungen von Luftfahrzeugen sind eine Folge atmosphärischer Turbulenz. Schallwellen, die Turbulenzgebiete durchlaufen, erfahren eine Streuung. Die Druckschwankungen in turbulenten Strömungen hoher Geschwindigkeiten können sehr intensive Schallquellen darstellen, die besonders bei strahlgetriebenen Flugzeugen ein ernstes Problem bilden.

Kurz und prägnant zu definieren, was man unter turbulenter Strömung zu verstehen hat, ist keineswegs einfach. Wir nennen die folgenden Eigenschaften, durch die turbulente Strömungen ausgezeichnet sind:

1. *Turbulente Strömungen verlaufen unregelmäßig*, indem komplizierte Variationen der Geschwindigkeit nach Ort und Zeit auftreten, so daß eine Einzelmessung niemals zu einem reproduzierbaren Ergebnis führt, sondern ein Zufallsergebnis liefert.

2. *Turbulente Strömungen sind Wirbelströmungen.*
3. *Turbulente Strömungen sind dreidimensionale Strömungen.*
4. *Turbulente Strömungen sind instationäre Strömungen.*

Die unter 3. und 4. genannten Eigenschaften sind eine Folge der unter 1. genannten Unregelmäßigkeit.

Strömungen, die diese Kennzeichen nicht aufweisen, sieht man nicht als turbulent an. So ist z.B. die v. Kármánsche Wirbelstraße hinter einem zylindrischen Körper zwar eine Wirbelströmung; wegen ihrer Regelmäßigkeit wird man sie aber nicht unter die turbulenten Strömungen einreihen. Ferner kann man Wirbelströmungen, die durch Ablösung der Stromfäden an scharfen Kanten entstehen, nicht in jedem Fall als turbulent bezeichnen. Andererseits gibt es in der Nachbarschaft turbulenter Strömungen Gebiete, in denen die Flüssigkeit durch die von der Turbulenz ausgehenden Druckschwankungen zu unregelmäßigen Geschwindigkeitsschwankungen angeregt wird. Da die Strömung aber wirbelfrei bleibt, wird sie klar als nichtturbulent von der turbulenten Strömung unterschieden.

Eine Flüssigkeit oder ein Gas, als Kontinuum betrachtet, ist ein mechanisches System mit einer unendlichen Anzahl von Freiheitsgraden. Die Bewegungen der Flüssigkeitsteilchen zu verschiedenen Zeiten und an verschiedenen Orten sind zwar durch die Strömungsdifferentialgleichungen miteinander verbunden; infolge Instabilität wird aber unter gewissen Bedingungen durch zufälliges Zusammentreffen scheinbar unbedeutender Umstände eine unendliche Vielfalt von Bewegungen ausgelöst. Einen solchen Vorgang, bei dem die Geschwindigkeiten zufällige Funktionen von Ort und Zeit sind, nennt man in der Wahrscheinlichkeitstheorie einen stochastischen Prozeß. Turbulente Strömungen sind also als stochastische Prozesse aufzufassen.

Daß die turbulenten Strömungen Wirbelströmungen sind, also nicht drehungsfrei sind (rot $\boldsymbol{u} \neq 0$), bedeutet, daß die Zähigkeitskräfte der Flüssigkeit eine wesentliche Rolle spielen. Denn nach den Sätzen von Helmholtz und Thomson kann in barotropen, reibungslosen Strömungen keine Drehung entstehen. Eine weitere Folge ist, daß turbulente Strömungen nichtkonservative Systeme sind; es wird dauernd mechanische Energie in Wärme umgewandelt, auch wenn die Zähigkeit beliebig klein ist. Auf der anderen Seite finden turbulente Strömungen nur statt, wenn die Zähigkeit eine bestimmte Größe nicht überschreitet. Das Auftreten von Turbulenz ist typisch für Strömungen großer Reynolds-Zahlen, $Re = uL/\nu$, wobei für u der Betrag einer kennzeichnenden Strömungsgeschwindigkeit und für L eine für die Strömung charakteristische Länge einzuführen ist; ν ist die kinematische Zähigkeit. Unterschreitet Re einen kritischen Wert, so verhindern die dämpfenden Reibungskräfte die Turbulenzbewegung.

Die erste Aufgabe der Turbulenz-Theorie besteht darin, die Eigenschaften turbulenter Strömungen im voraus zu berechnen, die unter gegebenen Umständen zu erwarten sind. Von dem Ziel, diese Aufgabe streng zu lösen, ist die Theorie noch weit entfernt, obgleich den Differentialgleichungen der Strömungslehre, die ja ein Teilgebiet der Mechanik ist, nur wenige, seit langem wohlfundierte physikalische Gesetze zugrunde liegen. Dies ist in den mathematischen Schwierigkeiten begründet, die die Lösung der nichtlinearen Gleichungen für dreidimensionale Strömungen bereitet; Vereinfachungen (z.B. Linearisierung) sind hier im allgemeinen nicht zulässig.

Die Theorie turbulenter Strömungen ist ohne die Hilfe von Methoden und Vorstellungen der mathematischen Statistik und Wahrscheinlichkeitslehre nicht denkbar. Erstmals hat O. Reynolds[1]) (1895) statistische Überlegungen auf das Turbulenzproblem angewendet. Als Begründer der statistischen Turbulenztheorie gilt G. I. Taylor[2]) (1920). Die frühesten theoretischen Betrachtungen sind durch Beobachtungen der Strömungen angeregt worden. Auch die heutigen Erkenntnisse über die turbulenten Strömungen sind nicht denkbar ohne die experimentelle Forschung, deren Erfolge in dem Maße wuchsen, wie die Meßtechnik verbessert werden konnte. Die Theorie hilft hierbei, die Grundlagen für die Versuche und die zu messenden Größen zu erarbeiten, die Versuchsergebnisse auf die Verträglichkeit mit den Strömungsgleichungen zu prüfen, fehlende Größen zu errechnen und somit auf die Struktur der Bewegungen zu schließen. Den gemeinsamen Anstrengungen der experimentellen und theoretischen Forschung ist es im Laufe der Zeit gelungen, ein in vielen Einzelheiten zumindest qualitativ richtiges Bild von den meisten turbulenten Strömungen zu gewinnen, wenngleich dieses Bild noch wesentliche Lücken aufweist.

Die von der Praxis gestellten Aufgaben verlangen in der Regel quantitative Ergebnisse, die ein gewisses Maß an Genauigkeit erfüllen sollen. Bei der Berechnung ist man auf heuristische Methoden angewiesen, die sich durch Verbindung von Theorie und Empirie ergeben, wobei Ähnlichkeitsgesetze und Dimensionsbetrachtungen eine wesentliche Rolle spielen. Die anzuwendenden Methoden unterscheiden sich von Fall zu Fall; ein universelles Prinzip, das zur Behandlung aller Strömungen geeignet ist, gibt es nicht. Diese Sachlage fordert vom Praktiker hinreichende Kenntnisse über die turbulenten Strömungen, um die Anwendungs- und Zuverlässigkeitsgrenzen der ihm zur Verfügung stehenden Rechenregeln überblicken zu können.

1.2. Mathematische Hilfsmittel zur Darstellung turbulenter Strömungen

1.2.1. Erwartungswerte, Wahrscheinlichkeitsdichte. Das Geschwindigkeitsfeld strömender Flüssigkeiten wird durch die Eulersche Darstellung vollständig beschrieben, symbolisch durch

$$\boldsymbol{u}=\boldsymbol{u}(\boldsymbol{x},t) \tag{1.1}$$

oder in Geschwindigkeitskomponenten und kartesischen Koordinaten als

$$u_1=u_1(x_1,x_2,x_3,t),\quad u_2=u_2(x_1,x_2,x_3,t),\quad u_3=u_3(x_1,x_2,x_3,t). \tag{1.2}$$

[1]) Reynolds, O.: On the dynamical theory of incompressible viscous fluids and the determination of the criterion. Scientific Papers Vol. II, 1895, 535–577.

[2]) Taylor, G. I.: Diffusion by continuous movements. Proc. London Math. Soc. Ser.2, **20** (1921) 196–211.

Taylor, G. I.: Statistical Theory of Turbulence. Proc. Roy. Soc. London, A **151** (1935) 421–478.

D.h. die Geschwindigkeiten sind als Funktionen von Ort und Zeit gegeben. Diese Darstellungsart ist sehr bequem und wird daher bei „determiniert“ verlaufenden Strömungen fast ausschließlich angewendet. Ist die Funktion $\boldsymbol{u}(\boldsymbol{x},t)$ bekannt, lassen sich die Stromlinien zeichnen, die im allgemeinen ein anschauliches Bild der Strömung vermitteln.

Bei turbulenten Strömungen, die in ihren Einzelheiten anscheinend regellos verlaufen, ist diese Methode ungeeignet. Würde man hiernach Beobachtungsmaterial sammeln, erhielte man endlose Tabellen, aus denen keine anschaulichen Schlüsse zu ziehen wären.

Der Geschwindigkeitsvektor $\boldsymbol{u}(\boldsymbol{x},t)$ ist hier eine Zufallsvariable, und zur rationellen Beschreibung sind statistische Hilfsmittel erforderlich. Um die Anschaulichkeit der Ausführungen zu beleben, nehmen wir folgenden Versuch an: Ein Kessel endlichen Volumens V werde mit Luft des Drucks p_0 und der Temperatur T_0 gefüllt (Fig. 1).

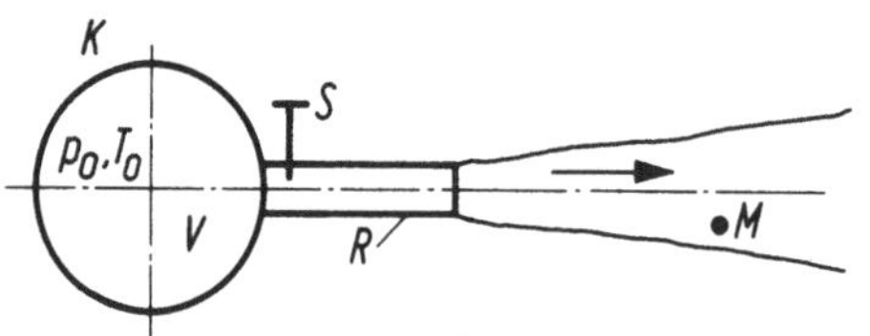

Fig. 1
Turbulente Strömung beim Ausströmen von Luft aus einem Kessel
K Kessel
S Absperrschieber
M Meßsonde
R Rohr

Nach Öffnen des Schiebers S tritt aus dem Rohr R ein turbulenter Strahl aus, solange, bis der Kesseldruck gleich dem Umgebungsdruck ist. Jede Wiederholung des Versuchs wollen wir eine Realisation nennen. Es soll nun t Sekunden nach Öffnen des Schiebers an der Stelle M mit einem sehr empfindlichen Instrument (z.B. mit einem Hitzdraht) die augenblickliche Geschwindigkeit $\boldsymbol{u}(\boldsymbol{x},t)$ gemessen werden. Grundsätzlich kann der Versuch für jeden Punkt $\boldsymbol{x},t$ einen Wert $\boldsymbol{u}$ liefern. Bei jeder Wiederholung des Versuchs, d.h. für jede Realisation ergeben sich jedoch etwas andere Werte.

Zur Beschreibung der Eigenschaften einer Zufallsgröße stellt die Wahrscheinlichkeitstheorie den Begriff der Wahrscheinlichkeitsdichte bereit. Wenn man die Wahrscheinlichkeitsdichte mit $f(u_1,u_2,u_3,x_1,x_2,x_3,t)$ bezeichnet, so gibt

$$f(u_1,u_2,u_3,x_1,x_2,x_3,t)\,du_1\,du_2\,du_3 \tag{1.3}$$

die Wahrscheinlichkeit dafür an, daß an der Stelle x_1,x_2,x_3 zur Zeit t die Koordinaten des Geschwindigkeitsvektors $\boldsymbol{u}$ im Größenbereich von u_1 bis u_1+du_1; u_2 bis u_2+du_2; u_3 bis u_3+du_3 liegen. Die Funktion f ist positiv ($f \geq 0$) und stetig und erfüllt die Normierungsbedingung

$$\int\int\int_{-\infty}^{\infty} f(u_1,u_2,u_3,x_1,x_2,x_3,t)\,du_1\,du_2\,du_3 = 1\,. \tag{1.4}$$

Es ergeben sich dann für die Geschwindigkeitskomponenten die mathematischen Erwartungswerte

$$\bar{u}_1(x_1,x_2,x_3,t) = \iiint\limits_{-\infty}^{\infty} u_1(x_1,x_2,x_3,t)\, f(u_1,u_2,u_3,x_1,x_2,x_3,t)\,\mathrm{d}u_1\,\mathrm{d}u_2\,\mathrm{d}u_3\,, \tag{1.5}$$

die durch Überstreichen gekennzeichnet werden.

Entsprechende Beziehungen gelten für $\bar{u}_2$ und $\bar{u}_3$. Für diese Erwartungswerte, die als arithmetische Mittelwerte aus der Gesamtheit aller Realisationen definiert sind, kann man die Eulersche Darstellung benutzen, und es läßt sich auch ein Stromlinienbild zeichnen, das den im Mittel erwarteten Verlauf der Stromlinien wiedergibt[1]).

In symbolischer Vektorschreibweise lautet die Gl. (1.4)

$$\iiint\limits_{-\infty}^{\infty} f(\boldsymbol{u},\boldsymbol{x},t)\,\mathrm{d}\boldsymbol{u} = 1\,, \tag{1.6}$$

wobei der Einfachheit wegen $\mathrm{d}\boldsymbol{u}$ für $\mathrm{d}u_1\,\mathrm{d}u_2\,\mathrm{d}u_3$ geschrieben wird.

Wenn man die Geschwindigkeitskomponenten allgemein mit u_i bezeichnet, so erhält man als Erwartungswert

$$\bar{u}_i(\boldsymbol{x},t) = \iiint\limits_{-\infty}^{\infty} u_i(\boldsymbol{x},t)\, f(\boldsymbol{u},\boldsymbol{x},t)\,\mathrm{d}\boldsymbol{u}\,. \tag{1.7}$$

Bei der Behandlung turbulenter Strömungen ist es seit den Untersuchungen von O. Reynolds gebräuchlich, daß man sich die Strömung aus einer regulären Grundströmung, die dem Mittelwert entspricht, bestehend denkt, der sich eine ungeordnete Schwankungsbewegung mit den Geschwindigkeitskomponenten u'_1, u'_2, u'_3 überlagert. Es gelte also

$$u_i = \bar{u}_i + u'_i\,. \tag{1.8}$$

Die Komponenten u'_i haben die Verteilungsdichte $g(\boldsymbol{u}',\boldsymbol{x},t)$, die mit $f(\boldsymbol{u},\boldsymbol{x},t)$ von Gl. (1.3) in folgender Beziehung steht

$$g(\boldsymbol{u}',\boldsymbol{x},t) = f(\bar{\boldsymbol{u}} + \boldsymbol{u}',\boldsymbol{x},t)\,. \tag{1.9}$$

Definitionsgemäß verschwinden die Erwartungswerte von $\boldsymbol{u}'$,

$$\overline{u'_i} = \iiint\limits_{-\infty}^{\infty} u'_i\, g(\boldsymbol{u}',\boldsymbol{x},t)\,\mathrm{d}\boldsymbol{u}' = 0\,, \tag{1.10}$$

und es gilt auch wieder die Normierungsbedingung

$$\iiint\limits_{-\infty}^{\infty} g(\boldsymbol{u}',\boldsymbol{x},t)\,\mathrm{d}\boldsymbol{u}' = 1\,. \tag{1.11}$$

Die Wahrscheinlichkeitsdichten vermitteln eine beträchtliche Menge an Informationen über das Verhalten von $\bar{\boldsymbol{u}}(\boldsymbol{x},t)$ bzw. $\boldsymbol{u}'(\boldsymbol{x},t)$. Eine beliebige Funktion $F(\boldsymbol{u})$ der

---

[1]) Diese Stromlinien dürfen natürlich nicht mit den Bahnlinien der Teilchen verwechselt werden, da turbulente Strömungen instationär sind.

Geschwindigkeit $\boldsymbol{u}$ ist auch wieder eine Zufallsvariable, für die sich der Erwartungswert bei bekannter Wahrscheinlichkeitsdichte zu

$$\overline{F}(\boldsymbol{x},t)=\iiint\limits_{-\infty}^{\infty} F(\boldsymbol{u})\, f(\boldsymbol{u},\boldsymbol{x},t)\,\mathrm{d}\boldsymbol{u} \tag{1.12}$$

ergibt.

Beispiele. Das erste Beispiel ist mit $F(\boldsymbol{u})=u_i(\boldsymbol{x},t)$ der Erwartungswert für $\overline{u}_i(\boldsymbol{x},t)$ nach Gl. (1.7). Als weiteres Beispiel führen wir das Produkt aus zwei Geschwindigkeitsschwankungskomponenten an, $F(\boldsymbol{u})=u_i' u_j'$, für das man

$$\overline{u_i' u_j'}(\boldsymbol{x},t)=\iiint\limits_{-\infty}^{\infty} u_i' u_j' f(\boldsymbol{u},\boldsymbol{x},t)\,\mathrm{d}\boldsymbol{u} \tag{1.13}$$

erhält. Diese Größe ist ein symmetrischer Tensor zweiter Stufe,

$$\overline{u_i' u_j'}=\begin{pmatrix} \overline{u_1' u_1'} & \overline{u_1' u_2'} & \overline{u_1' u_3'} \\ \overline{u_2' u_1'} & \overline{u_2' u_2'} & \overline{u_2' u_3'} \\ \overline{u_3' u_1'} & \overline{u_3' u_2'} & \overline{u_3' u_3'} \end{pmatrix}, \tag{1.14}$$

dem in der Turbulenztheorie besondere Bedeutung zukommt.

Außer der Geschwindigkeit sind auch andere Feldgrößen in turbulenter Strömung als Zufallsvariablen anzusehen, wie z. B. Temperatur T, Druck p, Dichte ϱ des strömenden Mediums usw. Das Verhalten solcher skalarer Größen wird durch entsprechende Verteilungsdichten beschrieben. Beispielsweise ist $f_T(T,\boldsymbol{x},t)\,\mathrm{d}T$ die Wahrscheinlichkeit, daß die Temperatur bei $\boldsymbol{x}$ und t den Wert zwischen T und $T+\mathrm{d}T$ annimmt.

Wenn das Produkt aus zwei oder mehreren Zufallsgrößen einen endlichen Erwartungswert hat, spricht man von Korrelation oder Kovarianz. Der Tensor nach (1.14) wird deshalb auch als Korrelationstensor bezeichnet.

1.2.2. Mittelwerte. Bei der Durchführung von Versuchen kann man aus einer Anzahl von momentanen Einzelmessungen, die man im Sinne der mathematischen Statistik als „Stichprobe" aus der Gesamtheit aller Realisationen aufzufassen hat, Mittelwerte berechnen. Im allgemeinsten Fall einer zeitlich veränderlichen Strömung (wie im Beispiel von Fig. 1) hätte man sich eine solche Stichprobe durch N-maliges Wiederholen des Versuchs unter gleichen Bedingungen (N Realisationen) zu beschaffen und würde dann z. B. als arithmetische Mittelwerte für die Geschwindigkeiten

$$\overline{u}_i(\boldsymbol{x},t)=\frac{1}{N}\sum_{\nu=1}^{N} u_{i_\nu}(\boldsymbol{x},t) \tag{1.15}$$

bekommen. Allgemein ist also der arithmetische Mittelwert einer Funktion $F(\boldsymbol{u})$ als

$$\overline{F}(\boldsymbol{x},t)=\frac{1}{N}\sum_{\nu=1}^{N} F_\nu(\boldsymbol{u}(\boldsymbol{x},t)) \tag{1.16}$$

definiert[1]). Diese Mittelwerte sind Schätzwerte für die durch (1.12) definierten Erwartungswerte. Bei hinreichend großem Stichprobenumfang ($\lim N \to \infty$) konvergieren die Schätzwerte mit Wahrscheinlichkeit gegen die Erwartungswerte (Gesetz der großen Zahlen).

Man kann in dem angeführten Beispiel auch den Gesamtbereich der Geschwindigkeitskomponente u_i in Intervalle der Breite Δu_i unterteilen und die beobachteten Häufigkeiten N_μ in jedem Intervall $u_{i\mu} \leq u_i \leq u_{i\mu} + \Delta u_i$ getrennt für sich auszählen.

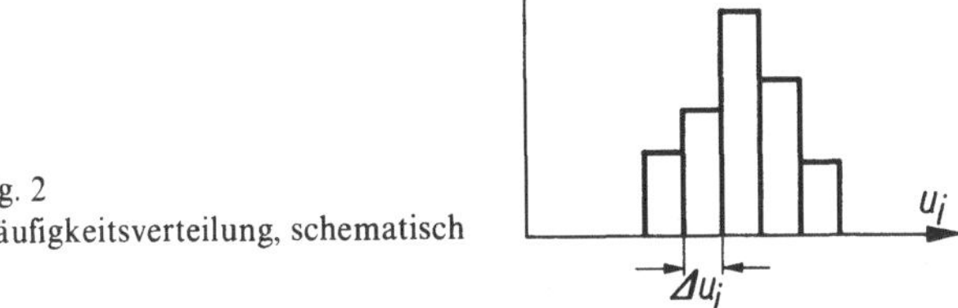

Fig. 2
Häufigkeitsverteilung, schematisch

Trägt man die relativen Häufigkeiten N_μ/N (N = Gesamtzahl der Realisationen) als Rechtecke der Höhe N_μ/N und der Breite Δu_i über u_i auf, so bekommt man eine Häufigkeitsverteilung nach Fig. 2, ein sogenanntes Histogramm. Wählt man die Intervallbreite Δu_i hinreichend klein und läßt die Zahl der Realisationen hinreichend groß werden, so geht diese Häufigkeitsverteilung in die Wahrscheinlichkeitsdichte $f(u_i, \boldsymbol{x}, t)$ über.

Stationäre Prozesse. Die so beschriebene Mittelwertbildung aus der Gesamtheit der Realisationen sehen wir als grundlegend an. Dennoch ist sie bei Versuchen kaum praktisch durchführbar. Bei Laboratoriumsversuchen hat man es fast ausschließlich mit im Mittel stationären Strömungen zu tun. Dabei ist die Verteilungsfunktion f von t unabhängig. Bei dem in Fig. 1 dargestellten Versuch würde man z.B. stationäre Strömung dadurch erhalten, daß man den Kessel mit einer elektrisch getriebenen Pumpe verbindet, die laufend soviel Luft fördert, daß p_0 und T_0 während des Versuchs konstant bleiben. Man kann jetzt zeitliche Mittelungen vornehmen, d.h. man hat bei stationär laufendem Betrieb der Versuchsapparatur in beliebiger Zeitfolge momentane Beobachtungswerte zu sammeln und die Mittelwerte sinngemäß nach (1.15) bzw. (1.16) zu bilden. Gewöhnlich wird bei stationären Prozessen für den Mittelwert die Beziehung

$$\bar{F}(\boldsymbol{x}) = \lim_{\tau \to \infty} \frac{1}{\tau} \int_{t-\tau/2}^{t+\tau/2} F(\boldsymbol{u}(\boldsymbol{x}, t'))\,\mathrm{d}t' \qquad (1.17)$$

[1]) Von der in der mathematischen Statistik üblichen unterschiedlichen Bezeichnung von Mittelwerten und Erwartungswerten wird hier abgesehen.

angegeben. Diese Mittelung ist nur sinnvoll, wenn erstens die Funktion $F(\boldsymbol{u})$ nicht unendlich ist, zweitens der Grenzwert des Integrals existiert und drittens der Mittelwert $\overline{F}(\boldsymbol{x})$ von der Zeit t unabhängig ist. Die unter erstens und zweitens genannten Voraussetzungen sind bei turbulenten Strömungen fast immer erfüllt. Die dritte Voraussetzung ist schlechthin die Bedingung für Stationärität. Effektiv entspricht Gl. (1.17) dem Fall, daß die Meßgröße kontinuierlich registriert wird, z.B. von einem Meßschreiber, so daß das Integral (z.B. graphisch) ausgewertet werden kann. In der Praxis läßt man die Mittelung häufig von einem trägen Meßinstrument mit einer entsprechenden Zeitkonstanten vornehmen, wobei man sich natürlich auf endliche Mittlungszeiten τ beschränken muß. Ferner muß man auch darauf achten, daß dieses Instrument die geforderte arithmetische Mittelung in korrekter Weise vornimmt, d.h., das Meßinstrument muß in dem fraglichen Streubereich linear auf die Meßgröße ansprechen. Neuerdings geht man mehr und mehr dazu über, die Meßwerte digital zu registrieren und auf automatischen Rechenanlagen zu verarbeiten.

Homogene Prozesse. Die zur Stationärität analoge räumliche Eigenschaft wird Homogenität genannt. Bei einem homogenen Turbulenzfeld in einem unbegrenzten Raum sind die statistischen Verteilungsfunktionen von den Ortskoordinaten unabhängig. Man kann dann die Mittelwerte durch Mittelung über das Volumen $V=\int\int\int \mathrm{d}\boldsymbol{\xi}$ bestimmen mit $\mathrm{d}\boldsymbol{\xi}=\mathrm{d}\xi_1\,\mathrm{d}\xi_2\,\mathrm{d}\xi_3$:

$$\overline{F}(t)=\lim_{V\to\infty}\frac{1}{V}\int\int\int F(\boldsymbol{u}(\boldsymbol{x}+\boldsymbol{\xi},t))\,\mathrm{d}\boldsymbol{\xi}\,. \tag{1.18}$$

Auch hier muß F endlich sein und der Grenzwert des Integrals existieren. Analog zur zeitlichen Mittelung muß der Mittelwert $\overline{F}(t)$ von $\boldsymbol{x}$ unabhängig sein; er darf aber zeitlich veränderlich sein. Vollkommene Homogenität in den drei Achsen ist ein Idealfall, der bei wirklichen Strömungen kaum jemals anzutreffen ist. Dagegen ist die Bedingung teilweiser Homogenität häufiger in einem beschränkten Bereich mit experimenteller Genauigkeit erfüllt. Das Turbulenzfeld in einem gleichmäßigen Luftstrom durch ein Maschengitter (Windkanalturbulenz) ist z.B. in Ebenen senkrecht zur mittleren Strömungsgeschwindigkeit homogen. In einer „zweidimensionalen" Grenzschicht ist die Turbulenz homogen bezüglich der Achse, die senkrecht zur Anströmrichtung und parallel zur Körperoberfläche verläuft[1]). Für diese Fälle lassen sich sinngemäß zu (1.18) räumliche Mittelwerte definieren. Im Fall der Grenzschicht z.B.

$$\overline{F}(x_1,x_2,t)=\lim_{\xi_3\to\infty}\frac{1}{\xi_3}\int_{x_3-\xi_3/2}^{x_3+\xi_3/2} F(\boldsymbol{u}(x_1,x_2,x_3+x_3',t))\,\mathrm{d}x_3'\,, \tag{1.19}$$

wenn die Anströmrichtung mit der x_1-Achse zusammenfällt und die Körperoberfläche in der $x_1 x_3$-Ebene liegt.

---

[1]) Zweidimensional bedeutet hier also, daß die statistischen Werte nur von zwei Ortskoordinaten abhängen; die Turbulenzbewegung ist selbstverständlich dreidimensional.

Ergodentheorem. Ein wichtiges Ergebnis der Ergodentheorie[1]), das eine Verallgemeinerung des Gesetzes der großen Zahlen auf kontinuierliche Prozesse darstellt, besagt, daß zeitliche (bzw. räumliche) Mittelung bei einem stationären bzw. homogenen stochastischen Prozeß für jede Realisation zu dem gleichen Resultat führt. Dieses Resultat ist mit den mathematischen Erwartungswerten identisch, vorausgesetzt, daß die Zufallsgröße F stetig ist. Vom theoretischen Standpunkt aus ist es also gleichgültig, welche Art von Mittelung angewendet wird. Dies berechtigt uns, hier fortan nur noch kurz von Mittelung und Mittelwerten zu sprechen, ohne jeweils erwähnen zu müssen, wie diese Mittelwerte im einzelnen zu verstehen sind.

Rechenregeln. Abschließend folgen einige Regeln für das Rechnen mit Mittelwerten. Wenn a und b zwei Zufallsvariablen sind, und s eine Ortskoordinate oder die Zeit bedeutet, so ergibt sich unmittelbar aus (1.16):

$$\left.\begin{aligned} \overline{\overline{a}} &= \overline{a}, \\ \overline{a+b} &= \overline{a}+\overline{b}, \\ \overline{\overline{a}b} &= \overline{a}\overline{b}, \\ \overline{\frac{\partial a}{\partial s}} &= \frac{\partial \overline{a}}{\partial s}, \\ \overline{\int_\alpha^\beta a \, \mathrm{d}s} &= \int_\alpha^\beta \overline{a} \, \mathrm{d}s. \end{aligned}\right\} \qquad (1.20)$$

1.2.3. Weitere Einzelheiten über die Wahrscheinlichkeitsdichteverteilungen.

Wir wollen noch etwas über die Wahrscheinlichkeitsdichteverteilungen sprechen. Aus der gemeinsamen Verteilungsdichte nach (1.3) läßt sich die einfache Verteilungsdichte leicht ermitteln, z. B. für die Geschwindigkeitskomponente u_1:

$$f_1(u_1, \boldsymbol{x}, t) = \iint_{-\infty}^{\infty} f(\boldsymbol{u}, \boldsymbol{x}, t) \, \mathrm{d}u_2 \, \mathrm{d}u_3 . \qquad (1.21)$$

Die Mittelwerte von Potenzen der Werte u_i sind die Momente

$$\overline{u_i^n}(\boldsymbol{x}, t) = \int_{-\infty}^{\infty} u_i^n(\boldsymbol{x}, t) \, f_i(u_i, \boldsymbol{x}, t) \, \mathrm{d}u_i ; \qquad (1.22)^2)$$

insbesondere werden die Momente der Schwankungsgrößen $u_i' = u_i - \overline{u}_i$ zentrale Momente genannt, das sind Momente um den Mittelwert:

$$\overline{u_i'^n}(\boldsymbol{x}, t) = \int_{-\infty}^{\infty} u_i'^n(\boldsymbol{x}, t) \, f_i(u_i, \boldsymbol{x}, t) \, \mathrm{d}u_i . \qquad (1.23)$$

---

[1]) Vgl. Jacobs, K.: Neuere Methoden und Ergebnisse der Ergodentheorie. Berlin-Göttingen-Heidelberg 1960. = Ergebnisse der Mathematik und ihrer Grenzgebiete, H. 29.

[2]) Das Einsteinsche Summationsübereinkommen ist hier und in den folgenden Gleichungen dieses Abschnitts nicht anzuwenden.

Die Momente spielen in der Theorie der Turbulenz eine wichtige Rolle, und sie sind der Messung in der Regel leichter zugänglich als die Wahrscheinlichkeitsdichteverteilungen. Die zentralen Momente zweiter Ordnung ($n=2$) werden in der mathematischen Statistik als Streuung oder Varianz bezeichnet. Aus den Momenten kann man wesentliche Rückschlüsse auf die Verteilungsdichten $f_i(u_i, \boldsymbol{x}, t)$ herleiten. Die Momente mit geradem n beschreiben die Breite der Verteilung, während die Momente mit ungeradem n Auskunft über die Symmetrie-Eigenschaften der Verteilungsdichte geben. Wenn die Momente für alle n bekannt sind, kann man $f_i(u_i, \boldsymbol{x}, t)$ berechnen. Um dies zu zeigen, führt man die charakteristische Funktion

$$\psi(k, \boldsymbol{x} t) = \int_{-\infty}^{\infty} \mathrm{e}^{\mathrm{i} k u_i} f_i(u_i, \boldsymbol{x}, t) \, \mathrm{d} u_i \tag{1.24}$$

ein, die eine Fourier-Transformierte von $f_i(u_i, \boldsymbol{x}, t)$ ist; $\mathrm{i}=\sqrt{-1}$ bedeutet die imaginäre Einheit. Die Reihenentwicklung der Exponentialfunktion ergibt dann:

$$\psi(k, \boldsymbol{x}, t) = \sum_{n=0}^{\infty} \frac{(\mathrm{i}\,k)^n}{n!} \int_{-\infty}^{\infty} u_i^n f_i(u_i, \boldsymbol{x}, t) \, \mathrm{d} u_i = \sum_{n=0}^{\infty} \frac{(\mathrm{i}\,k)^n}{n!} \overline{u_i^n}(\boldsymbol{x}, t). \tag{1.25}$$

Ist aber die charakteristische Funktion $\psi(k, \boldsymbol{x}, t)$ mit Hilfe der Momente berechnet worden, so ist $f_i(u_i, \boldsymbol{x}, t)$ als Fourier-Transformierte von ψ zu bestimmen:

$$f_i(u_i, \boldsymbol{x}, t) = \frac{1}{2\pi} \int_{-\infty}^{\infty} \mathrm{e}^{-\mathrm{i} k u_i} \psi(k, \boldsymbol{x}, t) \, \mathrm{d} k. \tag{1.26}$$

Daß diese Beziehungen sich sinngemäß auf gemeinsame Verteilungsdichten erweitern lassen, ist ohne weiteres einleuchtend und braucht hier nicht gezeigt zu werden. Daraus folgt, daß sich auch gemeinsame Dichteverteilungsfunktionen aus den Momenten berechnen lassen.

Kumulanten. Neben den Momenten höherer Ordnung wird auch von dem Begriff der Kumulanten, auch Semiinvarianten genannt, Gebrauch gemacht. Man erhält die Kumulanten K_n, indem man den Logarithmus der charakteristischen Funktion in eine Potenzreihe entwickelt,

$$\ln \psi(k, \boldsymbol{x}, t) = \sum_{n=1}^{\infty} K_n(\boldsymbol{x}, t)(\mathrm{i}\,k)^n. \tag{1.27}$$

Führt man auf der linken Seite ψ nach Gl. (1.25) ein und nimmt eine Reihenentwicklung des Logarithmus vor, so lassen sich die Kumulanten durch gliedweisen Vergleich als Funktion der zentralen Momente berechnen. Die Kumulanten erster Ordnung sind gleich den Momenten erster Ordnung, d.h. gleich den Erwartungswerten. Die Kumulanten zweiter und dritter Ordnung stimmen mit den zentralen Momenten derselben Ordnung überein. Allgemein können die Kumulanten durch die zentralen Momente der gleichen Ordnung und durch Produkte und Potenzen zentraler Momente niederer

Ordnung ausgedrückt werden. Die Kumulanten der Zufallsgröße u_i lauten für die ersten fünf Ordnungen

$$\left.\begin{aligned} K_1 &= \overline{u_i}, \\ K_2 &= \overline{u_i'^2}, \\ K_3 &= \overline{u_i'^3}, \\ K_4 &= \overline{u_i'^4} - 3(\overline{u_i'^2})^2, \\ K_5 &= \overline{u_i'^5} - 10\overline{u_i'^3}\ \overline{u_i'^2}. \end{aligned}\right\} \tag{1.28}$$

Eine wichtige Eigenschaft ist, daß alle Kumulanten von höherer als der zweiten Ordnung gleich Null sind, wenn die Wahrscheinlichkeitsverteilung der Gaußschen (normalen) Wahrscheinlichkeitsdichte,

$$f_i(u_i, x, t) = \frac{1}{\sqrt{2\pi}\,\sigma_i} \exp\left[-\frac{(u_i - \overline{u}_i)^2}{2\sigma_i^2}\right], \tag{1.29}$$

entspricht, wobei $\sigma_i = \sqrt{\overline{u_i'^2}}$ die Streuung ist. Man kann dann mit (1.28) die Momente höherer Ordnung aus den Momenten niederer Ordnung berechnen. Diese Zusammenhänge sind nützlich, um auf Grund gemessener Werte der Momente zu prüfen, inwieweit die Ergebnisse mit der Gaußschen Normalverteilung verträglich sind. Bei theoretischen Untersuchungen kann man feststellen, welche Konsequenzen mit der

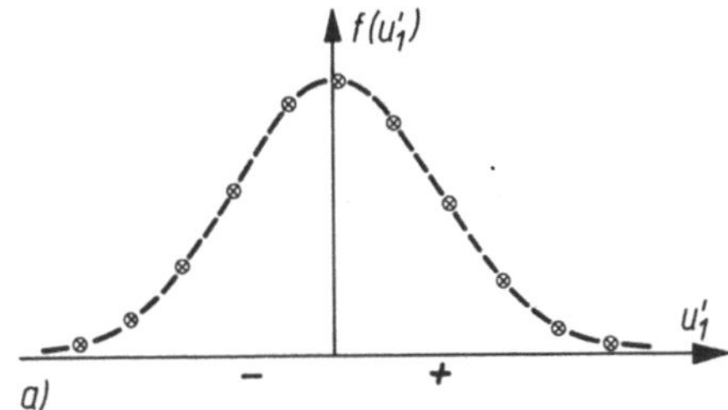

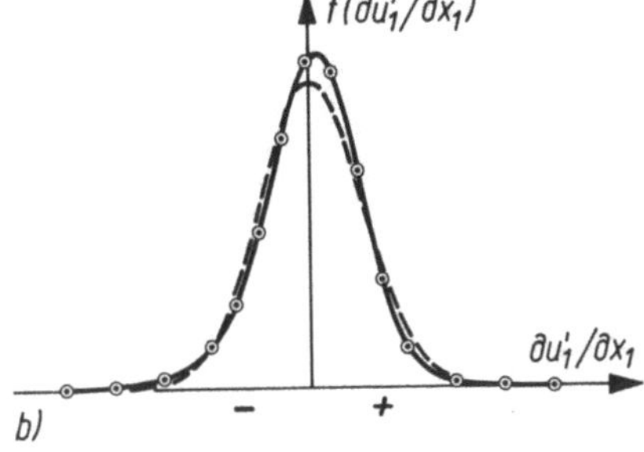

Fig. 3
Wahrscheinlichkeitsdichteverteilung von u_1' und $\partial u_1'/\partial x_1$ in turbulenter Strömung hinter einem Maschengitter nach Messungen von A. A. Townsend

a) ⊗ Messungen
--- Normalverteilung

b) ⊙ Messungen
--- Normalverteilung gleicher Streuung, $\left[\overline{\left(\frac{\partial u_1'}{\partial x_1}\right)^2}\right]^{\frac{1}{2}}$, wie die Messungen

hypothetisch eingeführten Gaußschen Verteilung verbunden sind. Zum Zwecke des Vergleichs bildet man auch Verhältniszahlen und bezeichnet

$$S = \frac{\overline{u_i'^3}}{(\overline{u_i'^2})^{3/2}} \tag{1.30}$$

als die Schiefe der Verteilung und

$$E = \frac{\overline{u_i'^4}}{(\overline{u_i'^2})^2} - 3 \tag{1.31}$$

als den Exzeß. Den Wert $\overline{u_i'^4}/(\overline{u_i'^2})^2$ kann man auch Flachheitsgrad der Verteilung nennen[1]).

Experimentelle Ergebnisse. Zwei Beispiele experimentell ermittelter Wahrscheinlichkeitsdichteverteilungen sind in Fig. 3 dargestellt. Die Turbulenz wurde von einem Maschengitter erzeugt, das von einem gleichmäßigen Luftstrom durchströmt wurde. Die in Fig. 3a[2]) gezeigten Messungen für die Geschwindigkeitskomponente u_1' in Richtung der Hauptströmung passen sich sehr gut der Gaußschen Normalverteilung an, die für eine reine Zufallsgröße auf Grund des zentralen Grenzwertsatzes der Wahrscheinlichkeitstheorie zu erwarten ist. Die Verteilung der Differentialquotienten der Schwankungsgeschwindigkeit, $\partial u_1'/\partial x_1$, zeigt dagegen wesentliche Abweichungen von der Normalverteilung und namentlich eine Unsymmetrie (Fig. 3b). Diese Ergebnisse sollen später noch besprochen werden.

1.2.4. Statistische Beschreibung von Geschwindigkeitsfeldern kontinuierlicher Medien. Die Turbulenz stellt die Bewegung eines Kontinuums dar, d.h. die Bewegung an benachbarten Punkten des Strömungsfeldes ist statistisch nicht unabhängig voneinander. Die Darlegungen der vorigen Abschnitte befassen sich mit dem Verhalten der Strömung an einem Punkt $\boldsymbol{x}$ des Raumes und der Zeit t ohne Beziehung zu dem Geschehen an benachbarten Punkten. In den Strömungsgleichungen treten aber räumliche und zeitliche Ableitungen auf. Deshalb reichen die angegebenen Verteilungsfunktionen zur vollständigen Beschreibung stetiger Zufallsfelder, wie sie die turbulenten Strömungen bilden, nicht aus. Die Verallgemeinerung führt auf gemeinsame Wahrscheinlichkeitsdichten (Verbund-Wahrscheinlichkeitsdichten) oder zentrale Momente höherer Ordnung, durch die die Beziehungen zwischen Geschwindigkeiten oder anderen Feldgrößen an verschiedenen Punkten des Raumes und zu verschiedenen Zeiten beschrieben werden.

Korrelationsfunktionen. Die am häufigsten benutzten und wichtigsten zentralen Momente zweiter Ordnung sind als die Korrelationen zwischen den Fluktuationen zweier Geschwindigkeitskomponenten an zwei Punkten zu verschiedenen Zeiten definiert,

$$R_{ij}(\boldsymbol{x},t,\boldsymbol{r},\tau) = \overline{u_i'(\boldsymbol{x},t)\,u_j'(\boldsymbol{x}^{(1)},t^{(1)})}, \tag{1.32}$$

---

[1]) Englisch: flatness factor.

[2]) Die Figur 3 wurde entnommen aus Batchelor, G.K.: [6].

mit $\boldsymbol{r}=\boldsymbol{x}^{(1)}-\boldsymbol{x}$ und $\tau=t^{(1)}-t$, Fig. 4. R_{ij} ist ein Tensor zweiter Stufe, der sich auf den Tensor nach Gl. (1.14) reduziert, wenn die Orte und Zeiten zusammenfallen ($\boldsymbol{x}^{(1)}=\boldsymbol{x}$, $t^{(1)}=t$, d.h. $\boldsymbol{r}=0$ und $\tau=0$). Eine derartige Korrelationsfunktion läßt sich mit erträglichem Aufwand experimentell bestimmen und gibt eine anschauliche Aussage über die Turbulenz-Bewegung. Wenn die Geschwindigkeitskomponenten gleichgerichtet sind ($i=j$), spricht man von Autokorrelation. In einem stationären oder homogenen Feld ist R_{ij} von t bzw. $\boldsymbol{x}$ unabhängig. Bezüglich der Vertauschung der Indizes gilt

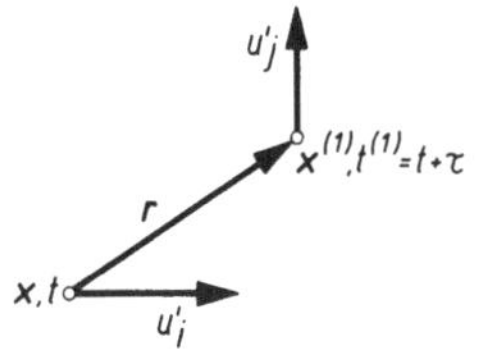

Fig. 4
Der Geschwindigkeitskorrelationstensor
$R_{ij}(\boldsymbol{x},t,\boldsymbol{r},\tau)=\overline{u_i'(\boldsymbol{x},t)u_j'(\boldsymbol{x}^{(1)},t^{(1)})}$

$$R_{ij}(\boldsymbol{x},t,\boldsymbol{r},\tau)=R_{ji}(\boldsymbol{x}^{(1)},t^{(1)},-\boldsymbol{r},-\tau), \tag{1.33}$$

und aus der Schwarzschen Ungleichung folgt

$$|R_{ij}(\boldsymbol{x},t,\boldsymbol{r},\tau)|\leq(\overline{u_i'^2}(\boldsymbol{x},t)\overline{u_j'^2}(\boldsymbol{x}^{(1)},t^{(1)}))^{\frac{1}{2}}\ . \tag{1.34}$$

Für $|\boldsymbol{r}|\to\infty$ oder $|\tau|\to\infty$ sind u_i' und u_j' statistisch unabhängig voneinander, daher wird

$$\lim_{|\boldsymbol{r}|\to\infty} R_{ij}(\boldsymbol{x},t,\boldsymbol{r},\tau)=0; \qquad \lim_{|\tau|\to\infty} R_{ij}(\boldsymbol{x},t,\boldsymbol{r},\tau)=0. \tag{1.35}$$

Die Korrelationsfunktionen unterliegen den Strömungsgleichungen und in Spezialfällen gewissen Symmetriebedingungen, die in späteren Kapiteln zu behandeln sind. Die Korrelationsfunktionen benutzt man häufig in der normierten Form

$$R_{ij}(\boldsymbol{x},t,\boldsymbol{r},\tau)=\frac{\overline{u_i'(\boldsymbol{x},t)u_j'(\boldsymbol{x}^{(1)},t^{(1)})}}{[\overline{u_i'^2}(\boldsymbol{x},t)\overline{u_j'^2}(\boldsymbol{x}^{(1)},t^{(1)})]^{\frac{1}{2}}}. \tag{1.36}$$

Mit den Korrelationsfunktionen kann man Integral-(Makro-)-Längenmaße $L_{ij,k}$ und -Zeitmaße T_{ij} definieren,

$$L_{ij,k}(\boldsymbol{x},t)=\frac{1}{2\overline{u_i'(\boldsymbol{x},t)u_j'(\boldsymbol{x},t)}}\int_{-\infty}^{\infty}R_{ij}(\boldsymbol{x},t,r_k,0)\,\mathrm{d}r_k\,, \tag{1.37}$$

$$T_{ij}(\boldsymbol{x},t)=\frac{1}{2\overline{u_i'(\boldsymbol{x},t)u_j'(\boldsymbol{x},t)}}\int_{-\infty}^{\infty}R_{ij}(\boldsymbol{x},t,0,\tau)\,\mathrm{d}\tau\,. \tag{1.38}$$

Die Integral-Längenmaße lassen sich – stark vereinfachend – als Abmessungen momentan einheitlich bewegter Flüssigkeitsmassen deuten und geben damit eine quantitativ nachprüfbare Formulierung für den in der Turbulenztheorie häufig vage gebrauchten Begriff der „Turbulenzballen". Die Integral-Zeitmaße mögen die Zeit kennzeichnen, die ein solcher Turbulenzballen zum Passieren eines ortsfesten Punktes in etwa benötigt. Der Wirklichkeit etwas näher kommt man, wenn man statt von Ballen von Wirbeln spricht.

Hinsichtlich der Differentiation gelten folgende Beziehungen:

$$\overline{u_i'(\boldsymbol{x},t)\frac{\partial u_j'(\boldsymbol{x}^{(1)},t^{(1)})}{\partial x_l^{(1)}}}=\frac{\partial R_{ij}(\boldsymbol{x},t,\boldsymbol{r},\tau)}{\partial r_l}, \tag{1.39}$$

$$\overline{\frac{\partial u_i'(\boldsymbol{x},t)}{\partial x_m}u_j'(\boldsymbol{x}^{(1)},t^{(1)})}=\frac{\partial R_{ij}(\boldsymbol{x},t,\boldsymbol{r},\tau)}{\partial x_m}-\frac{\partial R_{ij}(\boldsymbol{x},t,\boldsymbol{r},\tau)}{\partial r_m}, \tag{1.40}$$

$$\overline{\frac{\partial u_i'(\boldsymbol{x},t)}{\partial x_m}\frac{\partial u_j'(\boldsymbol{x}^{(1)},t^{(1)})}{\partial x_l^{(1)}}}=\frac{\partial^2 R_{ij}(\boldsymbol{x},t,\boldsymbol{r},\tau)}{\partial x_m\partial r_l}-\frac{\partial^2 R_{ij}(\boldsymbol{x},t,\boldsymbol{r},\tau)}{\partial r_m\partial r_l}. \tag{1.41}$$

Aus der letzteren Beziehung folgt, daß mit den Korrelationsfunktionen der Geschwindigkeiten auch Korrelationen zwischen Ableitungen der Geschwindigkeit bekannt sind. Ganz entsprechend Gl. (1.39) bis (1.41) lassen sich auch Ableitungen nach der Zeit bilden. Man erhält also z. B.

$$\overline{\frac{\partial u_i'(\boldsymbol{x},t)}{\partial t}\frac{\partial u_j'(\boldsymbol{x}^{(1)},t^{(1)})}{\partial t^{(1)}}}=\frac{\partial^2 R_{ij}(\boldsymbol{x},t,\boldsymbol{r},\tau)}{\partial t\,\partial\tau}-\frac{\partial^2 R_{ij}(\boldsymbol{x},t,\boldsymbol{r},\tau)}{\partial\tau^2} \tag{1.42}$$

Jeweils das erste Glied auf der rechten Seite von Gl. (1.40) bis (1.42) entfällt bei homogener bzw. stationärer Strömung und ist auch sonst dem Betrage nach meistens klein gegen das zweite Glied.

Wenn die beiden Punkte zusammenfallen ($\boldsymbol{x}^{(1)}=\boldsymbol{x}$, $t^{(1)}=t$), ergibt sich

$$\overline{\frac{\partial u_i'}{\partial x_m}\frac{\partial u_j'}{\partial x_l}}(\boldsymbol{x},t)=\frac{\partial^2 R_{ij}(\boldsymbol{x},t,0,0)}{\partial x_m\partial r_l}-\frac{\partial^2 R_{ij}(\boldsymbol{x},t,0,0)}{\partial r_m\partial r_l} \tag{1.43}$$

und

$$\overline{\frac{\partial u_i'}{\partial t}\frac{\partial u_j'}{\partial t}}(\boldsymbol{x},t)=\frac{\partial^2 R_{ij}(\boldsymbol{x},t,0,0)}{\partial t\,\partial\tau}-\frac{\partial^2 R_{ij}(\boldsymbol{x},t,0,0)}{\partial\tau^2}. \tag{1.44}$$

Ausdrücke der Form (1.43) treten bei der Dissipationsfunktion auf, vgl. 1.3.5. Es ist üblich, in diesem Zusammenhang weitere Längenmaße der Turbulenz zu definieren:

$$\overline{\left(\frac{\partial u_i'}{\partial x_j}\right)^2}=\frac{\overline{u_i'^2}}{\lambda_{i,j}^2}. \tag{1.45}$$

Dieses von G. I. Taylor eingeführte „Mikro-Längenmaß"[1]) der Turbulenz, λ_{ij}, ist stets kleiner als das entsprechende Integral-Längenmaß:

$$\lambda_{ij} < L_{ii,j}\,; \tag{1.46}$$

das Verhältnis der beiden Größen ist unter sonst gleichbleibenden Bedingungen von der Reynolds-Zahl abhängig. Wenn die Turbulenz in Richtung der Verbindungslinie der beiden Punkte homogen ist, ergibt sich eine einfache geometrische Deutung für die Längenmaße, Fig. 5.

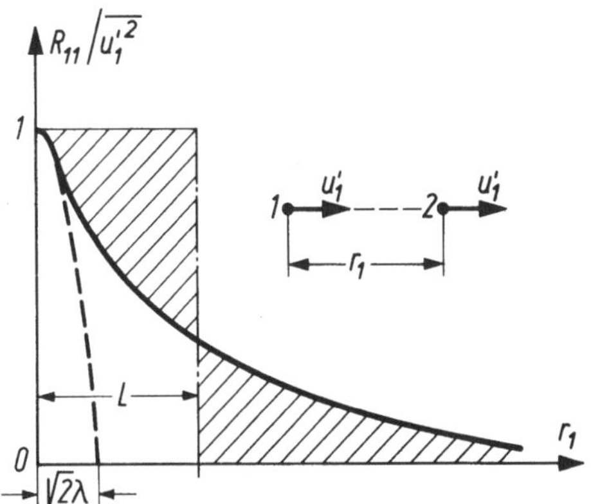

Fig. 5
Räumliche Autokorrelationsfunktion

Integral-Längenmaß

$$L = \frac{1}{\overline{u_1'^2}} \int_0^\infty R_{11}\,\mathrm{d}r_1$$

Mikro-Längenmaß

$$\lambda = (\overline{u_1'^2}/(-\partial^2 R_{11}/\partial r_1^2))^{\frac{1}{2}}$$

Wahrscheinlichkeitsdichte. Für die vektorielle Zufallsfunktion $\boldsymbol{u}(\boldsymbol{x},t)$ kann man sich zu jedem Wertesystem $\boldsymbol{x}, t, \boldsymbol{x}^{(1)}, t^{(1)}$ der unabhängigen Veränderlichen auch die Dichte der Wahrscheinlichkeitsverteilung

$$f_{\boldsymbol{x},t,\boldsymbol{x}^{(1)},t^{(1)}}[\boldsymbol{u},\boldsymbol{u}_1]$$

der beiden Zufallsgrößen $\boldsymbol{u}=\boldsymbol{u}(\boldsymbol{x},t)$, $\boldsymbol{u}_1=\boldsymbol{u}(\boldsymbol{x}^{(1)},t^{(1)})$ zugeordnet denken, die wieder der Normierungsbedingung

$$\int\int_{-\infty}^{\infty}\cdots\int f_{\boldsymbol{x},t,\boldsymbol{x}^{(1)},t^{(1)}}[\boldsymbol{u},\boldsymbol{u}_1]\,\mathrm{d}\boldsymbol{u}\,\mathrm{d}\boldsymbol{u}_1 = 1 \tag{1.47}$$

genügen muß. Für die einfachere Verteilungsdichte nach (1.6) gilt

$$f(\boldsymbol{u},\boldsymbol{x},t) = \int\int_{-\infty}^{\infty}\cdots\int f_{\boldsymbol{x},t,\boldsymbol{x}^{(1)},t^{(1)}}[\boldsymbol{u},\boldsymbol{u}_1]\,\mathrm{d}\boldsymbol{u}_1\,. \tag{1.48}$$

Der Tensor der Korrelationsfunktion von (1.32) ergibt sich aus der gemeinsamen Verteilungsdichte zu

$$R_{ij}(\boldsymbol{x},t,\boldsymbol{r},\tau) = \int\int_{-\infty}^{\infty}\cdots\int u_i' u_j' f_{\boldsymbol{x},t,\boldsymbol{x}^{(1)},t^{(1)}}[\boldsymbol{u},\boldsymbol{u}_1]\,\mathrm{d}\boldsymbol{u}\,\mathrm{d}\boldsymbol{u}_1\,. \tag{1.49}$$

---

[1]) Diese Bezeichnung ist gebräuchlich, aber nicht ganz treffend, vgl. 2.4.

Bei sehr weit auseinander liegenden Werten $\boldsymbol{x}$ und $\boldsymbol{x}^{(1)}$ oder t und $t^{(1)}$ sind die beiden Zufallsgrößen $\boldsymbol{u}, \boldsymbol{u}_1$ statistisch voneinander unabhängig, d.h., wenn $|\boldsymbol{r}| \to \infty$ oder $|\tau| \to \infty$ ist, kann man annehmen, daß

$$f_{\boldsymbol{x},t,\boldsymbol{x}^{(1)},t^{(1)}}[\boldsymbol{u},\boldsymbol{u}_1] = f(\boldsymbol{u},\boldsymbol{x},t)\, f(\boldsymbol{u},\boldsymbol{x}^{(1)},t^{(1)}) . \tag{1.50}$$

Setzt man dies in (1.49) ein, so erhält man wieder das Ergebnis (1.35) wegen

$$\left.\begin{aligned} &\iiint_{-\infty}^{\infty} u_i' f(\boldsymbol{u},\boldsymbol{x},t)\,\mathrm{d}\boldsymbol{u} = 0 , \\ &\iiint_{-\infty}^{\infty} u'_j f(\boldsymbol{u},\boldsymbol{x}^{(1)},t^{(1)})\,\mathrm{d}\boldsymbol{u} = 0 . \end{aligned}\right\} \tag{1.51}$$

Verallgemeinerung. Der Mittelwert des Produktes von m Geschwindigkeitskomponenten an n verschiedenen Punkten des Raumes (und der Zeit) wird als zentrales Moment (oder auch Korrelationsfunktion) m-ter Ordnung vom n-Punkttyp bezeichnet. Zum Beispiel ist

$$\begin{aligned} Q_{ij\cdots p}^{(m)} &= \overline{u_i'^{l}(\boldsymbol{x})\, u_j'^{k}(\boldsymbol{x}^{(1)}) \cdots u_m'^{p}(\boldsymbol{x}^{(n-1)})} = \\ &= \iint_{-\infty}^{+\infty} \cdots \int u_i'^{l} u_j'^{k} \cdots u_p^{q} f_{\boldsymbol{x},\boldsymbol{x}^{(1)},\ldots,\boldsymbol{x}^{(n-1)}}[\boldsymbol{u},\boldsymbol{u}_1,\ldots,\boldsymbol{u}_{n-1}]\,\mathrm{d}\boldsymbol{u},\mathrm{d}\boldsymbol{u}_1,\ldots,\mathrm{d}\boldsymbol{u}_{n-1} \end{aligned} \tag{1.52}$$

Dabei ist, in Erweiterung der obigen Bezeichnungsweise, $f_{\boldsymbol{x},\boldsymbol{x}^{(1)},\ldots,\boldsymbol{x}^{(n-1)}}[\boldsymbol{u},\boldsymbol{u}_1,\ldots,\boldsymbol{u}_{n-1}]$ die gemeinsame Verteilungsdichte, die zum Wertesystem $\boldsymbol{x}, \boldsymbol{x}^{(1)},\ldots,\boldsymbol{x}^{(n-1)}$ gehört. Die Summe der bei dem Produkt beteiligten Exponenten gibt die Ordnung des Momentes an, $m = l + k + \cdots + q$; die Anzahl der verschiedenen Beobachtungspunkte bestimmt den Typ des Momentes. Definitionsgemäß kann der Typ nicht höher als die Ordnung sein ($m \geq n$). Da jede Komponente, die in dem Moment m-ter Ordnung auftritt, eine der drei orthogonalen Geschwindigkeitskomponenten sein kann, hat der allgemeine Mittelwert 3^m skalare Koordinaten und bildet einen Tensor der Stufe m.

Eine aus n Punkten bestehende Konfiguration kann durch einen Ortsvektor $\boldsymbol{x}$ mit $n-1$ Abstandsvektoren $\boldsymbol{r}^{(q)} = \boldsymbol{x}^{(q)} - \boldsymbol{x}$ beschrieben werden. Somit läßt sich ein zentrales Moment von n-Punkttyp als

$$\overline{u_i'(\boldsymbol{x})\, u_j'(\boldsymbol{x}^{(1)}) \cdots u_p'(\boldsymbol{x}^{(n-1)})} = Q_{ij\cdots p}(\boldsymbol{x},\boldsymbol{r}^{(1)},\ldots,\boldsymbol{r}^{(n-1)}) \tag{1.53}$$

schreiben. Die in Gl. (1.39) und (1.40) für die Momente vom Zwei-Punkttyp gegebenen Differentiationsformeln erweitern sich entsprechend. So gilt beispielsweise

$$\begin{aligned} &\overline{u_i'(\boldsymbol{x}) \frac{\partial u_j'(\boldsymbol{x}^{(1)})}{\partial x_q^{(1)}} \cdots u_p'(\boldsymbol{x}^{(n-1)})} = \frac{\partial}{\partial r_q^{(1)}} Q_{ij\cdots p}(\boldsymbol{x},\boldsymbol{r}^{(1)},\ldots,\boldsymbol{r}^{(n-1)}), \\ &\overline{\frac{\partial u_i'(\boldsymbol{x})}{\partial x_q} u_j'(\boldsymbol{x}^{(1)}) \cdots u_p'(\boldsymbol{x}^{(n-1)})} = \left\{\frac{\partial}{\partial x_q} - \left[\frac{\partial}{\partial r_q^{(1)}} + \cdots + \frac{\partial}{\partial r_q^{(n-1)}}\right]\right\} Q_{ij\cdots p}(\boldsymbol{x},\boldsymbol{r}^{(1)},\ldots,\boldsymbol{r}^{(n-1)}). \end{aligned} \tag{1.54}$$

Analoge Regeln gelten für die Ableitungen nach der Zeit, wenn die Geschwindigkeiten zu verschiedenen Zeiten $t, t^{(1)} = t + \tau^{(1)}, t^{(2)} = t + \tau^{(2)}$ usw. betrachtet werden.

Vollständige Beschreibung der Felder. Für die gemeinsamen Wahrscheinlichkeitsdichten und die Mehrfach-Punkt-Momente gelten die gleichen Beziehungen sinngemäß wie für die Verteilungen und Momente in 1.2.3, also sind insbesondere auch die

Regeln für die charakteristischen Funktionen und die Kumulanten anwendbar. Die gemeinsame Wahrscheinlichkeitsdichte für n Punkte ist daher durch den vollständigen Satz der zugehörigen Momente eindeutig bestimmt, wie es sinngemäß in Gl. (1.25) und (1.26) für die Wahrscheinlichkeitsdichte eines Punktes gezeigt wurde. Andererseits ist ein Zufallsfeld statistisch beschrieben, wenn der vollständige Satz von gemeinsamen Wahrscheinlichkeitsdichten für beliebige n Punkte des Raumes und der Zeit bekannt ist. Man kann also ein Turbulenzfeld in gleicher Weise durch gemeinsame Wahrscheinlichkeitsverteilungen oder durch zentrale Momente beschreiben. In jedem Fall erweist sich die vollständige statistische Beschreibung eines solchen Zufallfeldes als eine sehr komplizierte Aufgabe[1]). Bei der Behandlung turbulenter Strömungen begnügt man sich deshalb fast ausschließlich damit, das Turbulenzfeld durch zentrale Momente zu beschreiben; dabei beschränkt man sich in der Regel auf wenige Momente der untersten Ordnungen.

1.2.5. Fourier-Analyse der Turbulenzfelder. Bei der Besprechung der Korrelationen von zwei Geschwindigkeitskomponenten konnten Integral-Längenmaße definiert werden, die sich als die mittlere Größe der Turbulenzelemente[2]) oder Turbulenzballen deuten ließen. Tatsächlich wird die turbulente Flüssigkeitsbewegung jedoch nicht durch eine einzige Länge beschrieben. So wurde auch ein Mikro-Längenmaß λ eingeführt. Die visuelle Beobachtung turbulenter Strömungen (z.B. in Flüssen) offenbart, daß Bewegungsformen sehr unterschiedlicher Abmessungen im Spiel sind. Bei der phänomenologischen Beschreibung denkt man sich die Turbulenz aus Elementen sehr vieler verschiedener Längenabmessungen zusammengesetzt, die in Wechselwirkung miteinander stehen und in unterschiedlichem Maße zum Gesamtbetrag der kinetischen Energie beitragen. Um diese vage Vorstellung von den Turbulenzelementen verschiedener Größen in eine mathematisch exakte Form zu bringen, ist die Fourier-Analyse ein geeignetes Hilfsmittel, wobei die Wellenlänge die Bewegung verschiedener Lineardimensionen spezifiziert. Auch gibt dieses Mittel eine unmittelbare Anschauung davon, was unter der Vielzahl von Freiheitsgraden, die die Strömung besitzt, zu verstehen ist.

In diesem Abschnitt sollen die Beziehungen zwischen den Fourier-Komponenten und den Korrelationsfunktionen behandelt werden. Eine Fourier-Zerlegung kann nach der Zeit und nach den Raumkoordinaten durchgeführt werden. Das Wesentliche soll zunächst am Beispiel der zeitlichen Fourier-Zerlegung des Geschwindigkeitsfeldes gezeigt werden.

Zeitliche Fourier-Analyse. Wir betrachten die Schwankungskomponente $u_i'(t)$, die eine stetige, reelle Zufallsfunktion der Zeit t sei. Der Mittelwert sei $\overline{u_i'} \equiv 0$, und der

[1]) Vgl. Obuchow, A. M.: Statistische Beschreibung stetiger Felder. Dt. Übers. in: Goering, H.: [17].

[2]) Im englischen Schrifttum ist der Ausdruck „eddies“ gebräuchlich. In der vorliegenden Darstellung wird einheitlich die Bezeichnung Turbulenzelemente verwandt.

quadratische Mittelwert $\overline{u_i'^2}(t)$ sei eine Funktion der Zeit und für alle Werte von t endlich.

Unter der Voraussetzung $\int_{-\infty}^{\infty} |u_i'(t)|\,dt < \infty$ (absolute Integrierbarkeit) gilt nach der Theorie der Fourier-Integrale für eine stückweise glatte Funktion $u_i'(t)$ das folgende Paar von Transformationen:

$$u_i'(t) = \int_{-\infty}^{\infty} z_i(\omega)\,e^{i\omega t}\,d\omega\,, \tag{1.55}$$

$$z_i(\omega) = \frac{1}{2\pi}\int_{-\infty}^{\infty} u_i'(t)\,e^{-i\omega t}\,dt\,, \tag{1.56}$$

wobei $i=\sqrt{-1}$ die imaginäre Einheit und $z_i(\omega)$ die von der Kreisfrequenz ω abhängige komplexwertige Amplitude ist. Nun kann man nicht ohne weiteres annehmen, daß $|u_i'(t)|$ für $t\to\pm\infty$ nach Null abklingt; man braucht dabei nur an einen stationären Vorgang zu denken. Im allgemeinen muß man also davon ausgehen, daß das Integral $\int_{-\infty}^{\infty} |u_i'(t)|\,dt$ nicht existiert und nur $\lim_{T\to\infty}\frac{1}{T}\int_{-T}^{T} |u_i'(t)|\,dt$ einen endlichen Wert hat. Um die entstehenden Schwierigkeiten zu umgehen, führt man vorübergehend die Vorstellung ein, daß $u_i'(t)$ nur im Bereich $-T\leq t\leq T$ von Null verschieden und $u_i'(t)\equiv 0$ für $|t|>T$ ist. Dann folgt anstelle von (1.56)

$$z_i(\omega, T) = \frac{1}{2\pi}\int_{-T}^{T} u_i'(t)\,e^{-i\omega t}\,dt\,. \tag{1.57}$$

Man kann nun den Übergang zur Grenze $T\to\infty$ vollziehen, wenn man statt der Amplitude z_i bei ω deren Integral im Intervall zwischen $\omega-\Delta\omega/2$ und $\omega+\Delta\omega/2$ nimmt. So erhält man

$$\Delta Z_i(\omega, T) = \int_{\omega-\Delta\omega/2}^{\omega+\Delta\omega/2} z_i(\omega', T)\,d\omega' = \frac{1}{2\pi}\int_{-T}^{+T} u_i'(t)\,e^{-i\omega t}\,\frac{e^{-i\Delta\omega t/2}-e^{i\Delta\omega t/2}}{-it}\,dt\,. \tag{1.58}$$

Das letzte Integral konvergiert für $T\to\infty$, und man kann also

$$\Delta Z_i(\omega) = \frac{1}{2\pi}\int_{-\infty}^{+\infty} u_i'(t)\,e^{-i\omega t}\,\frac{e^{-i\Delta\omega t/2}-e^{i\Delta\omega t/2}}{-it}\,dt \tag{1.59}$$

schreiben. Die Umkehrung zu (1.59) lautet:

$$u_i'(t) = \int_{-\infty}^{+\infty} e^{i\omega t} \, dZ_i(\omega), \tag{1.60}$$

wobei

$$dZ_i(\omega) = \lim_{\Delta\omega \to d\omega} \Delta Z_i(\omega) \tag{1.61}$$

gesetzt wurde. Das Integral (1.60) ist als stochastisches Fourier-Stieltjessches Integral anzusehen. Dabei ist es nicht notwendig, daß die Ableitung

$$\frac{dZ_i(\omega)}{d\omega} = \lim_{\Delta\omega \to d\omega} \frac{\Delta Z_i(\omega)}{\Delta\omega} \tag{1.62}$$

endlich ist. Die Differenz $\Delta Z_i(\omega)$ bzw. das Differential $dZ_i(\omega)$ ist eine Zufallsvariable, deren Größe von der jeweiligen Realisation $u_i'(t)$ abhängt. Da $u_i'(t)$ reell ist, gilt für die Konjugierte von ΔZ_i

$$\Delta Z_i^*(\omega) = \frac{1}{2\pi} \int_{-\infty}^{+\infty} u_i'(t) e^{i\omega t} \frac{e^{i\Delta\omega t/2} - e^{-i\Delta\omega t/2}}{it} \, dt, \tag{1.63}$$

$$u_i'(t) = \int_{-\infty}^{+\infty} e^{-i\omega t} \, dZ_i^*(\omega). \tag{1.64}$$

Die Beziehungen sollen jetzt auf den Korrelationstensor für zwei Geschwindigkeitskomponenten zu verschiedenen Zeiten t_1 und t_2 angewendet werden. Im Schrifttum werden bei der Fourier-Analyse gewöhnlich nur stationäre oder homogene Felder betrachtet. Bis jetzt wurden noch keine diesbezüglichen Voraussetzungen gemacht, und es ist auch nicht erforderlich, nun einschränkende Annahmen einzuführen. Es werde also weiterhin ein ganz allgemeines Turbulenzfeld behandelt.

Mit (1.60) und (1.64) ergibt sich für den Mittelwert

$$\overline{u_i'(t_1) u_j'(t_2)} = \iint_{-\infty}^{+\infty} e^{-i(\omega_1 t_1 - \omega_2 t_2)} \overline{dZ_i^*(\omega_1) \, dZ_j(\omega_2)}. \tag{1.65}$$

Setzt man

$$t_1 = t, \quad t_2 = t + \tau,$$

$$\omega_2 = \omega, \quad \omega_1 = \omega + n$$

und führt als spektrale Tensorfunktion

$$dF_{ij}(\omega_1, \omega_2) = dF_{ij}(\omega, n) = \overline{dZ_i^*(\omega_1) \, dZ_j(\omega_2)}. \tag{1.66}$$

ein, so folgt für den Geschwindigkeitskorrelationstensor

$$R_{ij}(t, \tau) = \iint_{-\infty}^{+\infty} e^{-i(nt - \omega\tau)} \, dF_{ij}(\omega, n). \tag{1.67}$$

Dabei ist $R_{ij}(t, \tau)$ eine reelle und $dF_{ij}(\omega, n)$ eine komplexe Funktion. Führt man jetzt noch die Spektraltensorfunktion

$$\Phi_{ij}(t,\omega)\mathrm{d}\omega = \int\limits_{n=-\infty}^{+\infty} \mathrm{e}^{-\mathrm{i}nt}\mathrm{d}F_{ij}(\omega,n) \tag{1.68}$$

ein, so schreibt man für Gl. (1.67)

$$R_{ij}(t,\tau) = \int\limits_{-\infty}^{+\infty} \Phi_{ij}(t,\omega)\mathrm{e}^{\mathrm{i}\omega\tau}\mathrm{d}\omega, \tag{1.69}$$

für die gemäß Gl. (1.55) und (1.56) die Umkehrung

$$\Phi_{ij}(t,\omega) = \frac{1}{2\pi}\int\limits_{-\infty}^{+\infty} R_{ij}(t,\tau)\mathrm{e}^{-\mathrm{i}\omega\tau}\mathrm{d}\tau \tag{1.70}$$

gilt. In gleicher Weise läßt sich auch eine komplexe Spektraltensorfunktion

$$f_{ij}(\tau,n)\mathrm{d}n = \int\limits_{-\infty}^{+\infty} \mathrm{e}^{\mathrm{i}\omega\tau}\mathrm{d}F_{ij}(\omega,n) \tag{1.71}$$

definieren, die Gl. (1.67) auf die Form

$$R_{ij}(t,\tau) = \int\limits_{-\infty}^{+\infty} f_{ij}(\tau,n)\mathrm{e}^{-\mathrm{i}nt}\mathrm{d}n \tag{1.72}$$

bringt, zu der die Umkehrung

$$f_{ij}(\tau,n) = \frac{1}{2\pi}\int\limits_{-\infty}^{+\infty} R_{ij}(t,\tau)\mathrm{e}^{\mathrm{i}nt}\mathrm{d}t \tag{1.73}$$

gehört. Andererseits kann man bei der Fourier-Analyse des Geschwindigkeitskorrelationstensors auch von Gl. (1.59) und (1.63) ausgehen. Mit Gl. (1.61) erhält man

$$\overline{\mathrm{d}Z_i^*(\omega_1)\mathrm{d}Z_j(\omega_2)} = \lim_{\Delta\omega_1\to\mathrm{d}\omega_1,\Delta\omega_2\to\mathrm{d}\omega_2} \frac{1}{(2\pi)^2}\int\limits_{-\infty}^{+\infty}\int \overline{u_i'(t)u_j'(t_1)}\mathrm{e}^{\mathrm{i}(\omega_1 t_1-\omega_2 t_2)} \frac{\mathrm{e}^{\mathrm{i}\Delta\omega_1 t_1/2}-\mathrm{e}^{-\mathrm{i}\Delta\omega_1 t_1/2}}{\mathrm{i}t_1}\,\frac{\mathrm{e}^{-\mathrm{i}\Delta\omega_2 t_2/2}-\mathrm{e}^{\mathrm{i}\Delta\omega_2 t_2/2}}{-\mathrm{i}t_2}\mathrm{d}t_1\mathrm{d}t_2. \tag{1.74}$$

Die beim Übergang von (1.65) auf (1.67) eingeführten Definitionen geben dann der Gl. (1.74) die Form

$$\mathrm{d}F_{ij}(\omega,n) = \lim_{\Delta\omega_1\to\mathrm{d}\omega_1,\Delta\omega_2\to\mathrm{d}\omega_2} \frac{1}{(2\pi)^2}\int\limits_{-\infty}^{+\infty}\int R_{ij}(t,\tau)\mathrm{e}^{\mathrm{i}(nt-\omega\tau)} \frac{\mathrm{e}^{\mathrm{i}\Delta\omega_1 t/2}-\mathrm{e}^{-\mathrm{i}\Delta\omega_1 t/2}}{\mathrm{i}t}\,\frac{\mathrm{e}^{-\mathrm{i}\Delta\omega_2(t+\tau)/2}-\mathrm{e}^{\mathrm{i}\Delta\omega_2(t+\tau)/2}}{-\mathrm{i}(t+\tau)}\mathrm{d}t\mathrm{d}\tau, \tag{1.75}$$

die die Umkehrung von (1.67) darstellt. Die Grenzübergänge dürfen bei dieser Gleichung nur dann vor der Ausführung der Integrationen vollzogen werden, wenn der Vorgang zeitlich begrenzt ist, genauer wenn $R_{ij}(t,\tau)$ für alle Werte von τ bezüglich t absolut integrabel ist $\left(\int\limits_{-\infty}^{\infty} |R_{ij}(t,\tau)|\,\mathrm{d}t < \infty\right)$. In diesem Fall kann man mit $\Delta\omega_1 \to \mathrm{d}n$, $\Delta\omega_2 \to \mathrm{d}\omega$ schreiben:

$$\mathrm{d}F_{ij}(\omega,n) = \frac{\mathrm{d}n\,\mathrm{d}\omega}{(2\pi)^2} \int\limits_{-\infty}^{+\infty}\!\!\int R_{ij}(t,\tau)\,\mathrm{e}^{\mathrm{i}(nt-\omega\tau)}\,\mathrm{d}t\,\mathrm{d}\tau. \tag{1.76}$$

Diese Reihe von Gleichungen beinhalten also eine zweifache Fourier-Zerlegung der Korrelationstensorfunktion, und zwar nach der Zeitdifferenz $\tau = t_2 - t_1$ und der Zeit $t = t_1$; im Hinblick auf die Turbulenzstruktur ist allerdings fast nur die Zerlegung nach τ von Bedeutung. Für $\tau = 0$ folgt aus (1.69)

$$\overline{u'_i u'_j}(t) = \int\limits_{-\infty}^{+\infty} \Phi_{ij}(t,\omega)\,\mathrm{d}\omega, \tag{1.77}$$

$\Phi_{ij}(t,\omega)\mathrm{d}\omega$ stellt also den Beitrag zu $\overline{u'_i u'_j}(t)$ dar, den die Fourier-Komponenten des Frequenzbereichs von ω bis $\omega + \mathrm{d}\omega$ liefern. Da nach (1.35) die Korrelation zwischen den Geschwindigkeitskomponenten für $|\tau| \to \infty$ verschwindet, gilt also

$$R_{ij}(t,\infty) = \lim_{\tau\to\infty} \int\limits_{-\infty}^{+\infty} \Phi_{ij}(t,\omega)\,\mathrm{e}^{-\mathrm{i}\omega\tau}\,\mathrm{d}\omega = 0. \tag{1.78}$$

Hieraus ist zu schließen, daß $\Phi_{ij}(t,\omega)$ eine kontinuierliche Funktion von ω ist; es sind also keine Punktspektren in ω zu erwarten. Wenn $R_{ij}(t,\tau)$ eine stetige Funktion von τ ist, kann man umgekehrt aus (1.70)

$$\lim_{\omega\to\infty} \Phi_{ij}(t,\omega) \to 0 \tag{1.79}$$

folgern. Für $\omega = 0$ ergibt sich aus (1.70)

$$\Phi_{ij}(t,0) = \frac{1}{2\pi} \int\limits_{-\infty}^{+\infty} R_{ij}(t,\tau)\,\mathrm{d}\tau, \tag{1.80}$$

so daß man für das durch (1.38) definierte Integral-Zeitmaß also

$$T_{ij}(t) = \frac{\pi\,\Phi_{ij}(t,0)}{\int\limits_{-\infty}^{+\infty} \Phi_{ij}(t,\omega)\,\mathrm{d}\omega} \tag{1.81}$$

erhält.

Der stationäre Prozeß, der dadurch gekennzeichnet ist, daß R_{ij} und Φ_{ij} nicht mehr von t abhängen, ist als Sonderfall in den obigen Gleichungen enthalten. Nach Gl. (1.67) und (1.68) ist dazu erforderlich, so daß das n-Spektrum die Form einer Diracschen Deltafunktion (Punktspektrum für $n = 0$) annimmt. Aus (1.68) ergibt sich dann

$$\Phi_{ij}(\omega)\,\mathrm{d}\omega = \int\limits_{-\infty}^{+\infty} \mathrm{d}F_{ij}(\omega,n) = \mathrm{d}F_{ij}(\omega). \tag{1.82}$$

Führt man (1.82) in (1.69) ein, so läßt sich die Funktion $R_{ij}(\tau)$ in der Form

$$R_{ij}(\tau) = \int_{-\infty}^{+\infty} e^{i\omega\tau} dF_{ij}(\omega) \tag{1.83}$$

darstellen. Dies ist nach A. Khintchine[1]) und H. Cramér[2]) eine notwendige und hinreichende Bedingung dafür, daß $R_{ij}(\tau)$ die Korrelationsfunktion eines stetigen stationären stochastischen Prozesses ist. Mit Gl. (1.82) erhält man aus (1.70)

$$dF_{ij}(\omega) = \frac{d\omega}{2\pi} \int_{-\infty}^{+\infty} R_{ij}(\tau) e^{-i\omega\tau} d\tau. \tag{1.84}$$

Dieses Ergebnis kann man auch unmittelbar aus (1.75) herleiten. Da R_{ij} nicht mehr von t abhängt, kann man die Integration über t ausführen, es ergibt sich $n=0$, $\Delta\omega_1 = = \Delta\omega_2 = \Delta\omega$

$$dF_{ij}(\omega) = \lim_{\Delta\omega\to d\omega} \frac{1}{2\pi} \int_{-\infty}^{+\infty} R_{ij}(\tau) e^{-i\omega\tau} \frac{e^{i3\Delta\omega\tau/2} - e^{-i\Delta\omega\tau/2}}{2i\tau} d\tau; \tag{1.85}$$

wenn man jetzt den Grenzübergang $\Delta\omega \to d\omega$ vollzieht, geht (1.85) in (1.84) über. *Die Herleitungen brachten also das interessante Ergebnis, daß* $dF_{ij}(\omega) = \overline{dZ_i^*(\omega) dZ_j(\omega)}$ *beim stationären Prozeß von der Größenordnung* $d\omega$ *und nicht* $(d\omega)^2$ *ist, wie es bei endlichem* $dZ_i(\omega)/d\omega$ *zu erwarten wäre.* Im allgemeinen ist es also nicht erlaubt, den Grenzübergang $\Delta\omega \to d\omega$ schon vor der Integration über t vorzunehmen; dies ist nur beim zeitlich begrenzten Vorgang zulässig, wie schon bei Gl. (1.76) erwähnt wurde. Von Gl. (1.76) kann man also nicht zum stationären Prozeß übergehen.

Räumliche Fourier-Analyse. Bei der Beschreibung der Struktur der Turbulenz ist die Fourier-Zerlegung nach den Raumkoordinaten wesentlich interessanter als die Zerlegung nach der Zeit. In mathematischer Hinsicht bietet die räumliche Analyse nichts Neues, außer daß es sich im allgemeinen um die Zerlegung im dreidimensionalen Raum handelt.

Ersetzt man in (1.58) bis (1.60) die Zeit durch die Raumkoordinaten x_i und die Frequenz durch den Vektor $\boldsymbol{k}$ der Wellenzahl, dessen Betrag $|\boldsymbol{k}| = 2\pi$/Wellenlänge ist, so erhält man

$$\Delta Z_i(\boldsymbol{k}) = \frac{1}{(2\pi)^3} \int_{V(\boldsymbol{x})} u_i'(\boldsymbol{x}) e^{-i\boldsymbol{k}\cdot\boldsymbol{x}} \prod_{n=1}^{3} \frac{e^{-i\Delta k_n x_n/2} - e^{i\Delta k_n x_n/2}}{-i x_n} d\boldsymbol{x}, \tag{1.86}$$

wobei sich das Integral über den ganzen Raum $V(\boldsymbol{x})$ erstreckt.

---

[1]) Khintchine, A.: Korrelationstheorie der stationären stochastischen Prozesse. Math. Ann. **109** (1933) 604–615.

[2]) Cramér, H.: On the theory of stationary random processes. Ann. Math. **41** (1940) 215–230.

Hierbei ist in den Exponentialfunktionen das Summationsübereinkommen auf die mit n indizierten Größen nicht anzuwenden. Die Umkehrung wird wieder als Fourier-Stieltjessches Integral geschrieben,

$$u_i'(\boldsymbol{x}) = \int_{V(\boldsymbol{k})} e^{i\boldsymbol{k}\cdot\boldsymbol{x}} \mathrm{d}Z_i(\boldsymbol{k}). \tag{1.87}$$

Die Integration erstreckt sich über den ganzen Wellenzahlenraum $V(\boldsymbol{k})$.

Die Berechnung des Korrelationstensors für zwei Geschwindigkeitskomponenten an zwei Punkten $\boldsymbol{x}$ und $\boldsymbol{x}'$ für ein allgemeines nicht homogenes Zufallsfeld geschieht ganz analog zu Gln. (1.65) bis (1.76), wenn man t durch $\boldsymbol{x}$ und ω durch $\boldsymbol{k}$ ersetzt. Mit $\boldsymbol{x}' = \boldsymbol{x} + \boldsymbol{r}$, $\boldsymbol{k}_2 = \boldsymbol{k}$, $\boldsymbol{k}_1 = \boldsymbol{k} + \boldsymbol{\varkappa}$ und

$$\mathrm{d}F_{ij}(\boldsymbol{k}_1, \boldsymbol{k}_2) = \mathrm{d}F_{ij}(\boldsymbol{k}, \boldsymbol{\varkappa}) = \overline{\mathrm{d}Z_i^*(\boldsymbol{k}_1)\mathrm{d}Z_j(\boldsymbol{k}_2)} \tag{1.88}$$

ergibt sich für die Spektraltensorfunktion

$$\Phi_{ij}(\boldsymbol{x}, \boldsymbol{k})\mathrm{d}\boldsymbol{k} = \int_{V(\boldsymbol{\varkappa})} e^{-i\boldsymbol{\varkappa}\cdot\boldsymbol{x}} \mathrm{d}F_{ij}(\boldsymbol{k}, \boldsymbol{\varkappa}); \tag{1.89}$$

hier ist über alle $\boldsymbol{\varkappa}$ zu integrieren. Somit gilt also

$$R_{ij}(\boldsymbol{x}, \boldsymbol{r}) = \int_{V(\boldsymbol{k})} \Phi_{ij}(\boldsymbol{x}, \boldsymbol{k}) e^{i\boldsymbol{k}\cdot\boldsymbol{r}} \mathrm{d}\boldsymbol{k}, \tag{1.90}$$

wobei $\mathrm{d}\boldsymbol{k} = \mathrm{d}k_1 \mathrm{d}k_2 \mathrm{d}k_3$ ein Volumenelement im Wellenzahlenraum ist, und

$$\Phi_{ij}(\boldsymbol{x}, \boldsymbol{k}) = \frac{1}{(2\pi)^3} \int_{V(\boldsymbol{r})} R_{ij}(\boldsymbol{x}, \boldsymbol{r}) e^{-i\boldsymbol{k}\cdot\boldsymbol{r}} \mathrm{d}\boldsymbol{r}, \tag{1.91}$$

mit $\mathrm{d}\boldsymbol{r} = \mathrm{d}r_1 \mathrm{d}r_2 \mathrm{d}r_3$. Da für $\boldsymbol{r} = 0$ aus (1.90)

$$\overline{u_i' u_j'}(\boldsymbol{x}) = \int_{V(\boldsymbol{k})} \Phi_{ij}(\boldsymbol{x}, \boldsymbol{k}) \mathrm{d}\boldsymbol{k} \tag{1.92}$$

folgt, stellt $\Phi_{ij}(\boldsymbol{x}, \boldsymbol{k})$ die spektrale Verteilungsdichte für $\overline{u_i' u_j'}(\boldsymbol{x})$ im Wellenzahlenraum dar.

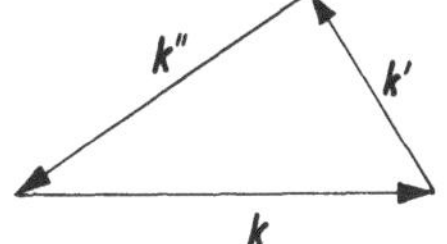

Fig. 6
Kombination von drei Wellenzahlenvektoren im homogenen Feld

Beim homogenen Turbulenzfeld, das das räumliche Gegenstück zum stationären Feld ist, sind R_{ij} und Φ_{ij} nicht von $\boldsymbol{x}$ abhängig. $\mathrm{d}F_{ij}(\boldsymbol{k}, \boldsymbol{\varkappa})$ hat dann ein Punktspektrum für $\boldsymbol{\varkappa} = 0$ (dreidimensionale Diracsche Deltafunktion), also

$$\Phi_{ij}(\boldsymbol{k})\mathrm{d}\boldsymbol{k} = \int_{V(\boldsymbol{\varkappa})} \mathrm{d}F_{ij}(\boldsymbol{k}, \boldsymbol{\varkappa}) = \mathrm{d}F_{ij}(\boldsymbol{k}), \tag{1.93}$$

und

$$\mathrm{d}F_{ij}(\boldsymbol{k}) = \frac{\mathrm{d}\boldsymbol{k}}{(2\pi)^3} \int_{V(\boldsymbol{r})} R_{ij}(\boldsymbol{r}) e^{-i\boldsymbol{k}\cdot\boldsymbol{r}} \mathrm{d}\boldsymbol{r} = \overline{\mathrm{d}Z_i^*(\boldsymbol{k})\mathrm{d}Z_j(\boldsymbol{k})}. \tag{1.94}$$

In Übereinstimmung mit dem Ergebnis für stationäre Zufallsfelder ist bei homogenen Feldern $\overline{\mathrm{d}Z_i^*(\boldsymbol{k})\mathrm{d}Z_j(\boldsymbol{k})}$ *proportional* $\mathrm{d}\boldsymbol{k}$.

Auf die gleiche Weise können ganz allgemein auch zentrale Momente m-ter Ordnung vom n-Punkttyp spektral zerlegt werden. Für die Funktion nach Gl. (1.53) würde man also

$$\begin{aligned} &Q_{ij\cdots p}(\boldsymbol{x},\boldsymbol{r}^{(1)},\ldots,\boldsymbol{r}^{(n-1)}) \\ &= \iint\limits_{V(\boldsymbol{k}^{(1)},\boldsymbol{k}^{(2)},\ldots,\boldsymbol{k}^{(n-1)})}\cdots\int \chi_{ij\cdots p}(\boldsymbol{x},\boldsymbol{k}^{(1)},\ldots,\boldsymbol{k}^{(n-1)})\,\mathrm{e}^{\mathrm{i}(\boldsymbol{k}^{(1)}\cdot\boldsymbol{r}^{(1)}+\cdots+\boldsymbol{k}^{(n-1)}\cdot\boldsymbol{r}^{(n-1)})}\,\mathrm{d}\boldsymbol{k}^{(1)}\cdots\mathrm{d}\boldsymbol{k}^{(n-1)} \\ &= \iint\limits_{V(\boldsymbol{k},\boldsymbol{k}^{(1)},\ldots,\boldsymbol{k}^{(n-1)})}\cdots\int \mathrm{e}^{\mathrm{i}[\boldsymbol{k}\cdot\boldsymbol{x}+\boldsymbol{k}^{(1)}\cdot(\boldsymbol{x}+\boldsymbol{r}^{(1)})+\cdots+\boldsymbol{k}^{(n-1)}\cdot(\boldsymbol{x}+\boldsymbol{r}^{(n-1)})]}\,\overline{\mathrm{d}Z_i(\boldsymbol{k})\mathrm{d}Z_j(\boldsymbol{k}^{(1)})\cdots\mathrm{d}Z_p(\boldsymbol{k}^{(n-1)})} \end{aligned} \tag{1.95}$$

erhalten. Handelt es sich um ein homogenes Feld, so ist $Q_{ij\cdots p}$ nur dann vom Ortsvektor $\boldsymbol{x}$ unabhängig, wenn die Bedingung

$$\boldsymbol{k}+\boldsymbol{k}^{(1)}+\cdots+\boldsymbol{k}^{(n-1)}=0 \tag{1.96}$$

erfüllt ist. Für eine Konfiguration vom 3-Punkttyp müssen die drei Wellenzahlenvektoren also ein geschlossenes Dreieck bilden, Fig. 6.

Die Fourier-Zerlegung läßt sich selbstverständlich auf skalare Feldgrößen, wie Druck-, Dichte-, Entropieschwankungen usw. anwenden. Es läßt sich auch eine teilweise Wellenzahlzerlegung, z. B. nur nach einer oder zwei Achsen des Raumes, vornehmen, und es ist ebenso eine kombinierte Wellenzahl-Frequenzanalyse denkbar.

Anmerkung. Die Tatsache, daß sich die Fourier-Analyse vom mathematischen Standpunkt nicht auf stationäre oder homogene Prozesse zu beschränken braucht, ist von erheblicher praktischer Bedeutung. Denn die wirklichen Strömungen sind häufig nicht exakt stationär – bei den atmosphärischen Strömungen ist das sogar der Regelfall – und Strömungen, die bezüglich aller drei Achsenrichtungen homogen sind, gibt es praktisch nicht. Die Spektralfunktionen können auch experimentell bestimmt werden. Zwar sind der unmittelbaren Messung nur die Frequenzspektren der stationären Prozesse zugänglich, jedoch ist es immer möglich, die Spektraldichten aus den Korrelationsfunktionen zu berechnen, wenn die Messungen nur hinreichend vollständig und genau sind. Daher steht die Fourier-Analyse den Korrelationsfunktionen und den zentralen Momenten beliebiger Ordnung als Darstellungsmittel gleichwertig zur Seite. Es erhebt sich natürlich die Frage, ob eine solche Zerlegung auch in physikalischer Hinsicht Vorteile bringt.

Die Vorzüge der Fourier-Zerlegung bestehen z. B. darin, daß sich gewisse physikalische Vorgänge im Wellenzahlenraum besser deuten lassen als im „Ortsraum" ($\boldsymbol{r}$-Raum). Es ist naheliegend, daß man Erkenntnisse, die man bei homogener oder stationärer Strömung gewonnen hat, auf allgemeine Fälle übertragen kann. Das ist zumindest dann zulässig, wenn nach (1.68) und (1.89) die Beiträge zu $\Phi(t,\omega)$ bzw. zu $\Phi(\boldsymbol{x},\boldsymbol{k})$ zum überwiegenden Teil von solchen Werten n bzw. $\boldsymbol{\varkappa}$ kommen, die wesentlich kleiner als ω bzw. $\boldsymbol{k}$ sind. Den Bereich von Wellenzahlen oder Frequenzen, für den diese Voraussetzung zutrifft, kann man als lokal homogen bzw. als momentan stationär bezeichnen (vgl. 2.4.1).

1.2.6. Konstruktion symmetrischer Tensorfelder. Viele der zu untersuchenden turbulenten Strömungen erfüllen – im statistischen Sinn – gewisse Symmetriebedingungen, die in den Randbedingungen oder den sonstigen Voraussetzungen begründet sind. Diese Symmetrieeigenschaften äußern sich dann auch in den Wahrscheinlichkeitsverteilungen. Praktisch heißt das, die Verbundwahrscheinlichkeitsdichten von Werten an n Punkten des Raumes sind nicht nur, wie bei stationärer oder homogener Turbulenz, gegen zeitliche bzw. räumliche Verschiebungen unveränderlich, sondern bleiben (bei gegebenen Verhältnissen) auch gegen Drehungen der Konfiguration um gewisse Achsen relativ zur Flüssigkeit oder gegen Spiegelungen an gedachten Ebenen unverändert. Solche Symmetrieeigenschaften haben wesentliche Vereinfachungen für die Beschreibung und Behandlung der statistischen Felder zur Folge.

Am weitesten ausgebildet sind die Symmetrieeigenschaften im kugelsymmetrischen Fall, bei dem die Wahrscheinlichkeitsverteilungen bei beliebigen Drehungen einer aus n Punkten gebildeten Konfiguration invariant sind. Wenn man zusätzlich fordert, daß die Verteilungen auch bei Spiegelungen an beliebigen Ebenen unverändert bleiben, so hat man den Fall isotroper Turbulenz und damit den höchstmöglichen Grad an Symmetrie erreicht.

In den beiden vorausgegangenen Abschnitten wurde dargelegt, daß bei der praktischen Behandlung die Turbulenzfelder meistens durch zentrale Momente oder Fourier-Entwicklungen beschrieben werden. In jedem Fall hat man es mit Tensoren der verschiedenen Stufen zu tun. Bei der Behandlung turbulenter Strömungen begegnet man daher häufig der Aufgabe, die Auswirkungen der Symmetrieeigenschaften auf Tensorfelder untersuchen zu müssen. In einfachen Fällen kann man die sich ergebenden Vereinfachungen intuitiv finden; bei komplizierteren Konfigurationen muß man jedoch zu systematischen Methoden greifen. Wegen der Wichtigkeit und der Anwendungsmöglichkeiten in anderen Gebieten als der Turbulenztheorie wollen wir uns jetzt mit diesem Problem befassen, für das die Tensoralgebra die notwendigen Hilfsmittel zur Verfügung stellt[1]). Wir werden zunächst das Problem formulieren und die Methode allgemein beschreiben. An Hand von Beispielen soll anschließend die Anwendung gezeigt werden.

Das Problem kann wie folgt formuliert werden:

Es sei $Q_{ijk\cdots p}$ ein kartesischer Tensor der Stufe m im dreidimensionalen Raum, der von n Ortsvektoren $\boldsymbol{r}, \boldsymbol{s}, \ldots, \boldsymbol{v}$ abhängt, die alle den gleichen Koordinatenursprung haben. Für $Q_{ijk\cdots p}(\boldsymbol{r}, \boldsymbol{s}, \ldots, \boldsymbol{v})$ ist eine solche Form zu finden, die bei festgehaltener Konfiguration der durch die Endpunkte der Ortsvektoren definierten Punkte (d.h. bei festgehaltenen Beträgen der Vektoren und der eingeschlossenen Winkel) invariant gegen beliebige Drehungen des Koordinatensystems ist.

Eine Methode zur Lösung dieser allgemeinen Aufgabe besteht darin, daß man mit Hilfe von m beliebigen Einheitsvektoren $\boldsymbol{a}, \boldsymbol{b}, \boldsymbol{c}, \ldots, \boldsymbol{h}$ eine skalare Funktion

$$F(\boldsymbol{r}, \boldsymbol{s}, \ldots, \boldsymbol{v}; \boldsymbol{a}, \boldsymbol{b}, \boldsymbol{c}, \ldots, \boldsymbol{h}) = Q_{ijk\cdots p} a_i b_j c_k \cdots h_p \qquad (1.97)$$

[1]) Vgl. Duschek, A.; Hochrainer, A.: Grundzüge der Tensorrechnung in analytischer Darstellung. I. u. II. Teil. Wien 1968/1970.
Batchelor, G.K.: [6].

bildet, wobei das Einsteinsche Summationsübereinkommen bei sich wiederholenden Indizes anzuwenden ist[1]). Als typischen Vertreter eines solchen Tensors erwähnen wir zur Illustration ein zentrales Moment m-ter Ordnung vom $(n+1)$-Punkttypus eines homogenen Turbulenzfeldes[2])

$$Q_{ijk\cdots p}(\boldsymbol{r},\boldsymbol{s},\ldots,\boldsymbol{v}) = \overline{u_i'(\boldsymbol{x})u_j'(\boldsymbol{x}+\boldsymbol{r})u_k'(\boldsymbol{x}+\boldsymbol{s})\cdots u_p'(\boldsymbol{x}+\boldsymbol{v})}. \tag{1.98}$$

Es ergäbe sich dann

$$\begin{aligned} F(\boldsymbol{r},\boldsymbol{s},\ldots,\boldsymbol{v};\boldsymbol{a},\boldsymbol{b},\boldsymbol{c},\ldots,\boldsymbol{h}) &= \overline{u_i'(\boldsymbol{x})a_i u_j'(\boldsymbol{x}+\boldsymbol{r})b_j u_k'(\boldsymbol{x}+\boldsymbol{s})c_k\cdots u_p'(\boldsymbol{x}+\boldsymbol{v})h_p} \\ &= Q_{ijk\cdots p}(\boldsymbol{r},\boldsymbol{s},\ldots,\boldsymbol{v})a_i b_j c_k\cdots h_p. \end{aligned} \tag{1.99}$$

Die mögliche Abhängigkeit von der Zeit wurde hierbei unterdrückt. Die Ausführungen gelten jedoch für alle Tensoren, auch für die in 1.2.5 behandelten Spektraltensoren. Aus den Symmetriebedingungen folgt dann die Forderung, daß die Funktion $F(\ldots)$ von (1.99) unverändert bleiben soll, wenn die durch die n Punkte $P(\boldsymbol{x})$, $P(\boldsymbol{x}+\boldsymbol{r})$, $P(\boldsymbol{x}+\boldsymbol{s}),\ldots,P(\boldsymbol{x}+\boldsymbol{v})$ definierte Konfiguration beliebige Drehungen um gewisse Achsen ausführt.

In der Sprache der Tensoralgebra heißt dies, daß die allgemeinste Form der Funktion $F(\ldots)$ zu ermitteln ist, die bei beliebiger Drehung um alle auftretenden Vektoren $(\boldsymbol{r},\boldsymbol{s},\ldots,\boldsymbol{h})$ invariant bleibt. Nach der Theorie der Drehungsinvarianten sind nur zwei Typen von Fundamentalinvarianten vorhanden, nämlich

1. skalare Produkte von zwei Vektoren

$$\boldsymbol{r}\cdot\boldsymbol{r},\ \boldsymbol{r}\cdot\boldsymbol{s},\ldots,\boldsymbol{r}\cdot\boldsymbol{a},\ \boldsymbol{r}\cdot\boldsymbol{b},\ \boldsymbol{a}\cdot\boldsymbol{b},\ldots$$ [3])

2. Produkte aus drei Vektoren (Spatprodukte)

$$[\boldsymbol{r}\,\boldsymbol{a}\,\boldsymbol{b}],\ [\boldsymbol{s}\,\boldsymbol{a}\,\boldsymbol{b}],\ldots.$$

Das Spatprodukt aus 3 Vektoren $[\boldsymbol{r}\,\boldsymbol{a}\,\boldsymbol{b}]=\varepsilon_{ijk}r_i a_j b_k$ ist das Volumen des Parallelepipedons, dessen Kanten von den drei Vektoren gebildet werden. Dabei ist der ε-Tensor ε_{ijk} ein Tensor dritter Stufe, dessen Koordinaten bei entsprechender Orientierung des Koordinatensystems die Werte $+1$ oder -1 haben, wenn die Indizes eine gerade oder ungerade Permutation der Zahlen 1,2,3 bilden (also $\varepsilon_{ijk}=1$ für 123, 231, 312 und $\varepsilon_{ijk}=-1$ für 132, 213, 321); wenn mindestens zwei Indizes gleich sind, ist $\varepsilon_{ijk}=0$. Die Spatprodukte wechseln also bei Spiegelung der Konfiguration das Vorzeichen.

Da die skalare Funktion F nach (1.99) bezüglich der Vektoren $\boldsymbol{a},\boldsymbol{b},\ldots,\boldsymbol{h}$ linear und homogen ist, läßt sich mit den genannten Fundamentalinvarianten eine m-lineare

---

[1]) Das Summationsübereinkommen wird durchgehend angewendet, wenn nichts anderes gesagt wird, vgl. das Normblatt DIN 1303.

[2]) Die Voraussetzungen für Symmetrieeigenschaften sind gewöhnlich nur erfüllt, wenn Homogenität vorliegt.

[3]) Skalare Produkte von zwei gleichen Einheitsvektoren $\boldsymbol{a}\cdot\boldsymbol{a}$ usw. brauchen nicht berücksichtigt zu werden, da sie identisch gleich 1 sind.

Form bilden, die aus der Summe aller möglichen Ausdrücke etwa folgender Art

$$F(\cdots)=\Sigma A(\boldsymbol{r}\cdot\boldsymbol{a})(\boldsymbol{r}\cdot\boldsymbol{b})\cdots \tag{1.100}$$

besteht, wobei in jedem Summanden jeder der Einheitsvektoren $\boldsymbol{a},\boldsymbol{b},\ldots,\boldsymbol{h}$ nur einmal erscheint. Die skalaren Koeffizienten A sind beliebige Funktionen der aus den Ortsvektoren $\boldsymbol{r},\boldsymbol{s},\ldots,\boldsymbol{v}$ gebildeten Fundamentalinvarianten und enthalten die Einheitsvektoren $\boldsymbol{a},\boldsymbol{b},\ldots,\boldsymbol{h}$ nicht. Aus dieser multilinearen Form findet man die Form des Tensors, die mit Gl. (1.97) eine invariante Form für $F(\cdots)$ ergibt.

Beispiele. 1. Kugelsymmetrischer Tensor Q_{ij} zweiter Stufe, der von keinem Vektor abhängt ($m=2$, $n=0$). Es handelt sich also um einen Korrelationstensor vom 1-Punkttypus. Als einziges skalares Produkt tritt $\boldsymbol{a}\cdot\boldsymbol{b}$ auf. Die bilineare Form ist also

$$F(\boldsymbol{a},\boldsymbol{b})=A(\boldsymbol{a}\cdot\boldsymbol{b}). \tag{1.101}$$

Durch Vergleich mit

$$F(\boldsymbol{a},\boldsymbol{b})=Q_{ij}a_i b_j \tag{1.102}$$

ergibt sich dann, daß der Ausdruck

$$Q_{ij}=A\,\delta_{ij} \tag{1.103}$$

mit (1.101) vereinbar ist, wobei das Kroneckersche Delta ein Tensor zweiter Stufe ist, dessen Koordinaten bei gleichen Indizes ($i=j$) den Wert $\delta_{ij}=1$ und bei ungleichen Indizes ($i\neq j$) den Wert $\delta_{ij}=0$ haben. Der skalare Koeffizient A ist eine Konstante. In diesem Fall hat man also

$$\left.\begin{aligned} &Q_{11}=Q_{22}=Q_{33},\\ &Q_{12}=Q_{23}=Q_{13}=0. \end{aligned}\right\} \tag{1.104}$$

2. Kugelsymmetrischer Vektor $Q_i(\boldsymbol{r})$, der von einem Vektor $\boldsymbol{r}$ abhängt. Man kann sich $Q_i(\boldsymbol{r})$ als Moment vom 2-Punkttypus denken, das durch das Produkt eines Vektors mit einem Skalar, z. B. dem Druck, gebildet ist. Also $Q_i(\boldsymbol{r})=\overline{p'(\boldsymbol{x})u_i'(\boldsymbol{x}+\boldsymbol{r})}$. In diesem Fall ist die skalare Invariante

$$F(\boldsymbol{r},\boldsymbol{a})=Q_i(\boldsymbol{r})a_i. \tag{1.105}$$

Es gibt folgende Skalare $\boldsymbol{r}\cdot\boldsymbol{r}=r^2$, $\boldsymbol{r}\cdot\boldsymbol{a}$, die auf die lineare Form

$$F(\boldsymbol{r},\boldsymbol{a})=A(\boldsymbol{r}\cdot\boldsymbol{a}) \tag{1.106}$$

führen. A ist eine beliebige Funktion von r^2. Der kugelsymmetrische Vektor hat also die Form

$$Q_i(\boldsymbol{r})=A(r)r_i \tag{1.107}$$

3. Kugelsymmetrischer Tensor 2. Stufe, $Q_{ij}(\boldsymbol{r})$, der von einem Vektor $\boldsymbol{r}$ abhängt, Fig. 4. Anstelle von (1.102) haben wir jetzt

$$F(\boldsymbol{r},\boldsymbol{a},\boldsymbol{b})=Q_{ij}(\boldsymbol{r})a_i b_j, \tag{1.108}$$

und F ist durch die fünf Fundamentalinvarianten

$$\boldsymbol{r}\cdot\boldsymbol{r},\quad \boldsymbol{r}\cdot\boldsymbol{a},\quad \boldsymbol{r}\cdot\boldsymbol{b},\quad \boldsymbol{a}\cdot\boldsymbol{b},\quad [\boldsymbol{r}\,\boldsymbol{a}\,\boldsymbol{b}]$$

auszudrücken. Die bilineare Form lautet also

$$F(\boldsymbol{r},\boldsymbol{a},\boldsymbol{b})=A(\boldsymbol{r}\cdot\boldsymbol{a})(\boldsymbol{r}\cdot\boldsymbol{b})+B(\boldsymbol{a}\cdot\boldsymbol{b})+C[\boldsymbol{r}\,\boldsymbol{a}\,\boldsymbol{b}], \tag{1.109}$$

wobei A, B und C Funktionen von r^2 sind. Daraus folgt für den kugelsymmetrischen Tensor 2. Stufe

$$Q_{ij}(\boldsymbol{r}) = A(r) r_i r_j + B(r) \delta_{ij} + C(r) \varepsilon_{ijk} r_k. \tag{1.110}$$

Wenn man zusätzlich fordert, daß Q_{ij} auch bei Spiegelung an einer beliebigen Ebene seine Form nicht ändert, d.h. daß $Q_{ji} = Q_{ij}$ ist, so muß $C = 0$ sein. Diese Bedingungen führen auf den isotropen Tensor 2. Stufe, der also die Form

$$Q_{ij}(\boldsymbol{r}) = A(r) r_i r_j + B(r) \delta_{ij} \tag{1.111}$$

hat.

4. Als letztes Beispiel soll ein achsensymmetrischer Tensor zweiter Stufe $Q_{ij}(\boldsymbol{r}, \boldsymbol{\lambda})$ behandelt werden. Das achsensymmetrische Feld rangiert bezüglich Einfachheit als nächstes hinter dem isotropen Feld und unterscheidet sich von letzterem durch Hinzufügen des Einheitsvektors $\boldsymbol{\lambda}$, der die ausgezeichnete Richtung des Feldes kennzeichnet. Solange die durch die beiden Vektoren gebildete Konfiguration, Fig. 7, unverändert bleibt, muß Q_{ij} gegenüber beliebigen Drehungen und Spiegelungen um $\boldsymbol{\lambda}$ invariant sein. Die Bedingung, daß $Q_{ij}(\boldsymbol{r}, \boldsymbol{\lambda})$ einen achsensymmetrischen Tensor darstellt, ist identisch mit der Bedingung, daß $Q_{ij}(\boldsymbol{r}, \boldsymbol{s})$ ein isotroper Tensor ist, wenn $\boldsymbol{s}$ durch $\boldsymbol{\lambda}$ ersetzt wird.

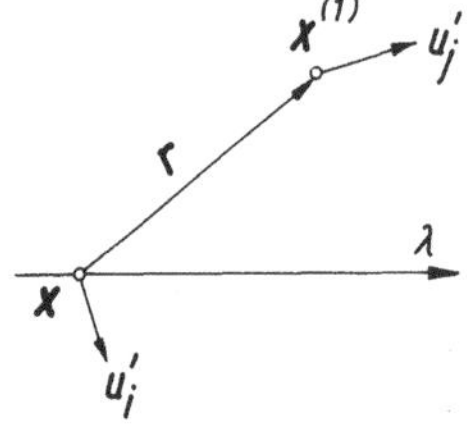

Fig. 7
Achsensymmetrischer Tensor zweiter Stufe
$\boldsymbol{\lambda}$ Einheitsvektor in Achsenrichtung

Die skalare Invariante

$$F(\boldsymbol{r}, \boldsymbol{\lambda}, \boldsymbol{a}, \boldsymbol{b}) = Q_{ij}(\boldsymbol{r}, \boldsymbol{\lambda}) \boldsymbol{a} \cdot \boldsymbol{b} \tag{1.112}$$

setzt sich aus folgenden skalaren Produkten

$$\begin{array}{llll} \boldsymbol{r} \cdot \boldsymbol{r}, & \boldsymbol{r} \cdot \boldsymbol{\lambda}; & (\boldsymbol{\lambda} \cdot \boldsymbol{\lambda} = 1) & \\ \boldsymbol{r} \cdot \boldsymbol{a}, & \boldsymbol{r} \cdot \boldsymbol{b}, & \boldsymbol{\lambda} \cdot \boldsymbol{a}, & \boldsymbol{\lambda} \cdot \boldsymbol{b}; \\ \boldsymbol{a} \cdot \boldsymbol{b} & & & \end{array}$$

zu der bilinearen Form

$$\begin{aligned} F(\boldsymbol{r}, \boldsymbol{\lambda}, \boldsymbol{a}, \boldsymbol{b}) = {} & A(\boldsymbol{r} \cdot \boldsymbol{a})(\boldsymbol{r} \cdot \boldsymbol{b}) + B(\boldsymbol{\lambda} \cdot \boldsymbol{a})(\boldsymbol{\lambda} \cdot \boldsymbol{b}) + \\ & + C(\boldsymbol{r} \cdot \boldsymbol{a})(\boldsymbol{\lambda} \cdot \boldsymbol{b}) + D(\boldsymbol{\lambda} \cdot \boldsymbol{a})(\boldsymbol{r} \cdot \boldsymbol{b}) + \\ & + E(\boldsymbol{a} \cdot \boldsymbol{b}) \end{aligned} \tag{1.113}$$

zusammen. Daraus ergibt sich für den achsensymmetrischen Tensor zweiter Stufe

$$Q_{ij}(\boldsymbol{r}, \boldsymbol{\lambda}) = A r_i r_j + B \lambda_i \lambda_j + C r_i \lambda_j + D \lambda_i r_j + E \delta_{ij}. \tag{1.114}$$

Die skalaren Koeffizienten $A, B, \ldots, E$ sind beliebige Funktionen von r^2 und $r_i \lambda_i$.

Die Ausdrücke für die Tensoren werden häufig durch eine Symmetrie in den Indizes weiter vereinfacht. Als Beispiel sei der isotrope Tensor dritter Stufe vom 2-Punkttypus angeführt, für den sich nach der angeführten Methode

$$Q_{ijk}(\boldsymbol{r}) = A\, r_i r_j r_k + I\, r_i \delta_{jk} + J\, r_j \delta_{ik} + K\, r_k \delta_{ij} \tag{1.115}$$

ergibt. Ist dieser Tensor durch

$$Q_{ijk}(\boldsymbol{r}) = \overline{u_i'(\boldsymbol{x})\, u_j'(\boldsymbol{x})\, u_k'(\boldsymbol{x}+\boldsymbol{r})} \tag{1.116}$$

definiert, so bleibt Q_{ijk} bei Vertauschen der Zeiger i und j unverändert; daraus folgt für (1.115)

$$I = J\,. \tag{1.117}$$

Bei der Einführung der Tensoren in die Strömungsgleichungen treten sehr häufig Differentiationen nach einem Ortsvektor auf. Nach einem Fundamentalsatz der Feldtheorie entsteht durch Differentiation eines Tensors nach dem Ortsvektor ein Tensor von einer um eins höheren Stufe. Die Symmetrieeigenschaften bleiben dabei erhalten. Differenziert man also z.B. den isotropen Vektor (1.107),

$$\frac{\partial Q_i(\boldsymbol{r})}{\partial r_j} = \frac{\partial A}{\partial r}\,\frac{r_i r_j}{r} + A(r)\,\delta_{ij}, \tag{1.118}$$

so entsteht ein isotroper Tensor zweiter Stufe, wie der Vergleich mit (1.111) bestätigt.

Zusätzliche Bedingungen. Weitere Vereinfachungen dieser Formen ergeben sich häufig durch physikalisch bedingte Eigenschaften der Felder. So kann ein Feld ein Potentialfeld oder ein solenoidales Feld[1]) sein oder gewisse Orthogonalitätsbedingungen erfüllen. Insbesondere der Fall, daß die Tensorfunktion bezüglich eines oder mehrerer ihrer Indizes solenoidal ist, hat für die Turbulenztheorie Bedeutung. Die Solenoidalbedingungen sind nämlich bei homogenen Turbulenzfeldern inkompressibler Strömungsmedien stets gegeben, da das Geschwindigkeitsfeld aus Gründen der Kontinuität ein solenoidales Vektorfeld ist. Für die allgemeine Funktion nach Gl. (1.98) lauten die Solenoidalbedingungen

$$\left.\begin{aligned} \left(\frac{\partial}{\partial r_i} + \frac{\partial}{\partial s_i} + \cdots + \frac{\partial}{\partial v_i}\right) Q_{ijk\cdots p} &= 0, \\ \frac{\partial}{\partial r_j} Q_{ijk\cdots p} &= 0, \\ \frac{\partial}{\partial s_k} Q_{ijk\cdots p} &= 0, \\ \frac{\partial}{\partial v_p} Q_{ijk\cdots p} &= 0, \end{aligned}\right\} \tag{1.119}$$

[1]) In der Tensoralgebra ist ein solenoidales Feld ein quellenfreies Feld, das nicht wirbelfrei zu sein braucht ($\operatorname{div} \boldsymbol{u} = 0$; $\operatorname{rot} \boldsymbol{u} \neq 0$).

Dies ergibt sich aus Gl. (1.54) und der Kontinuitätsgleichung (1.153). Diese Bedingungen gehen bei der Fourier-Transformation in den Wellenzahlenraum in entsprechende Orthogonalitätsbedingungen über. Die resultierenden Vereinfachungen der Tensorformen lassen sich grundsätzlich ermitteln, indem man z.B. die Differentialoperationen (1.119) auf die Tensorformen anwendet, die man nach dem obigen Verfahren berechnet hat. Dieser Weg ist häufig recht mühselig. S. Chandrasekhar[1]) sowie I. Proudman und W. H. Reid[2]) haben Methoden ausgearbeitet, nach welchen unmittelbar solche Tensorformen gebildet werden, die die Solenoidal- bzw. Orthogonalitätsbedingungen identisch erfüllen. Auf diese Methoden, die bei komplizierten Tensoren äußerst nützlich sind, kann hier nicht weiter eingegangen werden.

1.3. Strömungsgleichungen

Die vorausgegangenen Darlegungen befaßten sich in sehr allgemeiner Weise mit den Methoden, die der mathematischen Beschreibung von Turbulenzfeldern durch statistische Größen dienen. In 1.2.1 wurde erläutert, daß eine turbulente Strömung bei jeder Realisation einen anderen Verlauf nimmt. Diese Feststellung ist nun dahingehend zu ergänzen, daß die Strömungen bei jeder Realisation dauernd den gleichen Differentialgleichungen unterliegen, die auch für die nichtturbulenten Strömungen gelten. Wir werden im folgenden die Strömungsgleichungen allgemein für Gase angeben, ohne sie herzuleiten, obgleich der überwiegende Teil des Buches sich auf Strömungen inkompressibler Medien (tropfbare Flüssigkeiten) beschränkt. Die Gleichungen für inkompressible Flüssigkeiten stellen einen einfachen Sonderfall der Gleichungen für Gasströmungen dar.

1.3.1. Allgemeine Strömungsgleichungen für Gase. Die Strömungsgleichungen für Gase bestehen im wesentlichen aus folgenden 3 Differentialgleichungen[3]), die zunächst in allgemeiner Vektorschreibweise gegeben werden mögen:

1. Kontinuitätsgleichung

$$\frac{D\varrho}{Dt} + \varrho \operatorname{div} \boldsymbol{u} = 0. \tag{1.120}$$

2. Impulsgleichung

$$\varrho \frac{D\boldsymbol{u}}{Dt} = -\operatorname{grad} p + \operatorname{div} \mathbf{T} + \varrho \boldsymbol{f}. \tag{1.121}$$

---

[1]) Chandrasekhar, S.: The theory of axisymmetric turbulence. Phil. Trans. Roy. Soc. Lond. A **242** (1950) 557–577.

[2]) Proudman, I.; Reid, W. H.: On the decay of a normally distributed and homogeneous turbulent velocity field. Phil. Trans. Roy. Soc. Lond. A **247** (1954) 163–189.

[3]) Bezüglich der Herleitung dieser Gleichungen sei auf bekannte Buchdarstellungen über Strömungsmechanik verwiesen, z.B., Becker, E.: [1] und Wieghardt, K.: [4].

3. Gesamtenergiegleichung

$$\varrho \frac{\mathrm{D}h_{\mathrm{g}}}{\mathrm{D}t} = \frac{\partial p}{\partial t} + \operatorname{div}(\boldsymbol{u} \cdot \mathbf{T}) + \varrho(\boldsymbol{u} \cdot \boldsymbol{f}) - \operatorname{div} \boldsymbol{q}\,. \tag{1.122}$$

Der in allen drei Gleichungen vorkommende Operator

$$\frac{\mathrm{D}}{\mathrm{D}t} = \frac{\partial}{\partial t} + \boldsymbol{u} \cdot \operatorname{grad} \tag{1.123}$$

bedeutet die substantielle Differentiation der betreffenden Feldgröße nach der Zeit. Es ist die zeitliche Änderung der Feldgröße, die ein sich mit der Geschwindigkeit $\boldsymbol{u}$ bewegender Beobachter feststellt. Ist ϱ die Dichte und $\boldsymbol{u}$ die Geschwindigkeit, so kommt in Gl. (1.120) zum Ausdruck, daß für ein mit der Strömung bewegtes Volumenelement die Summe aus der relativen Dichteänderung $\frac{1}{\varrho}\frac{\mathrm{D}\varrho}{\mathrm{D}t}$ und der relativen Volumenänderung $\operatorname{div}\boldsymbol{u}$ gleich Null ist. p ist der Druck, und $\mathbf{T}$ bezeichnet den Tensor der Reibungsspannungen, der ein symmetrischer Tensor zweiter Stufe ist. Der Vektor $\boldsymbol{f}$ beschreibt die auf die Masseneinheit wirkenden Körperkräfte, deren Ursache aber nicht näher festgelegt sei. $\varrho \boldsymbol{f}$ kann z.B. die Erdschwere sein, jedoch darf $\boldsymbol{f}$ auch eine Zufallsvariable[1]) sein.

Gl. (1.121) ist das Newtonsche Grundgesetz der Mechanik, nach welchem die zeitliche Änderung des Impulses gleich der Summe der auf den Körper (hier das Volumenelement) wirkenden Kräfte ist.

Die Gesamtenthalpie h_{g} ist die Summe der Enthalpie h und der kinetischen Energie

$$h_{\mathrm{g}} = h + \boldsymbol{u}^2/2\,. \tag{1.124}$$

Die zeitliche Änderung der Gesamtenthalpie ergibt sich als die Summe der Leistung der Reibungsspannungen und Körperkräfte und der je Zeiteinheit aus- (oder ein-) strömenden Energie $\boldsymbol{q}$. Dabei ist $\boldsymbol{q}$ im allgemeinen der durch die Wärmeleitfähigkeit verursachte Wärmestromvektor; Energiequellen irgendwelcher Art sind hier nicht berücksichtigt worden. Bei instationären Strömungen liefert die zeitliche Änderung des Druckes einen Beitrag zum Energiegleichgewicht.

4. Entropiegleichung. Die Gleichung für die Erhaltung der Energie kann man in verschiedener Form angeben. In Gl. (1.122) haben wir uns für das Gleichgewicht der Gesamtenergie entschieden. Eine andere Form, die für turbulente Strömungen interessant wird, ist die Gleichung für die Entropie, die sich unter Benutzung thermodynamischer Begriffe aus den angegebenen Gleichungen herleiten läßt. Dazu behandelt man jedes mit der örtlichen Strömungsgeschwindigkeit bewegte Volumenelement als ein abgeschlossenes thermodynamisches System, das sich in jedem Augenblick im thermodynamischen Gleichgewicht befindet. Dann gilt für die Entropie s die Gleichung

$$T\,\mathrm{d}s = \mathrm{d}h - \frac{1}{\varrho}\,\mathrm{d}p\,, \tag{1.125}$$

[1]) Man denke beispielsweise an Lorentzkräfte, wenn elektrische und magnetische Felder in Wechselwirkung mit der Flüssigkeitsbewegung stehen.

in der T die absolute Temperatur ist. Mit der spezifischen Wärme bei konstantem Druck c_p besteht zwischen T und h die Differentialbeziehung

$$\frac{\partial h}{\partial T} = c_p. \tag{1.126}$$

Unter Benutzung von (1.123) und (1.124) kann man schreiben

$$\varrho T \frac{\mathrm{D}s}{\mathrm{D}t} = \varrho \frac{\mathrm{D}h_g}{\mathrm{D}t} - \varrho \boldsymbol{u} \cdot \frac{\mathrm{D}\boldsymbol{u}}{\mathrm{D}t} - \frac{\mathrm{D}p}{\mathrm{D}t}. \tag{1.127}$$

Setzt man hierin (1.121) und (1.122) ein, so ergibt sich als Gleichung für die Entropie

$$\varrho T \frac{\mathrm{D}s}{\mathrm{D}t} = -\operatorname{div}\boldsymbol{q} + \Phi, \tag{1.128}$$

wenn zur Abkürzung

$$\Phi = \operatorname{div}(\boldsymbol{u} \cdot \mathbf{T}) - \boldsymbol{u} \cdot \operatorname{div}\mathbf{T} \tag{1.129}$$

eingeführt wird. Die skalare Feldgröße Φ ist die sogenannte Dissipationsfunktion, die als ein Maß für die je Zeit- und Volumeneinheit durch innere Reibung irreversibel in Wärme umgewandelte mechanische Energie anzusehen ist; sie kann niemals negativ werden. Über diese bei turbulenten Strömungen äußerst wichtige Größe wird noch ausführlich zu sprechen sein.

Strömungsgleichungen im kartesischen Koordinatensystem. In einem rechtwinkligen kartesischen Koordinatensystem, das den meisten Strömungsproblemen zugrundeliegt und das auch in 1.2 schon benutzt wurde, nehmen die angegebenen Beziehungen zum Teil bequemere und anschaulichere Formen an. Im einzelnen wird dann geschrieben:

Geschwindigkeitsvektor	$\boldsymbol{u} = u_i$,	Tensor der Reibungsspannungen	$\mathbf{T} = \tau_{ij}$,
Vektor der Körperkräfte	$\boldsymbol{f} = f_i$,	Wärmestromvektor	$\boldsymbol{q} = q_i$.

Für die substantielle Ableitung hat man also

$$\frac{\mathrm{D}}{\mathrm{D}t} = \frac{\partial}{\partial t} + u_i \frac{\partial}{\partial x_i}. \tag{1.130}$$

Damit lauten die Strömungsgleichungen:

1. Kontinuitätsgleichung

$$\frac{\partial \varrho}{\partial t} + u_i \frac{\partial \varrho}{\partial x_i} + \varrho \frac{\partial u_i}{\partial x_i} = 0. \tag{1.131}$$

2. Impulsgleichung

$$\varrho \frac{\partial u_i}{\partial t} + \varrho u_j \frac{\partial u_i}{\partial x_j} = -\frac{\partial p}{\partial x_i} + \frac{\partial \tau_{ij}}{\partial x_j} + \varrho f_i. \tag{1.132}$$

3. Gesamtenergiegleichung

$$\varrho \frac{\partial h_g}{\partial t} + \varrho u_i \frac{\partial h_g}{\partial x_i} = \frac{\partial p}{\partial t} + \frac{\partial (u_i \tau_{ij})}{\partial x_j} + \varrho u_i f_i - \frac{\partial q_i}{\partial x_i}. \tag{1.133}$$

In der letzteren Gleichung ist die Gesamtenthalpie, Gl. (1.124),

$$h_g = h + u_i u_i/2. \tag{1.134}$$

4. Entropiegleichung (thermodynamisches Gleichgewicht)

$$\varrho T \left(\frac{\partial s}{\partial t} + u_i \frac{\partial s}{\partial x_i} \right) = - \frac{\partial q_i}{\partial x_i} + \Phi. \tag{1.135}$$

Für die Dissipationsfunktion erhält man schließlich

$$\Phi = \frac{\partial (u_i \tau_{ij})}{\partial x_j} - u_i \frac{\partial \tau_{ij}}{\partial x_j} = \tau_{ij} \frac{\partial u_i}{\partial x_j}. \tag{1.136}$$

Für viele Rechnungen bietet noch eine andere Schreibweise der Strömungsgleichungen Vorteile.

Alternative Form. In den Gleichungen für Impuls, Energie und Entropie tritt die substantielle Ableitung stets in Verbindung mit der Dichte auf. Auch in anderen Gleichungen der Strömungsmechanik, wie z.B. in den Diffusionsgleichungen die man hinzunehmen müßte, wenn das Strömungsmedium aus verschiedenen Teilmedien bestünde, tritt die substantielle Ableitung in dieser Kombination auf. Man kann nun mit Hilfe der Kontinuitätsgleichung (1.120) folgende Operation ausführen.

$$\begin{aligned} \varrho \frac{\mathrm{D}a}{\mathrm{D}t} &= \varrho \frac{\mathrm{D}a}{\mathrm{D}t} + a \left(\frac{\mathrm{D}\varrho}{\mathrm{D}t} + \varrho \operatorname{div} \boldsymbol{u} \right) = \frac{\mathrm{D}(\varrho a)}{\mathrm{D}t} + \varrho a \operatorname{div} \boldsymbol{u} \\ &= \frac{\partial (\varrho a)}{\partial t} + u_i \frac{\partial (\varrho a)}{\partial x_i} + \varrho a \frac{\partial u_i}{\partial x_i}. \end{aligned} \tag{1.137}$$

Es gilt also

$$\varrho \frac{\mathrm{D}a}{\mathrm{D}t} = \frac{\partial (\varrho a)}{\partial t} + \frac{\partial (\varrho u_i a)}{\partial x_i}, \tag{1.138}$$

wobei für a eine beliebige skalare oder vektorielle Feldgröße eingesetzt werden kann. Auch auf die Kontinuitätsgleichung kann die Operation (1.138) angewendet werden, indem $a = 1$ gesetzt wird. Auf diese Weise ergibt sich folgender Satz von Gleichungen:

1. Kontinuitätsgleichung

$$\frac{\partial \varrho}{\partial t} + \frac{\partial (\varrho u_i)}{\partial x_i} = 0. \tag{1.139}$$

2. Impulsgleichung

$$\frac{\partial (\varrho u_i)}{\partial t} + \frac{\partial (\varrho u_i u_j)}{\partial x_j} = - \frac{\partial p}{\partial x_i} + \frac{\partial \tau_{ij}}{\partial x_j} + \varrho f_i. \tag{1.140}$$

3. Gesamtenergiegleichung

$$\frac{\partial(\varrho h_g)}{\partial t} + \frac{\partial(\varrho u_i h_g)}{\partial x_i} = \frac{\partial p}{\partial t} + \frac{\partial(u_i \tau_{ij})}{\partial x_j} + \varrho u_i f_i - \frac{\partial q_i}{\partial x_i}. \tag{1.141}$$

4. Entropiegleichung (thermodynamisches Gleichgewicht)

$$T\left[\frac{\partial(\varrho s)}{\partial t} + \frac{\partial(\varrho u_i s)}{\partial x_i}\right] = -\frac{\partial q_i}{\partial x_i} + \Phi. \tag{1.142}$$

In diesen Gleichungen sind

ϱu_i als Massenstromvektor, $\varrho u_i u_j$ als Impulsstromtensor (zweiter Stufe), $\varrho u_i h_g$ als Gesamtenthalpiestromvektor, $\varrho u_i s$ als Entropiestromvektor

zu deuten.

Stokessches Reibungsgesetz, Fouriersches Wärmeleitgesetz. Die Reibungsspannungen hängen für Newtonsche Flüssigkeiten linear mit den Deformationsgeschwindigkeiten zusammen (Stokessches Reibungsgesetz). Für ein rechtwinkliges kartesisches Koordinatensystem ist

$$\tau_{ij} = \mu\left(\frac{\partial u_i}{\partial x_j} + \frac{\partial u_j}{\partial x_i}\right) + (\mu_d - \tfrac{2}{3}\mu)\left(\frac{\partial u_k}{\partial x_k}\right)\delta_{ij}, \tag{1.143}$$

wobei man die Stoffgröße μ als den Koeffizienten der dynamischen Zähigkeit (Scherzähigkeit) des Mediums oder kurz als die Zähigkeit bezeichnet, die in der Regel nur eine Funktion der Temperatur ist. Die Stoffgröße μ_d wird Koeffizient der Druckzähigkeit genannt und ist die Proportionalitätskonstante für die durch eine Volumendilatation hervorgerufenen Normalspannungen. Mit dem Ansatz (1.143) für die Reibungsspannungen gehen die Impulsgleichungen (1.121), (1.132) und (1.140) in die Navier-Stokesschen Gleichungen über. Analog zu den Reibungsspannungen ist der Wärmestrom nach dem Fourierschen Wärmeleitgesetz dem Gradienten der Temperatur proportional,

$$q_i = -\lambda \frac{\partial T}{\partial x_i}. \tag{1.144}$$

Die Wärmeleitzahl hängt ebenso wie die Zähigkeit von der Temperatur ab. Die dimensionslose Kennzahl

$$Pr = \frac{\mu c_p}{\lambda}, \tag{1.145}$$

die man Prandtl-Zahl nennt, ist gewöhnlich in einem breiten Bereich von der Temperatur unabhängig. Führt man die Reibungsspannungen nach (1.143) in den Ausdruck (1.136) für die Dissipationsfunktion ein, so ergibt sich

$$\Phi = \mu \frac{\partial u_i}{\partial x_j}\left(\frac{\partial u_i}{\partial x_j} + \frac{\partial u_j}{\partial x_i}\right) + \left(\mu_d - \frac{2}{3}\mu\right)\frac{\partial u_i}{\partial x_i}\frac{\partial u_i}{\partial x_i}. \tag{1.146}$$

Aus dieser Form ersieht man eindeutig, daß Φ niemals negative Werte annehmen kann, solange μ und μ_d positiv sind. Negative Werte von μ und μ_d sind aber physikalisch ausgeschlossen.

Thermische Zustandsgleichung. Damit die angegebenen Gleichungen ein vollständiges System ergeben, muß noch die thermische Zustandsgleichung des Gases

$$F(p, \varrho, T) = 0 \tag{1.147}$$

hinzugenommen werden. Für ein thermisch ideales Gas nimmt (1.147) die Form

$$p = R\,\varrho T \tag{1.148}$$

an, wobei die Gaskonstante R durch die konstanten Werte der spezifischen Wärmen c_p und c_v bei konstantem Druck bzw. konstantem Volumen ausgedrückt werden kann,

$$R = c_p - c_v = c_p \frac{\gamma - 1}{\gamma}, \tag{1.149}$$

mit $\gamma = c_p/c_v$ als den Adiabatenexponenten. Aus (1.126) folgt dann für die Enthalpie

$$h = c_p T. \tag{1.150}$$

Anmerkung. Die Frage, ob die kontinuummechanischen Grundlagen, die in diesem Abschnitt angegeben wurden, für die Behandlung turbulenter Strömungen wirklich ausreichen, hat wiederholt zu Kontroversen Anlaß gegeben. Tatsächlich scheint ein gewisser Widerspruch darin zu liegen, daß man bei der Fourier-Analyse homogener Turbulenz alle Wellenzahlen bis $k \to \infty$ in Betracht zieht. Man muß ja dabei zwangsläufig mit der Wellenlänge an eine untere Grenze für die Gültigkeit der Kontinuumsgleichungen kommen. Es ist aber aus Versuchen und theoretischen Überlegungen bekannt, daß die Amplituden der größten Wellenzahlen in allen praktischen Fällen so klein sind, daß das Versagen der Kontinuumsbeziehungen hier ohne feststellbare Auswirkung der Strömung im Ganzen bleibt. Diese Feststellung schließt natürlich nicht aus, daß es turbulente Strömungen in stark verdünnten Gasen geben könnte, für die die angeführten Gleichungen nicht gelten. Allerdings ist nicht bekannt, ob in Fällen, in denen die freien Weglängen der Moleküle mit den Abmessungen des umströmten Körpers vergleichbar werden, turbulente Strömung möglich ist. Im vorliegenden Buch werden diese Fälle von der Behandlung ausgeschlossen.

1.3.2. Strömungsgleichungen für inkompressible Flüssigkeiten. Bei inkompressiblen Flüssigkeiten, besser bei volumenbeständigen Flüssigkeiten, bleibt die Dichte ϱ eines Flüssigkeitsteilchens konstant. Die Annahme ist bei Gasen berechtigt, wenn die Strömungsgeschwindigkeiten klein im Vergleich zur Schallgeschwindigkeit und außerdem die Abmessungen des betrachteten Strömungsraumes nicht so groß sind, daß die durch die Erdschwere hervorgerufenen Druckänderungen wesentliche Variationen der Dichte zur Folge haben. Für homogene Flüssigkeiten (keine Gemische) ist dann ϱ im ganzen Strömungsfeld konstant. Unter den genannten Umständen ist die durch die Dissipation erzeugte Wärmeenergie klein, so daß auch die Zähigkeit als eine Konstante angesehen werden kann. Ferner werden tropfbare Flüssigkeiten allgemein als volumenbeständig angesehen. Auch hierbei bleiben die Geschwindigkeiten meistens in solchen Grenzen, daß die durch Dissipation mechanischer Energie hervorgerufene Wärme keinen Einfluß auf die Zähigkeit hat.

Gl. (1.120) und (1.121) vereinfachen sich für Flüssigkeiten konstanter Stoffwerte nach Division durch ϱ zur

1. Kontinuitätsgleichung

$$\operatorname{div} \boldsymbol{u} = 0, \tag{1.151}$$

2. Navier-Stokessche Gleichung

$$\frac{\mathrm{D}\boldsymbol{u}}{\mathrm{D}t} = -\frac{1}{\varrho} \operatorname{grad} p - \nu \operatorname{rot} \operatorname{rot} \boldsymbol{u} + f, \tag{1.152}$$

mit der kinematischen Zähigkeit $\nu = \mu/\varrho$. Diese bilden ein vollständiges Gleichungssystem. Die Kontinuitätsgleichung (1.151) kennzeichnet quellenfreie Geschwindigkeitsfelder; turbulente Geschwindigkeitsfelder sind somit solenoidale Vektorfelder.

In einem rechtwinkligen kartesischen Koordinatensystem nehmen die Gleichungen folgende Formen an:

Kontinuitätsgleichung

$$\frac{\partial u_i}{\partial x_i} = 0, \tag{1.153}$$

Navier-Stokessche Gleichung

$$\frac{\partial u_i}{\partial t} + u_j \frac{\partial u_i}{\partial x_j} = -\frac{1}{\varrho} \frac{\partial p}{\partial x_i} + \nu \frac{\partial^2 u_i}{\partial x_j \partial x_j} + f_i, \tag{1.154}$$

wobei $\partial^2/\partial x_j \partial x_j$ der Laplace-Operator ist. Mit Hilfe der Operationen von Gl. (1.137), (1.138), bei denen jetzt ϱ vor die Differentiationszeichen gesetzt werden darf, kann man alternativ für (1.154) auch

$$\frac{\partial u_i}{\partial t} + \frac{\partial u_i u_j}{\partial x_j} = -\frac{1}{\varrho} \frac{\partial p}{\partial x_i} + \nu \frac{\partial^2 u_i}{\partial x_j \partial x_j} + f_i \tag{1.155}$$

schreiben.

Die Gleichung für die Gesamtenergie (1.122) wird unter den gegebenen Voraussetzungen nicht benötigt. Die Beziehung für die Entropie (1.125) reduziert sich auf

$$T \mathrm{d}s = c \mathrm{d}T, \tag{1.156}$$

wobei c die spezifische Wärme[1]) ist. Mit Gl. (1.144) läßt sich die Differentialgleichung für die Entropie in eine Differentialgleichung für die Temperatur T umschreiben:

$$\varrho c \frac{\mathrm{D}T}{\mathrm{D}t} = \lambda \frac{\partial^2 T}{\partial x_i \partial x_i} + \Phi. \tag{1.157}$$

---

[1]) Bei Gasen gilt Gl. (1.156) im Fall vernachlässigbar kleiner Volumenänderungen (isobare Zustandsänderungen), wenn man $c = c_p$ setzt.

Die Hauptvereinfachung der inkompressiblen Strömung besteht darin, daß unter der Voraussetzung konstanter Werte von μ und ϱ die Gleichungen für das Geschwindigkeitsfeld von der Differentialgleichung für das Temperaturfeld unabhängig sind. Man kann also das Geschwindigkeitsfeld zunächst allein für sich betrachten und das Temperaturfeld anschließend getrennt behandeln. Die Gleichung für die Temperatur ist eine nicht homogene, in T lineare Differentialgleichung, so daß die Gesamtlösung aus Partikulärlösungen aufgebaut werden kann. Die sogenannte Eigenerwärmung infolge innerer Reibung, d.h. hervorgerufen durch die Dissipation Φ, ist in der Regel von nur geringer Bedeutung. Interessanter ist vielfach das durch Erwärmung oder Kühlung der festen Oberflächen erzeugte Temperaturfeld (konvektive Wärmeübertragung). Dieses wird durch die homogene Differentialgleichung

$$\varrho c \frac{\mathrm{D}T}{\mathrm{D}t} = \lambda \frac{\partial^2 T}{\partial x_i \partial x_i} \tag{1.158}$$

zusammen mit den entsprechenden Randbedingungen bestimmt. Diese Gleichung kann auch in der Form

$$\varrho c \left(\frac{\partial T}{\partial t} + \frac{\partial u_i T}{\partial x_i} \right) = \lambda \frac{\partial^2 T}{\partial x_i \partial x_i} \tag{1.159}$$

benutzt werden.

Die Energiedissipation selbst, für die die vereinfachte Form

$$\Phi = \mu \frac{\partial u_i}{\partial x_j} \left(\frac{\partial u_i}{\partial x_j} + \frac{\partial u_j}{\partial x_i} \right) \tag{1.160}$$

gilt, ist jetzt nur noch für den Haushalt der kinetischen Energie wesentlich.

1.3.3. Randbedingungen und mathematische Formulierung des Turbulenzproblems. Partielle Differentialgleichungen von der Art der Strömungsgleichungen führen nur dann zu eindeutigen Lösungen, wenn die Anfangs- und Randbedingungen in geeigneter Weise formuliert sind. Im einzelnen ergeben sich die Anfangs- und Randbedingungen aus physikalischen Forderungen und aus der speziellen Aufgabe. Insbesondere erfordern die Undurchlässigkeit fester Körper und die Haftbedingung, daß an festen Wänden die Relativgeschwindigkeit zwischen Wänden und Flüssigkeit verschwindet. Im übrigen treten so vielfältige Aufgabenstellungen auf, daß eine allgemeingültige Formulierung der Randbedingungen nicht möglich ist. Ziemlich allgemein gilt folgendes: Es soll die Strömung innerhalb eines Gebietes G für Zeiten $t > t_0$ berechnet werden. Die Berandung des Gebietes kann zeitlich veränderlich sein, und es sei auch zugelassen, daß sich feste Körper im Gebiet G bewegen. Für diesen Fall müssen folgende Anfangs- und Randbedingungen vorgeschrieben werden:

1. Zur Zeit $t = t_0$ ist $\boldsymbol{u}(\boldsymbol{x}, t_0)$ im ganzen Gebiet vorgegeben. Diese Verteilung muß mit der Kontinuitätsbedingung verträglich sein.
2. Für alle Zeiten $t > t_0$ ist $\boldsymbol{u}$ auf den Berandungen des Gebietes G und der sich in G befindlichen Körper vorgeschrieben.

Bei kompressiblen Strömungen müßte außerdem für $t=t_0$ die Enthalpieverteilung $h(\boldsymbol{x}, t_0)$ im Gebiet G und für $t>t_0$ h (oder grad h) auf den Rändern gegeben sein.

Der unter diesen Voraussetzungen berechnete Strömungsvorgang verläuft determiniert, d. h. die Lösung des Gleichungssystems ist eindeutig. Die Notwendigkeit zur statistischen Behandlung besteht erst dann, wenn Unbestimmtheiten in den Anfangs- und Randbedingungen vorliegen. In diesen Fällen weichen die experimentellen Mittelwerte wesentlich von den unter Vernachlässigung der Anfangsstörungen errechneten Werten ab. Solche Unbestimmtheiten sind praktisch immer gegeben.

Wollte man z. B. den in Fig. 1 skizzierten Vorgang nachrechnen, so wäre es naheliegend, die Luft im Kessel K und die umgebende Luft vor Öffnen des Schiebers als in Ruhe befindlich anzunehmen. Die Rechnung ergibt dann, daß die Luft laminar aus dem Rohr ausströmt. Beim Versuch ist die Luft im Kessel jedoch nicht vollkommen in Ruhe. Die bei der Füllung erzeugte Bewegung ist vielleicht noch nicht ganz abgeklungen oder wird durch Temperaturunterschiede immer wieder neu angefacht. In manchen Fällen ist diese schwache, in Einzelheiten aber unbekannte Bewegung ohne Bedeutung für den Strömungsverlauf. Bei kleinen Reynolds-Zahlen (wenn also der Fülldruck niedrig und die Abmessungen der Apparatur klein sind), klingen die Störungen ab, und die betrachteten Werte der Strömung sind bei jeder Realisation nahezu reproduzierbar und unterscheiden sich nicht merklich von den gerechneten Werten. In anderen Fällen jedoch, in denen die Strömung instabil ist, werden die Anfangsstörungen angefacht und führen zu turbulenter Strömung. In diesen Fällen weichen die experimentellen Mittelwerte wesentlich von den unter Vernachlässigung der Anfangsstörungen errechneten Werten ab.

Anmerkung. Über die Stabilität von Strömungen und die Anfachung kleiner Störungen liegen umfangreiche Untersuchungen vor. Ihre Behandlung gehört jedoch nicht zum Thema dieses Buches[1]). Hier ist nur wichtig, daß die unkontrollierbaren Störungen in den Anfangs- oder Randbedingungen von $\boldsymbol{u}$ im Zusammenhang mit einer Instabilität dafür verantwortlich sind, daß die Strömung bei jeder Realisation anders verläuft.

Über die Störungen selbst könnte man sich allenfalls einige statistische Informationen beschaffen. Bei der Mehrzahl der Fragestellungen ist dies jedoch nicht erforderlich, denn *die Anfachung der Störungen strebt, statistisch gesehen, sehr rasch einem Endzustand zu,* der in der Regel von der Größe und Verteilung der Störungen unabhängig ist. Die Anfangs- oder Randstörungen haben also meistens nur einen Auslösereffekt und allenfalls einen Einfluß darauf, wie schnell sich die vollturbulente Strömung aufbaut.

Der Voraussetzung, daß die Turbulenzbewegung einem von den Anfangsbedingungen unabhängigen statistischen Zustand zustrebt, kommt die Bedeutung eines Axioms zu, das nicht bewiesen, aber durch unzählige Strömungsmessungen bestätigt worden ist. Sie liegt jeder Theorie der Turbulenz, sei sie exakt oder empirisch, zugrunde.

---

[1]) Schlichting, H.: Entstehung der Turbulenz. In: Flügge, S. (Hrsg.): Handbuch der Physik. Bd. 8/1. Berlin-Göttingen-Heidelberg 1959.
Betchov, R.; Criminale Jr., W. O.: Stability of Parallel Flows. New York-London 1967. =Applied Mathematics and Mechanics, Vol. 10.

Natürliche Formulierung. Das in Fig. 1 beschriebene Problem müßte man also etwa folgendermaßen formulieren. Für die Zeit $t=t_0=0$ (Öffnen des Schiebers) wird eine beliebige Geschwindigkeitsverteilung im Kessel vorgegeben, die der Kontinuitätsbedingung genügen muß und außerdem vielleicht der Beschränkung unterliegen soll, daß die Bewegungsenergie, bezogen auf die Volumeneinheit, klein gegen die Strömungsenergie am Rohraustritt ist. Für alle $t>0$ kann die Geschwindigkeitsverteilung im ganzen Strömungsraum mittels der Navier-Stokesschen Differentialgleichungen unter Beachtung der Kontinuitätsgleichung ermittelt werden (z.B. durch numerische Integration). Diese Rechnungen sind in großer Zahl mit jeweils geänderter Anfangsverteilung zu wiederholen. Aus den Ergebnissen lassen sich dann die statistischen Werte des Strömungsfeldes berechnen. Dieser Lösungsweg ist allerdings nur in Gedanken ausführbar. Für die Anfangsverteilungen gibt es so unvorstellbar vielfältige Variationsmöglichkeiten, daß es eine Aufgabe für sich ist, geeignete Zufallsverteilungen zu konstruieren, und die Bewegung ist so kompliziert, daß die bestehenden Rechenautomaten bezüglich Kapazität, Rechengeschwindigkeit und -genauigkeit für die Ausführung der Integrationen bei weitem nicht ausreichen.

In der Strömungsmechanik werden häufig nur Teilprobleme behandelt, weil die Integration der Strömungsgleichungen über den gesamten Strömungsraum, vom Ruhezustand beginnend, auch im nichtturbulenten Fall impraktikabel ist und zudem gewöhnlich viel mehr Informationen liefert als gefragt sind. Bei solchen Teilproblemen werden die Anfangsbedingungen durch Postulate irgendwelcher Art ersetzt (z.B. Stationarität, Ähnlichkeitsannahmen). Ein typisches Beispiel ist die stationäre Strömung einer inkompressiblen Flüssigkeit durch ein zylindrisches Rohr. Ist das Rohr hinreichend lang, so nimmt man mit Recht an, daß die Strömung weitab vom Einlauf unabhängig von den Einlaufvorgängen ist, d.h., man postuliert gleiche Geschwindigkeitsverteilungen in allen Schnitten senkrecht zur Rohrachse. Man erhält theoretisch die Hagen-Poiseuillesche Strömung. Bei dem turbulenten Gegenstück sind dann mit gleichen Randbedingungen die statistischen Verteilungen stationär und in allen Schnitten senkrecht zur Rohrachse gleich. Physikalisch unterscheidet sich dieser Fall vom laminaren also dadurch, daß die momentanen Geschwindigkeitsverteilungen in verschiedenen Querschnitten nicht gleich sind; lediglich die Durchflußmenge ist für alle Querschnitte und alle Zeiten konstant. Für ein Gedankenmodell zur Lösung dieser Aufgabe könnte man sich etwas Ähnliches wie im vorherigen Beispiel ausdenken. Statt der Anfangsbedingung im Kessel könnte man als Randbedingung im Einlauf eines sehr (halbunendlich) langen Rohres eine mit der Zeit variierende Geschwindigkeitsverteilung vorgeben, die neben der Kontinuitätsgleichung die Bedingung zeitlich konstanter Durchflußmenge erfüllt. Die Integration der Strömungsgleichungen müßte dann über hinreichend lange Zeiten fortgesetzt werden, so daß sich statistische Zeitmittelwerte bilden lassen. Der Rechenaufwand hierfür dürfte dem des vorliegenden Beispiels kaum nachstehen[1]).

---

[1]) Vgl. Schönauer, W.: Numerical experiments with a difference model for the Navier-Stokes equations (turbulence model). Proc. IUTAM Symp. High-Speed Computing in Fluid Dynamics. Phys. Fluid Suppl. II, 1969, 228–232.

Statistische Formulierung. Weil die geschilderte Art der Lösung nicht durchführbar ist, schlägt man bei der praktischen Behandlung turbulenter Strömungen gerade den umgekehrten Weg ein. Anstatt sich die Lösungen der Strömungsgleichungen für die Gesamtheit der in Betracht kommenden Anfangs- und Randbedingungen zu beschaffen und darauf eine Statistik aufzubauen, wendet man die statistischen Operationen auf die Strömungsgleichungen an. Hierbei geht ein Teil der Aussagekraft der ursprünglichen Gleichungen verloren; es entstehen Gleichungen, die mehr unbekannte Größen enthalten, als Gleichungen zur Verfügung stehen, wie noch im einzelnen gezeigt werden wird. Es gelingt also auf diese Weise nicht ohne weiteres, ein geschlossenes Gleichungssystem für die Mittelwerte des Feldes zu schaffen. Die Randbedingungen bleiben bei dieser Formulierung in der Regel die gleichen wie bei laminaren Strömungen.

1.3.4. Druckschwankungen und Wirbelgleichung. Es sollen noch weitere Eigenschaften der Navier-Stokesschen Differentialgleichung kurz besprochen werden. Dabei betrachten wir auch wieder die Gleichungen inkompressibler Strömungen und nehmen zusätzlich an, daß keine Volumenkräfte vorhanden sind.

Druckschwankungen. Der Druck p ist in den Navier-Stokesschen Differentialgleichungen keine unabhängige Größe; sie kann aus den Bewegungsgleichungen eliminiert werden. Umgekehrt läßt sich p auch als Funktion des Geschwindigkeitsfeldes ausdrücken. Bildet man die Divergenz der Navier-Stokesschen Differentialgleichung (1.155) und berücksichtigt die Kontinuitätsbedingung (1.153), so ergibt sich

$$\Delta p = -\varrho \frac{\partial^2 (u_i u_j)}{\partial x_i \partial x_j}. \tag{1.161}$$

Führt man wieder $u_i = \overline{u}_i + u_i'$ etc. ein, so läßt sich diese Form als

$$\Delta p = -\varrho \frac{\partial \overline{u}_i}{\partial x_j} \frac{\partial \overline{u}_j}{\partial x_i} - 2\varrho \frac{\partial \overline{u}_i}{\partial x_j} \frac{\partial u_j'}{\partial x_i} - \varrho \frac{\partial^2 (u_i' u_j')}{\partial x_i \partial x_j} \tag{1.162}$$

schreiben. Um den Mittelwert des Drucks $\overline{p}$ zu bestimmen, greift man selten auf diese Beziehungen zurück; jedoch geben sie wertvolle Auskünfte über die Druckschwankungen. Es gilt

$$\Delta p' = -2\varrho \frac{\partial \overline{u}_i}{\partial x_j} \frac{\partial u_j'}{\partial x_i} - \varrho \frac{\partial^2 (u_i' u_j')}{\partial x_i \partial x_j} + \varrho \frac{\partial^2 \overline{u_i' u_j'}}{\partial x_i \partial x_j}. \tag{1.163}$$

Diese Differentialgleichung ist von elliptischem Typus, und die Zähigkeit tritt nicht auf. Die Druckschwankungen werden teils durch Gradienten der gemittelten Geschwindigkeiten $\partial \overline{u}_i / \partial x_j$ im Zusammenwirken mit Gradienten der Schwankungsgeschwindigkeiten, teils durch Wechselwirkung verschiedener Schwankungsgeschwindigkeitskomponenten erzeugt. Δ ist der Laplace-Operator.

Denkt man sich das Geschwindigkeitsfeld und die Dichte gegeben, so ist die Differentialgleichung (1.163) die Poissonsche Gleichung, wobei die Glieder auf der rechten Seite die Belegung darstellen. Man kann hier den Greenschen Satz anwenden,

$$\int_V (v \Delta p' - p' \Delta v) \,\mathrm{d} V(\mathbf{x}^{(1)}) = \int_F (v \operatorname{grad} p' - p' \operatorname{grad} v) \,\mathrm{d} F(\mathbf{x}^{(1)}), \tag{1.164}$$

wenn F die Begrenzung des Volumens V, $\mathrm{d}F$ ein Flächenelement mit der Richtung der äußeren Normalen und $\boldsymbol{x}^{(1)}$ die Integrationsvariable bezeichnet, Fig. 8. Man setzt für die Greensche Funktion $v=1/r$, wobei $r=|\boldsymbol{x}-\boldsymbol{x}^{(1)}|$ der Abstand vom Festpunkt $\boldsymbol{x}$ ist. Liegt nun $\boldsymbol{x}$ innerhalb V, so erstreckt sich die Integration auf das Gebiet

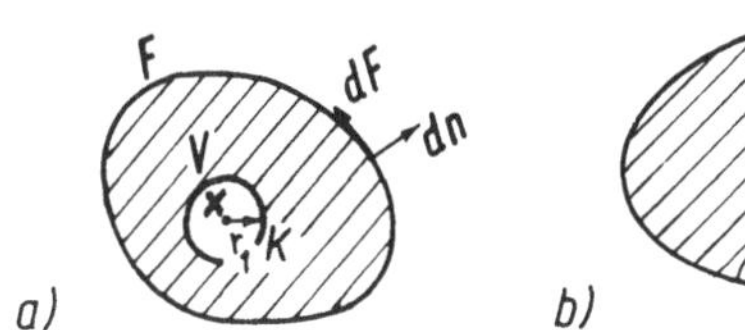

Fig. 8
Zur Integration der Poissonschen Gleichung
a) Aufpunkt im Inneren
b) Aufpunkt auf der Berandung

V zwischen der äußeren Randfläche F und der Kugel K vom Radius r_1 und auf die Ränder F und K, da $\Delta v=0$ nur außerhalb von K sichergestellt ist. Somit ergibt sich aus (1.164) für $r_1 \to 0$

$$\int_V \frac{1}{r}\Delta p' \,\mathrm{d}V(\boldsymbol{x}^{(1)}) - \int_F \frac{1}{r}\frac{\partial p'}{\partial n}\,\mathrm{d}F(\boldsymbol{x}^{(1)}) + \int_F \frac{\partial}{\partial n}\left(\frac{1}{r}\right) p' \,\mathrm{d}F(\boldsymbol{x}^{(1)}) = -4\pi p'(\boldsymbol{x}). \tag{1.165}$$

Wenn der Festpunkt auf der Begrenzung F liegt, hat man bei der Integration nur einen Teil der Kugeloberfläche in Rechnung zu stellen (Fig. 8b), die im Grenzfall $r_1 \to 0$ zur Halbkugel wird. In diesem Falle gilt

$$\int_V \frac{1}{r}\Delta p' \,\mathrm{d}V(\boldsymbol{x}^{(1)}) - \int_F \frac{1}{r}\frac{\partial p'}{\partial n}\,\mathrm{d}F(\boldsymbol{x}^{(1)}) + \int_F \frac{\partial}{\partial n}\left(\frac{1}{r}\right) p' \,\mathrm{d}F(\boldsymbol{x}^{(1)}) = -2\pi p'(\boldsymbol{x}). \tag{1.166}$$

Läßt man in (1.165) das Volumen V wachsen, so nehmen die Beiträge der Randintegrale im Vergleich zu dem Volumenintegral in der Regel ab und verschwinden in einem unendlich ausgedehnten Turbulenzfeld. Führt man für $\Delta p'$ den Ausdruck von (1.162) ein, so erhält man für die Druckschwankungen in einem unendlich ausgedehnten Strömungsfeld

$$p'(\boldsymbol{x}) = \frac{\varrho}{4\pi}\int_V \left[2\frac{\partial \bar{u}_i}{\partial x_j^{(1)}}\frac{\partial u_j'}{\partial x_i^{(1)}} + \frac{\partial^2(u_i' u_j')}{\partial x_i^{(1)}\partial x_j^{(1)}} - \frac{\partial^2 \overline{u_i' u_j'}}{\partial x_i^{(1)}\partial x_j^{(1)}}\right]\frac{\mathrm{d}\boldsymbol{x}^{(1)}}{|\boldsymbol{x}^{(1)}-\boldsymbol{x}|}. \tag{1.167}$$

Hierbei bedeutet $\mathrm{d}\boldsymbol{x} = \mathrm{d}x_1\,\mathrm{d}x_2\,\mathrm{d}x_3$.

Diese Beziehung lehrt, daß als Folge des elliptischen Charakters der Navier-Stokesschen Differentialgleichungen die Geschwindigkeitsschwankungen von allen Orten des Strömungsraumes zu den Druckschwankungen am Ort $\boldsymbol{x}$ beitragen. Wenn in einem ausgedehnten Strömungsfeld ein begrenztes Turbulenzgebiet besteht (z.B. ein turbulenter Strahl wie in Fig. 1), so pflanzen sich die Druckschwankungen auch in der umgebenden nichtturbulenten Strömung fort. In großer Entfernung sind die Druckschwankungen umgekehrt proportional dem Abstand vom Turbulenzgebiet.

Bei Turbulenzgebieten, die von festen Wänden umschlossen werden, kann man in (1.165) u. (1.166) die Integrale über die Berandung natürlich nicht ohne weiteres vernachlässigen. Wenn man die Druckschwankungen an einer ebenen Wand berechnet, so liefert die Integration über die Wand, an der die Druckschwankungen ermittelt werden sollen, keinen Beitrag zum dritten Integral von (1.166), da hier $\partial(1/r)/\partial n$ überall gleich Null ist[1]). Für die Wanddruckschwankungen unter einer turbulenten Grenzschicht an einer ebenen Wand gilt daher

$$p'_{\mathrm{w}}(\boldsymbol{x}) - \frac{1}{2\pi}\int\limits_{F_{\mathrm{w}}} \frac{\partial p'(\boldsymbol{x}^{(1)})}{\partial n}\,\frac{\mathrm{d}F_n(\boldsymbol{x}^{(1)})}{|\boldsymbol{x}^{(1)}-\boldsymbol{x}_n|}$$
$$= \frac{\varrho}{2\pi}\int\limits_{V}\left[2\,\frac{\partial \overline{u}_i}{\partial x_j^{(1)}}\,\frac{\partial u'_j}{\partial x_i^{(1)}} + \frac{\partial^2(u'_i u'_j)}{\partial x_i^{(1)}\partial x_j^{(1)}} - \frac{\partial^2 \overline{u'_i u'_j}}{\partial x_i^{(1)}\partial x_j^{(1)}}\right]\frac{\mathrm{d}\boldsymbol{x}^{(1)}}{|\boldsymbol{x}^{(1)}-\boldsymbol{x}|}, \qquad (1.168)$$

wobei sich das erste Integral über die ganze Wandfläche und das Volumenintegral über den oberen Halbraum bis weit außerhalb der Grenzschichtdicke erstreckt. Wegen der Haftbedingung bleibt $\partial p'/\partial n$ an der Wand sehr klein, so daß das Integral der linken Gleichungsseite fast immer zu vernachlässigen ist.

Wirbelgleichung. Es war schon gesagt worden, daß die Turbulenz eine Erscheinung mit starker Wirbelbewegung ist. Man spricht von Wirbelbewegung einer Flüssigkeit, wenn rot $\boldsymbol{u}$ nicht verschwindet und definiert

$$\boldsymbol{\omega} = \operatorname{rot} \boldsymbol{u} \qquad (1.169)$$

als den Wirbelvektor. Wendet man die Operation rot auf die Differentialgleichung (1.152) an, so entfällt das Druckglied wegen $\operatorname{rot}\operatorname{grad} p = 0$, und es ergibt sich die Wirbelgleichung

$$\frac{\mathrm{D}\boldsymbol{\omega}}{\mathrm{D}t} = (\boldsymbol{\omega}\cdot\operatorname{grad})\,\boldsymbol{u} - \nu\operatorname{rot}\operatorname{rot}\boldsymbol{\omega}\,. \qquad (1.170)$$

Das erste Glied auf der rechten Seite von Gl. (1.170) beschreibt die Änderung der Wirbelstärke, die durch Strecken oder Stauchen eines Wirbelfadens entsteht. Diesem Effekt kommt bei der Turbulenzbewegung wesentliche Bedeutung zu; bei zweidimensionaler Strömung tritt er nicht auf, da hier die Wirbelfäden senkrecht zur Geschwindigkeit und deren Gradienten verlaufen.

Wendet man die Zeigerschreibweise an, so ist unter Benutzung des alternierenden Einheitstensors ε[2])

$$\omega_i = \varepsilon_{ijk}\,\frac{\partial u_k}{\partial x_j}\,. \qquad (1.171)$$

---

[1]) Das gilt auch für $r \to 0$. Man überzeugt sich hiervon, indem man das Integral für eine Kugelschale vom Radius r_1 untersucht und den Grenzübergang $r_1 \to 0$ macht.

[2]) Vgl. S. 38.

Die Wirbelgleichung lautet dann

$$\frac{\partial \omega_i}{\partial t} + u_j \frac{\partial \omega_i}{\partial x_j} = \omega_j \frac{\partial u_i}{\partial x_j} + \nu \Delta \omega_i . \tag{1.172}$$

Setzt man $\nu = 0$, so geht (1.170) in die Helmholtzsche Wirbelgleichung für reibungslose Flüssigkeiten über, aus der in Übereinstimmung mit den Wirbelsätzen von Thomson und Helmholtz folgt, daß keine Wirbel entstehen können, wenn die reibungsfreie Strömung zu irgendeinem Zeitpunkt wirbelfrei war.

Wenn das Wirbelfeld bekannt ist, kann man das Geschwindigkeitsfeld berechnen. Denn ein stetiges und differenzierbares Vektorfeld (in diesem Fall das Geschwindigkeitsfeld $\boldsymbol{u}(\boldsymbol{x})$) ist in einem einfach zusammenhängenden Bereich eindeutig bestimmt, wenn im Inneren überall $\operatorname{div} \boldsymbol{u}$ und $\operatorname{rot} \boldsymbol{u}$ und auf dem Rand die Normalkomponente von $\boldsymbol{u}$ bekannt sind. Für das Wirbelfeld existiert ein Vektorpotential $\boldsymbol{a}$, aus dem sich die Geschwindigkeit zu $\boldsymbol{u} = \operatorname{rot} \boldsymbol{a}$ ergibt. Für dieses Potential gilt wegen

$$\Delta \boldsymbol{a} = -\boldsymbol{\omega} . \tag{1.173}$$

Die Lösung entwickelt sich analog zu (1.165), so daß man für ein unendlich ausgedehntes Feld die als Biot-Savartsches Gesetz bekannte Formel

$$\boldsymbol{u}(\boldsymbol{x}) = \operatorname{rot} \left[\frac{1}{4\pi} \int_V \frac{\omega(\boldsymbol{x}^{(1)}) \mathrm{d} \boldsymbol{x}^{(1)}}{|\boldsymbol{x}^{(1)} - \boldsymbol{x}|} \right] \tag{1.174}$$

erhält. Hinzu kommt im allgemeinen ein Beitrag der dehnungsfreien Strömung. Ein drehungsfreier Anteil, der den Beziehungen

$$\boldsymbol{u} = \operatorname{grad} \varphi , \tag{1.175}$$

$$\Delta \varphi = 0$$

genügt, ist zwar eine Lösung der Navier-Stokesschen Differentialgleichungen; er ist aber bei turbulenten Strömungen nur selten von Bedeutung.

1.3.5. Strömungsgleichungen in Mittelwerten; Reynoldssche Gleichungen. In der Folge werden wir uns auf den Fall inkompressibler Strömung beschränken.

Einen sehr wichtigen Satz von Differentialgleichungen erhält man, wenn man die Strömungsgleichungen Glied für Glied den Mittelwertoperationen von 1.2.2 unterzieht. Dabei wird die Aufteilung in Mittelwerte und Schwankungsgrößen nach Gl. (1.8) eingeführt. Für die Kontinuitätsgleichung führt dies auf

$$\operatorname{div} \bar{\boldsymbol{u}} = 0 \quad \text{oder} \quad \frac{\partial \bar{u}_i}{\partial x_i} = 0 . \tag{1.176}$$

Bildet man die Mittelwerte der Navier-Stokesschen Differentialgleichung der Form (1.155) und subtrahiert $\bar{u}_i \partial \bar{u}_j / \partial x_j$, so erhält man

$$\frac{\partial \bar{u}_i}{\partial t} + \bar{u}_j \frac{\partial \bar{u}_i}{\partial x_j} = -\frac{1}{\varrho} \frac{\partial \bar{p}}{\partial x_i} - \frac{\partial \overline{u_i' u_j'}}{\partial x_j} + \nu \frac{\partial^2 \bar{u}_i}{\partial x_j \partial x_j} + \bar{f}_i . \tag{1.177}$$

Diese Gleichungen werden als Reynoldssche Gleichungen bezeichnet und können mit $\frac{\bar{\mathrm{D}}}{\mathrm{D}t} = \frac{\partial}{\partial t} + \bar{u}_i \frac{\partial}{\partial x_i}$ auch wie folgt

$$\frac{\bar{\mathrm{D}}\bar{\boldsymbol{u}}}{\mathrm{D}t} = -\frac{1}{\varrho}\operatorname{grad}\bar{p} + \frac{1}{\varrho}\operatorname{div}\mathbf{T}_t - \nu\operatorname{rot}\operatorname{rot}\bar{\boldsymbol{u}} + \bar{\boldsymbol{f}} \tag{1.178}$$

geschrieben werden. $\mathbf{T}_t$ kann dabei als der Tensor der virtuellen Spannungen $-\varrho\overline{u_i' u_j'}$ aufgefaßt werden, die die Folge des von der Turbulenzbewegung bewirkten Impulstransportes sind. Sie werden Reynoldssche Spannungen oder auch scheinbare Spannungen genannt. In ihnen kommt also die Wirkung der Geschwindigkeitsschwankungen zum Ausdruck.

Für viele Zwecke ist es nützlich, den Tensor $\mathbf{T}_t$ der Reynoldsschen Spannungen mit dem Mittelwert $\bar{\mathbf{T}}$ des Tensors der Stokesschen Reibungsspannungen zu dem Tensor der Gesamtspannungen zusammenzufassen,

$$\bar{\mathbf{T}}_g = \bar{\mathbf{T}}_t + \bar{\mathbf{T}}\,. \tag{1.179}$$

Dieser hat die Koordinaten

$$\bar{\tau}_{gij} = -\varrho\overline{u_i' u_j'} + \mu\left(\frac{\partial\bar{u}_i}{\partial x_j} + \frac{\partial\bar{u}_j}{\partial u_i}\right). \tag{1.180}$$

Damit nimmt Gl. (1.178) die Form

$$\varrho\frac{\bar{\mathrm{D}}\bar{\boldsymbol{u}}}{\mathrm{D}t} = -\operatorname{grad}\bar{p} + \operatorname{div}\bar{\mathbf{T}}_g + \varrho\bar{\boldsymbol{f}} \tag{1.181}$$

an, die sich formal nicht von der Impulsgleichung für laminare Strömung unterscheidet. Doch bildet sie mit der Kontinuitätsgleichung kein lösbares Gleichungssystem, solange nicht weitere Beziehungen für die Reynoldsschen Spannungen eingeführt werden. In der Regel überwiegen die Reynoldsschen Spannungen die Reibungsspannungen um Größenordnungen. Lediglich in der Nähe fester Wände sind die Reibungsspannungen von Bedeutung.

Die Mittelwertoperation gliedweise auf die homogene Temperaturgleichung (1.158) angewandt, führt auf

$$c\varrho\frac{\bar{\mathrm{D}}\bar{T}}{\mathrm{D}t} = -c\varrho\frac{\partial\overline{u_i' T'}}{\partial x_i} + \lambda\frac{\partial^2\bar{T}}{\partial x_i\partial x_i}. \tag{1.182}$$

Analog zu den Reynoldsschen Spannungen stellt $c\varrho\overline{u_i' T'}$ einen Wärmetransport durch makroskopische Bewegungen dar, der neben dem Impulstransport eine weitere wichtige Erscheinung der turbulenten Strömungen ist. Man kann diesen turbulenten Wärmefluß

$$\bar{\boldsymbol{q}}_t = c\varrho\overline{\boldsymbol{u}' T'} \tag{1.183}$$

mit dem Fourierschen Wärmefluß $\bar{\boldsymbol{q}} = -\lambda\operatorname{grad}\bar{T}$ zu einem Gesamtwärmefluß

$$\boldsymbol{q}_g = c\varrho\overline{\boldsymbol{u}' T'} - \lambda\operatorname{grad}\bar{T} \tag{1.184}$$

zusammenfassen und erhält damit für die Temperaturgleichung die Form

$$c\varrho \frac{\bar{\mathrm{D}}\bar{T}}{\mathrm{D}t} = -\operatorname{div} \boldsymbol{q}_{\mathrm{g}}, \tag{1.185}$$

die formal sowohl für turbulente als auch für laminare Strömungen gilt, aber ohne Beziehungen für $\boldsymbol{q}_{\mathrm{t}}$ ebensowenig wie Gl. (1.181) lösbar ist. Auch der turbulente Wärmefluß ist, außer in Wandnähe, gewöhnlich wesentlich größer als der molekulare Wärmefluß.

Die vollständige Differentialgleichung für den Temperaturmittelwert bekommt man durch Addieren des Mittelwertes der Dissipation $\bar{\Phi}$ auf der rechten Seite von Gl. (1.185).

Die Dissipation spielt im Haushalt der mechanischen Energie turbulenter Strömungen eine bedeutende Rolle, während die Eigenerwärmung der Flüssigkeit häufig von untergeordneter Bedeutung für den Gesamtvorgang ist. Bildet man den Mittelwert von Gl. (1.160), so ergibt sich, daß die Dissipation aus zwei Summanden besteht:

$$\bar{\Phi} = \varrho[\mathsf{E} + \varepsilon] = \varrho\left[\nu \frac{\partial \bar{u}_i}{\partial x_j}\left(\frac{\partial \bar{u}_i}{\partial x_j} + \frac{\partial \bar{u}_j}{\partial x_i}\right) + \nu \overline{\frac{\partial u_i'}{\partial x_j}\left(\frac{\partial u_i'}{\partial x_j} + \frac{\partial u_j'}{\partial x_i}\right)}\right]. \tag{1.186}$$

Der erste Summand, E, stellt die von den Gradienten der mittleren Strömungsgeschwindigkeiten bewirkte Dissipation je Masseneinheit dar und wird direkte Dissipation genannt. Der zweite Summand, der auch als

$$\varepsilon = \nu\left(\overline{\frac{\partial u_i'}{\partial x_j}\frac{\partial u_i'}{\partial x_j}} + \overline{\frac{\partial u_i'}{\partial x_j}\frac{\partial u_j'}{\partial x_i}}\right) \tag{1.187}$$

geschrieben werden kann, ist der Mittelwert der turbulenten Dissipation je Masseneinheit; diese wird von den Gradienten der Geschwindigkeitsschwankungen verursacht. Die turbulente Dissipation ist die Leistung schwankender Reibungsspannungen, deren Mittelwerte gleich Null sind; sie übersteigt die Größe der direkten Dissipation je nach Reynolds-Zahl um viele Größenordnungen, Gebiete in der Nähe fester Wände wiederum ausgenommen. Obwohl die Geschwindigkeitsschwankungen gewöhnlich klein gegen die mittlere Geschwindigkeit sind, $|u_i'| \ll \bar{u}_i$, gilt für die Geschwindigkeitsgradienten das Umgekehrte, $|\partial u_i'/\partial x_j| \gg \partial \bar{u}_i/\partial x_j$. Diese Erscheinung, die die hohe Wirbelintensität ausmacht, ist für alle turbulenten Strömungen kennzeichnend.

1.3.6. Bewegungsgleichungen der statistischen Momente und der Spektralfunktionen.

Durch Anwendung gewisser mathematischer Operationen kann man aus den Strömungsgleichungen neue Gleichungen herleiten, die zwar physikalisch keine zusätzliche Aussage beinhalten, die aber bei der Lösung der Gleichungen nützlich sein können und bei der Deutung und Beschreibung der physikalischen Vorgänge – insbesondere in Verbindung mit Versuchsergebnissen – neue Einblicke vermitteln. Diese Methode wird vielfach in der Strömungsmechanik angewendet, und es bieten sich vielfältige Möglichkeiten an. Am bekanntesten ist vielleicht das Beispiel aus der Grenzschichttheorie, bei der man nach Multiplikation der Grenzschichtgleichungen mit einer Potenz der Geschwindigkeit Integralsätze entwickelt, die für Näherungslösungen ganz allgemein benutzt werden.

Auf ähnlichen Grundsätzen fußt auch die Methode, mit der man die dynamischen Gleichungen konstruiert, denen die zentralen Momente und deren Fourier-Transformierte auf Grund der Navier-Stokesschen Gleichungen unterliegen. Da die Momente und Spektralfunktionen für die statistische Beschreibung der Turbulenz fast unentbehrliche Hilfsmittel bilden, sind diese Herleitungen sehr wichtig. Auch Differentialgleichungen für den Haushalt der kinetischen Schwankungsenergie usw. lassen sich aus den Momentengleichungen entwickeln.

Der Grundgedanke dieser Rechnungen ist einfach, nur die Ausführung wird häufig zeitraubend und ermüdend. Man geht von den Navier-Stokesschen Gleichungen für die Geschwindigkeitsschwankungen, $u_i'(\boldsymbol{x},t)$ aus, die man aus Gl. (1.154) nach Subtrahieren der Reynoldsschen Gleichung (1.177) erhält. Im folgenden werden diese Gleichungen symbolisch in der Form

$$N_i\{\boldsymbol{x},t\} = \frac{\partial u_i'}{\partial t} + \bar{u}_k\frac{\partial u_i'}{\partial x_k} + u_k'\frac{\partial \bar{u}_i}{\partial x_k} + \frac{\partial(u_i'u_k')}{\partial x_k} - \frac{\partial\overline{u_i'u_k'}}{\partial x_k} + \frac{1}{\varrho}\frac{\partial p'}{\partial x_i} - \nu\frac{\partial^2 u_i'}{\partial x_k \partial x_k} - f_i' = 0 \tag{1.188}$$

geschrieben, wobei alle Größen und deren Ableitungen am Ort $\boldsymbol{x}$ zur Zeit t zu nehmen sind. Für ein Moment m-ter Ordnung gewinnt man die gesuchten Gleichungen, indem man für alle m beteiligten Geschwindigkeitskomponenten den Ausdruck (1.188) für die entsprechenden $\boldsymbol{x}$ und t hinschreibt, ihn jeweils mit den übrigen Komponenten multipliziert und den Mittelwert bildet.

Gleichungen der zentralen Momente zweiter Ordnung. Als spezielles Beispiel betrachten wir den Geschwindigkeitskorrelationstensor $R_{ij}(\boldsymbol{x},t,\boldsymbol{r},\tau)$ für zwei Geschwindigkeitskomponenten, Fig. 4, $(m=2)$. Man erhält das folgende Paar von Gleichungen:

$$\mathrm{D}^{(i)}\{R_{ij}\} = \overline{u_j'(\boldsymbol{x}^{(1)},t^{(1)})N_i\{\boldsymbol{x},t\}}\,, \tag{1.189}$$

$$\mathrm{D}^{(j)}\{R_{ij}\} = \overline{u_i'(\boldsymbol{x},t)N_j\{\boldsymbol{x}^{(1)},t^{(1)}\}}\,. \tag{1.190}$$

Die Ausrechnung liefert unter Berücksichtigung der Differentiationsregeln (1.39) bis (1.41) die folgenden Formeln:

$$\mathrm{D}^{(i)}\{R_{ij}\} = \frac{\partial R_{ij}}{\partial t} - \frac{\partial R_{ij}}{\partial \tau} + \bar{u}_k(\boldsymbol{x},t)\left[\frac{\partial R_{ij}}{\partial x_k} - \frac{\partial R_{ij}}{\partial r_k}\right] + R_{kj}\frac{\partial \bar{u}_i(\boldsymbol{x},t)}{\partial x_k} + \frac{\partial R_{(ik)j}}{\partial x_k} - \frac{\partial R_{(ik)j}}{\partial r_k} + \frac{1}{\varrho}\frac{\partial\overline{p'u_j'}}{\partial x_i} - \frac{1}{\varrho}\frac{\partial\overline{p'u_j'}}{\partial r_i} - \nu\left[\frac{\partial^2 R_{ij}}{\partial x_k\partial x_k} - 2\frac{\partial^2 R_{ij}}{\partial x_k \partial r_k} + \frac{\partial^2 R_{ij}}{\partial r_k\partial r_k}\right] - \overline{f_i'u_j'} = 0, \tag{1.191}$$

$$\mathrm{D}^{(j)}\{R_{ij}\} = \frac{\partial R_{ij}}{\partial \tau} + \bar{u}_k(\boldsymbol{x}^{(1)},t^{(1)})\frac{\partial R_{ij}}{\partial r_k} + R_{ik}\frac{\partial \bar{u}_j(\boldsymbol{x}^{(1)},t^{(1)})}{\partial x_k^{(1)}} + \frac{\partial R_{i(jk)}}{\partial r_k} + \frac{1}{\varrho}\frac{\partial\overline{u_i'p'}}{\partial r_j} - \nu\frac{\partial^2 R_{ij}}{\partial r_k\partial r_k} - \overline{u_i'f_j'} = 0. \tag{1.192}$$

Es mag zunächst festgestellt werden, daß Gl. (1.191) die zeitlichen Ableitungen $\partial R_{ij}/\partial t$ und $\partial R_{ij}/\partial \tau$ enthält, während in Gl. (1.192) nur $\partial R_{ij}/\partial \tau$ erscheint. Mitunter bringt es Vorteile, eine weitere Gleichung durch Summation von (1.191) und (1.192) herzuleiten,

$$\begin{aligned} D\{R_{ij}\} &= D^{(i)}\{R_{ij}\} + D^{(j)}\{R_{ij}\} \\ &= \frac{\partial R_{ij}}{\partial t} + \overline{u}_k(\boldsymbol{x},t)\frac{\partial R_{ij}}{\partial x_k} + [\overline{u}_k(\boldsymbol{x}^{(1)},t^{(1)}) - \overline{u}_k(\boldsymbol{x},t)]\frac{\partial R_{ij}}{\partial r_k} + \\ &+ R_{kj}\frac{\partial \overline{u}_i(\boldsymbol{x},t)}{\partial x_k} + R_{ik}\frac{\partial \overline{u}_j(\boldsymbol{x}^{(1)},t^{(1)})}{\partial x_k^{(1)}} + \frac{\partial R_{(ik)j}}{\partial x_k} - \\ &- \frac{\partial}{\partial r_k}(R_{(ik)j} - R_{i(jk)}) + \frac{1}{\varrho}\frac{\partial \overline{p'u_j'}}{\partial x_i} - \frac{1}{\varrho}\frac{\partial \overline{p'u_j'}}{\partial r_i} + \frac{1}{\varrho}\frac{\partial \overline{u_i'p'}}{\partial r_j} - \\ &- \nu\left[\frac{\partial^2 R_{ij}}{\partial x_k \partial x_k} - 2\frac{\partial^2 R_{ij}}{\partial x_k \partial r_k} + 2\frac{\partial^2 R_{ij}}{\partial r_k \partial r_k}\right] - \overline{f_i' u_j'} - \overline{u_i' f_j'} = 0. \end{aligned} \tag{1.193}$$

In dieser Gleichung tritt als zeitliche Ableitung nur $\partial R_{ij}/\partial t$ auf. Außerdem weist Gl. (1.193) einige interessante Symmetrieeigenschaften auf. Ersetzt man Gl. (1.191) durch (1.193), so bekommt man ein Gleichungssystem, in welchem in jeder Gleichung nur eine zeitliche Ableitung von R_{ij} vorkommt. Es sei dazu bemerkt, daß bei stationären turbulenten Strömungen das Glied $\partial R_{ij}/\partial t$ in Gl. (1.193) verschwindet, nicht aber $\partial R_{ij}/\partial \tau$ in Gl. (1.192).

Der Tensor R_{ij} hat neun Koordinaten; unter Beachtung der Vertauschungsregel, Gl. (1.33), ergeben sich für alle Momente der Ordnung zwei gleich zwölf Differentialgleichungen. Durch vorhandene Symmetrieeigenschaften des Strömungsfeldes sind in speziellen Fällen drastische Vereinfachungen möglich. Es lassen sich einige Aussagen machen, die vom mathematischen Standpunkt aus bedeutend sind. Im ersten, zweiten und siebenten Glied der rechten Seite von (1.188) tritt als fluktuierende Größe die Geschwindigkeitskomponente u_i' linear auf. Als Folge davon erscheint in (1.192) und (1.193) das Moment R_{ij} linear in verschiedenen Differentialquotienten (erstes, zweites und sechstes Glied in (1.192), erstes bis drittes und elftes bis dreizehntes Glied in (1.193). Das dritte Glied von (1.188) enthält als fluktuierende Größe linear eine andere Geschwindigkeitskomponente, so daß in (1.192) und (1.193) in Verbindung mit den Gradienten der mittleren Geschwindigkeit $\partial \overline{u}_i/\partial x_k$ Momente der gleichen Ordnung auftreten, bei denen jeweils eine andere Geschwindigkeitskomponente beteiligt ist (drittes Glied in (1.192), viertes und fünftes Glied in (1.193)). Diese Glieder bewirken eine lineare wechselseitige Kopplung der Gleichungen für die Momente zweiter Ordnung. Das Produkt aus zwei Geschwindigkeitsschwankungen des vierten Gliedes von (1.188) hat noch weitergehende Konsequenzen, da es Momente der nächst höheren Ordnung in die Gleichung bringt. Die hierbei erscheinenden Momente dritter Ordnung sind

$$\left.\begin{aligned} R_{(ik)j} &= \overline{u_i'(\boldsymbol{x},t)\,u_k'(\boldsymbol{x},t)\,u_j'(\boldsymbol{x}^{(1)},t^{(1)})}, \\ R_{i(jk)} &= \overline{u_i'(\boldsymbol{x},t)\,u_j'(\boldsymbol{x}^{(1)},t^{(1)})\,u_k'(\boldsymbol{x}^{(1)},t^{(1)})}. \end{aligned}\right\} \tag{1.194}$$

Das fünfte Glied in (1.188) verschwindet bei der Mittelung in den Gleichungen für R_{ij}. Die Druckschwankungen können durch Integrale des Geschwindigkeitsschwankungsfeldes ausgedrückt werden, wie in 1.3.4 ausgeführt wurde. Beim Vergleich mit Gl. (1.167) findet man, daß sich die mit p' gebildeten Momente

$$\left.\begin{aligned} \overline{p'u'_j} &= \overline{p'(\boldsymbol{x},t)\,u'_j(\boldsymbol{x}^{(1)},t^{(1)})} \\ \overline{u'_i p'} &= \overline{u'_i(\boldsymbol{x},t)\,p'(\boldsymbol{x}^{(1)},t^{(1)})} \end{aligned}\right\} \tag{1.195}$$

als Integrale von Momenten der Ordnung zwei und drei darstellen. Diese Integrale erstrecken sich über den gesamten Strömungsraum, so daß also Gl. (1.192) und (1.193) Integro-Differentialgleichungen sind. Schließlich entstehen noch Momente der Ordnung zwei, die die Fluktuationen der Körperkräfte enthalten; diese entfallen jedoch in der Regel.

Zu diesen Gleichungen kommen noch die zwei Kontinuitätsbedingungen, die sich mit Gl. (1.39) und (1.40) zu

$$\left.\begin{aligned} \left\{\frac{\partial}{\partial x_i} - \frac{\partial}{\partial r_i}\right\} R_{ij} &= 0, \\ \frac{\partial}{\partial r_j} R_{ij} &= 0 \end{aligned}\right\} \tag{1.196}$$

ergeben.

Gleichungen für die Spektralfunktionen zweiter Ordnung. Um die entsprechenden Differentialgleichungen für die Spektralfunktionen herzuleiten, hat man die in 1.2.5 dargelegten Transformationsregeln auf die Ausdrücke Gl. (1.191) bis (1.193) anzuwenden. Es soll die Fourier-Transformation bezüglich der unabhängigen Variablen $\boldsymbol{r}$ und τ vorgenommen werden. Man hat dazu die Operation (vgl. Gl. (1.69), (1.70) und (1.90), (1.91))

$$\frac{1}{(2\pi)^4} \int\limits_{V(\boldsymbol{r},\tau)} \cdots \, \mathrm{e}^{-\mathrm{i}(\boldsymbol{k}\cdot\boldsymbol{r}+\omega\tau)} \mathrm{d}\boldsymbol{r}\,\mathrm{d}\tau$$

für jedes einzelne Glied der Gleichungen durchzuführen. Für die Differentialquotienten folgt aus Gl. (1.69) und (1.90) beispielsweise

$$\frac{\partial R_{ij}}{\partial r_m} = \int\limits_{V(\boldsymbol{k},\omega)} \mathrm{i}k_m \Phi_{ij}(\boldsymbol{x},t,\boldsymbol{k},\omega)\,\mathrm{e}^{\mathrm{i}(\boldsymbol{k}\cdot\boldsymbol{r}+\omega\tau)} \mathrm{d}\boldsymbol{k}\,\mathrm{d}\omega. \tag{1.197}$$

Die Umkehrung davon lautet

$$\mathrm{i}k_m \Phi_{ij} = \frac{1}{(2\pi)^4} \int\limits_{V(\boldsymbol{r},\tau)} \frac{\partial R_{ij}}{\partial r_m} \mathrm{e}^{-\mathrm{i}(\boldsymbol{k}\cdot\boldsymbol{r}+\omega\tau)} \mathrm{d}\boldsymbol{r}\,\mathrm{d}\tau. \tag{1.198}$$

Die Gl. (1.193) entsprechende Gleichung für die Spektralfunktion $\Phi_{ij}(\boldsymbol{x},t,\boldsymbol{k},\omega)$ schreibt sich formal als

$$\frac{\partial \Phi_{ij}}{\partial t} + \bar{u}_k(\boldsymbol{x},t)\frac{\partial \Phi_{ij}}{\partial x_k} +$$
$$+ \frac{1}{(2\pi)^4}\int\limits_{V(\boldsymbol{r},\tau)} [\bar{u}_k(\boldsymbol{x}^{(1)},t^{(1)}) - \bar{u}_k(\boldsymbol{x},t)]\frac{\partial R_{ij}}{\partial r_k}\mathrm{e}^{-\mathrm{i}(\boldsymbol{k}\cdot\boldsymbol{r}+\omega\tau)}\mathrm{d}\boldsymbol{r}\,\mathrm{d}\tau +$$
$$+ \Phi_{kj}\frac{\partial \bar{u}_i(\boldsymbol{x},t)}{\partial x_k} + \frac{1}{(2\pi)^4}\int\limits_{V(\boldsymbol{r},\tau)} R_{ik}\frac{\partial \bar{u}_j(\boldsymbol{x}^{(1)},t^{(1)})}{\partial x_k^{(1)}}\mathrm{e}^{-\mathrm{i}(\boldsymbol{k}\cdot\boldsymbol{r}+\omega\tau)}\mathrm{d}\boldsymbol{r}\,\mathrm{d}\tau +$$
$$+ \frac{\partial \Phi_{(ik)j}}{\partial x_k} - \mathrm{i}k_k(\Phi_{(ik)j} - \Phi_{i(jk)}) + \frac{\partial \pi_j}{\partial x_i} - \mathrm{i}k_i\pi_j + \mathrm{i}k_j\pi_i -$$
$$-\nu\left[\frac{\partial^2 \Phi_{ij}}{\partial x_k \partial x_k} - 2\mathrm{i}k_k\frac{\partial \Phi_{ij}}{\partial x_k} - 2k_k k_k \Phi_{ij}\right] - (\varphi_{ij} + \varphi_{ij}) = 0, \tag{1.199}$$

mit
$$\pi_j = \frac{1}{\varrho}\frac{1}{(2\pi)^4}\int\limits_{V(\boldsymbol{r},\tau)} \overline{p' u_j'}\,\mathrm{e}^{-\mathrm{i}(\boldsymbol{k}\cdot\boldsymbol{r}+\omega\tau)}\mathrm{d}\boldsymbol{r}\,\mathrm{d}\tau, \tag{1.200}$$

$$\pi_i = \frac{1}{\varrho}\frac{1}{(2\pi)^4}\int\limits_{V(\boldsymbol{r},\tau)} \overline{u_i' p'}\,\mathrm{e}^{-\mathrm{i}(\boldsymbol{k}\cdot\boldsymbol{r}+\omega\tau)}\mathrm{d}\boldsymbol{r}\,\mathrm{d}\tau, \tag{1.201}$$

$$\varphi_{ij} = \frac{1}{(2\pi)^4}\int\limits_{V(\boldsymbol{r},\tau)} \overline{f_i' u_j'}\,\mathrm{e}^{-\mathrm{i}(\boldsymbol{k}\cdot\boldsymbol{r}+\omega\tau)}\mathrm{d}\boldsymbol{r}\,\mathrm{d}\tau, \tag{1.202}$$

$$\varphi_{ij} = \frac{1}{(2\pi)^4}\int\limits_{V(\boldsymbol{r},\tau)} \overline{u_i' f_j'}\,\mathrm{e}^{-\mathrm{i}(\boldsymbol{k}\cdot\boldsymbol{r}+\omega\tau)}\mathrm{d}\boldsymbol{r}\,\mathrm{d}\tau. \tag{1.203}$$

Wie man aus den Integralausdrücken in (1.199) ersieht, wird die Fourier-Transformation durch das Auftreten der an verschiedenen Orten und zu verschiedenen Zeiten wirkenden mittleren Geschwindigkeiten erschwert. Wenn $\bar{\boldsymbol{u}}$ von Ort und Zeit unabhängig ist, entfallen die Integrale in (1.199). In allgemeineren Fällen kann man eine Vereinfachung herbeiführen, indem man $\bar{\boldsymbol{u}}$ in eine Taylorsche Reihe von Punkt $\boldsymbol{x}, t$ aus entwickelt,

$$\bar{u}_k(\boldsymbol{x}^{(1)},t^{(1)}) - \bar{u}_k(\boldsymbol{x},t) = r_l\frac{\partial \bar{u}_k}{\partial x_l} + \tau\frac{\partial \bar{u}_k}{\partial t} + \cdots, \tag{1.204}$$

so daß sich

$$\frac{1}{(2\pi)^4}\int\limits_{V(\boldsymbol{r},\tau)} [\bar{u}_k(\boldsymbol{x}^{(1)},t^{(1)}) - \bar{u}_k(\boldsymbol{x},t)]\frac{\partial R_{ij}}{\partial r_k}\mathrm{e}^{-\mathrm{i}(\boldsymbol{k}\cdot\boldsymbol{r}+\omega\tau)}\mathrm{d}\boldsymbol{r}\,\mathrm{d}\tau$$
$$= -\frac{\partial \bar{u}_k}{\partial x_l}k_k\frac{\partial \Phi_{ik}}{\partial k_l} - \frac{\partial \bar{u}_k}{\partial t}k_k\frac{\partial \Phi_{ik}}{\partial \omega} - \cdots \tag{1.205}$$

ergibt.

Auf die gleiche Weise leiten sich aus den Kontinuitätsbedingungen, Gl. (1.196), folgende Beziehungen her:

$$\left.\begin{aligned} \left(\frac{\partial}{\partial x_i} - \mathrm{i}k_i\right)\Phi_{ij} &= 0\,, \\ k_j\Phi_{ij} &= 0\,. \end{aligned}\right\} \tag{1.206}$$

Physikalische Deutung. Für die Momentengleichungen bzw. die Spektraltensorgleichungen lassen sich auch physikalische Deutungen geben, die besonders an Interesse gewinnen, wenn man das System der Differentialgleichungen durch halbempirische Annahmen zu einem geschlossenen System ergänzen möchte. Zur physikalischen Deutung kann man sich R_{ij} bzw. Φ_{ij} als eine der Strömungsflüssigkeit anhaftende nichtkonservative Eigenschaft denken, ähnlich einer chemischen Beimengung oder dergleichen. Die Quantität R_{ij} unterliegt danach verschiedenen Transportprozessen, nämlich einem konvektiven Transport durch die mittlere Strömungsgeschwindigkeit (zweites Glied in (1.193)) sowie einem Transport durch turbulente (sechstes und achtes Glied) und molekulare (elftes Glied) Diffusion. Die Größe $R_{(ik)j}$ läßt sich leicht als turbulenter Diffusionsstrom von R_{ij} in Richtung x_k interpretieren, ebenso das Glied $\frac{1}{\varrho}\,\partial\overline{p'u_j'}/\partial x_i$, es wird gewöhnlich als Druckdiffusion bezeichnet. Des weiteren ist R_{ij} Wechselwirkungen der Turbulenzbewegung mit Gradienten der mittleren Geschwindigkeit (viertes und fünftes Glied) und Wechselwirkungen mit den Druckschwankungen (neuntes und zehntes Glied) unterworfen. Die Glieder $R_{kj}(\partial\bar{u}_i/\partial x_k)$ bewirken in der Regel eine Neuschöpfung von R_{ij} (Produktion), während die Wechselwirkung mit den Druckschwankungen die Übertragung der Schwankungsintensität von einer Koordinatenrichtung auf andere Richtungen vollbringt. Das dreizehnte Glied von (1.193) ist in Gl. (1.199) als Dissipation der Größe Φ_{ij} durch die Zähigkeit zu erkennen, in (1.193) ist es als Diffusion im $\boldsymbol{r}$-Raum zu deuten. Schließlich sind noch Glieder in (1.193) vorhanden, die sowohl für $\boldsymbol{r}\to 0$ als auch für $\boldsymbol{r}\to\infty$ verschwinden (drittes und siebtes Glied). Die Wirkung dieser Glieder ist als Transport im Wellenzahlenraum zu erklären. Die Summe dieser Wirkungen bestimmt die zeitliche Änderung von R_{ij}. Diese kurze Skizzierung der physikalischen Erscheinungen mag hier genügen; später wird bei der Behandlung von Spezialfällen näher hierauf eingegangen werden.

Das Problem der Schließung des Gleichungssystems. Die Differentialgleichungen für die zentralen Momente höherer Ordnung oder deren Fourier-Transformierte können nach dem gleichen Prinzip hergeleitet werden, doch nimmt mit steigender Ordnung m der Rechenaufwand in jedem Fall rasch an Umfang zu. Grundsätzlich könnte man sich einen unendlichen Satz von Differentialgleichungen für die Momente aller Ordnungen beschaffen. Die Wahrscheinlichkeitsdichteverteilungen, die letztlich das Turbulenzfeld beschreiben, sind über die charakteristischen Funktionen durch den gesamten Satz der unendlich vielen zentralen Momente festgelegt (vgl. 1.2.3). Die Lösung des Systems der unendlich vielen Differentialgleichungen der Momente aller Ordnungen würde deshalb, wenn man sie ermitteln könnte, die zeitliche und räumliche Entwicklung der Wahrscheinlichkeitsverteilungen bestimmen. Die Reynoldsschen Gleichungen von 1.3.5 sind das erste Glied dieser Hierarchie von Gleichungen, die wegen ihrer vielseitigen Kopplungen von hoffnungsloser Kompliziertheit sind. Die Gleichungen für die Momente der Ordnung m enthalten linear Momente der Ordnung $m+1$ als unbekannte Funktionen. Schreibt man sich die Gleichungen für die Momente der Ordnung $m+1$ hin, so hat man als Unbekannte die Momente der Ordnung $m+2$ usw. Man kann also auf diese Weise nicht zu einem lösbaren System von Gleichungen vordringen.

Das Dilemma, vor das man durch Anwendung statistischer Operationen auf die Navier-Stokesschen Gleichungen gestellt wird, besteht darin, den Satz der unendlich vielen gekoppelten Integro-Differentialgleichungen durch weitere Rechenschemata, Hypothesen, Modellvorstellungen, Vereinfachungen oder dgl., die man aus den Navier-Stokesschen Gleichungen im allgemeinen nicht erschließen kann, in ein abgeschlossenes Gleichungssystem zu überführen. Die bekannten einfachen Näherungsansätze – die Austauschformel von Boussinesq und die Mischungswegformel von Prandtl – bewerkstelligen die Schließung auf der ersten Stufe vermittels phänomenologischer Annahmen. Auf diesem Wege kann man allerdings nicht zu einer strengen Theorie gelangen. Mehr als Aussagen beschränkter Gültigkeit und angenäherten Charakters sind nicht zu erwarten, auch wenn physikalisch begründet erscheinende Schlußfolgerungen und Daten aus Versuchen eingefügt werden.

2. Homogene Turbulenzfelder

2.1. Einführung

2.1.1. Generelle Eigenschaften. Als mathematisch einfachster Fall einer turbulenten Strömung erscheint das homogene unbegrenzt ausgedehnte Turbulenzfeld. Homogenität bedeutet, wie schon früher erwähnt, daß alle statistischen Größen und Verteilungen vom Ortsvektor $\boldsymbol{x}$ unabhängig sind. Diese Definition verlangt auch $\overline{\boldsymbol{u}}(\boldsymbol{x})=\text{const}$. Nimmt man ferner $\overline{p}(\boldsymbol{x})=\text{const}$ und $\boldsymbol{f}=0$ (keine Körperkräfte) hinzu und setzt dies in die Reynoldsschen Gleichungen ein, so folgt wegen Fehlens sämtlicher Ableitungen nach den Ortskoordinaten $\partial\overline{\boldsymbol{u}}/\partial t=0$; $\overline{\boldsymbol{u}}(\boldsymbol{x})$ ist also auch zeitlich konstant. Da es nun auf die Bewegungsgleichungen ohne Einfluß bleibt, wenn man ein mit $\overline{\boldsymbol{u}}$ bewegtes Achsensystem einführt, kann man sich auf den Fall $\overline{\boldsymbol{u}}=0$ beschränken, ohne die Allgemeingültigkeit der Betrachtungen einzuschränken.

Wendet man die dreidimensionale Fourier-Analyse nach Gl. (1.87) auf das Geschwindigkeitsfeld an[1]),

$$\boldsymbol{u}(\boldsymbol{x})=\int_{V(\boldsymbol{k})} \mathrm{e}^{\mathrm{i}\boldsymbol{k}\cdot\boldsymbol{x}}\,\mathrm{d}\boldsymbol{Z}(\boldsymbol{k}), \tag{2.1}$$

so erfordert die Kontinuitätsgleichung für inkompressible Flüssigkeiten, $\operatorname{div}\boldsymbol{u}=0$,

$$\boldsymbol{k}\cdot\mathrm{d}\boldsymbol{Z}(\boldsymbol{k})=k_i\,\mathrm{d}Z_i(\boldsymbol{k})=0\,. \tag{2.2}$$

[1]) In diesem Kapitel werden Geschwindigkeitsschwankungen mit u statt mit u' bezeichnet. Es ist ferner zu beachten, daß $\mathrm{d}\boldsymbol{Z}$ ein Vektor ist, während die an anderen Stellen benutzten Symbole $\mathrm{d}\boldsymbol{x}$, $\mathrm{d}\boldsymbol{k}$ usw. Skalare (Volumenelemente im Orts- oder Wellenzahlenraum) bezeichnen.

Dies besagt, daß der Vektor jeder einzelnen Fourier-Komponente senkrecht zum Wellenzahlenvektor $\boldsymbol{k}$ steht; die Fourier-Komponenten stellen also einfache Scherströmungen dar, Fig. 9. Die homogene Turbulenz ist somit durch die Definition als stochastischer Prozeß eine rotationsbehaftete Strömung.

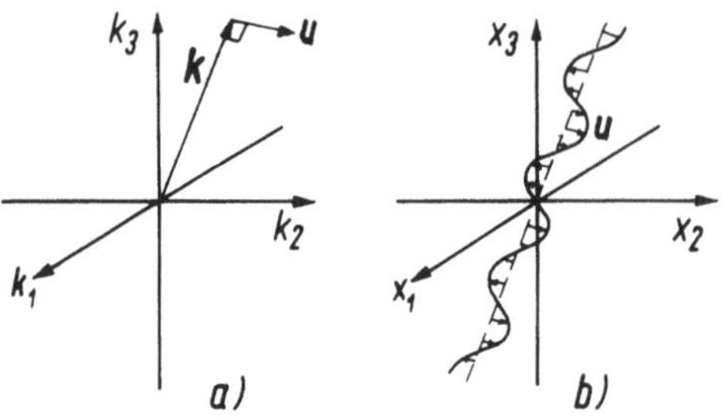

Fig. 9
Fourier-Analyse des homogenen Geschwindigkeitsfeldes
a) Wellenzahlenraum
b) Physikalischer Raum

Anmerkung. Wir könnten, als Gegenprobe gewissermaßen, danach fragen, wie ein homogenes stochastisches Potentialfeld aussehen müßte. Analog zu (2.1) hätte man für das Potential das Fourier-Stieltjesche Integral

$$\varphi(\boldsymbol{x}) = \int_{V(\boldsymbol{k})} e^{i\boldsymbol{k}\cdot\boldsymbol{x}} \, d\zeta(\boldsymbol{k}) \tag{2.3}$$

zu setzen.

Die Potentialgleichung $\Delta\varphi = 0$ erfordert dann

$$\boldsymbol{k}\cdot\boldsymbol{k} \, d\zeta(\boldsymbol{k}) = k_i k_i \, d\zeta(\boldsymbol{k}) = 0 . \tag{2.4}$$

Bei reellen Werten von $\boldsymbol{k}$ kann diese Beziehung nur durch $d\zeta(\boldsymbol{k}) = 0$ erfüllt werden. Ein homogenes stochastisches Feld drehungsfreier Strömung existiert daher in einer inkompressiblen Flüssigkeit nicht. Mathematisch ausgedrückt, es schließen sich in einem homogenen stochastischen Feld die Bedingungen $\operatorname{div} \boldsymbol{u} = 0$ und $\operatorname{rot} \boldsymbol{u} = 0$ gegenseitig aus.

Da die Reynoldsschen Gleichungen keine weitere Aussage über die homogene Turbulenz liefern, wollen wir das Gleichgewicht der mechanischen Energie betrachten. Die Navier-Stokessche Gleichung (1.154) wird skalar mit $\boldsymbol{u}$ multipliziert; dann werden Glied für Glied die Mittelwerte gebildet. Dabei bestehen wegen $\partial u_i/\partial x_i = 0$ und $\partial\overline{(\cdots)}/\partial x_i = 0$ die Identitäten

$$\overline{u_i u_j \frac{\partial u_i}{\partial x_j}} = \frac{1}{2} \frac{\partial \overline{u_i^2 u_j}}{\partial x_j} - \frac{1}{2} \overline{u_i^2 \frac{\partial u_j}{\partial x_j}} = 0 , \tag{2.5}$$

$$\overline{u_i \frac{\partial p}{\partial x_i}} = \frac{\partial \overline{u_i p}}{\partial x_i} - \overline{p \frac{\partial u_i}{\partial x_i}} = 0 , \tag{2.6}$$

$$\overline{u_i \Delta u_i} = \frac{1}{2} \frac{\partial^2 \overline{u_i u_i}}{\partial x_j \partial x_j} - \overline{\frac{\partial u_i}{\partial x_j} \frac{\partial u_i}{\partial x_j}} = - \overline{\frac{\partial u_i}{\partial x_j} \frac{\partial u_i}{\partial x_j}} . \tag{2.7}$$

Also ergibt sich

$$\frac{1}{2}\frac{\partial\overline{u_i u_i}}{\partial t}=\frac{\partial}{\partial t}\frac{\overline{\boldsymbol{u}^2}}{2}=-\nu\overline{\frac{\partial u_i}{\partial x_j}\frac{\partial u_i}{\partial x_j}}. \tag{2.8}$$

Der Wert $\overline{u_i u_i}/2=\overline{\boldsymbol{u}^2}/2$ ist der Mittelwert der kinetischen Energie je Einheit Flüssigkeitsmasse. Man könnte diese Beziehung auch aus Gl. (1.193) für $\boldsymbol{r}=0$, $\tau=0$ gewinnen. Auf der rechten Seite von (2.8) steht der mit negativem Vorzeichen versehene Wert der Dissipation. Denn da auch die Identität

$$\overline{\frac{\partial u_i}{\partial x_j}\frac{\partial u_j}{\partial x_i}}=\overline{\frac{\partial^2(u_i u_j)}{\partial x_j\partial x_i}}-\overline{u_j\frac{\partial^2 u_i}{\partial x_j\partial x_i}}-\overline{u_i\frac{\partial^2 u_j}{\partial x_j\partial x_i}}-\overline{\frac{\partial u_i}{\partial x_i}\frac{\partial u_j}{\partial x_j}}=0 \tag{2.9}$$

gilt, geht bei homogener Turbulenz Gl. (1.187) in

$$\varepsilon=\nu\overline{\frac{\partial u_i}{\partial x_j}\frac{\partial u_i}{\partial x_j}} \tag{2.10}$$

über. Die Dissipation ist in drehungsbehafteter Strömung von Null verschieden und stets positiv, so daß nach (2.8) die kinetische Energie der Strömung mit der Zeit t abnimmt. Ferner erkennt man, daß bei fehlenden Körperkräften Homogenität und Stationärität sich gegenseitig ausschließen. Die Aufgabe, die in diesem Kapitel behandelt wird, ist mathematisch also wie folgt definiert:

In einem unendlichen Volumen inkompressibler Flüssigkeit sei die Geschwindigkeitsverteilung zum Zeitpunkt t_0 als Zufallsfunktion von $\boldsymbol{x}$ gegeben. Diese Geschwindigkeitsverteilung, die mit der Kontinuitätsgleichung und den Bedingungen der Homogenität verträglich sein muß, sei durch gewisse Wahrscheinlichkeitsgesetze beschrieben. Mit Hilfe der Strömungsgleichungen sind Wahrscheinlichkeitsgesetze zu ermitteln, die die Bewegung zu einem späteren Zeitpunkt $t>t_0$ beschreiben.

Der so definierte Vorgang stellt nur eine Teilphase eines Gesamtvorganges dar. Man mag sich hierzu als Beispiel vorstellen, daß die in einem großen Gefäß enthaltene Flüssigkeit durch einen Rührmechanismus in wirbelige Bewegung versetzt wird. Nach Aufhören des Rührprozesses sich selbst überlassen, setzt sich die Bewegung fort; sie wird jedoch mit der Zeit schwächer. Diese Phase des Abklingens einer irgendwie in Gang gesetzten Bewegung ist der Gegenstand dieses Kapitels. Die Frage, wann und wie diese Bewegung entstanden ist, wird nicht erörtert.

Die praktische Bedeutung dieses sehr speziellen Falles erscheint zunächst begrenzt. In der Tat liegt der Wert hauptsächlich auf der theoretischen Seite insofern, als sich hier ein Fall bietet, an dem unter Fortlassen aller überflüssigen Komplikationen mathematischer Art wichtige dynamische Fragen der Turbulenz studiert werden können. Dies trifft insbesondere zu, wenn man zur weiteren Vereinfachung gewisse Symmetriebedingungen für die Wahrscheinlichkeitsverteilungen einführen kann. Ohne zu übertreiben darf man feststellen, daß man ohne das Studium der homogenen Turbulenz schwerlich zum tieferen Verstehen allgemeiner turbulenter Strömungen vordringen kann. Unmittelbar praktische Bedeutung haben jedoch die hier gewonnenen Aussagen über die Feinstruktur der Turbulenz (vgl. 2.4.1) sowie über die Dissipation und Austausch der Energie, die allgemein für turbulente Strömungen gelten. Darüberhinaus wendet man die Beziehungen der isotropen Turbulenz in vielen Fällen an, bei denen Annahmen über die Struktur getroffen werden müssen, detaillierte Kenntnisse für den Spezialfall aber nicht vorliegen. So findet man z.B. Anwendungen bei den Scherströmungen (vgl. 3.1.6) und bei atmosphärischer Turbulenz, um zwei Beispiele zu nennen.

2.1.2. Wirbelgleichung. Mit Gl. (2.8) ist eine sehr einfach aussehende Gleichung für das Abklingen der kinetischen Schwankungsenergie des homogenen Feldes gewonnen, die jedoch nicht lösbar ist, weil eine Beziehung zwischen u_i und $\partial u_i/\partial x_j$ fehlt. Es soll gleich noch die Gleichung für das Abklingen der Wirbelstärke hergeleitet werden. Hierzu wird die Wirbelgleichung (1.172) mit ω_i multipliziert, dann über i summiert und gemittelt. Dabei gilt analog zu Gl. (2.5) bis (2.8)

$$\overline{\omega_i u_j \frac{\partial \omega_i}{\partial x_j}} = 0\,, \tag{2.11}$$

$$\overline{\omega_i \Delta \omega_i} = -\overline{\frac{\partial \omega_i}{\partial x_j}\frac{\partial \omega_i}{\partial x_j}}\,, \tag{2.12}$$

so ergibt sich für die zeitliche Änderung des quadratischen Mittels der Wirbelstärke

$$\frac{1}{2}\frac{\partial \overline{\omega_i \omega_i}}{\partial t} = \overline{\omega_i \omega_j \frac{\partial u_i}{\partial x_j}} - \nu \overline{\frac{\partial \omega_i}{\partial x_j}\frac{\partial \omega_i}{\partial x_j}}\,. \tag{2.13}$$

Das zweite Glied auf der rechten Seite beschreibt die Dissipation der Wirbelintensität durch die Zähigkeit. Diese Gleichung ist zwar ebensowenig lösbar wie Gl. (2.8), liefert aber eine weitere Aussage über den Turbulenzmechanismus. Das erste Glied auf der rechten Seite, das sich auch mit Hilfe von (1.171) als Summe zentraler Momente dritter Ordnung von Geschwindigkeitsableitungen ausdrücken läßt,

$$\overline{\omega_i \omega_j \frac{\partial u_i}{\partial x_j}} = \varepsilon_{ikl}\varepsilon_{jmn}\overline{\frac{\partial u_l}{\partial x_k}\frac{\partial u_n}{\partial x_m}\frac{\partial u_i}{\partial x_j}}\,, \tag{2.14}$$

besagt nämlich, daß nicht nur Zähigkeitskräfte sondern auch Massenträgheitskräfte zur Wirkung kommen, und daß die Geschwindigkeitskomponenten verschiedener Richtungen in Wechselwirkung miteinander stehen. Aus dem Auftreten von zentralen Momenten dritter Ordnung kann man ferner schließen, daß die Wahrscheinlichkeitsdichteverteilungen nicht symmetrisch sind (vgl. Fig. 3). Versuche zeigen, daß dieses Glied positiv ist. Man kann seine Wirkung als Vermehrung der Wirbelstärke durch Streckung der Wirbelfäden deuten. Diese Vermehrung der Wirbelintensität kompensiert teilweise die Wirbeldissipation. Da nach (2.8) die kinetische Energie mit der Zeit gegen Null abklingt, muß natürlich auch die Wirbelstärke gegen Null gehen und deshalb

$$\overline{\omega_i \omega_j \frac{\partial u_i}{\partial x_j}} < \nu \overline{\frac{\partial \omega_i}{\partial x_j}\frac{\partial \omega_i}{\partial x_j}} \tag{2.15}$$

sein.

2.1.3. Windkanalturbulenz. Die exakte Verwirklichung eines homogenen Turbulenzfeldes ist praktisch nicht möglich. Ein Fall, der ihm in der Regel nahe kommt, ist die sogenannte Windkanalturbulenz, auch Gitterturbulenz genannt, bei der ein gleichförmiger Luftstrom der Geschwindigkeit $\bar{u}_1 = U_1$ beim Passieren eines Maschengitters in turbulente Bewegung versetzt wird. Das entstehende Feld unterscheidet sich von der zeitlich abklingenden homogenen Turbulenz dadurch, daß es stationär und nur in Ebenen senkrecht zu U_1 homogen, in Richtung U_1 aber nichthomogen ist; die Turbulenz klingt mit wachsendem Abstand vom Gitter ab. Außerdem hat der Luftstrom endliche Abmessungen, so daß sich die Homogenität nur über endlich große Flächen senkrecht zu U_1 erstreckt. Der Theorie der homogenen Turbulenz liegt dagegen ein Feld unbegrenzter Dimensionen zugrunde.

Die Gl. (2.8) entsprechende Form der kinetischen Energiegleichung lautet für die Windkanalturbulenz

$$\frac{1}{2} U_1 \frac{\partial \overline{u_i u_i}}{\partial x_1} + \frac{\partial}{\partial x_1} \overline{u_1 \left(\frac{u_i u_i}{2} + \frac{p}{\varrho} \right)} = - \nu \overline{\frac{\partial u_i}{\partial x_j} \frac{\partial u_i}{\partial x_j}} + \frac{1}{2} \nu \frac{\partial^2 \overline{u_i u_i}}{\partial x_1^2}. \tag{2.16}$$

Die zeitliche Ableitung wird also durch das konvektive Glied $(1/2) U_1 \partial \overline{u_i u_i} / \partial x_1$ ersetzt. Zusätzlich tritt das Glied $(\partial/\partial x_1) \overline{u_1 (u_i u_i/2 + p/\varrho)}$ als Folge der Inhomogenität in x_1-Richtung auf. Der Ausdruck $\overline{u_1 (u_i u_i/2 + p/\varrho)}$ repräsentiert einen durch Vermischungsvorgänge erzeugten Energiestrom, der als turbulente Diffusion bezeichnet wird; speziell wird die Korrelation zwischen Geschwindigkeits- und Druckschwankungen, $\overline{u_1 p}$, Druckdiffusion genannt. Das Diffusionsglied ist vernachlässigbar, wenn die mittlere Strömungsgeschwindigkeit groß ist gegen die Geschwindigkeitsschwankungen $(U_1 \gg \sqrt{\overline{u_i^2}})$. Unter dieser Voraussetzung bleibt die Inhomogenität in der Regel unbedeutend. Praktisch liefert die Windkanalturbulenz die einzige Basis für die experimentelle Nachprüfung und Ergänzung der Theorie der homogenen Turbulenz.

Anmerkung. Es ist im Schrifttum eine Ausnahme bekannt geworden, bei der ein Turbulenzfeld statt durch ein Gitter durch achtzig sich in verschiedenen Richtungen kreuzende Strahlen erzeugt wurde[1]).

2.2. Kinematik und Dynamik der homogenen Turbulenz

2.2.1. Kinematische Beziehungen. Für das tiefere Eindringen in die Kinematik und Dynamik der homogenen Turbulenz können wir unmittelbar an die Darlegungen von 1.2.4 und 1.2.5 anschließen. Da die mittlere Geschwindigkeit gleich Null ist, sind die wichtigsten Funktionen die Korrelations-Tensoren, durch die die Mittelwerte der Geschwindigkeiten an zwei Punkten des Raumes zu verschiedenen Zeiten beschrieben werden, sowie deren Fourier-Transformierte. Die kinematischen und dynamischen Gleichungen für diese Funktionen sind der Gegenstand dieses und der folgenden Abschnitte.

---

[1]) Betchov, R.: On the fine structure of turbulent flows. J. Fluid Mech. **3** (1957) 205–216.

Der Geschwindigkeitskorrelations-Tensor nach Gl. (1.32) ist eine Funktion des Abstandsvektors $\boldsymbol{r}=\boldsymbol{x}'-\boldsymbol{x}$ sowie der Zeiten t und $t+\tau$, nicht aber von $\boldsymbol{x}$, da gemäß der Definition der Homogenität alle Funktionen gegen räumliche Verschiebungen invariant sind. Wir können also schreiben:

$$R_{ij}(\boldsymbol{r},t,\tau)=\overline{u_i(\boldsymbol{x},t)u_j(\boldsymbol{x}+\boldsymbol{r},t+\tau)}\,. \tag{2.17}$$

Für verschwindende Zeitdifferenz τ der beiden Geschwindigkeitskomponenten erfüllt der Korrelationstensor seiner Definition nach die Symmetriebedingung

$$R_{ij}(\boldsymbol{r},t,0)=R_{ji}(-\boldsymbol{r},t,0)\,, \tag{2.18}$$

die auch
$$\frac{\partial R_{ij}(0,t,0)}{\partial r_l}=0 \tag{2.19}$$

einschließt.

Aus der Kontinuitätsgleichung der inkompressiblen Flüssigkeiten folgt, daß der Tensor, Gl. (2.18), den solenoidalen Bedingungen

$$\frac{\partial}{\partial r_j}R_{ij}(\boldsymbol{r},t,\tau)=\frac{\partial}{\partial r_i}R_{ij}(\boldsymbol{r},t,\tau)=0 \tag{2.20}$$

genügen muß. Diese Beziehung hat mit $\lim\limits_{|\boldsymbol{r}|\to\infty} R_{ij}(\boldsymbol{r},t,\tau)=0$ zur Folge, daß das Integral von R_{ij} über eine Ebene $r_j=\text{const}$ oder $r_i=\text{const}$ den Wert Null hat, d.h. es gelten die Integralbeziehungen

$$\left.\begin{aligned}&\iint\limits_{-\infty}^{\infty} R_{i1}(\boldsymbol{r},t,\tau)\,\mathrm{d}r_2\,\mathrm{d}r_3=0\,,\\&\iint\limits_{-\infty}^{\infty} R_{1j}(\boldsymbol{r},t,\tau)\,\mathrm{d}r_2\,\mathrm{d}r_3=0\end{aligned}\right\} \tag{2.21}$$

für konstantes r_1. Dies ergibt sich auch aus der Forderung, daß der Gesamtstrom an Flüssigkeit durch eine geschlossene Oberfläche in jedem Augenblick gleich Null sein muß. Es folgt hieraus, daß R_{ij} für gewisse Werte $\boldsymbol{r}$ das Vorzeichen wechselt.

Spektraltensor. Da der Korrelationstensor R_{ij} reell ist, wird der Spektraltensor, Gl. (1.91),

$$\Phi_{ij}(\boldsymbol{k},t,\tau)=\frac{1}{(2\pi)^3}\int\limits_{V(\boldsymbol{r})} R_{ij}(\boldsymbol{r},t,\tau)\,\mathrm{e}^{-\mathrm{i}\boldsymbol{k}\cdot\boldsymbol{r}}\,\mathrm{d}\boldsymbol{r} \tag{2.22}$$

im allgemeinen komplex sein und der Beziehung

$$\Phi^*_{ij}(\boldsymbol{k},t,\tau)=\Phi_{ij}(-\boldsymbol{k},t,\tau) \tag{2.23}$$

genügen. Gemäß der Symmetriebedingung (2.18) folgt aus (2.22) für $\tau=0$

$$\Phi_{ij}(\boldsymbol{k},t,0)=\Phi_{ji}(-\boldsymbol{k},t,0)\,. \tag{2.24}$$

Die solenoidalen Bedingungen (2.20) des Korrelationstensors führen bei den Spektraltensoren auf die Orthogonalitätsbedingungen

$$k_i \Phi_{ij}(\boldsymbol{k},t,0) = k_j \Phi_{ij}(\boldsymbol{k},t,0) = 0. \tag{2.25}$$

Da nach Gl. (1.93) und (1.94)

$$\Phi_{ij}(\boldsymbol{k},t,0) = \lim_{\mathrm{d}\boldsymbol{k}\to 0} \frac{\overline{\mathrm{d}Z_i^*(\boldsymbol{k},t)\,\mathrm{d}Z_j(\boldsymbol{k},t)}}{\mathrm{d}\boldsymbol{k}} \tag{2.26}$$

ist, erkennt man in der Orthogonalität (2.25) das in (2.2) gefundene Ergebnis wieder, nach welchem der Geschwindigkeitsvektor der Fourier-Komponenten senkrecht zum Wellenzahlenvektor steht (Fig. 9).

Eindimensionale Spektralfunktion. Zur momentanen Beschreibung des Geschwindigkeitsfeldes ist zwar die dreidimensionale Fourier-Zerlegung notwendig, jedoch ist vom praktischen Standpunkt mitunter die Fourier-Transformation des Korrelationstensors nach nur einer Ortskoordinate von Interesse,

$$\Theta_{ij}(k_1,t,\tau) = \frac{1}{2\pi} \int_{-\infty}^{\infty} R_{ij}(r_1,t,\tau)\,\mathrm{e}^{-\mathrm{i}k_1 r_1}\,\mathrm{d}r_1. \tag{2.27}$$

Diese eindimensionale Spektralfunktion erhält man aus der dreidimensionalen durch Integration über die Querrichtungen des Wellenzahlenraumes:

$$\Theta_{ij}(k_1,t,\tau) = \int\int_{-\infty}^{\infty} \Phi_{ij}(\boldsymbol{k},t,\tau)\,\mathrm{d}k_2\,\mathrm{d}k_3. \tag{2.28}$$

Spektralfunktionen, die nur vom Betrag $k=|\boldsymbol{k}|$ des Wellenzahlenvektors abhängen, ergeben sich durch Mittelung von $\Phi_{ij}(\boldsymbol{k},t)$ über die Oberfläche einer Kugel vom Radius k im Wellenzahlenraum

$$\psi_{ij}(k,t) = k^2 \oint \Phi_{ij}(\boldsymbol{k},t)\,\mathrm{d}\Omega, \tag{2.29}$$

wobei $\mathrm{d}\Omega$ der Raumwinkel ist ($\oint \mathrm{d}\Omega = 4\pi$). Vom physikalischen Standpunkt hat insbesondere die Energie-Spektralfunktion (halbe Spur von (2.29))

$$E(k,t) = \frac{1}{2}\psi_{ii}(k,t) = \frac{1}{2}k^2 \oint \Phi_{ii}(\boldsymbol{k},t)\,\mathrm{d}\Omega \quad \text{für} \quad \tau=0 \tag{2.30}$$

anschauliche Bedeutung. $E(k,t)\,\mathrm{d}k$ ist der Anteil zur kinetischen Energie je Masseneinheit, der von den Fourier-Komponenten aller Wellenzahlen vom Betrage $k \le |\boldsymbol{k}| \le k+\mathrm{d}k$ kommt. Die Gesamtenergie, bezogen auf die Einheit der Flüssigkeitsmasse, ist also

$$\frac{1}{2}\overline{u_i u_i} = \frac{1}{2} R_{ii}(0,t) = \int_0^{\infty} E(k,t)\,\mathrm{d}k. \tag{2.31}$$

2.2.2. Korrelations- und Spektralfunktionen im gleichförmigen Flüssigkeitsstrom. Die vorhergehenden Darlegungen sind im Hinblick auf die experimentelle Bestimmung der Korrelations- und Spektralfunktionen noch etwas zu ergänzen, wobei allerdings auf die Meßtechnik selbst nicht eingegangen wird[1]). Die Kinematik und Dynamik der homogenen Turbulenz ist von der gemittelten Geschwindigkeit $\bar{\boldsymbol{u}}(\boldsymbol{x})$ unabhängig. Deshalb durfte bei der Herleitung der Gleichungen in 2.1 $\bar{\boldsymbol{u}}=0$ gesetzt werden. Bei Versuchen ist das Meßergebnis im allgemeinen aber nicht unabhängig davon, ob die Meßsonde ruht oder mit einer Geschwindigkeit durch die Flüssigkeit bewegt wird. Dagegen bleibt es gleich, ob die Strömung im Mittel ruht und die Sonde mit der Geschwindigkeit $-U$ durch die Strömung geschleppt wird oder ob die Sonde ruht und die Strömung die mittlere Geschwindigkeit $\bar{\boldsymbol{u}}=\boldsymbol{U}$ hat. Gerade das letztere ist bei der Windkanalturbulenz der Fall, bei der die Sonde fest im Windkanal eingebaut ist.

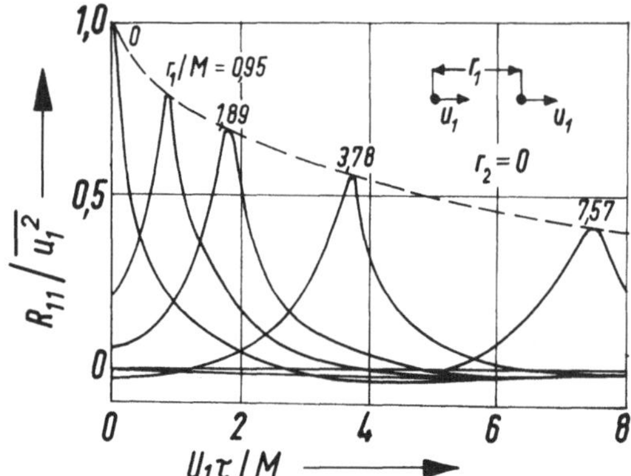

Fig. 10
Zeitlich-räumliche Korrelationsfunktionen $UM/\nu = 21500$
M Maschenweite des Gitters

Um bei der homogenen Turbulenz mit $\bar{\boldsymbol{u}}=0$ zu bleiben, betrachten wir Meßsonden, die mit der konstanten Geschwindigkeit U_1 in Richtung der negativen x_1-Achse bewegt werden. Eine solche Sonde, die nur auf zeitlich veränderliche, nicht aber auf konstante Werte ansprechen möge, registriert die Geschwindigkeit $\boldsymbol{u}(\boldsymbol{x}_0 - U_1 t, t)$, wenn sie sich im Zeitpunkt $t=0$ bei $\boldsymbol{x}_0$ befand. Mit einem Sondenpaar, bei dem die eine Sonde den vektoriellen Abstand $\boldsymbol{r}$ von der anderen hat und außerdem den Meßwert um die Zeitdifferenz τ später als die andere Meßsonde registriert, ermittelt man also die Korrelationsfunktion

$$R_{ij}(\boldsymbol{r} - U_1\tau, t, \tau) = \overline{u_i(\boldsymbol{x}_0 - U_1 t, t)\, u_j(\boldsymbol{x}_0 + \boldsymbol{r} - U_1(t+\tau), t+\tau)}\ ^{2)}. \qquad (2.32)$$

[1]) Bezüglich der experimentellen Methoden sei auf folgendes Schrifttum verwiesen: Kovasznay, L. S. G.: Turbulence measurements, Princeton, N. J. 1954. = High Speed Aerodynamics and Jet Propulsion, Vol. 9.
Corrsin, S.: [14].

[2]) Zur Mittelwertbildung kann man sich hilfsweise vorstellen, daß in einer Ebene $x_1 = \text{const}$ eine große Zahl gleicher Sondenpaare angeordnet ist, die alle zu gleicher Zeit losfahren. Der Mittelwert der zur Zeit t angezeigten Werte ist dann R_{ij} nach (2.32). Bei der Windkanalturbulenz ist die Strömung stationär und R_{ij} ergibt sich aus dem zeitlichen Mittelwert eines einzigen Sondenpaares.

Bei verschwindender Zeitdifferenz τ ist das Ergebnis unabhängig von der Geschwindigkeit der Sonden. Ist aber τ endlich, so tritt ein Einfluß dadurch auf, daß die zweite Sonde im Augenblick der Messung statt des geometrischen Abstandes den effektiven Abstand $\boldsymbol{r}-U_1\tau$ von dem Punkt hat, an dem die erste Sonde mißt. Als Beispiel sind in Fig. 10 im Windkanal gemessene Längskorrelationen $R_{11}/\overline{u_1^2}$ als Funktion von $U_1\tau/M$ mit r_1/M als Parameter wiedergegeben[1] ($r_2=0, r_3=0$). Dabei ist M die Maschenweite des Turbulenzgitters. Jede Kurve hat ein Maximum, das etwa bei $U_1\tau=r_1$ liegt, dessen Wert aber mit wachsendem r_1 abnimmt. Fig. 11 zeigt in ähnlicher Weise Querkorrelationsfunktionen ($r_1=0, r_3=0$). Diese Kurven haben alle bei $\tau=0$ ein Maximum. Die Kurve für $r_2=0$ ist mit der Kurve $r_1=0$ von Fig. 10 identisch.

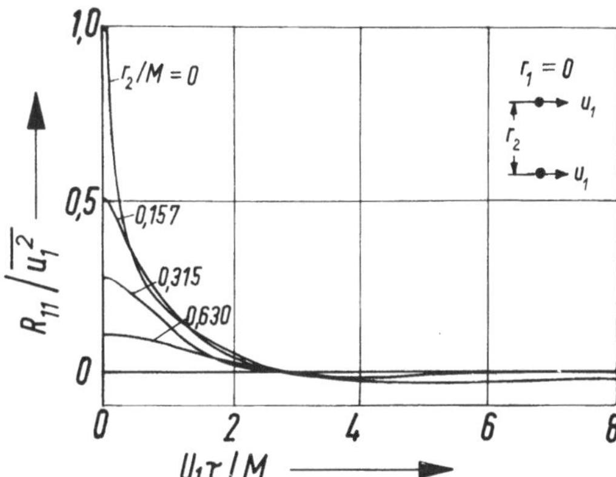

Fig. 11
Zeitlich-räumliche Korrelationsfunktionen $UM/\nu=21500$
M Maschenweite des Gitters

Solche zeitlich-räumlichen Korrelationskurven homogener Turbulenz hängen natürlich von der Größe der Geschwindigkeit U_1 ab. Werden die Sonden im Grenzfall mit unendlich großer Geschwindigkeit durch das Turbulenzfeld „geschossen", so geht für endliche Werte $U_1\tau$ die Zeitdifferenz $\tau\to 0$, und es gilt

$$\lim_{U_1\to\infty} R_{ij}(\boldsymbol{r}-U_1\tau, t, \tau)=R_{ij}(\boldsymbol{r}-U_1\tau, t, 0). \tag{2.33}$$

Was in diesem Fall als zeitliche Variationen registriert wird, sind in Wirklichkeit Eigenschaften der räumlichen Struktur. Längskorrelationen der in Fig. 10 dargestellten Art erscheinen jetzt als parallel verschobene Kurven; ihre Einhüllende fällt nicht mehr mit τ ab wie in Fig. 10, sondern ist eine zur τ-Achse parallele Gerade, Fig. 12.

Die Vorstellung, daß bei hinreichend großer Geschwindigkeit die räumliche Struktur gewissermaßen „eingefroren" an der Sonde vorbeigeführt wird, wurde ursprünglich von G.I. Taylor[2]) auf die Windkanalturbulenz angewendet und ist seitdem unter

[1]) Nach Favre, A.; Gaviglio, J.; Dumas, R.: Quelques mesures de corrélation dans le temps et l'espace en soufflerie. Rech. Aéron. **31** (1953) 21–28.

[2]) Taylor, G. I.: The spectrum of turbulence. Proc. Roy. Soc. London A **164** (1938) 476–490.

der Bezeichnung Taylorsche Hypothese allgemein gebräuchlich. Mittels dieser Hypothese kann man die eindimensionalen Wellenzahlspektren nach Gl. (2.27) auf die entsprechenden Frequenzspektren zurückführen, die man mit elektrischen Bandfiltern experimentell ermitteln kann. Zwischen der Kreisfrequenz ω und der Wellenzahl besteht die Beziehung

$$k_1 = \frac{\omega}{U_1}. \tag{2.34}$$

Eine Abschätzung, auf die hier nicht eingegangen werden soll, zeigt, daß die Taylorsche Hypothese anwendbar ist, wenn $U_1 \gg \sqrt{\overline{u_1^2}}$. Diese Voraussetzung ist bei der Windkanalturbulenz in der Regel mit guter Näherung erfüllt, so daß die eindimensionalen Wellenzahlspektren bezüglich der Wellenzahl k_1 unmittelbar meßbar werden.

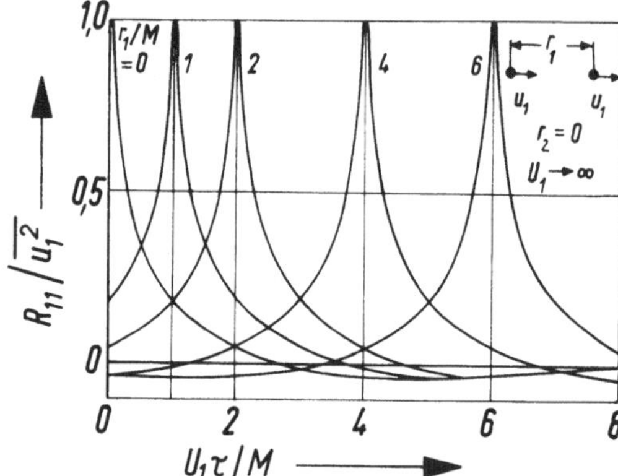

Fig. 12
Zeitlich-räumliche Korrelationsfunktionen in homogener Turbulenz bei Sonden-Geschwindigkeit $U_1 = \infty$ (schematisch)

Flugmechanische Anwendung. Die obigen Ausführungen sind nicht nur vom experimentellen Standpunkt aus wichtig; sie treffen genau so zu für ein Flugzeug, das durch die turbulente Atmosphäre fliegt. Bei rechnerischen Untersuchungen der Frage, wie ein Flugzeug auf Böen reagiert, und auch bei Flugsimulationen finden die Beziehungen dieses Kapitels praktische Anwendung. In Ermangelung genauer Informationen betrachtet man nämlich die atmosphärische Turbulenz häufig als stationäres homogenes isotropes Turbulenzfeld. Die longitudinalen Böenkomponenten (in Flugrichtung) werden durch das Spektrum Θ_{11} nach (2.28), die vertikalen Böenkomponenten durch Θ_{22} und die lateralen durch Θ_{33} beschrieben; die Formeln für diese Spektren in isotropen Feldern folgen in 2.3.1.

2.2.3. Dynamische Gleichungen. Um die in 2.1 aufgeworfenen Fragen weiter zu verfolgen, müssen die Bewegungsgleichungen für den Korrelationtensor bzw. für den Spektraltensor hergeleitet werden. Für die Entwicklung der Funktion R_{ij} nach t und τ gelten Gl. (1.192) und (1.193), die für homogene Turbulenzfelder in Abwesenheit von Körperkräften folgende Formen annehmen:

$$\frac{\partial R_{ij}}{\partial t} - \frac{\partial}{\partial r_k}(R_{(ik)j} - R_{i(jk)}) - \frac{1}{\varrho}\left(\frac{\partial \overline{p u_j}}{\partial r_i} - \frac{\partial \overline{u_i p}}{\partial r_j}\right) - 2\nu \frac{\partial^2 R_{ij}}{\partial r_k \partial r_k} = 0, \tag{2.35}$$

$$\frac{\partial R_{ij}}{\partial \tau} + \frac{\partial R_{i(jk)}}{\partial r_k} + \frac{1}{\varrho}\frac{\partial \overline{u_i p}}{\partial r_j} - \nu \frac{\partial^2 R_{ij}}{\partial r_k \partial r_k} = 0. \tag{2.36}$$

Für $r \to 0$ und $\tau \to 0$ geht Gl. (2.35) mit den Regeln von 1.2.4 in

$$\lim_{r\to 0, \tau \to 0} \frac{\partial \overline{u_i u_j}}{\partial t} - \frac{1}{\varrho}\overline{p\left(\frac{\partial u_i}{\partial x_j} + \frac{\partial u_j}{\partial x_i}\right)} + 2\nu \overline{\frac{\partial u_i}{\partial x_k}\frac{\partial u_j}{\partial x_k}} = 0 \tag{2.37}$$

über. Da ferner wegen der Kontinuitätsbedingung für $i=j$

$$\overline{p\left(\frac{\partial u_i}{\partial x_i} + \frac{\partial u_i}{\partial x_i}\right)} = 0 \tag{2.38}$$

ist, folgt aus (2.37)

$$\frac{\partial \overline{u_i u_i}}{\partial t} + 2\nu \overline{\frac{\partial u_i}{\partial x_k}\frac{\partial u_i}{\partial x_k}} = 0, \tag{2.39}$$

ein Ergebnis, daß mit Gl. (2.8) identisch ist.

Die Gleichung für die Spektralfunktion Φ_{ij} ist gemäß (1.199)

$$\frac{\partial \Phi_{ij}}{\partial t} - \mathrm{i}\, k_k(\Phi_{(ik)j} - \Phi_{i(jk)}) - \mathrm{i}\, k_i \pi_j + \mathrm{i}\, k_j \pi_i + 2\nu k^2 \Phi_{ij} = 0, \tag{2.40}$$

wobei wieder π_j und π_i die Fourier-Transformierten von $(1/\varrho)\overline{p u_j}$ bzw. $(1/\varrho)\overline{u_i p}$ und $\Phi_{(ik)j}$ bzw. $\Phi_{i(jk)}$ diejenigen von $R_{(ik)j}$ und $R_{i(jk)}$ sind und $k_k k_k = k^2$ gesetzt wurde. Für die durch (2.30) definierte Energie-Spektralfunktion ergibt sich folgende Gleichung:

$$\frac{\partial E(k)}{\partial t} + T(k) + \nu 2k^2 E(k) = 0, \tag{2.41}$$

in der die nichtlinearen Glieder der Strömungsgleichungen als Raumwinkelintegral durch

$$T(k,t) = -k^2 \frac{\mathrm{i}}{2} \oint k_k (\Phi_{(ik)j} - \Phi_{i(jk)}) \mathrm{d}\Omega \tag{2.42}$$

ausgedrückt werden. Da für $r \to 0, \tau \to 0$ das zweite Glied verschwindet,

$$\lim_{r\to 0, \tau\to 0} \frac{\partial}{\partial r_k}(R_{(ik)j} - R_{i(jk)}) = 0, \tag{2.43}$$

gilt
$$\int_0^\infty T(k)\mathrm{d}k = 0. \tag{2.44}$$

Integriert man (2.41) über k, so folgt

$$\frac{1}{2}\frac{\partial \overline{u_i u_i}}{\partial t} + 2\nu \int_0^\infty k^2 E(k) \mathrm{d}k = 0. \tag{2.45}$$

Die Dissipation der homogenen Turbulenz errechnet sich aus dem Energiespektrum also zu

$$\varepsilon = \nu \overline{\frac{\partial u_i}{\partial x_k} \frac{\partial u_i}{\partial x_k}} = 2\nu \int_0^\infty k^2 E(k) \, \mathrm{d}k. \tag{2.46}$$

Gemäß der in 2.1.1 formulierten Aufgabe sind aus den dynamischen Gleichungen (2.35), (2.40) oder (2.41) die zeitlichen Entwicklungen der Funktionen R_{ij}, Φ_{ij} und E zu ermitteln, wenn zum Zeitpunkt t_0 beliebige Anfangsverteilungen für die genannten Funktionen vorgegeben sind. Diese Entwicklungen vermitteln den in Gl. (2.8) offen gebliebenen Zusammenhang zwischen $\overline{u_i u_i}$ und $\overline{(\partial u_i/\partial x_j)(\partial u_i/\partial x_j)}$. Der Lösung stehen die Glieder höherer Ordnung, wie $R_{(ik)j}$, $\overline{p u_i}$ usw. entgegen. Hierfür zusätzliche Beziehungen zu finden, ist die Schwierigkeit dieser Aufgabe. In Gl. (2.39) und (2.45) treten diese Glieder nicht auf. Daraus ist zu folgern, daß sie zur Änderung der Gesamtenergie unmittelbar nicht beitragen, sie bewirken also nur Änderungen der Geschwindigkeitsverteilungen. Während die Druckschwankungsglieder in Gl. (2.37) vorhanden sind und auch für $i=j$ nicht entfallen, erscheinen sie in Gl. (2.41) für das Energiespektrum nicht mehr. Diese Glieder beschreiben also einen Energieaustausch zwischen den Geschwindigkeitskomponenten verschiedener Koordinatenrichtungen, was besonders durch (2.38) deutlich wird. Die Wirkung des zweiten Gliedes in (2.35), (2.40) und (2.41) ist durch die Beziehungen (2.43) und (2.44) als Energietransport im k-Raum zu interpretieren. Es findet also ein Energieaustausch von kleinen Wellenzahlen nach größeren statt oder umgekehrt. Diese beiden Phänomene, der Energieaustausch zwischen Geschwindigkeitskomponenten verschiedener Richtung und der spektrale Energieaustausch, sind auch bei allgemeineren turbulenten Strömungen im Spiel. Bei der homogenen Turbulenz können sie separat studiert werden. Dieser Umstand motiviert die ausführliche Behandlung der homogenen und der isotropen Turbulenzfelder in den folgenden Abschnitten.

2.3. Isotrope Turbulenzfelder

2.3.1. Kinematik isotroper Turbulenz. Es sei noch einmal herausgestellt, daß isotrope Turbulenz durch die Bedingung definiert ist, daß der Mittelwert einer beliebigen aus Geschwindigkeitskomponenten gebildeten Funktion unverändert bleibt, wenn das Bezugsachsensystem in beliebiger Weise gedreht und wenn es an irgendeiner Ebene gespiegelt wird. Diese Konzeption wurde erstmalig von G. I. Taylor[1]) eingeführt. Durch diese Spezialisierung nehmen die Korrelations- und Spektraltensoren besonders einfache Formen an, die für die weitere mathematische Behandlung und für die Diskussion der Bewegungsvorgänge, aber auch für die Deutung von Versuchsergebnissen nützlich sind.

---

[1]) Siehe Fußnote 2, S. 15.

Als erste Bedingung muß bei isotroper Turbulenz der Mittelwert des Geschwindigkeitsquadrats für alle Richtungen gleich sein,

$$\overline{u_1^2}=\overline{u_2^2}=\overline{u_3^2}=\overline{u^2}=\frac{\overline{u_i u_i}}{3}=\frac{\overline{\boldsymbol{u}^2}}{3}. \tag{2.47}$$

Im folgenden wird die Größe $\overline{u^2}$ zur Bezeichnung des quadratischen Mittelwertes der Geschwindigkeitskomponente bei isotroper Turbulenz benutzt.

Der Geschwindigkeitskorrelationstensor zweiter Stufe hat als isotroper Tensor die in Gl. (1.111) hergeleitete Form

$$R_{ij}(\boldsymbol{r})=A(r)\,r_i r_j+B(r)\,\delta_{ij}, \tag{2.48}$$

wobei A und B skalare Funktionen von r^2 und der Zeit t sind. Im allgemeinen hängen diese Funktionen auch noch von der Zeitdifferenz τ ab. Die weiteren Betrachtungen sollen sich jedoch auf den Fall $\tau=0$ beschränken, so daß die Gl. (2.36) nicht weiter benötigt wird. Auch die Abhängigkeit von der Zeit soll hier nicht extra angeführt werden. Es ist anschaulicher und auch im Hinblick auf Versuche zweckmäßig,

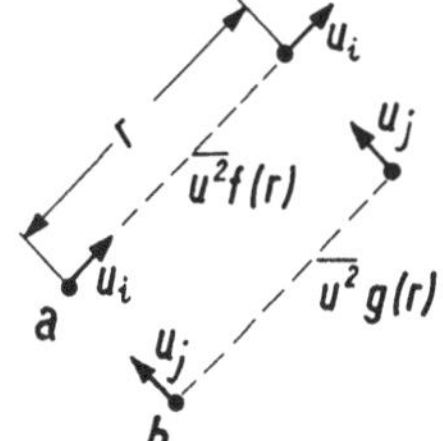

Fig. 13
Grundformen der Doppelkorrelationsfunktionen
a) Längskorrelation
b) Querkorrelation

den Korrelationstensor aus zwei Grundtypen von Korrelationsfunktionen paralleler Geschwindigkeitskomponenten aufzubauen, nämlich einer Längs- und einer Querkorrelationsfunktion, Fig. 13. Die Beziehungen dieser Funktionen zu den Funktionen A und B ergeben sich aus (2.48). Es ist

$$\left.\begin{aligned} B&=\overline{u^2}\,g(r),\\ A&=\overline{u^2}\,\frac{f(r)-g(r)}{r^2}, \end{aligned}\right\} \tag{2.49}$$

so daß man für den Geschwindigkeitskorrelationstensor isotroper Turbulenz

$$R_{ij}(\boldsymbol{r})=\overline{u^2}\left[(f(r)-g(r))\frac{r_i r_j}{r^2}+g(r)\,\delta_{ij}\right] \tag{2.50}$$

erhält. Die Bedingung der Quellenfreiheit, Gl. (2.20), führt auf

$$g(r)=f+\frac{r}{2}\,\frac{\partial f}{\partial r}, \tag{2.51}$$

so daß die Korrelationstensorfunktion effektiv durch eine einzige skalare Funktion $f(r)$ oder $g(r)$ beschrieben wird. An diese Beziehungen lassen sich einige allgemeine Aussagen anschließen. Durch Vergleich mit (2.47) findet man für $r=0$

$$f_0 = g_0 = 1\,; \tag{2.52}$$

nach der Schwarzschen Ungleichung (1.34) sind dies die Maximalwerte für f und g. Es ergeben sich zwei Integral-Längenmaße, gemäß (1.37),

$$L_f = \int_0^\infty f(r)\,\mathrm{d}r\,, \qquad L_g = \int_0^\infty g(r)\,\mathrm{d}r \tag{2.53}$$

und mit (2.51) folgt

$$L_g = \frac{1}{2} L_f\,. \tag{2.54}$$

Ferner verlangt die Kontinuitätsgleichung nach (2.21)

$$\int_0^\infty r g(r)\,\mathrm{d}r = 0\,. \tag{2.55}$$

Dies bedingt negative Werte für $g(r)$ bei größeren r-Werten. Mit (2.55) liefert die Integration von (2.51)

$$f(r) = \frac{1}{r^2}\int_0^r 2g(r')r'\,\mathrm{d}r'\,, \tag{2.56}$$

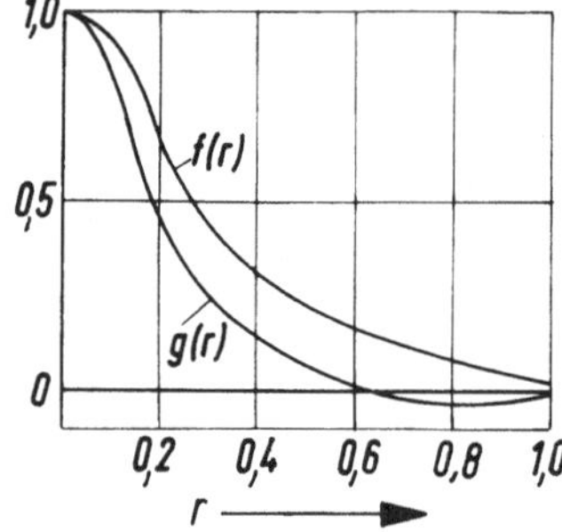

Fig. 14
Form der Längs- und Querkorrelationsfunktionen bei isotroper Turbulenz

wonach die Kontinuitätsbedingung also erfordert, daß $f(r)$ für große Werte r stärker als r^{-2} abfällt. Der typische Verlauf der Längs- und Querkorrelationsfunktionen ist in Fig. 14 gezeigt. Das Mikro-Längenmaß, Gl. (1.45), ist durch

$$\frac{1}{\lambda^2} = -\left(\frac{\partial^2 f}{\partial r^2}\right)_{r=0,\,\tau=0} = -f_0'' = -\frac{1}{2} g_0'' \tag{2.57}$$

definiert.

Für manche Rechnungen ist eine Reihenentwicklung der Korrelationsfunktionen für kleine r nützlich:

$$f=1+\frac{1}{2}f_0''r^2+\frac{1}{4!}f_0^{\text{iv}}r^4+\cdots,$$
$$g=1+f_0''r^2+\frac{3}{4!}f_0^{\text{iv}}r^4+\cdots. \tag{2.58}$$

Daraus ergibt sich für den Geschwindigkeitskorrelationstensor nach (2.50)

$$R_{ij}(\boldsymbol{r})=\overline{u^2}\left[\delta_{ij}+f_0''\left(\delta_{ij}r^2-\frac{r_i r_j}{2}\right)+\frac{f_0^{\text{iv}}}{4!}(3\delta_{ij}r^4-2r^2 r_i r_j)+\cdots\right]. \tag{2.59}$$

Hierbei bedeutet $f^{\text{iv}}=\partial^4 f/\partial r^4$.

Mit den durch Gl. (2.53) und (2.57) definierten Längenmaßen lassen sich zwei verschiedene Reynoldssche Kennzahlen definieren

$$Re=(\overline{u^2})^{\frac{1}{2}}\frac{L_f}{\nu}, \qquad Re_\lambda=(\overline{u^2})^{\frac{1}{2}}\frac{\lambda}{\nu}. \tag{2.60}$$

Für die isotropen Spektralfunktionen kann man die den vorstehenden Ergebnissen entsprechenden Beziehungen ohne Schwierigkeiten herleiten. Der durch Gl. (2.22) definierte Tensor zweiter Stufe hängt nur von einem Vektorargument $\boldsymbol{k}$ ab und kann daher wie der Korrelationstensor (2.48) in der Form

$$\Phi_{ij}(\boldsymbol{k})=\mathsf{A}(k)k_i k_j+\mathsf{B}(k)\delta_{ij} \tag{2.61}$$

dargestellt werden, wobei A und B beliebige gerade Funktionen von k sind. Die Quellenfreiheit, Gl. (2.25), erfordert

$$\mathsf{B}=-k^2\mathsf{A}. \tag{2.62}$$

Damit ergibt sich dann

$$\frac{1}{2}\Phi_{ii}(\boldsymbol{k})=\frac{1}{2}(\mathsf{A}k^2+3\mathsf{B})=-k^2\mathsf{A}(k). \tag{2.63}$$

Da die Oberfläche der Kugel vom Radius $1\,\Omega=4\pi$ ist, erhält man für die Energiespektralfunktion nach (2.30) also

$$E(k)=4\pi k^2\frac{1}{2}\Phi_{ii}(k)=-4\pi k^4\mathsf{A}(k). \tag{2.64}$$

Man kann die Funktion $E(k)$ als einzige skalare Funktion in (2.61) zur Beschreibung von $\Phi_{ij}(\boldsymbol{k})$ einführen. So folgt mit (2.62) und (2.64)

$$\Phi_{ij}(\boldsymbol{k})=\frac{E(k)}{4\pi k^4}(k^2\delta_{ij}-k_i k_j). \tag{2.65}$$

Beziehung zwischen Korrelationsfunktion und Spektralfunktionen. Es kommt jetzt darauf an, die Beziehung zwischen der Korrelationsfunktion $f(r)$ und dem Energiespektrum herzuleiten. Mit Gl. (1.90), Gl. (2.50) und (2.65) gilt

$$R_{11}(r_1)=\overline{u^2}f(r_1)=\int\limits_{V(\boldsymbol{k})}\Phi_{11}(\boldsymbol{k})e^{ik_1r_1}d\boldsymbol{k}=\frac{1}{4\pi}\int\limits_{V(\boldsymbol{k})}\frac{E(k)}{k^2}\left(1-\frac{k_1^2}{k^2}\right)e^{ik_1r_1}d\boldsymbol{k}. \tag{2.66}$$

Die Umwandlung des dreidimensionalen Integrals in ein eindimensionales ist nach Fig. 15 durchzuführen:

$$\int\limits_{V(\boldsymbol{k})} \cdots \mathrm{d}\boldsymbol{k} = \int\limits_{0}^{k=\infty} \int\limits_{0}^{\vartheta=\pi} \cdots 2\pi k^2 \sin\vartheta \,\mathrm{d}\vartheta \,\mathrm{d}k\,, \tag{2.67}$$

so daß man mit $k_1 = k\cos\vartheta$

$$\overline{u^2} f(r_1) = \frac{1}{2} \int\limits_{0}^{k=\infty} \int\limits_{0}^{\vartheta=\pi} E(k) \sin^3\vartheta \, \mathrm{e}^{\mathrm{i}kr_1\cos\vartheta} \,\mathrm{d}\vartheta \,\mathrm{d}k \tag{2.68}$$

erhält.

Diese Beziehung ist unabhängig davon, in welche Richtung man r_1 legt; deshalb darf der Zeiger 1 fortgelassen werden. Die Ausführung der Quadratur über ϑ liefert dann für den gesuchten Zusammenhang

$$\overline{u^2} f(r) = 2 \int\limits_{0}^{\infty} \frac{E(k)}{k^2 r^2} \left(\frac{\sin kr}{kr} - \cos kr \right) \mathrm{d}k\,. \tag{2.69}$$

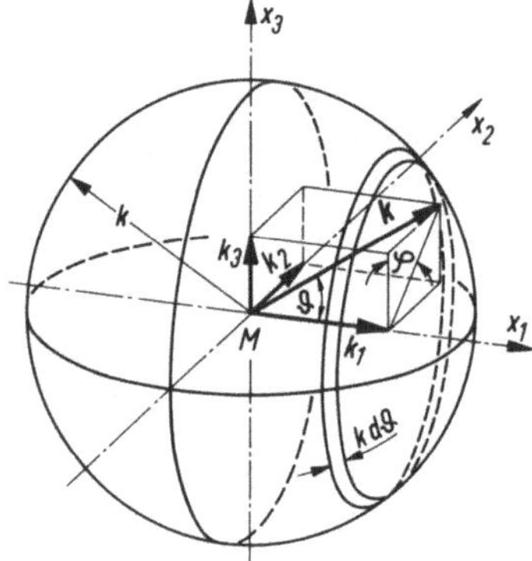

Fig. 15
Zur Integration im Wellenzahlenraum

Man sieht leicht, daß der Ausdruck $(\sin kr/kr - \cos kr)/(kr)^2$ auch für $\lim kr \to 0$ endlich bleibt. Die umgekehrte Beziehung, die $E(k)$ als Fourier-Integral von $f(r)$ ausdrückt, erhält man mit Gl. (2.22) sowie mit Gl. (2.50) und (2.51) zu

$$\begin{aligned} E(k) &= 4\pi \frac{k^2}{2} \Phi_{ii}(\boldsymbol{k}) = \frac{k^2}{(2\pi)^2} \int\limits_{V(\boldsymbol{r})} R_{ii}(\boldsymbol{r}) \mathrm{e}^{-\mathrm{i}\boldsymbol{k}\cdot\boldsymbol{r}} \mathrm{d}\boldsymbol{r} \\ &= \frac{k^2 \overline{u^2}}{(2\pi)^2} \int\limits_{V(\boldsymbol{r})} \left(3f + r\frac{\partial f}{\partial r} \right) \mathrm{e}^{-\mathrm{i}\boldsymbol{k}\cdot\boldsymbol{r}} \mathrm{d}\boldsymbol{r}\,. \end{aligned} \tag{2.70}$$

Das dreidimensionale Integral läßt sich in ähnlicher Weise wie in Gl. (2.66) in ein eindimensionales umwandeln. Man muß sich dazu mit $\boldsymbol{k}$ zunächst auf eine bestimmte

Richtung festlegen, z.B. k_1, und dann den Index am Schluß wieder fortlassen. Es ergibt sich auf diese Weise aus (2.70)

$$E(k) = \frac{1}{\pi}\int_0^\infty \overline{u^2}\left(3f + r\frac{\partial f}{\partial r}\right) kr \sin kr\, dr$$

$$= \frac{\overline{u^2}}{\pi}\left[\int_0^\infty f(r) k^2 r^2 \left(\frac{\sin kr}{kr} - \cos kr\right) dr + k \lim_{r\to\infty}(r^2 f(r) \sin kr)\right], \quad (2.71)$$

wobei das letzte Glied wegen (2.56) und (2.55) verschwindet. Insbesondere folgt hieraus für das Längenmaß L_f von (2.53)

$$\overline{u^2} L_f = \overline{u^2}\int_0^\infty f(r)\, dr = \frac{\pi}{2}\int_0^\infty \frac{E(k)}{k} dk. \quad (2.72)$$

Die eindimensionalen Spektren, Gl. (2.28), lassen sich gleichfalls als einfache Integrale von $E(k)$ ausdrücken. Für die Integration über eine Fläche $k_1 = \text{const}$ gilt, Fig. 15,

$$\iint_{-\infty}^{\infty} \cdots dk_2 dk_3 = \int_{k=k_1}^{\infty}\int_{\varphi=0}^{2\pi} \cdots k\, d\varphi\, dk. \quad (2.73)$$

Man erkennt hieraus, daß sich die k_1-Spektren aus Beiträgen des Energiespektrums aller Wellenzahlen $k_1 \le k \le \infty$ zusammensetzten. Da jetzt

$$k_2 = \sqrt{k^2 - k_1^2}\sin\varphi, \qquad k_3 = \sqrt{k^2 - k_1^2}\cos\varphi \quad (2.74)$$

ist, folgt nach Einführen von (2.65), daß alle k_1-Spektren für $i \neq j$ identisch gleich Null sind. Für $i = j$ ergeben sich die Spektren

$$\Theta_{11}(k_1) = \frac{1}{2}\int_{k_1}^{\infty} \frac{E(k)}{k}\left(1 - \frac{k_1^2}{k^2}\right) dk, \quad (2.75)$$

$$\Theta_{22}(k_1) = \Theta_{33}(k_1) = \frac{1}{4}\int_{k_1}^{\infty} \frac{E(k)}{k}\left(1 + \frac{k_1^2}{k^2}\right) dk. \quad (2.76)$$

Ferner folgt wegen der Symmetrie von $f(r)$ und $g(r)$ aus Gl. (2.27)

$$\Theta_{11}(k_1) = \frac{\overline{u^2}}{2\pi}\int_{-\infty}^{\infty} f(r_1)\cos(k_1 r_1)\, dr_1, \quad (2.77)$$

$$\Theta_{22}(k_1) = \Theta_{33}(k_1) = \frac{\overline{u^2}}{2\pi}\int_{-\infty}^{\infty} g(r_1)\cos(k_1 r_1)\, dr_1. \quad (2.78)$$

Für $k_1=0$ bleiben die eindimensionalen Spektren endlich; unter Beachtung von (2.53) ist

$$\Theta_{11}(0)=2\,\Theta_{22}(0)=\frac{\overline{u^2}\,L_f}{\pi}. \tag{2.79}$$

Um aus den meßbaren Verteilungen $\Theta_{11}(k_1)$ oder $\Theta_{22}(k_1)$ die Energiespektraldichte $E(k)$ zu ermitteln, ist eine zweifache Differentiation von (2.75) bzw. (2.76) erforderlich, um das Integral verschwinden zu lassen. So gilt

$$E(k_1)=k_1^3\,\frac{\mathrm{d}}{\mathrm{d}k_1}\left(\frac{1}{k_1}\,\frac{\mathrm{d}\Theta_{11}}{\mathrm{d}k_1}\right), \tag{2.80}$$

und eine entsprechende Beziehung läßt sich aus (2.76) herleiten.

Somit ist das isotrope Tensorfeld zweiter Stufe vollständig beschrieben, wenn eine der Funktionen bekannt ist. Es sind nun noch einige weitere Beziehungen zu untersuchen, die in den dynamischen Gleichungen auftreten.

Weitere Funktionen. Zunächst seien die Mittelwerte der Produkte von Geschwindigkeitsgradienten betrachtet, die in die Formel Gl. (2.10) für die Dissipation eingehen. Wegen Gl. (1.43) lassen sich diese aus Gl. (2.59) berechnen:

$$\overline{\frac{\partial u_i}{\partial x_l}\,\frac{\partial u_j}{\partial x_k}}=-\frac{\partial^2 R_{ij}(0)}{\partial r_l\,\partial r_k}=-\overline{u^2}\,f_0''\left[2\delta_{ij}\delta_{lk}-\frac{1}{2}(\delta_{il}\delta_{jk}+\delta_{ik}\delta_{jl})\right]. \tag{2.81}$$

Hieraus und mit (2.57) folgt

$$\overline{\left(\frac{\partial u_1}{\partial x_1}\right)^2}=-\overline{u^2}\,f_0''=\frac{\overline{u^2}}{\lambda^2}, \tag{2.82}$$

so daß man für (2.81) auch

$$\overline{\frac{\partial u_i}{\partial x_l}\,\frac{\partial u_j}{\partial x_k}}=\overline{\left(\frac{\partial u_1}{\partial x_1}\right)^2}\left[2\delta_{ij}\delta_{lk}-\frac{1}{2}(\delta_{il}\delta_{jk}+\delta_{ik}\delta_{jl})\right] \tag{2.83}$$

schreiben kann. Diese Beziehung ist bedeutungsvoll, weil $\overline{(\partial u_1/\partial x_1)^2}$ unter Annahme der Taylorschen Hypothese (vgl. 2.2.2) eine mit dem Hitzdrahtmeßgerät meßbare Größe ist. Für die Dissipation gilt dann

$$\varepsilon=\nu\,\overline{\frac{\partial u_i}{\partial x_j}\,\frac{\partial u_i}{\partial x_j}}=\nu\overline{\left(\frac{\partial u_1}{\partial x_1}\right)^2}(2\delta_{ii}\delta_{jj}-\delta_{ij}\delta_{ij})=\nu\,15\overline{\left(\frac{\partial u_1}{\partial x_1}\right)^2}=\nu\,15\,\frac{\overline{u^2}}{\lambda^2}. \tag{2.84}$$

Die Korrelationsfunktion aus Druck- und Geschwindigkeitsschwankungen

$$P_i(\boldsymbol{r})=\overline{p\,u_i} \tag{2.85}$$

hat als Produkt eines Skalars mit einem Vektor die Eigenschaft eines Vektors. Nach (1.107) hat ein isotroper Vektor die Form

$$P_i(\boldsymbol{r}) = A(r)\, r_i = (\overline{u^2}\,\overline{p^2})^{\frac{1}{2}}\, s(r)\, r_i, \tag{2.86}$$

wobei $s(r)$ eine dimensionslose Korrelationsfunktion ist.

Die Anwendung der Quellenfreiheit,

$$\frac{\partial P_i(\boldsymbol{r})}{\partial r_i} = 0, \tag{2.87}$$

führt auf

$$\frac{\mathrm{d}s}{\mathrm{d}r} + 3\frac{s}{r} = 0. \tag{2.88}$$

Soll $s(r)$ für $r \to 0$ regulär sein, so folgt aus (2.88) $s(r) \equiv 0$. Die Druckgeschwindigkeitskorrelationen verschwinden also in isotroper Turbulenz, $\overline{p u_i} = 0$.

Für die Dreifachkorrelationen

$$R_{(ik)j}(\boldsymbol{r}) = \overline{u_i(\boldsymbol{x})\, u_k(\boldsymbol{x})\, u_j(\boldsymbol{x}+\boldsymbol{r})} \tag{2.89}$$

können wir auf die in Gl. (1.115) hergeleitete Form eines von einem Vektor abhängigen Tensors dritter Stufe zurückgreifen. Da die beiden Geschwindigkeiten u_i und u_k in (2.89) vertauschbar sind, müssen die skalaren Funktionen I und J gleich sein, so daß sich folgende Beziehung ergibt

$$R_{(ik)j} = A\, r_i r_k r_j + I(r_i \delta_{kj} + r_k \delta_{ij}) + K\, r_j \delta_{ik}. \tag{2.90}$$

Die Quellenfreiheit erfordert hier

$$\frac{\partial R_{(ik)j}}{\partial r_j} = \left(5A + r\frac{\mathrm{d}A}{\mathrm{d}r} + \frac{2}{r}\frac{\mathrm{d}I}{\mathrm{d}r}\right) r_i r_k + \left(2I + 3K + r\frac{\mathrm{d}K}{\mathrm{d}r}\right)\delta_{ik} = 0, \tag{2.91}$$

wobei die beiden Klammerausdrücke je für sich verschwinden müssen, da Gl. (2.91) für alle Werte von $\boldsymbol{r}$ erfüllt sein muß. Ferner muß $R_{(ii)j}$ die Bedingungen eines solenoidalen isotropen Vektors erfüllen und deshalb ebenso wie $P_i(\boldsymbol{r})$ identisch verschwinden. Hiermit folgt aus (2.90)

$$r^2 A + 2I + 3K = 0. \tag{2.92}$$

Damit steht eine ausreichende Zahl von Beziehungen zur Verfügung, um A, I und K durch eine einzige Funktion auszudrücken, z. B. durch K.

Th. von Kármán und L. Howarth[1]) konnten als erste zeigen, daß der Tensor der Dreifachkorrelationen vom Zweipunkttypus im isotropen Feld durch die drei in

[1]) v. Kármán, Th.; Howarth, L.: On the statistical theory of isotropic turbulence. Proc. Roy. Soc. London A **164** (1938) 192–215.

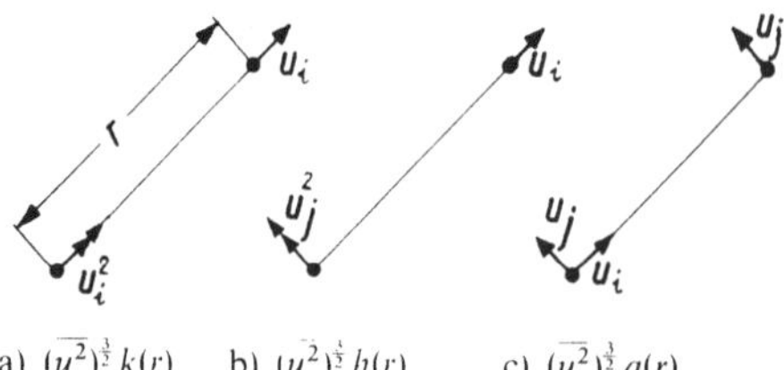

Fig. 16
Grundformen der Tripelkorrelationsfunktionen

Fig. 16 dargestellten Funktionen beschrieben werden kann, die durch die Kontinuitätsbedingung untereinander und mit den Funktionen von Gl. (2.90) verknüpft sind. Es gilt

$$\left.\begin{aligned} (\overline{u^2})^{\frac{3}{2}} k(r) &= -2rK, \\ (\overline{u^2})^{\frac{3}{2}} h(r) &= -\frac{k}{2}, \\ (\overline{u^2})^{\frac{3}{2}} q(r) &= -\frac{1}{2}\left(k + \frac{r}{2}k'\right), \end{aligned}\right\} \tag{2.93}$$ [1]

wobei k, h und q dimensionslose ungerade Funktionen von r sind. Analog zu Gl. (2.55) fordert die Kontinuitätsbedingung

$$\int_0^\infty r q(r)\,\mathrm{d}r = 0. \tag{2.94}$$

Mit Gl. (2.93) führt die partielle Integration auf

$$\int_0^\infty r q(r)\,\mathrm{d}r = -\frac{1}{4}\lim_{r\to\infty} r^2 k(r), \tag{2.95}$$

so daß die Kontinuitätsbedingung nur erfüllt ist, wenn $k(r)$ für $r\to\infty$ stärker als r^{-2} gegen Null geht. Unter Benutzung der Funktion $k(r)$ nimmt Gl. (2.90) folgende Form an:

$$R_{(ik)j} = (\overline{u^2})^{\frac{3}{2}}\left[\frac{k - rk'}{2r^3} r_i r_k r_j + \frac{2k + rk'}{4r}(r_i\delta_{kj} + r_k\delta_{ij}) - \frac{k}{2r} r_j \delta_{ik}\right]. \tag{2.96}$$

Die Funktionen k, h, q sind für kleine Werte r proportional zu r^3. Es ist nämlich

$$(\overline{u^2})^{\frac{3}{2}} \lim_{r\to 0} k' = \overline{u_1^2 \frac{\partial u_1}{\partial x_1}} = \frac{1}{3}\,\overline{\frac{\partial u_1^3}{\partial x_1}}, \tag{2.97}$$

[1]) Für die nach Fig. 16a definierte Korrelationsfunktion wurde die allgemein übliche Bezeichnung $k(r)$ übernommen, obgleich sie gelegentlich zur Verwechslung mit der Wellenzahl k führen könnte.

und dieser Wert ist für ein homogenes Feld gleich Null. Es gilt also

$$k = \frac{1}{3!} k_0''' r^3 + \cdots . \tag{2.98}$$

Den typischen Verlauf der Funktion $k(r)$ zeigt Fig. 17 nach Windkanalmessungen[1]). Zwischen der Funktion $k(r)$ und der Funktion $T(k)$ in Gl. (2.42) besteht eine wechselseitige Beziehung ähnlich wie zwischen $f(r)$ und $E(k)$. Diese könnte man mit Hilfe von Gl. (2.42) und (2.93) ermitteln. Es wird im nächsten Abschnitt jedoch ein anderer Weg gewählt.

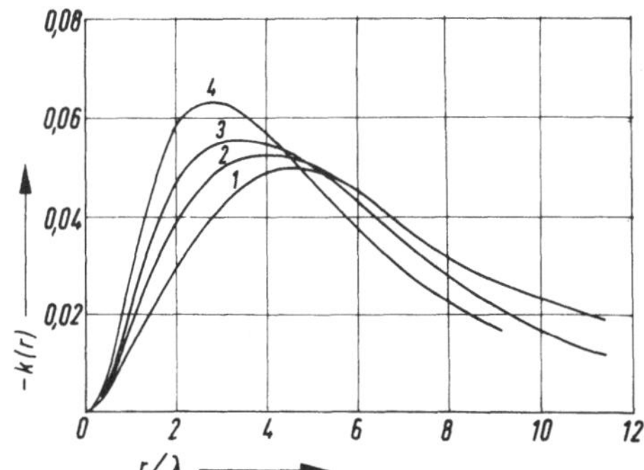

Fig. 17
Verlauf der Tripelkorrelationsfunktion $k(r)$ (nach Messungen von R. W. Stewart und A. A. Townsend)
Abstand vom Maschengitter:
Kurve 1: $x/M = 20$; 2: $x/M = 30$; 3: $x/M = 60$; 4: $x/M = 120$

2.3.2. Dynamik der isotropen Turbulenzfelder. Mit den Ausdrücken Gl. (2.50), (2.51), (2.93) und (2.96) läßt sich Gl. (2.35) für die zeitliche Entwicklung von R_{ij} auf eine einzige Differentialgleichung zurückführen, in der neben $\overline{u^2}$ nur die skalaren Funktionen $f(r)$ und $k(r)$ auftreten. Führt man die genannten Ausdrücke in die Differentialgleichung für R_{ij} ein, so enthält die resultierende Gleichung Glieder, die mit $r_i r_j$ multipliziert werden, und solche, die nur von r abhängen. Setzt man die Summe aller Glieder mit dem Multiplikator $r_i r_j$ gleich Null, so erhält man eine Gleichung für $\partial(f-g)/\partial t$; die Summe der Glieder ohne diesen Multiplikator ergibt eine Gleichung für $\partial g/\partial t$. Nach Eliminieren von $\partial g/\partial t$ erhält man die Gleichung für $\partial f/\partial t$,

$$\frac{\partial(\overline{u^2} f)}{\partial t} - (\overline{u^2})^{\frac{3}{2}} \left(\frac{\partial k}{\partial r} + 4 \frac{k}{r} \right) - 2 \nu \overline{u^2} \left(\frac{\partial^2 f}{\partial r^2} + \frac{4}{r} \frac{\partial f}{\partial r} \right) = 0, \tag{2.99}$$

die erstmalig von Th. v. Kármán und L. Howarth[2]) hergeleitet wurde und deshalb auch v. Kármán-Howarthsche Gleichung genannt wird. Geht man hierbei

[1]) Nach Stewart, R. W.; Townsend, A. A.: Similarity and self-preservation in isotropic turbulence. Philos. Trans. Roy. Soc. London A **243** (1951) 359–386.

[2]) Siehe Fußnote 1, S. 81.

zu $r=0$ über, so ergibt sich (mit Gl. (2.58), (2.84) und (2.98)) als Gleichung für das Abklingen der Schwankungsenergie die Form

$$\frac{d\overline{u^2}}{dt} = -\frac{2}{3}\varepsilon = -10\nu\frac{\overline{u^2}}{\lambda^2}, \tag{2.100}$$

die an die Stelle von (2.39) tritt. Mit den Reihenentwicklungen (2.58) und (2.98) erhält man durch Gleichsetzen der Koeffizienten von r^2 in (2.99) die weitere Beziehung

$$\frac{d}{dt}\left(\frac{1}{2}\overline{u^2} f_0''\right) - \frac{7}{6}(\overline{u^2})^{\frac{3}{2}} k_0''' - \frac{7}{3}\nu\overline{u^2} f_0^{\text{iv}} = 0, \tag{2.101}$$

die mit der Gl. (2.13) für das Abklingen der Wirbelstärke im Fall isotroper Turbulenz identisch ist. Denn mit der Definition für ω_i (Gl. (1.171)) und (2.81) gilt

$$\overline{\omega_i\omega_i} = -15\overline{u^2} f_0''. \tag{2.102}$$

Desgleichen erhält man

$$\overline{\left(\frac{\partial\omega_i}{\partial x_j}\frac{\partial\omega_i}{\partial x_j}\right)^2} = 35\overline{u^2} f^{\text{iv}} \tag{2.103}$$

sowie (mit (2.14) und (2.96))

$$\overline{\omega_i\omega_j\frac{\partial u_i}{\partial x_j}} = -\frac{35}{2}(\overline{u^2})^{\frac{3}{2}} k_0''', \tag{2.104}$$

so daß sich nach Einsetzen dieser Ausdrücke aus (2.13) schließlich Gl. (2.101) ergibt. Ferner folgt nach viermaligem Differenzieren von (2.59)

$$\overline{u^2} f_0^{\text{iv}} = \overline{\left(\frac{\partial^2 u_1}{\partial x_1^2}\right)^2} \tag{2.105}$$

und dreimaliges Differenzieren von (2.96) liefert

$$(\overline{u^2})^{\frac{3}{2}} k_0''' = \overline{\left(\frac{\partial u_1}{\partial x_1}\right)^3}. \tag{2.106}$$

Mit diesen Ausdrücken geht die Gl. (2.101) in

$$\frac{\partial}{\partial t}\overline{\left(\frac{\partial u_1}{\partial x_1}\right)^2} = -\frac{7}{3}\overline{\left(\frac{\partial u_1}{\partial x_1}\right)^3} - \frac{14}{3}\nu\overline{\left(\frac{\partial^2 u_1}{\partial x_1^2}\right)^2} \tag{2.107}$$

über, deren Glieder der Messung unmittelbar zugänglich sind.

Beziehung zwischen $k(r)$ und $T(k)$. Mit der Beziehung (2.71) enthält Gl. (2.99) die gleiche Aussage wie die Differentialgleichung (2.41) für das Energiespektrum. Um die Beziehung zwischen $k(r)$ und $T(k)$ zu ermitteln, multipliziert man Gl. (2.99) mit $(1/\pi)(kr)^2(\sin kr/kr - \cos kr)$ und integriert von $r=0$ bis ∞. Es folgt dann aus dem Vergleich mit Gl. (2.41)

$$T(k) = -\frac{1}{\pi}\int_0^\infty (\overline{u^2})^{\frac{3}{2}}\left(\frac{\partial k(r)}{\partial r} + 4\frac{k(r)}{r}\right)k^2 r^2\left(\frac{\sin kr}{kr} - \cos kr\right)\mathrm{d}r$$

$$= \frac{k}{\pi}\int_0^\infty (\overline{u^2})^{\frac{3}{2}}\, k(r)(3\sin kr - 3kr\cos kr - (kr)^2\sin kr)\mathrm{d}r. \tag{2.108}$$

Die letztere Form leitet man durch partielle Integration aus der ersteren her. Multipliziert man umgekehrt Gl. (2.41) mit $2(\sin kr/kr - \cos kr)/(kr)^2$ und integriert über die Wellenzahl k von 0 bis ∞, so gibt der Vergleich mit Gl. (2.99)

$$(\overline{u^2})^{\frac{3}{2}}\left(\frac{\partial k(r)}{\partial r} + 4\frac{k(r)}{r}\right) = \frac{(\overline{u^2})^{\frac{3}{2}}}{r^4}\,\frac{\partial(r^4 k(r))}{\partial r} = -2\int_0^\infty \frac{T(k)}{k^2 r^2}\left(\frac{\sin kr}{kr} - \cos kr\right)\mathrm{d}k. \tag{2.109}$$

Multiplikation mit r^4, Integration über r und anschließende Division mit r^4 führen schließlich auf die Umkehrung zu (2.108):

$$(\overline{u^2})^{\frac{3}{2}}\, k(r) = -2\int_0^\infty \frac{T(k)}{k^3 r^2}\left[3\frac{\sin kr}{k^2 r^2} - 3\frac{\cos kr}{kr} - \sin kr\right]\mathrm{d}k. \tag{2.110}$$

An dieser Stelle endet die mathematisch strenge Behandlung der isotropen Turbulenz; denn um die Gl. (2.99) oder (2.41) zu lösen, ist eine Relation zwischen $T(k)$ und $E(k)$ bzw. zwischen $f(r)$ und $k(r)$ erforderlich, die ohne Hinzunahme von Hypothesen nicht hergeleitet werden kann.

Endstadium. Man ist lediglich in der Lage, eine Lösung von (2.41) für den Fall anzugeben, daß $|T(k)| \ll 2\nu k^2 E(k)$ für alle k ist. Dieser entspricht also kleinen Reynolds-Zahlen, Re_λ, denen die Turbulenz während ihres Abklingens zustrebt. Bei Vernachlässigung von $T(k)$ ergibt sich als Lösung für das Abklingen des Energiespektrums für $t \geq t_1$

$$E(k,t) = E(k,t_1)\,\mathrm{e}^{-2\nu k^2(t-t_1)}, \tag{2.111}$$

wenn $E(k,t_1)$ das Energiespektrum zur Zeit $t=t_1$ ist. Nach dieser Gleichung, deren Gültigkeit sich nicht auf isotrope Turbulenz beschränkt, sondern ganz allgemein für homogene Turbulenz zutrifft, wird die Energie einer bestimmten Wellenzahl exponentiell mit der Zeit dissipiert; und zwar je größer k ist, desto rascher klingt $E(k,t)$ mit t ab. Nach hinreichend langer Zeit $t-t_1$, im Endstadium des Abklingens also, wird daher die Form des Spektrums $E(k,t)$ fast ausschließlich durch die Form von $E(k,t_1)$ bei kleinsten Wellenzahlen bestimmt.

2.3.3. Energietransport im Wellenzahlenraum. Bei größeren Reynolds-Zahlen Re_λ erfüllen die Trägheitsglieder, ausgedrückt durch die Funktionen $k(r)$ bzw. $T(k)$, eine sehr wichtige Aufgabe, die in 2.2.3 bereits als Energietransport im Wellenzahlenraum gedeutet wurde. Jedoch konnte über die Richtung dieses Transports nichts gesagt werden. Wegen des Faktors k^2 in (2.41) liegt das Maximum des Dissipationsspektrums $2\nu k^2 E(k)$ bei größeren Wellenzahlen als das des Energiespektrums $E(k)$, wenngleich offen bleibt, wie weit die beiden Maxima auseinanderrücken. Versuche zeigen, daß schon bei mäßig großen Reynolds-Zahlen fast die gesamte Dissipation von den Fourier-Komponenten der großen Wellenzahlen bewirkt wird, deren Beitrag zur Gesamtenergie vernachlässigbar klein ist. Zum anderen klingt das Spektrum der großen Wellenzahlen zeitlich nicht so rasch ab, wie man auf Grund der örtlichen Dissipation zu erwarten hätte. Hiernach muß im Wellenzahlenraum eine Energiewanderung von kleinen nach großen Wellenzahlen stattfinden.

Die Wechselwirkungen zwischen den Fourier-Komponenten, auf denen der Energietransport im Wellenzahlenraum beruht, bringt man zumindest quantitativ dem Verständnis näher, wenn man das Transportglied durch die Fourier-Koeffizienten des Geschwindigkeitsfeldes ausdrückt. Für den in Gl. (2.35) auftretenden Korrelationstensor von drei Geschwindigkeitskomponenten an zwei Punkten eines homogenen Feldes erhält man mit den Beziehungen von 1.2.5

$$R_{(ik)j}(\boldsymbol{r}) = \overline{u_i(\boldsymbol{x})u_k(\boldsymbol{x})u_j(\boldsymbol{x}+\boldsymbol{r})} = \iint\limits_{V(\boldsymbol{k},\boldsymbol{k}')} e^{i\boldsymbol{kr}}\,\overline{dZ_i^*(\boldsymbol{k}')dZ_j(\boldsymbol{k})dZ_k^*(\boldsymbol{k}'')}, \tag{2.112}$$

wobei wegen $dZ_i^*(\boldsymbol{k}') = dZ_i(-\boldsymbol{k}')$ zwischen drei Wellenzahlenvektoren nach (1.96)

$$\boldsymbol{k} - \boldsymbol{k}' - \boldsymbol{k}'' = 0 \tag{2.113}$$

gilt. So ergibt sich für den Spektraltensor

$$\Phi_{(ik)j}(\boldsymbol{k}) = \lim_{d\boldsymbol{k},\, d\boldsymbol{k}' \to 0} \int\limits_{V(\boldsymbol{k}')} \frac{\overline{dZ_i^*(\boldsymbol{k}')dZ_j(\boldsymbol{k})dZ_k^*(\boldsymbol{k}-\boldsymbol{k}')}}{d\boldsymbol{k}\,d\boldsymbol{k}'}\,d\boldsymbol{k}' \tag{2.114}$$

und in gleicher Weise

$$\Phi_{i(jk)}(\boldsymbol{k}) = \lim_{d\boldsymbol{k},\, d\boldsymbol{k}' \to 0} \int\limits_{V(\boldsymbol{k}')} \frac{\overline{dZ_i^*(\boldsymbol{k})dZ_j(\boldsymbol{k}')dZ_k(\boldsymbol{k}-\boldsymbol{k}')}}{d\boldsymbol{k}\,d\boldsymbol{k}'}\,d\boldsymbol{k}'. \tag{2.115}$$

Für das in Gl. (2.42) erscheinende Glied kann man also

$$\frac{i}{2} k_k (\Phi_{(ik)j}(\boldsymbol{k}) - \Phi_{i(jk)}(\boldsymbol{k})) = \int\limits_{V(\boldsymbol{k}')} Q(\boldsymbol{k},\boldsymbol{k}')\,d\boldsymbol{k}' \tag{2.116}$$

schreiben mit

$$Q(\boldsymbol{k},\boldsymbol{k}') = \lim_{d\boldsymbol{k},\, d\boldsymbol{k}' \to 0} \frac{i}{2} k_k \left[\frac{\overline{dZ_i^*(\boldsymbol{k}')dZ_j(\boldsymbol{k})dZ_k^*(\boldsymbol{k}-\boldsymbol{k}')}}{d\boldsymbol{k}\,d\boldsymbol{k}'} - \frac{\overline{dZ_i^*(\boldsymbol{k})dZ_j(\boldsymbol{k}')dZ_k(\boldsymbol{k}-\boldsymbol{k}')}}{d\boldsymbol{k}\,d\boldsymbol{k}'} \right]. \tag{2.117}$$

Die Größe von $Q(\boldsymbol{k},\boldsymbol{k}')$ hängt nicht allein von den Beträgen der dZ, sondern wesentlich auch von der Verteilung der Phasen zu verschiedenen Wellenzahlen ab. Bei statistisch gleichmäßiger Verteilung der Phasen würden die Mittelwerte verschwinden.

Tatsächlich besteht eine ununterbrochene Wechselwirkung zwischen jeweils drei Fourier-Koeffizienten, deren Wellenzahlen ein geschlossenes Dreieck bilden (vgl. Fig. 6). Auf Möglichkeiten, diese auch wieder von den Navier-Stokesschen Gleichungen gesteuerten Vorgänge näher zu erfassen, kann hier nicht eingegangen werden. Jedoch zeigen diese Betrachtungen, daß sich der Energieaustausch als ein Integral über alle Wellenzahlen ergibt. Wegen der Kontinuitätsbedingung

$$(k_k - k'_k)\,\mathrm{d}Z_k(\boldsymbol{k}-\boldsymbol{k}')=0 \tag{2.118}$$

(Gl. (2.18)) gilt

$$Q(\boldsymbol{k}',\boldsymbol{k}) = -Q(\boldsymbol{k},\boldsymbol{k}')\,. \tag{2.119}$$

Diese Antisymmetrie von Q sichert die Erfüllung der Bedingung Gl.(2.44); es ist

$$\iint\limits_{V(\boldsymbol{k},\boldsymbol{k}')} Q(\boldsymbol{k}',\boldsymbol{k})\,\mathrm{d}\boldsymbol{k}\,\mathrm{d}\boldsymbol{k}' = -\iint\limits_{V(\boldsymbol{k},\boldsymbol{k}')} Q(\boldsymbol{k},\boldsymbol{k}')\,\mathrm{d}\boldsymbol{k}\,\mathrm{d}\boldsymbol{k}' = 0\,. \tag{2.120}$$

Bei isotroper Turbulenz kann man eine neue Funktion einführen, die nur von den Beträgen der Wellenzahlen abhängt,

$$P(k,k') = -k^2 k'^2 \oint\oint Q(\boldsymbol{k},\boldsymbol{k}')\,\mathrm{d}\Omega'\,\mathrm{d}\Omega\,, \tag{2.121}$$

wobei sich die Integrale wie früher über den gesamten Raumwinkelbereich erstrecken. Hiermit ergibt sich für die Funktion

$$T(k) = \int\limits_0^\infty P(k,k')\,\mathrm{d}k'\,. \tag{2.122}$$

Betrachtet man den Energieverlust desjenigen Teiles des Spektrums, dessen Wellenzahlenvektoren unter dem Betrag k liegen, so folgt nach (2.41) aus der Spektralgleichung

$$\frac{\partial}{\partial t}\int\limits_0^k E(k'')\,\mathrm{d}k'' = -\int\limits_0^k T(k'')\,\mathrm{d}k'' - 2\nu\int\limits_0^k k''^2 E(k'')\,\mathrm{d}k''\,, \tag{2.123}$$

wobei man aus (2.122) unter Beachtung der Antisymmetrie (2.119)

$$\int\limits_0^k T(k'')\,\mathrm{d}k'' = \int\limits_0^k\int\limits_0^\infty P(k'',k')\,\mathrm{d}k'\,\mathrm{d}k'' = \int\limits_0^k\int\limits_k^\infty P(k'',k')\,\mathrm{d}k'\,\mathrm{d}k'' \tag{2.124}$$

erhält $\left(\int\limits_0^k\int\limits_0^k P(k'',k')\,\mathrm{d}k'\,\mathrm{d}k'' = -\int\limits_0^k\int\limits_0^k P(k',k'')\,\mathrm{d}k'\,\mathrm{d}k'' = 0\right)$.

Die Betrachtungen konnten zwar keine quantitative Bestimmung des Energieaustauschs bringen; sie haben aber zu dem wichtigen Ergebnis geführt, daß sich der gesamte Energietransport von den Wellenzahlen $|\boldsymbol{k}|<k$ auf die Wellenzahlen $|\boldsymbol{k}|>k$ qualitativ durch ein Doppelintegral in der in (2.124) angegebenen Form ausdrücken läßt.

Die Erklärung des Energietransports, der den Kern der Turbulenz schlechthin bildet, kann auf verschiedene Weise geschehen. Für den vorwiegend in physikalischen Begriffen denkenden Leser geht eine vereinfachende Deutung davon aus, daß man sich die Turbulenzbewegung aus Elementen vieler verschiedener Größenordnungen vorstellt. Um den relativ hohen Energiegehalt der großen Elemente, auf die nur geringe Zähigkeitskräfte wirken, abzubauen, wird die Energie auf die Turbulenzelemente der nächst kleineren Ordnung übertragen, diese geben sie ihrerseits abermals an die nächst kleineren Elemente weiter und so fort. Dieses Aufbrechen der langwelligen Bewegung in immer kleinere Elemente wird einer hydrodynamischen Instabilität zugeschrieben. Mit kleiner werdenden Abmessungen wachsen die Zähigkeitskräfte, bis ihre Größe in den kleinsten vorhandenen Elementen schließlich ausreicht, die zugeführte mechanische Energie in Wärme zu dissipieren. Man denkt sich den Energietransport also als einen kaskadenähnlichen Vorgang, der sich bis zu Turbulenzelementen herab fortsetzt, deren Abmessungen um so kleiner sind, je geringer die Zähigkeit, d. h. je größer die Reynolds-Zahl ist. Auf den Wellenzahlenraum übertragen besagt dies, daß sich das Energiespektrum über einen zunehmend großen Bereich von Wellenzahlen ausdehnt, so daß die Maxima des Energiespektrums und des Dissipationsspektrums immer weiter auseinander rücken und das von der Zähigkeit wesentlich beeinflußte Gebiet sich nach $k \to \infty$ verschiebt, wenn die Reynolds-Zahl unbegrenzt wächst. Eine Analogie zu diesem Verhalten findet man auch bei nicht turbulenten Strömungen hoher Reynolds-Zahlen, bei denen sich die Wirkung der Zähigkeit auf eine dünne Grenzschicht an der Körperoberfläche konzentriert, deren Dicke mit der Wurzel aus der Zähigkeit kleiner wird und die im Grenzfall $Re \to \infty$ zu einer Unstetigkeit ausartet. Die Schichten starker Geschwindigkeitsgradienten (Wirbelschichten), die bei Vorhandensein fester Wände an diesen entstehen, erscheinen bei turbulenten Strömungen im Inneren des Feldes.

Man kann die Energieübertragung von großen auf kleine Turbulenzelemente auch als Erzeugung von Wirbelintensität durch fortwährende Verformung von Wirbelfäden beschreiben. Dieser Prozeß versucht, die Wirbelintensität ungleichförmig im Feld zu verteilen, derart, daß sich kleine Gebiete mit hoher Wirbelkonzentration ausbilden. Die Zähigkeit, deren Wirkung in den Gebieten hoher Wirbelstärke am größten ist, versucht dagegen die Wirbelintensität gleichmäßig zu verteilen. Die Differenz dieser beiden Effekte bestimmt die zeitliche Änderung der Wirbelintensität. Das Gleichgewicht dieser Wirkungen kommt in Gl. (2.13) bzw. Gl. (2.101) zum Ausdruck. Windkanalmessungen[1]) haben gezeigt, daß der Betrag des ersten Gliedes von (2.101) mit wachsender Reynolds-Zahl Re_λ immer kleiner im Verhältnis zu den Beträgen der beiden übrigen Glieder wird. Für sehr große Reynolds-Zahlen besteht also praktisch ein Gleichgewicht zwischen Erzeugung und Dissipation von Wirbelintensität.

Ansatz von Heisenberg. Um unter Benutzung von Gl. (2.123) die zeitliche Änderung des Spektrums und damit das Abklingen der Geschwindigkeitsschwankungen wenigstens näherungsweise berechnen zu können, sind von einer Anzahl von Autoren empirische Formeln für den Energieaustausch vorgeschlagen worden[2]). Als einzigen

---

[1]) Batchelor, G. K.; Townsend, A. A.: Decay of vorticity in isotropic turbulence. Proc. Roy. Soc. London A **190** (1947) 534–550.

[2]) Eine Übersicht findet sich bei Ellison, T. H.: The universal small-scale spectrum of turbulence at high Reynolds number. In: Favre, A. (Ed.): [24], 113–121.

dieser Vorschläge wollen wir den Ansatz von W. Heisenberg[1]) betrachten, der wohl am häufigsten benutzt wurde und den tatsächlichen Vorgängen vermutlich am nächsten kommt. Er geht von der an sich groben Vorstellung aus, daß die kleineren Turbulenzelemente (d.h. der Wellenzahlen $>k$) auf die größeren ($<k$) wie eine zusätzliche Zähigkeit ν_k wirken. Man schreibt also

$$\int_0^k T(k'')\mathrm{d}k'' = \nu_k \int_0^k 2k''^2 E(k'')\mathrm{d}k'', \tag{2.125}$$

wobei für die von der Wellenzahl abhängige zusätzliche Zähigkeit

$$\nu_k = \varkappa_\mathrm{H} \int_k^\infty \sqrt{\frac{E(k')}{k'^3}}\,\mathrm{d}k' \tag{2.126}$$

gesetzt wird mit dem Zahlenfaktor $\varkappa_\mathrm{H}$, der sich durch Vergleich mit Versuchsergebnissen zu $\varkappa_\mathrm{H} \approx 0{,}5$ ergibt. Die Form des Integranden ist im wesentlichen durch Dimensionsbetrachtungen festgelegt. Der so entstehende Ausdruck für den Energietransport im Wellenzahlraum ist dimensionsmäßig richtig und genügt der Form Gl. (2.124).

Führt man den Ansatz (2.125) und (2.126) in (2.123) ein, so erhält man für das Abklingen des Energiespektrums die Integrodifferentialgleichung

$$\frac{\partial}{\partial t}\int_0^k E(k'')\mathrm{d}k'' = -\varkappa_\mathrm{H}\int_k^\infty \sqrt{\frac{E(k')}{k'^3}}\,\mathrm{d}k' \int_0^k 2k''^2 E(k'')\mathrm{d}k'' - \nu \int_0^k 2k''^2 E(k'')\mathrm{d}k''. \tag{2.127}$$

Wenn $E(k,t)$ zur Zeit $t=t_0$ bekannt ist, kann das Energiespektrum zu späteren Zeiten $(t>t_0)$ berechnet werden. Wegen der angegebenen Zusammenhänge zwischen dem Energiespektrum und dem Korrelationstensor kann auch $R_{ij}(\boldsymbol{r},t)$ berechnet werden, wenn für die Zeit $t=t_0$ eine Aussage vorliegt. Mit Hilfe von Gl. (2.127) kann die in 2.1.1 formulierte Aufgabe für die Momente zweiter Ordnung der isotropen Turbulenz und deren Fourier-Transformierte angenähert gelöst werden. Auf die numerische Lösungsmethode, die von W. Tollmien[2]) und K. Meetz[3]) behandelt wurde, soll nicht näher eingegangen werden. Die Rechnungsergebnisse des letzteren Verfassers sind im großen und ganzen in befriedigender Übereinstimmung mit Versuchsergebnissen. Trotzdem sollte man nicht übersehen, daß der Heisenbergsche Ansatz nur eine rohe Annäherung an die wirklichen Vorgänge darstellt, und daß bei Schlußfolgerungen aus den hiermit gefundenen Resultaten einige Zurückhaltung erforderlich ist. Hierüber wird auch im folgenden Abschnitt noch zu sprechen sein.

---

[1]) Heisenberg, W.: Zur statistischen Theorie der Turbulenz. Z. Phys. **124** (1948) 628–657.

[2]) Tollmien, W.: Abnahme der Windkanalturbulenz nach dem Heisenbergschen Austauschansatz als Anfangswertproblem. Wissensch. Z. T. H. Dresden, **2** (1953) 443–448.

[3]) Meetz, K.: Das zeitliche Abklingen der Energiespektren in der homogenen isotropen Turbulenz als Anfangswertproblem. Z. Naturforsch. **11a** (1956) 832–847.

2.4. Struktur und Energiedissipation isotroper Turbulenz

2.4.1. Örtliche Struktur bei großen Reynolds-Zahlen. Wir können nun, auf die Ergebnisse von 2.3.3 aufbauend, ein sehr wichtiges, für beliebige turbulente Strömungen universell geltendes Gesetz behandeln. Wenn man die Definition der isotropen Turbulenz etwas einschränkender formuliert, kommt man zu Ergebnissen mit größerem Gültigkeitsbereich, die auch in solchen Fällen anwendbar sind, in denen das Turbulenzfeld, im großen gesehen, weder isotrop noch homogen ist.

Der Grundgedanke ist, das Geschwindigkeitsfeld zu betrachten, das ein mit einem bestimmten Flüssigkeitsteilchen mitbewegter Beobachter in seiner Umgebung wahrnimmt. Mit anderen Worten, man untersucht die Bewegung der Flüssigkeitsteilchen verschiedener Orte und Zeiten relativ zueinander. A. N. Kolmogoroff[1]), der diese Überlegungen angestellt hat, führt neue Koordinaten

$$\boldsymbol{r}=\boldsymbol{x}^{(1)}-\boldsymbol{x}-\boldsymbol{u}(\boldsymbol{x},t)\cdot(t^{(1)}-t) \tag{2.128}$$

und

$$\tau=t^{(1)}-t \tag{2.129}$$

ein. $\boldsymbol{r}$ beschreibt etwa den vektoriellen Abstand zweier Flüssigkeitsteilchen, deren eines sich zur Zeit t bei $\boldsymbol{x}$ befindet, und deren zweites sich zur Zeit $t^{(1)}$ bei $\boldsymbol{x}^{(1)}$ befindet. Die Geschwindigkeitskomponenten in diesem System sind

$$w_i(\boldsymbol{r},\tau,\boldsymbol{x},t)=u_i(\boldsymbol{x}^{(1)},t^{(1)})-u_i(\boldsymbol{x},t)\,. \tag{2.130}$$

Für diese Geschwindigkeit kann man, genau wie in 1.2.4, zu jedem Wertesystem $\boldsymbol{r}^{(1)},\boldsymbol{r}^{(2)}\cdots\boldsymbol{r}^{(n-1)}$, das n-Punkte des Feldes miteinander verbindet, $3n$-dimensionale Wahrscheinlichkeitsdichteverteilungen F_n definieren, die Funktionen von $\boldsymbol{x}$, t, $\boldsymbol{u}(\boldsymbol{x},t)$, $\boldsymbol{r}^{(1)}$, $\boldsymbol{r}^{(2)},\ldots,\boldsymbol{r}^{(n-1)}$, $\tau^{(1)}$, $\tau^{(2)},\ldots,\tau^{(n-1)}$ sind. Man bezeichnet nun die Turbulenz als lokalhomogen in einem endlichen Gebiet G, wenn die besagten Verteilungsfunktionen F_n von $\boldsymbol{x}$, t und $\boldsymbol{u}(\boldsymbol{x},t)$ unabhängig sind, solange alle betrachteten n Punkte innerhalb dieses Gebietes G liegen. In gleicher Weise nennt man die Turbulenz im Gebiet G lokalisotrop, wenn sie lokalhomogen ist und die Verteilungsfunktionen F_n invariant gegenüber Drehungen und Spiegelungen der aus den n-Punkten gebildeten Konfiguration sind. Nach dieser Betrachtungsweise ist es möglich, daß ein Turbulenzfeld, das als Ganzes anisotrop ist, bezüglich der Geschwindigkeitsdifferenzen in beschränkten Gebieten isotrop ist. Tatsächlich findet man lokale Isotropie in beliebigen turbulenten Strömungen, wenn die Reynoldssche Zahl $Re=\sqrt{\overline{u'^2}}\,L/\nu$ genügend groß und das betrachtete Gebiet G hinreichend klein ist ($|\boldsymbol{r}|\ll L$), wobei L eines der durch Gl. (1.37) definierten Integral-Längenmaße sei. Ausgenommen sind nur Gebiete in der Nähe von Wänden und solche, die sonstigen äußeren Einflüssen unterliegen. Natürlich wird die Homogenität und Isotropie nicht streng erfüllt sein,

---

[1]) Kolmogoroff (auch Kolmogorov), A. N.: Die lokale Struktur der Turbulenz in einer inkompressiblen zähen Flüssigkeit bei sehr großen Reynoldsschen Zahlen. Dokl. Akad. Wiss. USSR **30** (1941) 301–305 sowie: Die Energiedissipation für lokalisotrope Turbulenz. Dokl. Akad. Wiss. USSR **32** (1941) 16–18. Dt. Übers. in: Goering, H.: [17].

so daß man vielleicht genauer sagen sollte, das lokale Feld der Geschwindigkeitsdifferenzen kann näherungsweise als quasi-homogen, quasi-isotrop und quasi-stationär behandelt werden. Zwei wichtige Voraussetzungen, unter denen die Turbulenz als lokalhomogen angesehen werden darf, nämlich

$$|\overline{u}_i(\boldsymbol{x}+\boldsymbol{r})-\overline{u}_i(\boldsymbol{x})| \ll \sqrt{\overline{w_i^2(\boldsymbol{r})}}, \tag{2.131}$$

$$|\overline{u_i'^2}(\boldsymbol{x}+\boldsymbol{r})-\overline{u_i'^2}(\boldsymbol{x})| \ll \overline{w_i^2(\boldsymbol{r})}, \tag{2.132}$$

sind für $|\boldsymbol{r}| \ll L$ gewöhnlich erfüllt. Dann gilt auch mit guter Näherung

$$\overline{w_i}=0. \tag{2.133}$$

Weniger einfach läßt sich die lokale Isotropie begründen. Eine räumliche Fourier-Analyse von w_i führt mit Gl. (1.87) auf die Beziehung

$$w_i(\boldsymbol{r})=u_i(\boldsymbol{x}+\boldsymbol{r})-u_i(\boldsymbol{x})=\int_{V(\boldsymbol{k})} \mathrm{e}^{\mathrm{i}\boldsymbol{k}\cdot\boldsymbol{x}}(\mathrm{e}^{\mathrm{i}\boldsymbol{k}\cdot\boldsymbol{r}}-1)\,\mathrm{d}Z_i(\boldsymbol{k}), \tag{2.134}$$

die sich von Gl. (1.87) durch den Multiplikator $\mathrm{e}^{\mathrm{i}\boldsymbol{k}\cdot\boldsymbol{r}}-1$ im Integranden unterscheidet. Wenn $|\boldsymbol{k}\cdot\boldsymbol{r}| \ll 1$, dann ist dieser Multiplikator $\approx \mathrm{i}\boldsymbol{k}\cdot\boldsymbol{r}$; d. h. aber, daß die Fourier-Komponenten der kleinen Wellenzahlen von der Größenordnung $k \lesssim 1/L$ nur wenig zu w_i beitragen. Die Geschwindigkeiten w_i charakterisieren somit die Bewegung der großen Wellenzahlen, d.h. der kleinen Turbulenzelemente. Mit dieser Feststellung kann man Gründe für das Auftreten lokaler Isotropie aus der in 2.3.3 gegebenen Diskussion des Energietransports herleiten. Der Vergleich mit einem Kaskadenprozeß enthält die an sich naheliegende Hypothese, daß die Wechselwirkung zwischen Fourier-Koeffizienten von Wellenzahlen vergleichbarer Größenordnung am stärksten ist und mit wachsendem Unterschied in den Beträgen der beteiligten Wellenzahlen abnimmt; die Fourier-Koeffizienten der großen Wellenzahlen sind hiernach statistisch entkoppelt von denen der kleinen Wellenzahlen.

Ob das Modell des Kaskadenprozesses im Grunde richtig ist oder nicht, mag dahingestellt bleiben; daß Energie im wesentlichen Maße von kleinen auf sehr große Wellenzahlen direkt übertragen wird, ist in jedem Fall schwerlich vorstellbar. Messungen zeigen stets ein kontinuierliches Energiespektrum. Die Bewegung der kleineren Wellenzahlen wird wesentlich von der Geometrie und den charakteristischen Abmessungen des Strömungsraumes oder der darin befindlichen Störkörper bestimmt. Die Merkmale der äußeren Einflüsse werden aber in der langen Kette von Wechselwirkungen bis herunter zu den kleinen Turbulenzelementen verloren gehen. Insbesondere wirken die Schwankungen des Druckes auf die Beseitigung etwa vorhandener Anisotropie hin, so daß für Wellenzahlen, die groß gegen die charakteristischen Abmessungen sind, keine ausgezeichnete Richtung besteht. Hier wird man deshalb isotrope Verteilungen vermuten dürfen. Aus der Betrachtung folgt weiter, daß die Fourier-Koeffizienten der kleineren Wellenzahlen, die ja die hauptsächlichen Energieträger der Bewegung sind, auch die Größe der in der Zeiteinheit dissipierten Energie bestimmen. Die Bewegung der großen Wellenzahlen stellen sich je nach Reynolds-Zahl so ein, daß diese Energierate tatsächlich durch Deformationsarbeit in Wärme umgesetzt wird. Für die großen Wellenzahlen besteht dann ein Bewegungszustand statistischen Gleichgewichts. Von hier ist es nur noch ein kleiner Schritt bis zu der Vermutung, daß die zugehörigen statistischen Verteilungen universelle Formen haben.

Bewegungsgleichungen. Um die Folgerungen aus diesen Überlegungen in Formeln auszudrücken, kann man die statistischen Momente von $\boldsymbol{w}$ betrachten, z. B.

$$S_{ij\cdots m} = \overline{w_i(\boldsymbol{r}^{(1)}, \boldsymbol{x})\, w_j(\boldsymbol{r}^{(2)}, \boldsymbol{x}) \cdots w_m(\boldsymbol{r}^{(m)}, \boldsymbol{x})}. \tag{2.135}$$

Wegen der Definition nach (2.130) und der lokalen Homogenität lassen diese sich aber auf die in 1.2.4 beschriebenen Momente zurückführen; dabei zeigt es sich, daß man das Moment nach (2.135) durch eine Summe von Momenten einfacheren Typus

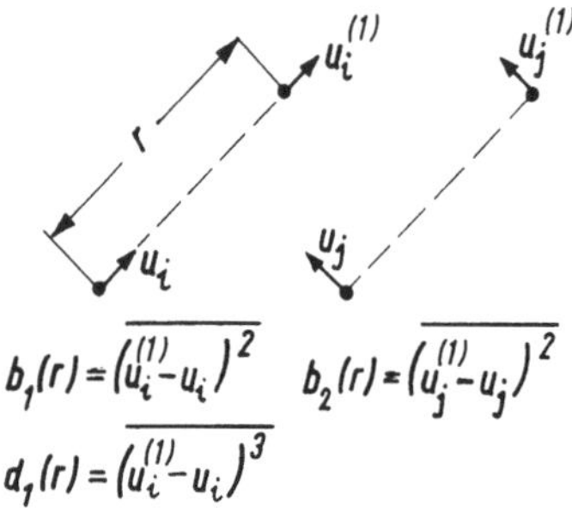

Fig. 18
Korrelationsfunktionen der lokal isotropen Turbulenz

ausdrücken kann. Wir wollen hier wieder nur die Momente zweiter Ordnung untersuchen und können uns dabei auf Momente der Form

$$B_{ij}(\boldsymbol{r}) = \overline{w_i(\boldsymbol{r})\, w_j(\boldsymbol{r})} \tag{2.136}$$

beschränken. Da das Feld als lokalisotrop vorausgesetzt wird, gilt für sie analog zu (2.50)

$$B_{ij}(\boldsymbol{r}) = (b_1(r) - b_2(r)) \frac{r_i r_j}{r^2} + b_2(r)\delta_{ij} \tag{2.137}$$

mit den beiden Grundtypen $b_1(r)$ und $b_2(r)$ nach Fig. 18. Zwischen den Funktionen $b_1(r)$, $b_2(r)$ und $f(r)$, $g(r)$ nach Fig. 13 bestehen die Beziehungen

$$\left.\begin{aligned} b_1(r) &= \overline{u_i^{(1)2}} - 2\overline{u_i^{(1)} u_i} + \overline{u_i^2} = 2\overline{u^2}(1 - f(r)), \\ b_2(r) &= \overline{u_j^{(1)2}} - 2\overline{u_j^{(1)} u_j} + \overline{u_j^2} = 2\overline{u^2}(1 - g(r)). \end{aligned}\right\} \tag{2.138}$$ [1]

Ebenso gilt

$$d_1(r) = \overline{(u_i^{(1)} - u_i)^3} = -3(\overline{u_i^{(1)2} u_i} - \overline{u_i^{(1)} u_i^2}) = 6(\overline{u^2})^{\frac{3}{2}} k(r), \tag{2.139}$$

[1]) $\overline{u^2}$ bedeutet das Quadrat der Schwankungsgeschwindigkeiten im Sinne der vorherigen Abschnitte, während u_i und u_j in diesem Abschnitt momentane Gesamtgeschwindigkeitskomponenten sind.

wobei $k(r)$ die in Fig. 16 definierte Funktion ist. Hiermit kann man aus (2.99) die Bewegungsgleichung für $b_1(r)$ unmittelbar herleiten. Substituiert man noch $-\frac{2}{3}\varepsilon$ für $d\overline{u^2}/dt$ (Gl. (2.100)), so erhält man

$$-\frac{2}{3}\varepsilon-\frac{\partial b_1}{\partial t}-\frac{1}{6}\left(\frac{\partial d_1}{\partial r}+\frac{4}{r}d_1\right)+\nu\left(\frac{\partial^2 b_1}{\partial r^2}+\frac{4}{r}\frac{\partial b_1}{\partial r}\right)=0. \tag{2.140}$$

Für kleine $|r|\ll L$ ist $(1/2)b_1\ll\overline{u^2}$ und folglich $|\partial b_1/\partial t|\ll(2/3)\varepsilon$, wodurch sich die vorausgesetzte Quasistationärität ausdrückt. Vernachlässigt man also $\partial b_1/\partial t$, so ergibt sich

$$-\left(\frac{\partial d_1}{\partial r}+4\frac{d_1}{r}\right)+6\nu\left(\frac{\partial^2 b_1}{\partial r^2}+\frac{4}{r}\frac{\partial b_1}{\partial r}\right)=4\varepsilon. \tag{2.141}$$

Die Integration dieser Gleichung über r liefert mit den Anfangsbedingungen $\partial b_1/\partial r=0$, $d_1=0$ für $r=0$

$$6\nu\frac{\partial b_1}{\partial r}-d_1=\frac{4}{5}\varepsilon r. \tag{2.142}$$

Gl. (2.141) und (2.142) enthalten nur Ableitungen nach r, nicht solche nach t, als Parameter treten nur die Dissipation ε und die kinematische Zähigkeit ν auf. Als weitere Randbedingung ist noch $b_1=0$ für $r=0$ zu erfüllen, die aus der Definition der Geschwindigkeiten w_i folgt.

Diese Beziehungen können auch durch die Spektralfunktionen ausgedrückt werden, wobei für lokalisotrope Turbulenz der Wellenzahlenbereich $k\gg 1/L$ in Betracht kommt. Mit Gl. (2.45) und (2.46) gilt

$$\frac{\partial}{\partial t}\int_0^k E(k')dk'=\frac{\partial}{\partial t}\int_0^\infty E(k')dk'-\frac{\partial}{\partial t}\int_k^\infty E(k')dk'=-\varepsilon-\frac{\partial}{\partial t}\int_k^\infty E(k')dk'. \tag{2.143}$$

Für $k\gg 1/L$ ist

$$\int_k^\infty E(k')dk'\ll\frac{3}{2}\overline{u^2};\quad\left|\frac{\partial}{\partial t}\int_k^\infty E(k')dk'\right|\ll\varepsilon,$$

so daß das zweite Glied der rechten Seite von (2.143) vernachlässigt werden kann. Damit folgt aus Gl. (2.123)

$$\int_0^k T(k')dk'+2\nu\int_0^k k'^2E(k')dk'=\varepsilon. \tag{2.144}$$

Diese Gleichung besagt etwa dasselbe wie Gl. (2.142). Auch hier tritt keine Ableitung nach der Zeit auf, und als Parameter erscheinen ε und ν. Der Zusammenhang zwischen

$b_1(r)$ und $E(k)$ ergibt sich aus Gl. (2.69) unter Beachtung von (2.138) zu

$$b_1(r)=4\int_0^\infty E(k)\left[\frac{1}{3}-\frac{1}{k^2r^2}\left(\frac{\sin kr}{kr}-\cos kr\right)\right]dk; \tag{2.145}$$

der Zusammenhang zwischen $d_1(r)$ und $T(k)$ wird durch (2.139) und Gl. (2.110) vermittelt.

Ähnlichkeitsbetrachtungen. Mit diesen Gleichungen führen die obigen Ausführungen auf die

Erste lokale Ähnlichkeitshypothese (Kolmogoroff): *Die Verteilungsfunktionen F_n lokalisotroper Turbulenz sind durch die Größen ν und ε eindeutig bestimmt.*

Mißt man Längen in m und Zeiten in s, so lassen sich aus diesen beiden Größen $\nu[\mathrm{m}^2/\mathrm{s}]$ und $\varepsilon[\mathrm{m}^2/\mathrm{s}^3]$ ein Längenmaßstab

$$l_s=\left(\frac{\nu^3}{\varepsilon}\right)^{\frac{1}{4}} \tag{2.146}$$

und ein Zeitmaßstab

$$t_s=\left(\frac{\nu}{\varepsilon}\right)^{\frac{1}{2}} \tag{2.147}$$

bilden. Mit dem Längenmaß l_s kann man die Funktion $b_1(r)$ in der Form

$$b_1(r)=\sqrt{\nu\varepsilon}\,\beta_1\left(\frac{r}{l_s}\right) \tag{2.148}$$

schreiben, wobei β_1 eine dimensionslose universelle Funktion von r/l_s ist. Für extrem kleine Werte $r<l_s$ darf $d_1(r)$, welches wie $k(r)$ nach (2.98) proportional r^3 ist, in Gl. (2.142) vernachlässigt werden, so daß die Integration

$$\lim_{r\to 0} b_1=\frac{1}{15}\,\frac{\varepsilon r^2}{\nu} \tag{2.149}$$

ergibt. Dies entspricht einem β_1

$$\lim_{r/l_s\to 0}\beta_1=\frac{1}{15}\left(\frac{r}{l_s}\right)^2. \tag{2.150}$$

In analoger Weise liefert die Dimensionsbetrachtung für das Energiespektrum $E(k)[\mathrm{m}^3/\mathrm{s}^2]$ die Form

$$E(k)=\nu^{\frac{5}{4}}\varepsilon^{\frac{1}{4}}F(k\,l_s), \tag{2.151}$$

in der $F(k\,l_s)$ eine dimensionslose Funktion von $k\,l_s$ bezeichnet. Als eine hinreichende Bedingung für die Existenz eines Bereichs, in welchem statistisches Gleichgewicht besteht, kann man annehmen, daß das Verhältnis L/l_s einen bestimmten Wert, etwa

1000 überschreitet. Der Gleichgewichtsbereich mag sich etwa auf Werte $r<0{,}1\,L$ bzw. auf Wellenzahlen $10/L<k\leq\infty$ erstrecken.

Mit zunehmendem r tritt in Gl. (2.142) der Einfluß der Zähigkeit zugunsten des Gliedes d_1 sehr rasch zurück. Über die Form von β_1 bei großem r und über die von F bei kleinem k ($k \ll 1/l_s$) ist eine Aussage folgender Art möglich:

Zweite lokale Ähnlichkeitshypothese (Kolmogoroff): *Wenn die Beträge der Vektoren $\boldsymbol{r}^{(1)}, \boldsymbol{r}^{(2)} \cdots \boldsymbol{r}^{(n-1)}$ und deren Differenzen groß im Vergleich zu l_s (aber klein gegen L) sind, dann werden die Verteilungsgesetze F_n eindeutig durch die Größe ε bestimmt und sind von ν unabhängig.*

Nach Gl. (2.148) kann $b_1(r)$ nur dann von ν unabhängig sein, wenn

$$\beta_1 = C\left(\frac{r}{l_s}\right)^{\frac{2}{3}} , \tag{2.152}$$

wobei C eine universelle Konstante der lokalisotropen Turbulenz ist. Mit (2.152) folgt aus (2.148)

$$b_1(r) = C(\varepsilon r)^{\frac{2}{3}} . \tag{2.153}$$

Die entsprechende Form für das Energiespektrum ist

$$F(l_s k) = \alpha (k l_s)^{-\frac{5}{3}} , \tag{2.154}$$

mit der sich

$$E(k) = \alpha \varepsilon^{\frac{2}{3}} k^{-\frac{5}{3}} \tag{2.155}$$

ergibt[1]). Hier ist α eine andere universelle Konstante, die mit C in einer festen Beziehung steht. Dieser Zusammenhang ist mit Hilfe von Gl. (2.145) zu ermitteln, wenn man (2.153) und (2.155) einführt. Es ist dabei zu beachten, daß (2.155) nicht für beliebig kleine k gilt; man schreibt daher mit $x = rk$

$$C = 4\alpha \lim_{\delta \to 0} \int_{\delta}^{\infty} \frac{1}{x^{\frac{5}{3}}} \left[\frac{1}{3} - \frac{1}{x^2}\left(\frac{\sin x}{x} - \cos x\right)\right] \mathrm{d}x . \tag{2.156}$$

Als Lösung dieses Integrals ergibt sich

$$C = \frac{27}{55}\,\Gamma\left(\frac{1}{3}\right)\alpha = 1{,}315\,\alpha . \tag{2.157}$$

Versuchswerte. Dieses Gesetz des von Trägheitskräften beherrschten Unterbereichs konnte bei verschiedenen Strömungen experimentell beobachtet werden. Die zuverlässigste Bestimmung der Konstanten α bzw. C ermöglichen Messungen in

---

[1]) Dem Leser sei hierzu die Arbeit von v. Weizsäcker, C. F.: Das Spektrum der Turbulenz bei großen Reynolds-Zahlen. Z. Phys. **124** (1948) 614–627, zum Studium empfohlen, in welcher das Gesetz (2.155) auf intuitive Weise hergeleitet wird.

einer Gezeitenströmung[1]), die das Gesetz Gl. (2.155) über einen Wellenzahlenbereich von etwa drei Zehnerpotenzen bestätigen. Danach beträgt

$$\alpha = 1{,}44 \pm 0{,}06 \tag{2.158}$$

und nach Gl. (2.157) die Größe C (Kolmogoroffsche Konstante)

$$C = 1{,}89 \pm 0{,}08 . \tag{2.159}$$

Aus diesem Versuchswert für die universelle Konstante kann man auch die Schiefe der Wahrscheinlichkeitsdichteverteilung von $w_1(r_1)$ ermitteln, indem man in (2.142) das erste Glied vernachlässigt und ε mit (2.153) eliminiert. Es ergibt sich

$$S = \frac{\overline{w_1^3}}{(\overline{w_1^2})^{\frac{3}{2}}} = \frac{d_1}{b_1^{\frac{3}{2}}} = -\frac{4}{5} C^{-\frac{3}{2}} = -0{,}31 \quad \text{für} \quad r \gg l_s . \tag{2.160}$$

Berechnung der universellen Funktionen. In Fig. 19 sind die beiden Asymptoten der universellen Korrelationsfunktion β_1 nach Gl. (2.150) und (2.152) dargestellt. Den Übergang zwischen diesen Kurvenästen, der in Fig. 19 gestrichelt angedeutet ist, kann man nach A. M. Obuchov und A. M. Jaglom[2]) näherungsweise aus (2.142)

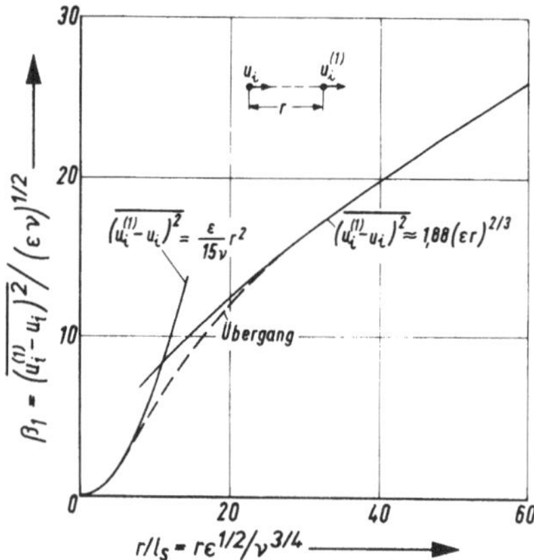

Fig. 19
Universelle Korrelationsfunktion der lokal isotropen Turbulenz

berechnen, wenn man für die Schiefe auch bei kleinem r den konstanten Wert nach (2.160) einsetzt; die entstehende Differentialgleichung muß numerisch gelöst werden. Natürlich geht die Annahme, daß S auch für kleine r konstant ist, über die zweite

[1]) Grant, H. L.; Stewart, R. W.; Moilliet, A.: Turbulence spectra from a tidal channel. J. Fluid Mech. **12** (1962) 241–268.

[2]) Obuchov, A. M.; Jaglom, A. M.: Die Mikrostruktur einer turbulenten Strömung. In: Goering, H.: [17], 97–125.

Ähnlichkeitshypothese von Kolmogoroff hinaus, und obwohl sich eine plausible Begründung dafür nicht angeben läßt, liefert diese Rechnung einen qualitativ richtigen Verlauf für den Übergang und auch für die Dreifachkorrelationsfunktion d_1.

Andererseits kann man das Energiespektrum über den ausschließlich von Trägheitskräften beherrschten Unterbereich hinaus bis tief in das unmittelbar von der Zähigkeit beeinflußte Wellenzahlengebiet mit dem Heisenbergschen Ansatz für den Energieaustausch im Wellenzahlenraum näherungsweise verfolgen.

Führt man die Gl. (2.125) und (2.126) in (2.144) ein, so ergibt sich

$$\left[\nu+\varkappa_{\mathrm{H}}\int_k^\infty \sqrt{\frac{E(k')}{k'^3}}\,\mathrm{d}k'\right]\int_0^k 2k''^2 E(k'')\,\mathrm{d}k''=\varepsilon. \tag{2.161}$$

Für diese Gleichung findet man eine geschlossene Lösung, wenn man

$$Y(k)=\int_0^k 2k''^2 E(k'')\,\mathrm{d}k'', \qquad Y'(k)=2k^2 E(k) \tag{2.162}$$

substituiert. Es folgt

$$\nu+\varkappa_{\mathrm{H}}\int_k^\infty \sqrt{\frac{Y'(k')}{2k'^5}}\,\mathrm{d}k'=\frac{\varepsilon}{Y(k)} \tag{2.163}$$

und nach Differenzieren und Quadrieren

$$\frac{\varkappa_{\mathrm{H}}^2}{2k^5}=\varepsilon^2\,\frac{Y'}{Y^4}. \tag{2.164}$$

Diese Differentialgleichung hat das Integral

$$\frac{\varkappa_{\mathrm{H}}^2}{8k^4}+c=\frac{\varepsilon^2}{3Y^3}. \tag{2.165}$$

Die Integrationskonstante c errechnet sich aus der Bedingung, daß für $k\to\infty$ nach (2.161) $\nu Y(\infty)=\varepsilon$ gilt, also

$$c=\frac{\nu^3}{3\varepsilon}. \tag{2.166}$$

Setzt man dies in (2.165) ein und löst nach Y auf, so erhält man die Beziehung

$$Y(k)=\frac{\varepsilon^{\frac{2}{3}}}{3^{\frac{1}{3}}}\left[\frac{\varkappa_{\mathrm{H}}^2}{8k^4}+\frac{\nu^3}{3\varepsilon}\right]^{-\frac{1}{3}}, \tag{2.167}$$

aus der man wiederum durch Differenzieren unter Beachtung (2.162) und nach einfachen Rechnungen schließlich $E(k)$ bekommt.

Für das Energiespektrum der lokalisotropen Turbulenz erhält man nach diesen Rechnungen

$$E(k)=\left(\frac{8}{9\varkappa_{\mathrm{H}}}\right)^{\frac{2}{3}}\varepsilon^{\frac{2}{3}}k^{-\frac{5}{3}}\left[1+\frac{8}{3\varkappa_{\mathrm{H}}^2}\,\frac{\nu^3 k^4}{\varepsilon}\right]^{-\frac{4}{3}}. \tag{2.168}$$

Man sieht sofort, daß Gl. (2.168) für kleine $k \ll (\varepsilon/\nu^3)^{\frac{1}{4}} = l_s^{-1}$ der Form nach mit (2.155) übereinstimmt. Danach gilt

$$\alpha = \left(\frac{8}{9\varkappa_H}\right)^{\frac{2}{3}}. \tag{2.169}$$

Aus dem Versuchswert nach Gl. (2.158) findet man für die Heisenbergsche Konstante also den Wert

$$\varkappa_H = 0{,}51 \pm 0{,}03. \tag{2.170}$$

Für sehr große Wellenzahlen k hat (2.168) die asymptotische Lösung

$$\lim_{k\to\infty} E(k) = \left(\frac{\varkappa_H \varepsilon}{2\nu^2}\right)^2 k^{-7}. \tag{2.171}$$

Bei Versuchen, bei denen die Meßsonde durch die Strömung (in Richtung x_1) geschleppt wird und nur auf die Geschwindigkeitsschwankungskomponente u_1 an-

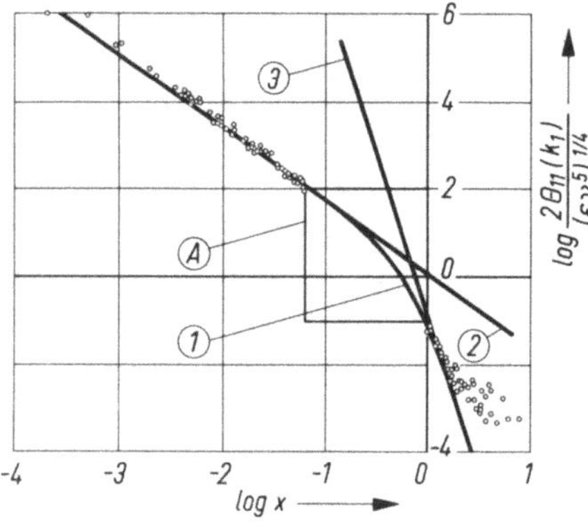

Fig. 20
Universelles Energiespektrum der lokal isotropen Turbulenz; eindimensionales Spektrum

$$x = k_1 \left(\frac{8}{3\varkappa_H^2} \frac{\nu^3}{\varepsilon}\right)^{\frac{1}{4}}$$

① Rechnung nach Gl. (2.168)
② Asymptote nach Gl. (2.155) und (2.169)
③ Asymptote nach Gl. (2.171)
Versuchspunkte nach H.L. Grant, R.W. Stewart, A. Moilliet

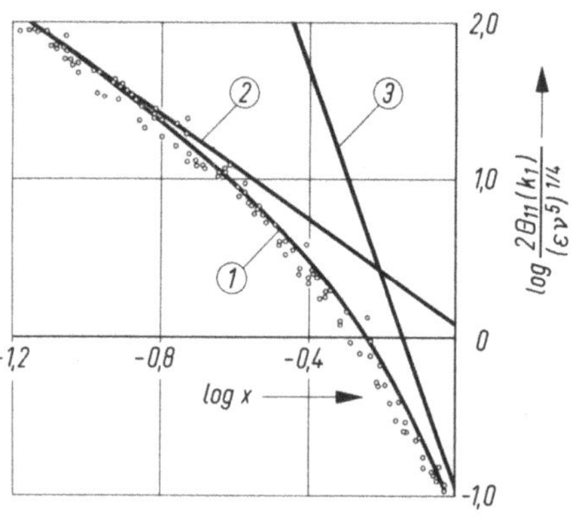

Fig. 21
Universelles Energiespektrum der lokal isotropen Turbulenz. Ausschnitt A von Fig. 20

spricht, mißt man das eindimensionale Spektrum $\Theta_{11}(k_1)$. In Fig. 20 und 21 ist das aus Gl. (2.168) mit Hilfe von (2.75) errechnete Spektrum $\Theta_{11}(k_1)$ im logarithmischen Maßstab aufgetragen und mit Meßergebnissen von Grant, Stewart und Moilliet verglichen. Die Potenzgesetze für $E(k)$, Gl. (2.155) und (2.171), ergeben auch für das eindimensionale Spektrum wieder Potenzgesetze mit gleichen Exponenten, wie man am einfachsten anhand von Gl. (2.80) nachprüft. Das gerechnete Spektrum stimmt mit den Versuchen in einem bemerkenswert großen Bereich überein. Die Abweichungen bei großen k-Werten sind meßtechnisch bedingten Fehlern der Versuchswerte zuzuschreiben. Im Windkanal hinter Maschengittern und in Grenzschichten gemessene Spektren zeigen, daß die Spektren in einem beträchtlichen Bereich dem Gesetz $\Theta_{11} \sim k^{-7}$ folgen. Trotzdem ist es unwahrscheinlich, daß sich dieses Gesetz bis zu beliebig großen Wellenzahlen fortsetzt.

Ergänzungen. 1. Aufschlußreich ist hierzu die Schiefe der Verteilungsfunktion von $\partial u_1/\partial x_1$ (eine gemessene Verteilung ist in Fig. 3 dargestellt), die den Grenzfall für $S(r)$ bei verschwindendem r bildet,

$$S_0 = \lim_{r \to 0} \frac{\overline{w_1^3}}{(\overline{w_1^2})^{\frac{3}{2}}} = \frac{\overline{(\partial u_1/\partial x_1)^3}}{(\overline{(\partial u_1/\partial x_1)^2})^{\frac{3}{2}}}. \tag{2.172}$$

Man kann diese Größe aus dem Energiespektrum berechnen, wenn man von der Wirbelgleichung (2.107) ausgeht. Für die lokalisotrope Turbulenz darf man die zeitliche Ableitung vernachlässigen, so daß mit Gl. (2.105)

$$\overline{\left(\frac{\partial u_1}{\partial x_1}\right)^3} = -2\nu \overline{u^2} f_0^{\text{iv}} \tag{2.173}$$

gilt. Die vierte Ableitung der dimensionslosen Korrelationsfunktion erhält man aus (2.69), indem man nach viermaligem Differenzieren den Grenzübergang $r \to \infty$ macht[1]),

$$\overline{u^2} f_0^{\text{iv}} = \frac{2}{35} \int_0^\infty k^4 E(k) \mathrm{d}k. \tag{2.174}$$

Unter Benutzung von (2.84) zusammen mit (2.46) ergibt sich schließlich

$$S_0 = -\frac{3}{7} \sqrt{30}\, \nu \frac{\int_0^\infty k^4 E(k) \mathrm{d}k}{\left[\int_0^\infty k^2 E(k) \mathrm{d}k\right]^{\frac{3}{2}}}. \tag{2.175}$$

Die Auswertung der Integrale für die Funktion $E(k)$ nach (2.168) liefert

$$S_0 = -1{,}52\, \varkappa_{\text{H}}. \tag{2.176}$$

[1]) Allgemein gilt

$$\overline{u^2} (\partial^{2n} f / \partial r^{2n})_{r=0} = \frac{2(-1)^n}{(2n+1)(2n+3)} \int_0^\infty k^{2n} E(k) \mathrm{d}k.$$

Andererseits führen Gl. (2.160) mit (2.157) und (2.169) für den von Trägheitskräften beherrschten Unterbereich auf

$$S(r) = -\frac{11}{6}\left(\frac{55}{27}\right)^{\frac{1}{2}} \frac{1}{\Gamma^{\frac{3}{2}}(\frac{1}{3})} \varkappa_H \approx -0{,}6\,\varkappa_H \qquad (\text{für } r \gg l_s) \tag{2.177}$$

Bei dem Energiespektrum nach (2.168) wächst also die Schiefe der Verteilung von w_i innerhalb des dissipativen Bereichs auf über das Zweieinhalbfache des Wertes bei großen r-Werten an. Zwar zeigen Versuchsergebnisse ein erhebliches Steigen von $S(r)$ beim Übergang zu $r \to 0$, doch bleibt dies wesentlich unter dem durch Gl. (2.176) und (2.177) gegebenen Verhältnis. Man muß also folgern, daß die Annahme eines konstanten Wertes $\varkappa_H$ für den gesamten Wellenzahlenbereich tatsächlich zu grob ist. Glücklicherweise scheinen aber merkliche Fehler erst in einem Bereich des Spektrums aufzutreten, der weder zur kinetischen Energie noch zur Dissipation nennenswert beiträgt.

2. Es ist interessant festzustellen, daß zwar die Verteilung der Geschwindigkeitsschwankungen homogener Turbulenz ziemlich genau der Gaußschen Normalverteilung entspricht (Fig. 3), daß aber die Feinstruktur der Turbulenz im viskosen Bereich ein bemerkenswert abweichendes Verhalten zeigt, über das experimentelle Untersuchungen vorliegen. Für die Geschwindigkeitsgradienten höherer Ordnung $\partial^n u_1/\partial x_1^n$ wurde der Exzeß der Wahrscheinlichkeitsverteilungen

$$E_n = \frac{\overline{(\partial^n u_1/\partial x_1^n)^4}}{[\overline{(\partial^n u_1/\partial x_1^n)^2}]^2} - 3 \tag{2.178}$$

ermittelt, der mit der Ordnung n stark zunimmt, wie aus Fig. 22 hervorgeht. Diese Figur enthält Ergebnisse, die im Luftstrom hinter Gittern und im Nachlauf von Zylindern gemessen wurden[1]).

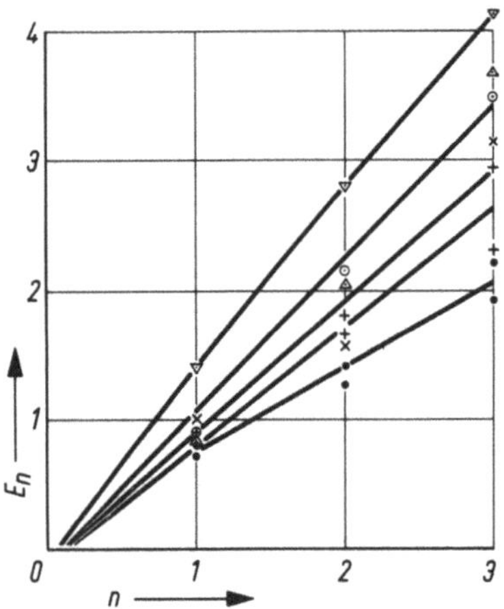

Fig. 22
Exzeß der Geschwindigkeitsderivativa
Windkanalturbulenz UM/ν: ● 2810; + 5620; × 11200; ⊙ 22500
Zylinder-Nachlauf Ud/ν: △ 680; ▽ 4100
(nach G.K. Batchelor und A.A. Townsend)

[1]) Batchelor, G. K.; Townsend, A. A.: The nature of turbulent motion at large wavenumbers. Proc. Roy. Soc. A **199** (1949) 238–255.

Die festgestellten Abweichungen von der Gaußschen Normalverteilung werden nicht durch gelegentliches Auftreten extrem großer Einzelwerte als vielmehr durch wechselweises Vorkommen von Gebieten mit stärkeren und schwächeren Schwankungsintensitäten hervorgerufen. Die Wirbelintensität konzentriert sich auf unregelmäßig auftretende Dissipationsschichten.

3. Mit dem intermittierenden Erscheinen von Gebieten höherer und niederer Wirbelintensität sind Zufallschwankungen des Dissipationswertes ε verbunden, die in der Ähnlichkeitsbetrachtung nicht berücksichtigt wurden. Über die Auswirkung dieses Einflusses liegen Untersuchungen von Grant, Stewart, Moilliet[1]) und von Kolmogoroff[2]) vor.

2.4.2. Grobstruktur. Im energiehaltigen Wellenzahlenbereich wird die Form des Spektrums während des Anfangsstadiums wesentlich von der die Turbulenz erzeugenden Apparatur bestimmt. Über die größten Turbulenzelemente, die sogenannte Grobstruktur, deren Dimensionen groß im Vergleich zu den zugehörigen Abmessungen der Turbulenzerzeuger sind, und die durch die kleinsten Wellenzahlen (nahe $k=0$) beschrieben werden, sind dagegen einige allgemeine Aussagen möglich, die für die asymptotischen Abklinggesetze der Schwankungsintensität bedeutungsvoll sind.

Zunächst ist festzustellen, daß zwischen der Form des Energiespektrums bei kleinsten Wellenzahlen ($\lim k \to 0$) und der asymptotischen Form der Korrelationsfunktion bei großen Abständen ($\lim r \to \infty$) eine Beziehung besteht, die sich aus Gl. (2.71) durch Differentiation nach k ergibt. Es gilt für ganzzahlige $m \geq 1$

$$\lim_{k\to 0} \frac{\partial^{2m} E(k)}{\partial k^{2m}} = \frac{2m}{\pi}(-1)^{m+1}\overline{u^2}\left[2(1-m)\int_0^\infty r^{2m} f(r)\,\mathrm{d}r + \lim_{r\to\infty}\left(r^{2m+1} f(r)\right)\right]. \tag{2.179}$$

Aussagen über die Integralmomente der Korrelationsfunktion und Aussagen über die Ableitungen der Spektralfunktion bei $k=0$ sind also äquivalent. Natürlich kann man nicht annehmen, daß alle Integralmomente von $f(r)$ existieren. Über das Verhalten des Spektrums bei $k \to 0$ sind im Schrifttum sich scheinbar widersprechende Ansichten geäußert worden.

1. Multipliziert man die v. Kármán-Howarthsche Gleichung (2.99) mit r^4 und integriert von $r=0$ bis $r=\infty$, so ergibt sich ($k(r)$ nach Fig. 16)

$$\frac{\mathrm{d}}{\mathrm{d}t}\left(\overline{u^2}\int_0^\infty r^4 f(r)\,\mathrm{d}r\right) - (\overline{u^2})^{\frac{3}{2}} \lim_{r\to\infty}\left(r^4 k(r)\right) = 0\,, \tag{2.180}$$

wobei vorausgesetzt wird, daß das Integral $\int_0^\infty r^4 f(r)\,\mathrm{d}r$ existiert. Es liegt zunächst nahe anzunehmen, daß die Tripelkorrelationsfunktion $k(r)$ stärker als r^{-4} asympto-

---

[1]) Siehe Fußnote 1, S. 96.

[2]) Kolmogoroff, A. N.: A refinement of previous hypotheses concerning the local structure of turbulence in a viscous incompressible fluid at high Reynolds number. J. Fluid Mech. **13** (1962) 82–85.

tisch gegen Null geht. Diese Vermutung veranlaßte L. G. Loitsianskii[1]), die Größe

$$\Lambda = \overline{u^2} \int_0^\infty r^4 f(r) \mathrm{d}r \tag{2.181}$$

als eine Invariante des isotropen Turbulenzfeldes zu postulieren. Das zugehörige Energiespektrum verhält sich bei $k \to 0$ regulär und hat nach Gl. (2.179) die Form

$$E(k) = \frac{\Lambda}{3\pi} k^4 + \cdots. \tag{2.182}$$

Es folgt daraus, daß die größten Turbulenzelemente im Mittel zeitlich unverändert bleiben. Spätere Untersuchungen ließen jedoch Zweifel an der Schlußfolgerung aufkommen, daß dies die einzig mögliche Form der Grobstruktur ist.

2. G. Birkhoff[2]) fand, daß noch eine andere Größe während des Abklingvorgangs invariant ist, nämlich das Integral

$$\mathsf{B} = \int_0^\infty r^2 R_{ii}(r) \mathrm{d}r = \overline{u^2} \int_0^\infty r^2 (f(r) + 2g(r)) \mathrm{d}r. \tag{2.183}$$

Mit Gl. (2.51) ergibt sich

$$\mathsf{B} = \overline{u^2} \lim_{r \to \infty} (r^3 f(r)). \tag{2.184}$$

Wenn man die v. Kármán-Howarthsche Gl. (2.99) mit r^3 multipliziert und den Grenzübergang $\lim r \to \infty$ vornimmt, so folgt

$$\frac{\mathrm{d}\mathsf{B}}{\mathrm{d}t} - (\overline{u^2})^{\frac{3}{2}} \lim_{r \to \infty} \frac{1}{r} \frac{\partial}{\partial r} (r^4 k(r)) = 0. \tag{2.185}$$

Das zweite Glied in dieser Gleichung verschwindet, wenn $k(r)$ stärker als r^{-2} abfällt. Diese Forderung ist nach Gl. (2.95) in Übereinstimmung mit der Kontinuitätsbedingung, so daß die Größe B tatsächlich von der Zeit unabhängig ist. Die Birkhoffsche Invariante stellt also wesentlich weniger scharfe Forderungen an das Abklingen der Funktionen $f(r)$ und $k(r)$ mit $r \to \infty$ als das Loitsianskiische Integral. Das Energiespektrum hat unter diesen Voraussetzungen nach (2.179) für $k \to 0$ die Form

$$E(k) = \frac{\mathsf{B}}{\pi} k^2 + \cdots, \tag{2.186}$$

und auch hiernach ergibt sich eine Permanenz für die größten vorhandenen Turbulenzelemente. Das Loitsianskiische Postulat, $\Lambda = \text{const}$, steht insofern mit der Birkhoffschen Invarianten nicht in Widerspruch, als $\mathsf{B} = 0$ ist, wenn Λ existiert und

---

[1]) Loitsianskii, L. G.: Einige Grundgesetze einer isotropen turbulenten Strömung. Arbeiten d. Zentr. Aero-Hydrodyn. Inst. Nr. 440, Moskau 1939.

[2]) Birkhoff, G.: Fourier synthesis of homogeneous turbulence. Comm. Pure Appl. Math. **7** (1954) 19–44.

$\lim_{r\to\infty} r^4 k(r)=0$ ist. Andererseits divergiert das Integralmoment $\int_0^\infty r^4 f(r)\,\mathrm{d}r$, wenn B endlich ist. Die zeitliche Konstanz (im statistischen Mittel) der größten Wirbel beruht in beiden Fällen auf gewissen Voraussetzungen für das Abfallen der Tripelkorrelationen mit wachsendem r.

3. G. K. Batchelor und I. Proudman[1]) haben ausführlich die Möglichkeit diskutiert, daß die Druckschwankungen Geschwindigkeitskorrelationen über relativ weite Entfernungen bewirken können, so daß $\lim_{r\to\infty}(r^4 k(r))$ nicht verschwindet, während das Integral $\int_0^\infty r^4 f(r)\,\mathrm{d}r$ noch existiert. Aus diesen Überlegungen folgt, daß sich im Energiespektrum bei $k=0$ eine Singularität der Form

$$E(k) = \frac{\Lambda(t)}{3\pi}k^4 + Ck^5 \ln k \tag{2.187}$$

ausbildet; die Loitsianskiische Größe Λ ist zeitlich veränderlich. Diesen Untersuchungen liegt die Hypothese zugrunde, daß das homogene, nicht isotrope Turbulenzfeld zu einem Anfangszeitpunkt konvergierende Integralmomente der Kumulanten der Geschwindigkeitsverteilung hat.

4. In einer neueren Untersuchung geht P. G. Saffman[2]) von der Voraussetzung aus, daß das homogene Turbulenzfeld zu einem Anfangszeitpunkt t_0 konvergierende Integralmomente der Kumulanten der Wirbelverteilung hat. Dies entspricht einer Erzeugung der Turbulenz zur Zeit t_0 durch eine Verteilung zufälliger Körperkräfte $\boldsymbol{f}(\boldsymbol{x})$ (vgl. 1.3.1), deren Integralmomente der Kumulanten konvergieren. Diese Untersuchung führt auf das von Birkhoff mitgeteilte Ergebnis, daß die Größe B endlich und invariant ist.

5. Schließlich ist noch zu erwähnen, daß J. L. Lumley[3]) an Hand des Erhaltungssatzes für den Impuls den Nachweis geführt hat, daß das Loitsianskiische Konzept für ein unbegrenztes, im ganzen isotropes Turbulenzfeld zutrifft.

Bezüglich der experimentellen Überprüfung ist zu bedenken, daß die von einem gleichförmigen Luftstrom durch ein Gitter erzeugte Turbulenz weder exakt homogen noch isotrop ist. Außerdem reicht die Genauigkeit der vorhandenen Meßmethoden nicht aus, einen überzeugenden Beweis zugunsten oder ungunsten einer der erwähnten Theorien zu erbringen.

Schlußfolgerung. Es ist denkbar, daß sich durch die Wechselwirkungen der verschiedenen Fourier-Komponenten eine universelle Form der Grobstruktur aufbaut. Da aber nach dem gegenwärtigen Stand der Kenntnisse eine eindeutige Klärung nicht

---

[1]) Batchelor, G. K.; Proudman, I.: The large-scale structure of homogeneous turbulence. Phil. Trans. Roy. Soc. London A **248** (1956) 369–405.

[2]) Saffman, P. G.: The large-scale structure of homogeneous turbulence. J. Fluid Mech. **27** (1967) 581–593.

[3]) Lumley, J. L.: Invariants in turbulent flow. Phys. Fluids **9** (1966) 2111–2113.

herbeigeführt werden kann, muß man die Möglichkeit einräumen, daß das Verhalten der Grobstruktur davon abhängt, wie die Turbulenz erzeugt wird. Man hat also das verschiedene Verhalten als ein bei der Erzeugung des Turbulenzfeldes aufgeprägtes Klassifizierungsmerkmal anzusehen. Tatsächlich führt die Verallgemeinerung der Birkhoffschen Herleitungen auf eine Schar von Klassen mit dem asymptotischen Verhalten der Korrelationsfunktion

$$\mathsf{A}_\sigma = \overline{u^2} \lim_{r \to \infty} r^{(1+\sigma)} f(r), \tag{2.188}$$

wobei die Größe σ jeden beliebigen reellen Wert annehmen kann. Allerdings sind nach (2.56) nur Werte $\sigma > 1$ mit der Kontinuitätsbedingung vereinbar. Die Größe A_σ ist eine Invariante, solange die Bedingung

$$\lim_{r \to \infty} \frac{k(r)}{r f(r)} = 0 \tag{2.189}$$

erfüllt ist; für $\sigma \leq 2$ ist diese Forderung durch die Kontinuitätsbedingung (2.95) gesichert. Für das Energiespektrum errechnet man aus Gl. (2.71)

$$E(k) = \frac{2-\sigma}{\pi} \Gamma(1-\sigma) \cos\frac{\sigma\pi}{2} \mathsf{A}_\sigma k^\sigma + \cdots. \tag{2.190}$$

Der Birkhoffsche Fall, $\sigma = 2$, ist in dieser Schar von Grobstrukturen dadurch ausgezeichnet, daß der Spektraltensor $\Phi_{ij}(\boldsymbol{k})$ nach (2.61) für $\lim k \to 0$ endliche Größe hat; mit $\sigma > 2$ ist $\Phi_{ij}(0) = 0$ und mit $\sigma < 2$ geht Φ_{ij} bei $k \to 0$ gegen unendlich, $\lim_{k \to 0} \Phi_{ij}(k) \sim 1/k^{2-\sigma}$. Für das Entstehen einer Spektraldichte der letztgenannten Form läßt sich schwerlich eine plausible Erklärung finden, so daß Grobstrukturen mit einem Exponenten $\sigma < 2$ sehr unwahrscheinlich sind. Andererseits kann die Loitsianskiische Größe ($\sigma = 4$) als die obere Grenze für den Exponenten angesehen werden. Denn $\sigma > 4$ erfordert $\Lambda = 0$, was nur mit negativem $f(r)$ bei großem r möglich ist. Da aber die Spektralfunktion $E(k)$ nirgends negativ und Λ deshalb nicht kleiner als 0 sein kann, ist die Entstehung solcher Geschwindigkeitsverteilungen, die Λ genau zu Null machen, außerordentlich unwahrscheinlich.

Mit einiger Sicherheit kann man also vorderhand die Loitsianskiische und die Birkhoffsche Konzeption als Grenzfälle für das mögliche Verhalten der Grobstruktur isotroper Turbulenz ansehen. In Tab. 1 sind die wichtigsten Merkmale und die noch zu besprechenden Schlußfolgerungen gegenübergestellt.

2.4.3. Endstadium. Es soll die Rolle der Grobstruktur im Endstadium der isotropen Turbulenz untersucht werden. Schon in 2.3.2 wurde für diesen Fall, bei dem die Trägheitskräfte ganz vernachlässigt werden dürfen, eine allgemeine Lösung für die Entwicklung des Energiespektrums angegeben, und dabei erwähnt, daß die Form des Spektrums nach hinreichend langer Abklingzeit allein durch die Form bestimmt wird, die das Spektrum bei kleinsten Wellenzahlen in einem früheren Stadium des Abklin-

Tab. 1 Grobstruktur und damit zusammenhängende Größen der isotropen Turbulenzfelder

	Loitsianskii ($\sigma=4$)	Birkhoff ($\sigma=2$)
$\Lambda=\overline{u^2}\int\limits_0^\infty r^4 f(r)\,\mathrm{d}r$	invariant	divergiert
$\mathsf{B}=\overline{u^2}\int\limits_0^\infty r^2(3f(r)+rf')\,\mathrm{d}r$	0	invariant
Energiespektrum $\lim k\to 0$	$E(k)=\dfrac{\Lambda}{3\pi}k^4$	$E(k)=\dfrac{\mathsf{B}}{\pi}k^2$
Endstadium ($Re\to 0$)		
$E(k,t)=$	$\dfrac{\Lambda}{3\pi}k^4\mathrm{e}^{-2\nu k^2(t-t_1)}$	$\dfrac{\mathsf{B}}{\pi}k^2\mathrm{e}^{-2\nu k^2(t-t_1)}$
$f(r,t)$[1] $=$	$\exp\left(-\dfrac{\eta^2}{2}\right)$	$\dfrac{3}{\eta^3}\left[\sqrt{\dfrac{\pi}{2}}\,\mathrm{erf}\left(\dfrac{\eta}{\sqrt{2}}\right)-\eta\exp\left(-\dfrac{\eta^2}{2}\right)\right]$
$g(r,t)$[1] $=$	$\left(1-\dfrac{\eta^2}{2}\right)\exp\left(-\dfrac{\eta^2}{2}\right)$	$\dfrac{3}{2}\left[\left(1+\dfrac{1}{\eta^2}\right)\exp\left(-\dfrac{\eta^2}{2}\right)-\dfrac{\sqrt{\pi/2}}{\eta^3}\,\mathrm{erf}\left(\dfrac{\eta}{\sqrt{2}}\right)\right]$
$\overline{u^2}(t)=$	$\dfrac{\Lambda}{12\sqrt{\pi}}[2\nu(t-t_1)]^{-\frac{5}{2}}$	$\dfrac{\mathsf{B}}{6\sqrt{\pi}}[2\nu(t-t_1)]^{-\frac{3}{2}}$
$L_f(t)=$	$[2\pi\nu(t-t_1)]^{\frac{1}{2}}$	$\frac{3}{2}[2\pi\nu(t-t_1)]^{\frac{1}{2}}$
$\lambda^2(t)=$	$4\nu(t-t_1)$	$\frac{20}{3}\nu(t-t_1)$
Frühstadium ($Re\to\infty$)		
$\overline{u^2}(t)=$	$K_\Lambda\Lambda^{\frac{2}{7}}(t-t_0)^{-\frac{10}{7}}$	$K_\mathsf{B}\mathsf{B}^{\frac{2}{5}}(t-t_0)^{-\frac{6}{5}}$
$L_f(t)=$	$I_\Lambda\Lambda^{\frac{1}{7}}(t-t_0)^{\frac{2}{7}}$	$I_\mathsf{B}\mathsf{B}^{\frac{1}{5}}(t-t_0)^{\frac{2}{5}}$
$\lambda^2(t)=$	$7\nu(t-t_0)$	$\frac{25}{3}\nu(t-t_0)$

gens hatte. Kann man das Spektrum zum Zeitpunkt t_1 beispielsweise durch eine Potenzreihe der Form

$$E(k,t_1)=C_0k^\sigma+C_1k^{\sigma+2}+C_2k^{\sigma+4}+\cdots \tag{2.191}$$

darstellen, so ergibt sich nach Einsetzen in Gl. (2.111)

[1]) $\eta=r/[4\nu(t-t_1)]^{\frac{1}{2}}$; $\mathrm{erf}(x)=\dfrac{2}{\sqrt{\pi}}\int\limits_0^x \mathrm{e}^{-t^2}\mathrm{d}t=$ Gaußsches Fehlerintegral

$$\frac{3}{2}\overline{u^2}(t)=\int_0^\infty E(k,t)\mathrm{d}k=\int_0^\infty E(k,t_1)\mathrm{e}^{-2\nu k^2(t-t_1)}\mathrm{d}k$$

$$=\frac{\Gamma\left(\frac{\sigma+1}{2}\right)}{2(2\nu(t-t_1))^{(\sigma+1)/2}}\left\{C_0+\frac{(\sigma+1)C_1}{4\nu(t-t_1)}+\frac{(\sigma+1)(\sigma+3)C_2}{4(2\nu(t-t_1))^2}+\cdots\right\}. \tag{2.192}$$

Man erkennt, daß im Endstadium das erste Glied der Reihe dominiert,

$$\lim_{t-t_1\to\infty}\overline{u^2}(t)=\frac{\Gamma\left(\frac{\sigma+1}{2}\right)}{3(2\nu(t-t_1))^{(\sigma+1)/2}}C_0; \tag{2.193}$$

das Energiespektrum nähert sich der Form

$$\lim_{t-t_1\to\infty}E(k,t)=C_0k^\sigma\exp[-2\nu k^2(t-t_1)]. \tag{2.194}$$

Mit den Beziehungen (2.69) und (2.51) sowie (2.53) und (2.57) können dann auch die Korrelationsfunktionen $f(r)$ und $g(r)$, sowie die Integral-Längenmaße L und das Mikro-Längenmaß λ berechnet werden. Alle Größen hängen davon ab, mit welcher Potenz von k das Spektrum beginnt. Die Größe A_σ, Gl. (2.188), ist in diesem Stadium stets eine Invariante. Aus Gl. (2.72) errechnet man L_f zu

$$\lim_{t-t_1\to\infty}L_f(t)=\frac{3\pi}{4}\frac{\Gamma\left(\frac{\sigma}{2}\right)}{\Gamma\left(\frac{\sigma+1}{2}\right)}[2\nu(t-t_1)]^{\frac{1}{2}}. \tag{2.195}$$

Für die beiden Fälle, daß Λ oder B als Invariante existieren, sind die wichtigsten Funktionen in der Tab. 1 enthalten.

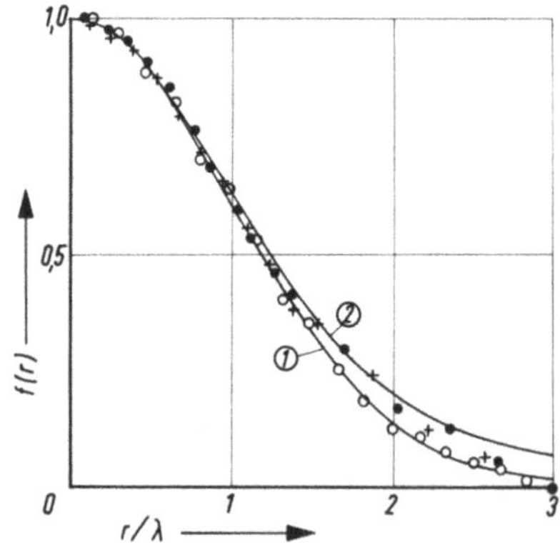

Fig. 23
Längskorrelationsfunktion isotroper Turbulenz im Endstadium

① $\sigma=4$ (Loitsianskii):
$f(r)=\exp\{-r^2/(2\lambda^2)\}$

② $\sigma=2$ (Birkhoff):

$$f(r)=\left(\frac{3}{5}\right)^{\frac{3}{2}}\frac{3}{(r/\lambda)^3}\left[\sqrt{\frac{\pi}{2}}\,\mathrm{erf}\left(\sqrt{\frac{5}{6}}\frac{r}{\lambda}\right)-\sqrt{\frac{5}{3}}\frac{r}{\lambda}\exp\left(-\frac{5}{6}\left(\frac{r}{\lambda}\right)\right)^2\right]$$

Versuchsergebnisse;

$UM/\nu=650$; ○ $x/M=320$;
+ $x/M=640$; ● $x/M=960$

(nach G.K. Batchelor und A.A. Townsend)

Fig. 23 zeigt die Korrelationsfunktion $f(r)$ für die beiden Fälle im Vergleich zu Meßergebnissen in großen Abständen hinter einem Gitter nach G. K. Batchelor und A. A. Townsend[1]). Die Versuchspunkte fallen in den von den beiden Kurven eingeschlossenen Bereich.

2.4.4. Ähnlichkeit der Struktur und das Abklinggesetz. Eine Hauptaufgabe von praktischem Interesse bei isotropen Turbulenzfeldern ist die Ermittlung des zeitlichen Abklinggesetzes der kinetischen Schwankungsenergie, und zwar nicht nur für das Endstadium, sondern vom Zeitpunkt der Entstehung an. Näherungsweise könnte man diese Aufgabe unter Benutzung des Heisenbergschen Ansatzes mit Gl. (2.127) lösen. In der dortigen Formulierung hängt das Abklingen der Turbulenz von der beliebig vorhandenen Anfangsverteilung zur Zeit t_0 ab, so daß offensichtlich ein allgemeines Abklinggesetz gar nicht angegeben werden kann. Nachdem aber gezeigt werden konnte, daß für den Bereich der größeren Wellenzahlen ein universelles Spektralgesetz existiert, liegt die Frage nahe, ob nicht die Gesamtstruktur des Feldes, wie immer sie anfänglich aussehen mag, mit der Zeit einer universell gültigen Form zustrebt, so wie sich beispielsweise für die stationäre Strömung durch ein zylindrisches Rohr nach hinreichender Lauflänge eine universelle Geschwindigkeitsverteilung ergibt, die unabhängig von der Geschwindigkeitsverteilung im Einlauf ist. Wenn es eine solche universelle Struktur für die isotrope Turbulenz gibt, dann darf man daraus schließen, daß ein universelles Abklinggesetz existiert. Ganz allgemein ist eine solche Ähnlichkeit des isotropen Turbulenzfeldes etwa wie folgt zu formulieren:

Erste Ähnlichkeitshypothese. *Für hinreichend lange Zeiten nach der Entstehung sind die Verteilungsfunktionen der isotropen Turbulenz durch die Intensität* $\overline{u^2}$, *die Integrallänge* L *und die kinematische Zähigkeit* ν *(sowie den Exponenten* σ *der Grobstruktur) eindeutig bestimmt.*

Formelmäßig ausgedrückt, besagt dies, daß sich beispielsweise die Korrelationsfunktion $f(r,t)$ als

$$f(r,t) = \psi\left(\frac{r}{L}; Re; \sigma\right) \tag{2.196}$$

und die Energiespektralfunktion $E(k,t)$ als

$$E(k,t) = \frac{3}{2}\overline{u^2}\,L\varphi(kL; Re; \sigma) \tag{2.197}$$

schreiben läßt, wobei ψ und φ dimensionslose Funktionen sind und $\overline{u^2}$, L – das gleich L_g nach (2.53) gesetzt werden soll – sowie im allgemeinen auch $Re = (\overline{u^2})^{\frac{1}{2}} L/\nu$ voraussetzungsgemäß monotone Funktionen der Zeit t sind, so daß t selbst in ψ und φ nicht explizit auftritt. Die Funktionen erfüllen folgende Normierungsbedingungen

[1]) Batchelor, G. K.; Townsend, A. A.: Decay of turbulence in the final period. Proc. Roy. Soc. A **194** (1948) 527–543.

$$\int_0^\infty \psi\left(\frac{r}{L}; Re; \sigma\right) \mathrm{d}\left(\frac{r}{L}\right) = 2, \tag{2.198}$$

und nach Einführen von $\chi = kL$

$$\begin{aligned} &\int_0^\infty \varphi(\chi; Re; \sigma)\,\mathrm{d}\chi = 1, \\ &\int_0^\infty \varphi(\chi; Re; \sigma)\frac{\mathrm{d}\chi}{\chi} = \frac{8}{3}\pi. \end{aligned} \tag{2.199}$$

Die letztere Beziehung ergibt sich mit (2.72).

Hierin den Exponenten σ der Grobstruktur aufzuführen, ist im Einklang mit den Ausführungen von 2.4.2, wonach verschiedene, durch den Parameter σ gekennzeichnete Klassen isotroper Turbulenz für möglich zu halten sind. Zur Erläuterung werde das Turbulenzfeld hinter einem quadratischen Drahtgitter untersucht, das mit der gleichförmigen Geschwindigkeit U durchströmt wird. Die Abmessungen des Windkanals seien so groß, daß sie die Eigenschaften der Turbulenz in Gebieten, die genügend weit von der Berandung des Luftstromes entfernt sind, nicht beeinflussen. Die statistischen Größen in einem bestimmten Punkt des Feldes werden dann durch folgende fünf Parameter bestimmt: Maschenweite M und Drahtdurchmesser d des Gitters, Abstand x, Geschwindigkeit U und kinematische Zähigkeit ν (x und U seien normal zur Gitterebene gerichtet). Ohne die Allgemeingültigkeit einzuschränken, kann man die Parameter in Verhältniszahlen zusammenfassen. Beispielsweise kann man für die Längsgeschwindigkeits-Korrelationsfunktion $R_{11} = \overline{u(x)u(x+r_1)}$

$$R_{11} = \overline{u^2}(x)\, f(r) = U^2 F\left(\frac{r}{M}; \frac{x}{M}; \frac{d}{M}; \frac{UM}{\nu}\right) \tag{2.200}$$

schreiben und für $\overline{u^2}$ gilt $(r=0)$

$$\overline{u^2}(x) = U^2 F_0\left(\frac{x}{M}; \frac{d}{M}; \frac{UM}{\nu}\right), \tag{2.201}$$

wobei F eine dimensionslose Funktion der angegebenen Parameter ist. In gleicher Weise erhält man auch für die Integrallänge

$$L = \frac{1}{2}\int_0^\infty f(r)\,\mathrm{d}r = \frac{1}{2}\frac{M}{F_0}\int_0^\infty F\,\mathrm{d}\left(\frac{r}{M}\right) = MH\left(\frac{x}{M}; \frac{d}{M}; \frac{UM}{\nu}\right). \tag{2.202}$$

Damit besteht ferner ein funktionaler Zusammenhang zwischen der Reynoldszahl $Re = (\overline{u^2})^{\frac{1}{2}} L/\nu$ und x/M, d/M, UM/ν. Da $\overline{u^2}$, L und somit auch Re monotone

Funktionen von x sind, läßt sich der Abstand x von der Gitterebene in Gl. (2.201) mit Hilfe von Gl. (2.202) eliminieren. So folgt schließlich

$$f(r) = \frac{F}{F_0} = \psi\left(\frac{r}{L}; Re; \frac{d}{M}; \frac{UM}{\nu}\right). \tag{2.203}$$

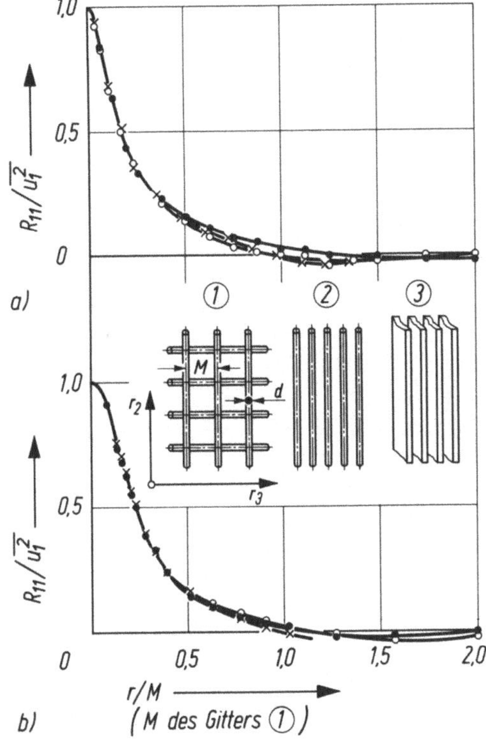

Fig. 24 Querkorrelationsfunktionen hinter Gittern verschiedener Form (nach R. W. Stewart und A.A. Townsend)
① quadratische Maschengitter
② parallele Zylinderstäbe
③ parallele Rechteckstäbe

	Fig.	a)	b)
	Abstand x/M	30	35
●	$R_{11}(r_2)$	Gitter ②	Gitter ③
○	$R_{11}(r_3)$	Gitter ②	Gitter ③
×	$R_{11}(r_2) = R_{11}(r_3)$	Gitter ①	Gitter ①
	M	5,08 cm	2,54 cm

Diese Form beinhaltet nichts anderes als (2.200) und ist unabhängig davon, ob das Turbulenzfeld homogen in x-Richtung und isotrop ist oder nicht. Sie ähnelt schon weitgehend der aus der Ähnlichkeitshypothese hergeleiteten Form (2.196), enthält aber noch die Parameter des die Turbulenz erzeugenden Gitters.

Experimentelle Befunde. Eine Berechtigung für die Annahme, daß der Einfluß der Gittergeometrie mit zunehmendem Abstand x/M verschwindet, kann man in der Beobachtung finden, daß gemessene Korrelationsfunktionen und Spektren – außer im Bereich kleinster Abstände r bzw. größter Wellenzahlen k – bei verschiedenen Abständen von der Gitterebene und verschiedenen Reynolds-Zahlen UM/ν Ähnlichkeit aufweisen. Auch hinter verschieden geformten Gittern ergeben sich schon bei mäßig großen Abständen x/M ähnliche Korrelationsfunktionen. Ein Beispiel hierzu liefert Fig. 24[1]), in welcher Querkorrelationsfunktionen hinter einem quadratischen Maschengitter, einem Gitter aus parallelen Rundstäben und einem Gitter aus parallelen Rechteckstäben miteinander verglichen werden. Hiernach sind die Querkorrelationsfunktionen für nicht sehr große Werte von r bei allen drei Gittern gleich. Bei sehr großen r-Werten zeigen sich allerdings Abweichungen von den isotropen Verteilungen. Es ist mit einiger Vorsicht zu schließen, daß sich die Turbulenz über den größten Bereich der Wellenzahlen einem statistischen Zustand nähert, der von den Anfangsbedingungen unabhängig ist.

Zu diesen experimentellen Befunden, deren Beweiskraft naturgemäß beschränkt ist, kommen noch theoretische Gesichtspunkte. Die Ähnlichkeitshypothese führt – in Verbindung mit dem Heisenbergschen Austauschansatz – auf eine spezielle Lösungsschar der Spektralgleichung (2.123), der sich allgemeinere Lösungen, von beliebig gewählten Anfangsverteilungen[2]) ausgehend, mit wachsendem t asymptotisch nähern. Diese Tatsache ist für sich hinreichende Motivierung, die Konsequenzen aus der Ähnlichkeitshypothese zu untersuchen.

Abklinggesetz bei invarianter Grobstruktur. Man sieht die Ähnlichkeitshypothese noch aus einer anderen Perspektive, wenn man jegliche spezielle Vorstellung über die Entstehung der Turbulenz beiseite läßt und zusätzlich, wie es sich bei Rechnungen mit dem Heisenbergschen Ansatz von selbst ergibt, die Invarianz der Grobstruktur unterstellt. Die Invariante A_σ (Gl. (2.188)), die Zähigkeit ν und die Zeit t sind dann die einzigen dimensionsbehafteten Größen, die die Verteilungen der Turbulenz und ihre Entwicklung bestimmen. Aus A_σ und ν ergibt sich unter Beachtung

---

[1]) Siehe Fußnote 1, S. 83.

[2]) Die Wahl der Anfangsverteilungen unterliegt insofern gewissen Einschränkungen, als nach dem Heisenbergschen Ansatz in Wellenzahlengebieten, in denen die Anfangsverteilung $E(k)=0$ ist, auch zu allen späteren Zeiten $E(k)=0$ bleibt. Die Anfangsverteilungen müssen deshalb folgende Bedingungen erfüllen: 1. $\lim_{k\to 0} E(k) \sim k^\sigma$; 2. $E(k)>0$ für $0<k\leq\infty$; 3. $\int_0^\infty k^2 E(k)\mathrm{d}k = \text{endlich}$.

der durch (2.188) festgelegten Dimensionen ein charakteristisches Zeitmaß

$$T_\sigma = \left(\frac{A_\sigma^2}{\nu^{\sigma+3}}\right)^{\frac{1}{\sigma-1}}. \tag{2.204}$$

Damit lautet, konkret formuliert, das universelle Abklinggesetz:

$$\overline{u^2}(t) = A_\sigma^{-\frac{2}{\sigma-1}} \nu^{\frac{2(\sigma+1)}{\sigma-1}} F\left(\frac{t-t_0}{T_\sigma}\right), \tag{2.205}$$

$$L(t) = \left(\frac{A_\sigma}{\nu^2}\right)^{\frac{1}{\sigma-1}} G\left(\frac{t-t_0}{T_\sigma}\right), \tag{2.206}$$

wobei t_0 die virtuelle Anfangszeit ist, zu der das Turbulenzfeld irgendwie erzeugt wurde und zwar, wie man in Gedanken annehmen darf, mit beliebig großer Energie und beliebig kleiner Integrallänge $(\overline{u^2}(t_0) \sim \infty, L(t_0) \sim 0)$. Es folgt daraus, ähnlich wie aus (2.201) und (2.202), daß bei Beschreibung der Verteilungsfunktionen die Zeit durch $\overline{u^2}(t)$ und $L(t)$ ersetzt werden kann.

Insbesondere erhält man unter der Forderung, daß das Abklinggesetz von der Zähigkeit unabhängig ist, aus Dimensionsbetrachtungen für das Frühstadium der Turbulenz (große Reynolds-Zahl)

$$\overline{u^2}(t) = K_\sigma A_\sigma^{\frac{2}{\sigma+3}} (t-t_0)^{-\frac{2(\sigma+1)}{\sigma+3}}, \tag{2.207}$$

$$L(t) = I_\sigma A_\sigma^{\frac{1}{\sigma+3}} (t-t_0)^{\frac{2}{\sigma+3}}. \tag{2.208}$$

Die Gründe für diese Annahme werden im folgenden Abschnitt erläutert. K_σ und I_σ sind absolute Konstanten. Das zur Loitsianskiischen Invarianten gehörige Gesetz wurde von A. N. Kolmogoroff[1]), das zur Birkhoffschen Invarianten gehörige von P. G. Saffman[2]) gegeben; diese beiden Fälle sind in Tab. 1, S. 105, mit aufgenommen worden. Aus Gl. (2.100) läßt sich mit Hilfe von (2.207) auch das Mikro-Längenmaß λ nach Gl. (2.57) ermitteln

$$\lambda^2(t) = 5\,\frac{\sigma+3}{\sigma+1}\,\nu(t-t_0). \tag{2.209}$$

Die Energie $3\overline{u^2}/2$ nimmt ab und auch die Reynolds-Zahl

$$Re(t) = \frac{\sqrt{\overline{u^2}}\,L}{\nu} = K_\sigma^{\frac{1}{2}} I_\sigma \frac{A_\sigma^{\frac{2}{\sigma+3}}}{\nu} (t-t_0)^{-\frac{\sigma-1}{\sigma+3}} \tag{2.210}$$

[1]) Kolmogoroff, A. N.: Zur Entartung der isotropen Turbulenz in einer inkompressiblen zähen Flüssigkeit. Nachr. Akad. d. Wiss. USSR **31** (1941) No. 6, 583. Dt. Übers. in: Goering, H.: [17].

[2]) Saffman, P. G.: Note on Decay of Homogeneous Turbulence. Phys. Fluids **10** (1967) 1349.

fällt von einem anfänglich hohen Wert stetig ab, wenn $\sigma > 1$ ist, was ja die Kontinuitätsgleichung erfordert. Die Länge L wächst, weil die Energie der großen Wellenzahlen schneller abklingt als die der kleinen. Zu Anfang mag die Form des Spektrums im energiehaltigen Bereich von k zwar vom Turbulenzerzeuger bestimmt sein; nach einiger Zeit jedoch befindet sich die noch vorhandene Energie im wesentlichen bei Wellenzahlen, die anfänglich zur Grobstruktur zählten ($E \sim k^{\sigma}$), und die Wellenzahlen, die zuerst den Hauptanteil der Energie enthielten, liegen jetzt vielleicht im $k^{-\frac{5}{3}}$-Bereich. Noch später geschieht auch die Dissipation bei noch kleineren k-Werten. Die Reynolds-Zahl braucht trotzdem noch nicht klein zu sein. Es ist klar, daß der ganze Prozeß jetzt von der Grobstruktur gesteuert wird; es besteht im gewissen Sinn ein statistischer Gleichgewichtszustand. Dieser Verlauf des Abklingvorgangs ist es, der das eigentliche Fundament der Ähnlichkeitshypothese bildet. Nach einer weiteren Zeit hat Re soweit abgenommen, daß die Gesetze (2.207) und (2.208) nicht mehr gelten und ein stärkeres Abfallen von $\overline{u^2}$ stattfindet, bis schließlich im Endstadium die Turbulenz den in 2.4.3 besprochenen Gesetzen gehorcht.

Anmerkung. Man überzeugt sich leicht, daß die in 2.4.3 gegebenen Gesetze für das Endstadium mit der hier aufgestellten Ähnlichkeitshypothese übereinstimmen. Dazu eliminiert man $2\nu(t-t_1)$ in (2.193) und (2.194) mit (2.195). Für das Spektrum ergibt sich dann in dimensionsloser Form

$$\lim_{Re\to 0} \varphi(kL, Re, \sigma) = \frac{16}{3\pi\,\Gamma\left(\frac{\sigma}{2}\right)} \left(\frac{kL}{a}\right)^{\sigma} e^{-\left(\frac{kL}{a}\right)^2} \tag{2.211}$$

mit

$$a = \frac{3\pi}{8} \frac{\Gamma\left(\frac{\sigma}{2}\right)}{\Gamma\left(\frac{\sigma+1}{2}\right)}. \tag{2.212}$$

Man beachte, daß t_1 nicht gleich t_0 ist.

2.4.5. Energiedissipation bei großen Reynolds-Zahlen. Die soeben definierte, das ganze Turbulenzfeld umfassende Ähnlichkeit muß bei extrem großen Reynolds-Zahlen die in 2.4.1 diskutierte örtliche Ähnlichkeit mit einschließen. Es wurde gefunden, daß die Zähigkeit sich nur bei sehr kleinen Abständen ($r < 20\,l_s$) bzw. bei sehr großen Wellenzahlen ($k > 0{,}3/l_s$) auswirkt und im übrigen Bereich ohne Einfluß bleibt. Die erste Ähnlichkeitshypothese von 2.4.4 kann deshalb auf eine einfachere (allerdings nur beschränkt gültige) Gestalt gebracht werden, die (in etwas abweichender Form) erstmals von Th. v. Kármán gegeben wurde:

Zweite Ähnlichkeitshypothese. *Für hinreichend lange Zeiten nach der Entstehung und bei hinreichend großen Reynolds-Zahlen ($Re = (\overline{u^2})^{\frac{1}{2}} L/\nu$) sind die Verteilungsfunktionen der isotropen Turbulenz durch die Intensität $\overline{u^2}$ und die Integrallänge L (sowie den Exponenten σ der Grobstruktur) eindeutig bestimmt.*

An die Stelle von Gl. (2.196) und (2.197) treten daher

$$f(r,t)=\psi\left(\frac{r}{L};\sigma\right) \quad \text{für } r \gg l_s, \, Re \to \infty \tag{2.213}$$

und

$$E(k,t)=\frac{3}{2}\overline{u^2}\,L\,\varphi(kL,\sigma) \quad \text{für } k \ll \frac{1}{l_s}, \, Re \to \infty. \tag{2.214}$$

Je größer die Reynolds-Zahl, desto kleiner das Verhältnis l_s/L; in Übereinstimmung mit der Ähnlichkeit für den von Trägheitskräften beherrschten Unterbereich hat die Korrelationsfunktion für $Re \to \infty$ die asymptotische Form (vgl. 2.4.1)

$$f(r)=1-A_\sigma\left(\frac{r}{L}\right)^{\frac{2}{3}} \quad \text{für } r \ll L, \tag{2.215}$$

wobei A_σ eine (von der Form der Grobstruktur, d. h. von σ abhängige) Konstante ist. Entsprechend hat die dimensionslose Spektralfunktion die Asymptote

$$\varphi=\gamma_\sigma(kL)^{-\frac{5}{3}} \quad \text{für } k \gg \frac{1}{L}, \tag{2.216}$$

wobei γ_σ eine andere Konstante ist.

Der Zusammenhang zwischen γ_σ und A_σ wird durch (2.69) vermittelt und errechnet sich ähnlich wie der zwischen C und α nach Gl. (2.156) zu

$$A_\sigma=\frac{81}{220}\,\Gamma\left(\frac{1}{3}\right)\gamma_\sigma=0.988\,\gamma_\sigma. \tag{2.217}$$

Bei kleinen Abständen $l_s \ll r \ll L$ ergibt sich ein Gebiet, in dem sich für die beiden durch (2.213) bzw. (2.214) und durch (2.148) bzw. (2.151) ausgedrückten Ähnlichkeitsbeziehungen überdecken. Gleichsetzen von $f(r)$ nach (2.215) mit dem nach (2.138) und (2.153) resultierenden Wert,

$$1-A_\sigma\left(\frac{r}{L}\right)^{\frac{2}{3}}=1-\frac{C}{2\overline{u^2}}(\varepsilon r)^{\frac{2}{3}}, \tag{2.218}$$

ergibt eine Beziehung für die Dissipation,

$$\varepsilon=\left(\frac{2A_\sigma}{C}\right)^{\frac{3}{2}}\frac{(\overline{u^2})^{\frac{3}{2}}}{L}=c'\,\frac{(\overline{u^2})^{\frac{3}{2}}}{L}. \tag{2.219}$$

Das Verhältnis der durch (2.146) definierten Länge l_s zur Integral-Länge L errechnet sich zu

$$\frac{l_s}{L}=\left(\frac{2A_\sigma}{C}\right)^{-\frac{3}{8}}\frac{\nu^{\frac{3}{4}}}{(\overline{u^2})^{\frac{3}{8}}L^{\frac{3}{4}}}=\left(\frac{2A_\sigma}{C}\right)^{-\frac{3}{8}}Re^{-\frac{3}{4}}; \tag{2.220}$$

für das Mikro-Längenmaß λ nach (2.57) erhält man mit (2.84), bezogen auf die Integral-Länge,

$$\frac{\lambda}{L}=15^{\frac{1}{2}}\left(\frac{2A_\sigma}{C}\right)^{-\frac{3}{4}}\left(\frac{\nu}{(\overline{u^2})^{\frac{1}{2}}L}\right)^{\frac{1}{2}}=15^{\frac{1}{2}}\left(\frac{2A_\sigma}{C}\right)^{-\frac{3}{4}}Re^{-\frac{1}{2}}. \tag{2.221}$$

Gl. (2.219), nach welcher die Größe der Dissipation von der kinematischen Zähigkeit der Flüssigkeit unabhängig ist, stellt eine sehr wertvolle und wichtige Beziehung in der Turbulenztheorie dar. Sie ist sozusagen das Konzentrat aus den Darlegungen von 2.3.3 über die Energietransportvorgänge im Wellenzahlenraum, der lokalen Ähnlichkeitshypothese für den trägheitsbeherrschten Unterbereich und der Ähnlichkeit der energiehaltigen Wirbel. Dieser Zusammenhang und die aus (2.221) folgende Konstanz von $\lambda^2\sqrt{\overline{u^2}}/(L\nu)$ wurden von G. I. Taylor mit einem bemerkenswerten Blick für das Wesentliche der Vorgänge erkannt, lange bevor das Ähnlichkeitsgesetz der Feinstruktur von Kolmogoroff formuliert wurde. Gl. (2.220) und (2.221) machen deutlich, wie l_s/L und λ/L mit wachsender Reynolds-Zahl kleiner werden.

Differentialgleichung für die Integral-Länge. Wenn man Gl. (2.219) in (2.100) einsetzt, bekommt man eine Differentialgleichung für das Abklingen von $\overline{u^2}$, in der L als zunächst unbekannte Funktion der Zeit auftritt. Man kann nun für L eine Differentialgleichung herleiten, indem man Gl. (2.99) über r integriert und mit 1/2 multipliziert:

$$\frac{\mathrm{d}}{\mathrm{d}t}(\overline{u^2}\,L)-2(\overline{u^2})^{\frac{3}{2}}\int\limits_0^\infty \frac{k(r)}{r}\,\mathrm{d}r-4\nu\overline{u^2}\int\limits_0^\infty \frac{\partial f}{\partial r}\,\frac{\mathrm{d}r}{r}=0. \qquad (2.222)$$

Gemäß der Ähnlichkeitshypothese gilt für die Tripelkorrelationsfunktion

$$k(r)=\varkappa\left(\frac{r}{L},\sigma\right), \qquad (2.223)$$

wobei $\varkappa$ wie ψ in (2.213) eine Funktion von r/L und σ ist, so daß das entsprechende Integral in (2.222) einen konstanten Wert ($=a/2$) hat. Das letzte Glied ist bei großem Re vernachlässigbar klein. Somit ergeben sich folgende Differentialgleichungen für das Abklingen der Energie bei großen Reynolds-Zahlen

$$\left.\begin{aligned}\frac{\mathrm{d}\overline{u^2}}{\mathrm{d}t}&=-\frac{2}{3}c'\frac{(\overline{u^2})^{\frac{3}{2}}}{L},\\ \frac{\mathrm{d}}{\mathrm{d}t}(\overline{u^2}\,L)&=a(\overline{u^2})^{\frac{3}{2}}.\end{aligned}\right\} \qquad (2.224)$$

Die Integration führt auf die Beziehungen

$$\overline{u^2}=\overline{u_a^2}\left(\frac{t}{t_a}\right)^{-\frac{2c'}{3(a+c')}}=\overline{u_a^2}\left[1+\frac{(\overline{u^2})_a^{\frac{1}{2}}}{L_a}(a+c')(t-t_a)\right]^{-\frac{2c'}{3(a+c')}} \qquad (2.225)$$

und

$$L=L_a\left(\frac{t}{t_a}\right)^{\frac{2c'+3a}{3(a+c')}}=L_a\left[1+\frac{(\overline{u^2})_a^{\frac{1}{2}}}{L_a}(a+c')(t-t_a)\right]^{\frac{2c'+3a}{3(a+c')}}, \qquad (2.226)$$

wobei $\overline{u_a^2}$ und L_a die Werte zu einer Zeit $t=t_a$ sind. Die Ähnlichkeitshypothese führt also zu dem allgemeinen Ergebnis (auch wenn keine Invarianz der Grobstruktur vorliegt), daß die Energie mit einer Potenz von t abklingt und die Integral-Länge mit einer Potenz von t wächst. Die Exponenten dieser Gesetze stehen in Beziehung zueinander; für ihre Bestimmung sind jedoch noch weitere Beziehungen erforderlich. Wenn die Grobstruktur zeitlich unveränderlich bleibt, dann wird der Exponent des Abklinggesetzes durch die Form des Spektrums bei kleinsten Wellenzahlen bestimmt. Die Anwendung der zweiten Ähnlichkeitshypothese auf Gl. (2.188) bzw. (2.190) führt zu der Forderung

$$\mathsf{A}_\sigma = \alpha_\sigma \overline{u^2}\, L^{(\sigma+1)} = \text{const}; \tag{2.227}$$

dies liefert mit (2.225) und (2.226)

$$\frac{3}{2}\,\frac{a}{c'} = -\frac{\sigma}{\sigma+1}. \tag{2.228}$$

Die Größe a kann hiernach also ohne Kenntnis der Tripelkorrelationsfunktion $k(r)$ als Funktion von c' ausgedrückt werden, wodurch die Exponenten in (2.225) und (2.226) festliegen und mit denen von Gl. (2.207) und (2.208) übereinstimmen. Den Übergang von (2.225) und (2.226) in die Form (2.207) und (2.208) vollzieht man, indem man t_a gegen t_0 gehen läßt. Dabei gehen $\overline{u_a^2}\to\infty$, $L_a\to 0$, so daß der Summand 1 in der eckigen Klammer von (2.225) und (2.226) vernachlässigt werden darf. $\overline{u_a^2}$ und L_a werden dann mit Hilfe von (2.227) substituiert. Auf diese Weise ergeben sich Relationen zwischen den Konstanten K_σ und I_σ einerseits und den Konstanten A_σ, C und α_σ andererseits,

$$K_\sigma = \left\{\alpha_\sigma\left[\frac{2A_\sigma}{C}\,\frac{3+\sigma}{3(1+\sigma)}\right]^{\sigma+1}\right\}^{-\frac{2}{\sigma+3}}, \tag{2.229}$$

$$I_\sigma = \left\{\alpha_\sigma^{-\frac{1}{2}}\left(\frac{2A_\sigma}{C}\right)^{\frac{3}{2}}\frac{3+\sigma}{3(1+\sigma)}\right\}^{\frac{2}{\sigma+3}}, \tag{2.230}$$

wodurch die Konsistenz der physikalischen Konzeption bewiesen ist.

Abschätzung des letzten Gliedes von Gl. (2.222). Für große Reynolds-Zahlen läßt sich das letzte Glied der Gl. (2.222) mit Hilfe der universellen Gesetze der lokalisotropen Turbulenz abschätzen. Unter Benutzung von (2.138) ergibt sich zunächst

$$-4\nu\overline{u^2}\int_0^\infty \frac{\partial f}{\partial r}\,\frac{\mathrm{d}r}{r} = 2\nu\int_0^\infty \frac{\mathrm{d}b_1}{\mathrm{d}r}\,\frac{\mathrm{d}r}{r} = 2\nu\int_0^\infty \frac{b_1}{r^2}\,\mathrm{d}r. \tag{2.231}$$

Führt man für b_1 die universelle Funktion nach (2.148) ein, so erhält man mit $\eta = r/l_s$

$$-4\nu\overline{u^2}\int_0^\infty \frac{\partial f}{\partial r}\,\frac{\mathrm{d}r}{r} = 2(\nu\varepsilon)^{\frac{3}{4}}\int_0^\infty \frac{\beta_1}{\eta^2}\,\mathrm{d}\eta. \tag{2.232}$$

Die Auswertung des Integrals nach Fig. 19 liefert

$$-4\nu\overline{u^2}\int_0^{\chi}\frac{\partial f}{\partial r}\,\frac{\mathrm{d}r}{r}\approx 6{,}2\,(\nu\varepsilon)^{\frac{3}{4}}. \tag{2.233}$$

2.4.6. Lösungen der Spektralgleichung nach dem Ähnlichkeitsansatz. Die in den vorstehenden Gesetzen auftretenden Konstanten werden durch die Form des Energiespektrums bzw. der Korrelationsfunktion bestimmt. Diese Funktionen lassen sich aus (2.99) oder (2.123) berechnen, wenn man einen geeigneten Ansatz für den Energietransport im Wellenzahlenraum zu Hilfe nimmt. Akzeptiert man den Heisenbergschen Ansatz, der derzeit der einzig brauchbare zu sein scheint, so ist neben dem Exponenten σ der Grobstruktur die Heisenbergsche Konstante $\varkappa_H$ die einzige empirische Größe, die bei dem Problem auftritt.

Ausgangsgleichung für diese Berechnungen ist (2.123),

$$\frac{\partial}{\partial t}\int_0^k E(k',t)\,\mathrm{d}k'=-\int_0^k T(k',t)\,\mathrm{d}k'-2\nu\int_0^k k'^2E(k',t)\,\mathrm{d}k', \tag{2.234}$$

in die man E nach (2.197) mit $\chi=kL$ sowie einen entsprechenden allgemeinen Ansatz für $T(k,t)$,

$$T(k,t)=\left(\frac{3\overline{u^2}}{2}\right)^{\frac{3}{2}}w(\chi,Re), \tag{2.235}$$

einzuführen hat. Gemäß dem Heisenbergschen Ansatz, Gl. (2.125) und (2.126), ist

$$\int_0^{\chi} w(\chi',Re)\,\mathrm{d}\chi=\varkappa_H\int_{\chi}^{\infty}\sqrt{\frac{\varphi(\chi',Re)}{\chi'^3}}\,\mathrm{d}\chi'\int_0^{\chi}2\varphi(\chi'',Re)\chi''^2\,\mathrm{d}\chi''. \tag{2.236}$$

Um Gl. (2.234) in voller Allgemeingültigkeit in eine Gleichung umzuwandeln, in der keinerlei dimensionsbehaftete Größen auftreten, sind längere algebraische Rechnungen erforderlich[1]). Für eine erste Näherung ist aber eine wesentliche Vereinfachung zulässig. Die Funktion $\varphi(\chi,Re)$ ändert sich nämlich mit Re nur relativ langsam, so daß die Ableitung $\partial\varphi/\partial Re$ mit gutem Recht vernachlässigt werden darf. Für das Glied auf der linken Seite von (2.234) ergibt sich dann

$$\begin{aligned}\frac{\partial}{\partial t}\int_0^k E(k',t)\,\mathrm{d}k&\approx\frac{3}{2}\,\frac{\mathrm{d}\overline{u^2}}{\mathrm{d}t}\int_0^{\chi}\varphi(\chi',Re)\,\mathrm{d}\chi'+\frac{3}{2}\overline{u^2}\,\frac{\mathrm{d}\ln L}{\mathrm{d}t}\,\varphi(\chi,Re)\chi\\&=\frac{3}{2}\,\frac{\mathrm{d}\overline{u^2}}{\mathrm{d}t}\left[\int_0^{\chi}\varphi(\chi',Re)\,\mathrm{d}\chi'+\frac{\mathrm{d}\ln L}{\mathrm{d}\ln(\overline{u^2})}\,\varphi(\chi,Re)\chi\right].\end{aligned} \tag{2.237}$$

[1]) Rotta, J. C.: Similarity theory of isotropic turbulence. J. Aeron. Sci. **20** (1953) 769–779.

Unter der Voraussetzung, daß die Grobstruktur invariant ist, gilt

$$\lim_{k \to 0} \frac{\partial}{\partial t} \int_0^k E(k',t)\,\mathrm{d}k = 0 . \tag{2.238}$$

Mit $\varphi \sim \chi^\sigma$ gewinnt man aus (2.238) dann die Beziehung

$$\frac{\mathrm{d}\ln L}{\mathrm{d}\ln(\overline{u^2})} = -\frac{1}{1+\sigma} . \tag{2.239}$$

Man kann nun die ursprünglichen Funktionen in (2.237) gleich wieder einführen und erhält aus (2.234), wenn man noch $-(3/2)\,\mathrm{d}\overline{u^2}/\mathrm{d}t$ durch die Dissipation ε ersetzt,

$$\frac{2\varepsilon}{3\overline{u^2}}\left[\int_0^k E(k')\,\mathrm{d}k' - \frac{k}{1+\sigma}E(k)\right] = \int_0^k T(k')\,\mathrm{d}k' + 2\nu\int_0^k k'^2 E(k')\,\mathrm{d}k' . \tag{2.240}$$

Die Gleichung beschreibt eine Quasi-Ähnlichkeit. Gl. (2.240) kann man durch Reihenentwicklungen[1]) oder durch numerische Integration auf einer automatischen Rechen-

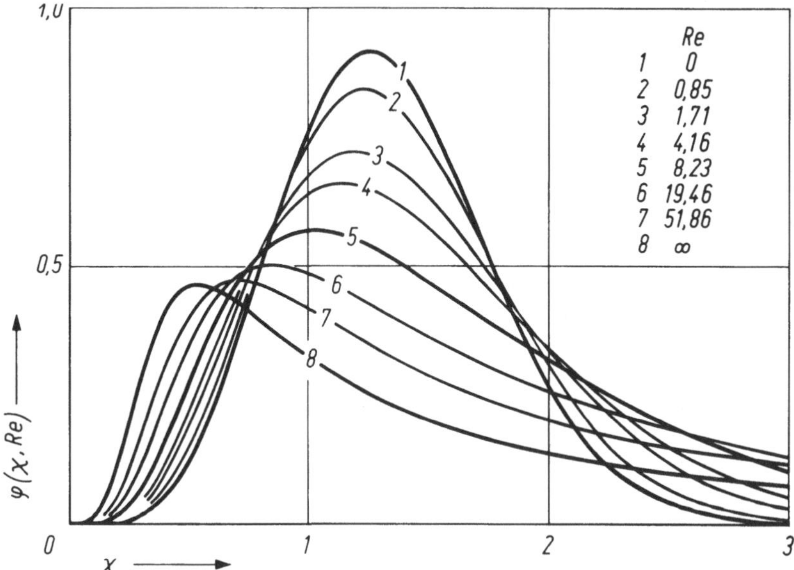

Fig. 25 Ähnlichkeitslösungen für das Energiespektrum, $\sigma=4$ (Loitsianskiische Invariante), $\varkappa_H=0{,}5$, $\mathrm{Re}=(3\overline{u^2}/2)^{\frac{1}{2}}\,L/\nu$

---

[1]) Vgl. hierzu Rotta, J.: Das Spektrum isotroper Turbulenz im statistischen Gleichgewicht. Ing.-Arch. **18** (1950) 60–76.

anlage lösen. Fig. 25 zeigt die Kurvenschar des Spektrums mit der Reynolds-Zahl $Re=\sqrt{3\overline{u^2}/2}\,L/\nu$ als Parameter für $\sigma=4$ (Loitsianskiische Invariante), die auf letztgenanntem Wege berechnet wurde. Man überzeugt sich leicht, daß sich die linke Seite von (2.240) für große Wellenzahlen der Größe ε nähert, so daß die Lösungen bei großen Reynolds-Zahlen das universelle Energiespektrum der lokalisotropen Turbulenz ergeben (vgl. Gl. (2.144)). Die aus Gl. (2.240) ermittelten Lösungen können, falls erforderlich, iterativ verbessert werden; für $Re\to\infty$ und $Re\to 0$ stimmen sie mit den exakten Ähnlichkeitslösungen überein.

Als wichtiges Ergebnis liefern diese Rechnungen die Größe der Energiedissipation für den gesamten Bereich von Reynolds-Zahlen, die mit Rücksicht auf Gl. (2.219) in der Form

$$\varepsilon = c(Re)\frac{(3\overline{u^2}/2)^{\frac{3}{2}}}{L} \tag{2.241}$$

dargestellt wird, wobei die dimensionslose Funktion $c(Re)$ in Fig. 26 über der Reynolds-Zahl aufgetragen ist. Für den Grenzfall sehr großer Reynolds-Zahlen ist mit Gl. (2.169), Gl. (2.216) und $\gamma_\sigma\approx 0{,}5$

$$\lim_{Re\to\infty} c(Re)=\gamma_\sigma^{\frac{3}{2}}\,\frac{9}{8}\,\varkappa_{\mathrm{H}}\approx 0{,}2. \tag{2.242}$$

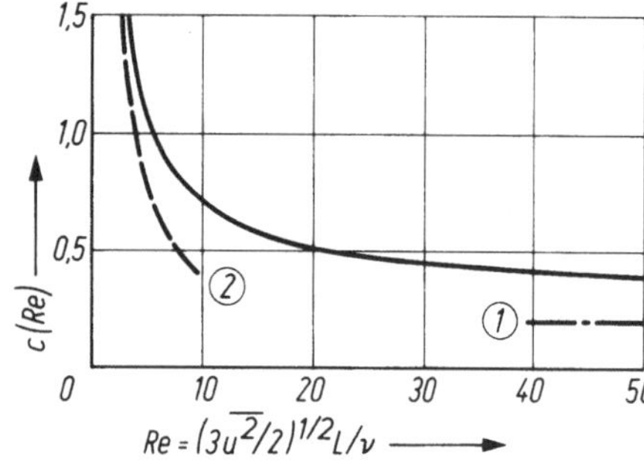

Fig. 26
Energiedissipation isotroper Turbulenz, $c(Re)=\varepsilon L/(3\overline{u^2}/2)^{\frac{3}{2}}$
$\sigma=4$ (Loitsianskiische Invariante), $\varkappa_{\mathrm{H}}=0{,}5$
① Asymptote für $Re\to\infty$, Gl. (2.242)
② Asymptote für $Re\to 0$, Gl. (2.244)

Für den Grenzfall sehr kleiner Reynolds-Zahlen (Endstadium) ergibt sich aus (2.46) mit (2.211) für $\sigma=4$

$$\lim_{Re\to 0}\varepsilon=\nu\frac{5\pi}{4}\,\frac{3\overline{u^2}}{2L^2}; \tag{2.243}$$

durch Vergleich mit (2.241) erhält man also

$$\lim_{Re\to 0} c(Re)=\frac{5\pi}{4}\Big/Re. \tag{2.244}$$

Diese Asymptoten sind in Fig. 26 ebenfalls eingezeichnet.

Vergleich mit Versuchsergebnissen. Obgleich eine experimentelle Bestätigung der Theorie wünschenswert ist, liegen nur wenige qualitative Vergleiche mit Windkanalversuchsergebnissen vor[1]), wobei noch zu bedenken ist, daß die Voraussetzungen der Ähnlichkeitskonzeption bei kleineren Abständen vom Turbulenzgitter nicht erfüllt sind. Fig. 27 zeigt als Beispiel ein Frequenzspektrum nach Messungen von H. W. Liepmann, J. Laufer und K. Liepmann[2]) in dimensionsloser Form. Das gerech-

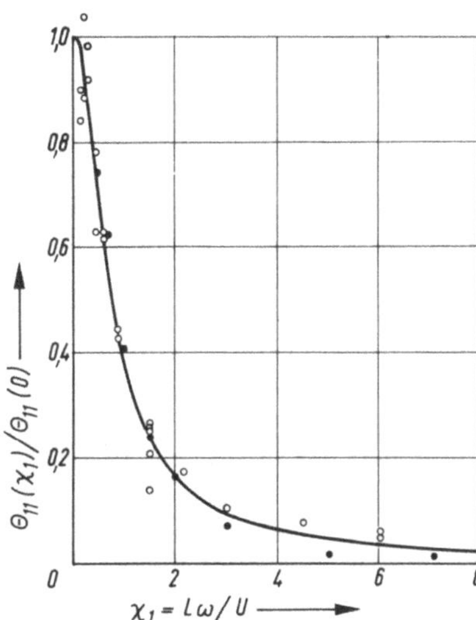

Fig. 27
Eindimensionales Spektrum
Kurve: Theorie $\sigma=4$, $Re=\infty$
Versuche: ○ $UM/\nu=3\cdot10^5$
● $=1\cdot10^5$
(nach H.W. Liepmann, J. Laufer und K. Liepmann)

nete eindimensionale Spektrum $\Theta_{11}(k)$ nach (2.75) für $\sigma=4$, $Re=\infty$ stimmt mit den Messungen innerhalb der Versuchsgenauigkeit überein, wenn der Vergleich auf der Basis der Taylorschen Hypothese (Gl. (2.34)) durchgeführt wird.

Bezüglich des Exponenten n des Abklinggesetzes $\overline{u^2}\sim x^{-n}$ führen die Meßergebnisse der verschiedenen Quellen nicht zu einheitlichen Schlußfolgerungen; die Angaben schwanken zwischen $n=1$ und 1,48. Neuere, sehr sorgfältig durchgeführte und ausgewertete Messungen von G. Comte-Bellot und S. Corrsin[3]) ergaben Werte zwischen $n=1{,}2$ und $n=1{,}3$, liegen also innerhalb der durch die Birkhoffsche und Loitsianskiische Invariante gezogenen Grenzen von 1,2 und 1,429.

Anmerkung. Im Schrifttum ist die spezielle Annahme konstant bleibender Reynolds-Zahl ausführlich diskutiert worden. Das Interesse an diesem Fall, den erstmalig H. L. Dryden[4])

---

[1]) Siehe Fußnote 1, S. 116.

[2]) Liepmann, H. W.; Laufer, J.; Liepmann, K.: On the spectrum of isotropic turbulence. NACA TN 2473, 1951.

[3]) Comte-Bellot, G.; Corrsin, S.: The use of a contraction to improve the isotropy of grid-generated turbulence. J. Fluid Mech. **25** (1966) 657–682.

[4]) Dryden, H. L.: A review of the statistical theory of turbulence. Quart. Appl. Math. **1** (1943) 7–42.

behandelt hat, wurde wesentlich gefördert, weil er das von mehreren Autoren in Windkanälen experimentell ermittelte Abklinggesetz $\overline{u^2} \sim t^{-1}$ bestätigt. In der Familie der Ähnlichkeitslösungen wird dieser Fall durch den Wert $\sigma = 1$ dargestellt, der jedoch mit der Kontinuitätsgleichung nicht verträglich ist. Gl. (2.240) gilt wegen $Re = \text{const}$ exakt. Es liegen umfangreiche Rechenergebnisse tabellarisch hierzu vor [1]). R. W. Stewart und A. A. Townsend [2]) haben diese Ähnlichkeitshypothese an Hand von Versuchsergebnissen geprüft und gefunden, daß ein wesentlicher Teilbereich der im Windkanal gemessenen Spektren, vor allem der Bereich, der die maximale Energie enthält, diese Ähnlichkeit nicht erfüllt.

2.5. Achsensymmetrische Turbulenzfelder

Die Annahme, daß die statistischen Verteilungsfunktionen die Bedingung der Isotropie erfüllen, vereinfacht zwar die Beschreibung des Turbulenzfeldes und auch die Berechnung ganz wesentlich, doch ist diese idealisierte Form bei praktischen Strömungen kaum jemals anzutreffen. Ein Fall, der der isotropen Turbulenz bezüglich der Einfachheit am nächsten kommt, ist die statistisch achsensymmetrische Turbulenz. Tatsächlich ist für die Turbulenz im Windkanal, der Geometrie und Konfiguration der Strömung nach, eher eine Achsensymmetrie als eine Kugelsymmetrie zu erwarten, wobei die Achse parallel zur Hauptströmungsrichtung und normal zur Gitterebene liegt. Wir behandeln diesen Fall hauptsächlich, weil er uns etwas über die Wirkung der Druckschwankungen aussagt.

2.5.1. Kinematik und Dynamik der achsensymmetrischen Turbulenz. Die Definition des achsensymmetrischen Feldes wurde schon in 1.2.6 gegeben. Die Theorie der achsensymmetrischen, homogenen Turbulenz haben G. K. Batchelor [3]) und S. Chandrasekhar [4]) dargelegt. Insbesondere der letztgenannte Verfasser hat die kinematischen und dynamischen Beziehungen bis zur gleichen Stufe entwickelt, wie Th. v. Kármán und L. Howarth es für die isotrope Turbulenz getan haben. Das auffälligste Kennzeichen der Isotropie ist die Gleichheit der Geschwindigkeitskomponenten, Gl. (2.47); jedoch erschöpfen sich die Abweichungen von der Isotropie keineswegs in der Ungleichheit von $\overline{u_i^2}$. Zur Beschreibung des Korrelationstensors für zwei Geschwindigkeitskomponenten an zwei Punkten des Raumes, der bei isotroper Turbulenz durch eine einzige skalare Funktion dargestellt werden kann, sind bei achsensymmetrischer Turbulenz zwei skalare Funktionen erforderlich, die vom Betrage des Abstandes $\boldsymbol{r}$ der Punkte sowie dem Winkel zwischen dem Radiusvektor von $\boldsymbol{r}$ und der Achse abhängen, deren Richtung durch den Einheitsvektor $\boldsymbol{\lambda}$ festgelegt ist (vgl. Fig. 7). Auf Einzelheiten dieser Herleitungen, die viel komplizierter als bei iso-

[1]) Lin, C. C.; Reid, W. H.: In: Flügge, S. (Hrsg.): [18].
[2]) Siehe Fußnote 1, S. 83.
[3]) Batchelor, G. K.: The theory of axisymmetric turbulence. Proc. Roy. Soc. A **186** (1946) 480–502.
[4]) Siehe Fußnote 1, S. 42.

tropen Feldern sind, kann hier nicht eingegangen werden. Die Ausführungen sollen vielmehr in erster Linie den durch Korrelation zwischen Schwankungen des Drucks und der Verformungsgeschwindigkeiten, $\overline{p(\partial u_i/\partial x_j+\partial u_j/\partial x_i)}$, hervorgerufenen Wirkungen gewidmet werden, die bei isotroper Turbulenz verschwinden, bei nicht isotropen Feldern und turbulenten Scherströmungen aber in ihrer Bedeutung mit der Energiedissipation vergleichbar sind.

Zur Erläuterung des Wesentlichen wird der Einfachheit halber der Korrelationstensor für zwei Geschwindigkeitskomponenten in einem Punkt des Raumes betrachtet. Die Bewegungsgleichung für diesen Tensor bei allgemeiner homogener Turbulenz lautet nach Gl. (2.37)

$$\frac{\partial \overline{u_i u_j}}{\partial t}-\frac{1}{\varrho}\overline{p\left(\frac{\partial u_i}{\partial x_j}+\frac{\partial u_j}{\partial x_i}\right)}+2\nu\overline{\left(\frac{\partial u_i}{\partial x_k}\frac{\partial u_j}{\partial x_k}\right)}=0. \tag{2.245}$$

Der achsensymmetrische Tensor zweiter Stufe hat die Form (vgl. Gl. (1.114))

$$\overline{u_i u_j}=E\delta_{ij}+B\lambda_i\lambda_j, \tag{2.246}$$

wobei E und B skalare Größen sind. Die quadratischen Mittelwerte der Geschwindigkeitsschwankungen parallel (Index a) und senkrecht (Index r) zu $\boldsymbol{\lambda}$ sind

$$E+B=\overline{u_{\mathrm{a}}^2}, \tag{2.247}$$

$$E=\overline{u_{\mathrm{r}}^2}, \tag{2.248}$$

also gilt

$$B=\overline{u_{\mathrm{a}}^2}-\overline{u_{\mathrm{r}}^2}. \tag{2.249}$$

Danach beträgt die kinetische Energie

$$\frac{1}{2}\overline{\boldsymbol{u}^2}=\frac{1}{2}\overline{u_i u_i}=\overline{u_{\mathrm{r}}^2}+\frac{1}{2}\overline{u_{\mathrm{a}}^2}. \tag{2.250}$$

In gleicher Weise sind auch die beiden übrigen Glieder in Gl. (2.245) achsensymmetrische Tensoren zweiter Stufe; mithin gilt für das dissipative Glied

$$2\nu\overline{\left(\frac{\partial u_i}{\partial x_k}\frac{\partial u_j}{\partial x_k}\right)}=D\delta_{ij}+A\lambda_i\lambda_j. \tag{2.251}$$

Dabei sind die beiden Skalare D und A durch die Streuungen von vier Geschwindigkeitsgradienten bestimmt, nämlich $\overline{(\partial u_{\mathrm{r}}/\partial x_{\mathrm{r}})^2}$, $\overline{(\partial u_{\mathrm{r}}/\partial x_{\mathrm{a}})^2}$, $\overline{(\partial u_{\mathrm{a}}/\partial x_{\mathrm{a}})^2}$ und $\overline{(\partial u_{\mathrm{a}}/\partial x_{\mathrm{r}})^2}$, die z. B. experimentell aus den Scheitelkrümmungen der in Fig. 28 dargestellten Korrelationsfunktionen ermittelt werden können. Es folgt dann

$$D+A=2\nu\left[\overline{\left(\frac{\partial u_{\mathrm{a}}}{\partial x_{\mathrm{a}}}\right)^2}+2\overline{\left(\frac{\partial u_{\mathrm{a}}}{\partial x_{\mathrm{r}}}\right)^2}\right], \tag{2.252}$$

$$D=2\nu\left[4\overline{\left(\frac{\partial u_{\mathrm{r}}}{\partial x_{\mathrm{r}}}\right)^2}+\overline{\left(\frac{\partial u_{\mathrm{r}}}{\partial x_{\mathrm{a}}}\right)^2}-\overline{\left(\frac{\partial u_{\mathrm{a}}}{\partial x_{\mathrm{a}}}\right)^2}\right] \tag{2.253}$$

und daher

$$A = 2\nu\left[2\overline{\left(\frac{\partial u_a}{\partial x_a}\right)^2} + 2\overline{\left(\frac{\partial u_a}{\partial x_r}\right)^2} - 4\overline{\left(\frac{\partial u_r}{\partial x_r}\right)^2} - \overline{\left(\frac{\partial u_r}{\partial x_a}\right)^2}\right]. \tag{2.254}$$

Für die Dissipation ergibt sich insgesamt

$$\varepsilon = \frac{1}{2}(3D + A) = \nu\left[8\overline{\left(\frac{\partial u_r}{\partial x_r}\right)^2} + 2\overline{\left(\frac{\partial u_r}{\partial x_a}\right)^2} - \overline{\left(\frac{\partial u_a}{\partial x_a}\right)^2} + 2\overline{\left(\frac{\partial u_a}{\partial x_r}\right)^2}\right]. \tag{2.255}$$

Dieser Ausdruck entspricht der für isotrope Turbulenz geltenden Gl. (2.84). Die Beziehungen (2.252) und (2.253), die hier ohne Herleitung angegeben wurden, erhält man durch zweimalige Differentiation der Tensorform (1.114), nachdem die Koeffizienten A bis E nach r^2 und $r_i \lambda_i$ entwickelt worden sind.

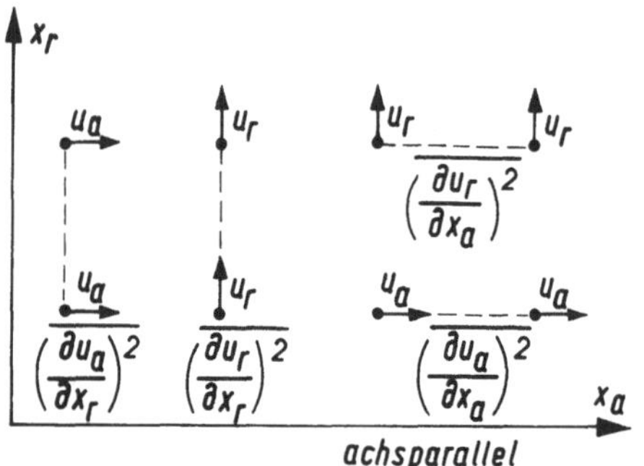

Fig. 28
Korrelationsfunktionen bei achsensymmetrischer Turbulenz

Der Prozeß der Energiedissipation entspricht ganz dem der isotropen Turbulenz. Der Betrag der je Zeiteinheit dissipierten Energie wird durch die Bewegung der energiehaltigen Wirbel bestimmt; durch Austauschvorgänge im Wellenzahlenraum wird diese Energierate zu den dissipierenden Wellenzahlen transportiert. Bei hinreichend großen Reynolds-Zahlen kann man nach den Ausführungen von 2.4.1 lokale Isotropie voraussetzen. Danach gilt

$$2\nu\overline{\left(\frac{\partial u_i}{\partial x_k}\,\frac{\partial u_j}{\partial x_k}\right)} = \frac{2}{3}\,\varepsilon\,\delta_{ij}. \tag{2.256}$$

2.5.2. Energieaustausch zwischen Geschwindigkeitskomponenten verschiedener Richtungen. Der aus den Schwankungen des Drucks und des Tensors der Verformungsgeschwindigkeiten gebildete Mittelwert ist

$$\frac{1}{\varrho}\overline{p\left(\frac{\partial u_i}{\partial x_j} + \frac{\partial u_j}{\partial x_i}\right)} = M\,\delta_{ij} + N\,\lambda_i\lambda_j. \tag{2.257}$$

Wegen der Quellenfreiheit,

$$\frac{2}{\varrho}\overline{p\frac{\partial u_i}{\partial x_i}} = 3M + N = 0, \tag{2.258}$$

kann die skalare Größe N durch M ausgedrückt werden; damit gilt

$$\frac{1}{\varrho}\overline{p\left(\frac{\partial u_i}{\partial x_j} + \frac{\partial u_j}{\partial x_i}\right)} = M(\delta_{ij} - 3\lambda_i\lambda_j). \tag{2.259}$$

Speziell ist also

$$\frac{2}{\varrho}\overline{p\frac{\partial u_r}{\partial x_r}} = -\frac{1}{\varrho}\overline{p\frac{\partial u_a}{\partial x_a}} = M. \tag{2.260}$$ [1]

Schon in 2.2.3 wurde darauf hingewiesen, daß diese Glieder infolge von (2.258) insgesamt nichts zum Abklingen der Energie beitragen; sie bewirken jedoch einen Energieaustausch zwischen den Geschwindigkeitsschwankungen in Längs- und Querrichtung. Man kann sich diesen Energieaustausch an Hand von Fig. 29 erklären.

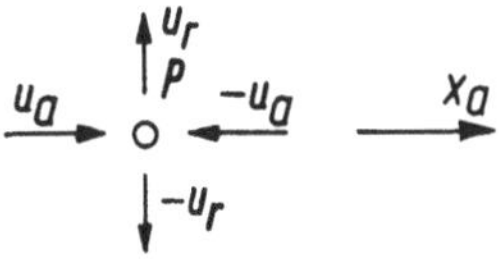

Fig. 29
Zum Energieaustausch zwischen Geschwindigkeitskomponenten verschiedener Richtungen

Befindet sich im Punkt P momentan ein Überdruck, so wird durch die skizzierte Situation der Fall eines positiven M beschrieben, $\partial u_a/\partial x_a$ ist negativ, $\partial u_r/\partial x_r$ positiv. Die Komponente u_a hat Arbeit zu leisten und verliert deshalb an kinetischer Energie. Andererseits erfährt die Komponente u_r eine Beschleunigung, so daß in diesem Fall Energie von der Komponente u_a an die Querkomponente und natürlich auch an die senkrecht zur Zeichenebene wirkende Komponente übertragen wird.

Um etwas aussagen zu können, unter welchen Umständen ein positiver und wann ein negativer Wert von M zu erwarten ist, gehen wir davon aus, daß ein positiver Druck an der Stelle P in der Regel dann entsteht, wenn die größere Geschwindigkeitskomponente auf P gerichtet ist. Nehmen wir also $\overline{u_a^2} > \overline{u_r^2}$ an, so ist die in Fig. 29 gezeigte Situation mit einem Überdruck bei P häufiger anzutreffen als die umgekehrte, nämlich daß ein Überdruck bei P mit einer auf P gerichteten Querkomponente auftritt. Es ist hieraus zu schließen, daß die Korrelation zwischen Druck und Verformungsgeschwindigkeiten einen Energieaustausch von den Komponenten stärkerer Schwankungsintensität nach solchen schwächerer Intensität bewirkt, sie gibt der Turbulenz somit das Bestreben, einen Zustand der Gleichverteilung der Energie für alle Richtungen herbeizuführen. Für eine praktisch anwendbare Abschätzungsformel ist die einfachste Annahme, den Energieaustausch proportional $\overline{u_a^2} - \overline{u_r^2}$ anzusetzen[2].

---

[1]) Keine Summation über Indizes.

[2]) Rotta, J.: Statistische Theorie nicht homogener Turbulenz. Z. Physik **129** (1951) 547–572.

Es muß dann noch ein skalarer Multiplikator hinzugefügt werden, der der gesuchten Formel die richtige Dimension gibt. $(1/\varrho)\overline{p(\partial u_i/\partial x_j+\partial u_j/\partial x_i)}$ hat die gleiche Dimension wie die Dissipation; es ist daher naheliegend, einen Ausdruck der Form

$$M=\frac{2k_p}{3}\varepsilon\frac{\overline{u_a^2}-\overline{u_r^2}}{\overline{\boldsymbol{u}^2}} \tag{2.261}$$

vorzuschlagen, wobei $2k_p/3$ als empirischer Zahlenfaktor eingeführt wird. Diesen Energieaustausch der Dissipation proportional anzunehmen, erscheint sinnvoll, weil er ähnlich wie der Energietransport im Wellenzahlenraum auf der Wechselwirkung von jeweils drei Fourier-Komponenten beruht. Seine Anwendbarkeit ist aber auf große Reynolds-Zahlen beschränkt.

Abklingvorgang. Man kann mit dieser Beziehung verfolgen, wie sich der Grad der Anisotropie während des Abklingvorgangs bei großen Reynolds-Zahlen ändert, wenn man lokale Isotropie voraussetzt. Es gilt dann

$$\frac{\mathrm{d}\overline{u_a^2}}{\mathrm{d}t}+\frac{4k_p}{3}\varepsilon\frac{\overline{u_a^2}-\overline{u_r^2}}{\overline{\boldsymbol{u}^2}}+\frac{2}{3}\varepsilon=0, \tag{2.262}$$

$$\frac{\mathrm{d}\overline{u_r^2}}{\mathrm{d}t}-\frac{2k_p}{3}\varepsilon\frac{\overline{u_a^2}-\overline{u_r^2}}{\overline{\boldsymbol{u}^2}}+\frac{2}{3}\varepsilon=0, \tag{2.263}$$

und folglich

$$\frac{\mathrm{d}}{\mathrm{d}t}(u_a^2-u_r^2)+2k_p\varepsilon\frac{\overline{u_a^2}-\overline{u_r^2}}{\overline{\boldsymbol{u}^2}}=0. \tag{2.264}$$

Hierin kann man ε mit der Gleichung für das Abklingen der Gesamtenergie

$$\frac{1}{2}\frac{\mathrm{d}\overline{\boldsymbol{u}^2}}{\mathrm{d}t}+\varepsilon=0 \tag{2.265}$$

eliminieren und erhält

$$\frac{\mathrm{d}}{\mathrm{d}t}(\overline{u_a^2}-\overline{u_r^2})-k_p\frac{u_a^2-u_r^2}{\overline{\boldsymbol{u}^2}}\frac{\mathrm{d}\overline{\boldsymbol{u}^2}}{\mathrm{d}t}=0. \tag{2.266}$$

Diese Differentialgleichung hat die Lösung

$$|\overline{u_a^2}-\overline{u_r^2}|=C(\overline{\boldsymbol{u}^2})^{k_p}, \tag{2.267}$$

wobei C eine Integrationskonstante ist. Hieraus folgt, daß das Verhältnis $|\overline{u_a^2}-\overline{u_r^2}|/\overline{\boldsymbol{u}^2}$ beim Abklingen nur abnimmt, wenn $k_p>1$. Für $k_p=1$ bleibt dies Verhältnis, also der Grad der Anisotropie konstant, und für $k_p<1$ wächst der Grad der Anisotropie sogar, obwohl eine Energieübertragung von der größeren zur kleineren Geschwindigkeitskomponente stattfindet.

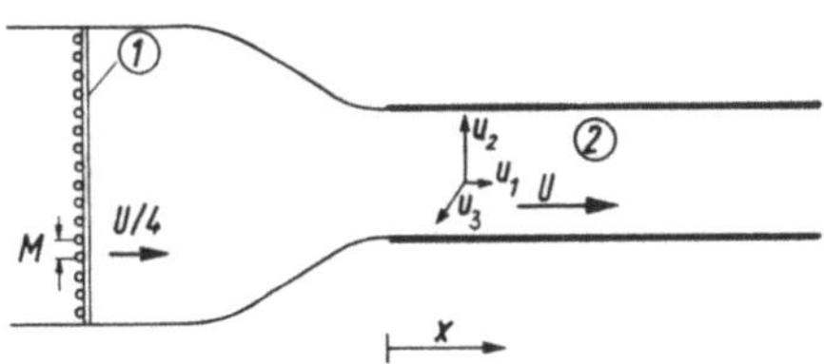

Fig. 30
Erzeugung achsensymmetrischer Turbulenz (nach M.S. Uberoi)
① Turbulenzgitter
② Meßstrecke

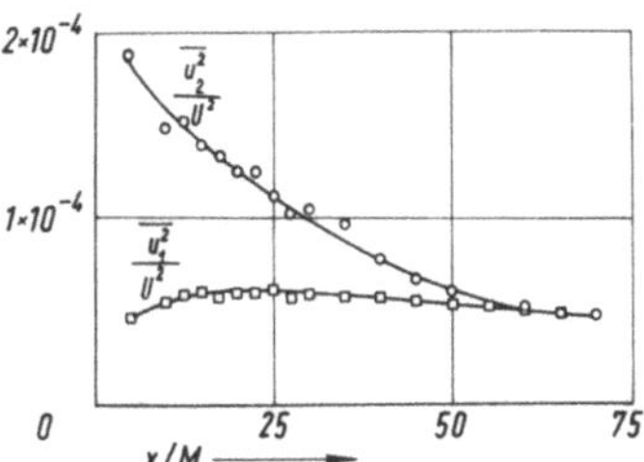

Fig. 31
Geschwindigkeitsschwankungen in achsensymmetrischer Turbulenz (nach M.S. Uberoi)
Gitter-Reynoldszahl $(U/4)M/\nu = 10^4$

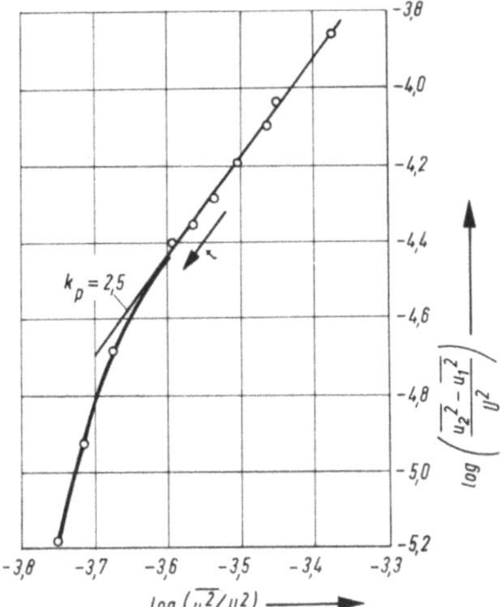

Fig. 32
Abnahme der Anisotropie bei achsensymmetrischer Turbulenz

Versuchergebnisse. Es liegen hierzu Windkanalversuche vor, die einen qualitativen Vergleich ermöglichen. M. S. Uberoi[1]) berichtete über Messungen, bei denen ein annähernd achsensymmetrisches Turbulenzfeld erzeugt wurde, indem ein turbulenter Luftstrom durch eine axialsymmetrische Kontraktionsdüse geleitet wurde, Fig. 30.

---

[1]) Uberoi, M. S.: Equipartition of energy and local isotropy in turbulent flows. J. Appl. Phys. **28** (1957) 1165–1170.

Es war hierbei $\overline{u_1^2} < \overline{u_2^2} = \overline{u_3^2}$; u_1 sind die Geschwindigkeitsschwankungen in Richtung der mittleren Geschwindigkeit U, u_2 und u_3 die Quergeschwindigkeiten. Fig. 31 zeigt die Geschwindigkeitsschwankungen als Funktion des Abstandes von der Düse. Die größere Komponente, $\overline{u_2^2}$, verliert Energie durch Austausch an $\overline{u_1^2}$ und durch viskose Dissipation; die kleinere Komponente $\overline{u_1^2}$ gewinnt gleiche Energiebeträge von $\overline{u_2^2}$ und $\overline{u_3^2}$ und verliert Energie durch Dissipation. Anfänglich reicht der Gewinn von $\overline{u_1^2}$ aus, die Dissipation auszugleichen, und es ist sogar eine leichte Zunahme von $\overline{u_1^2}$ festzustellen. Später überwiegt die Dissipation und $\overline{u_1^2}$ nimmt ab. Bis zum Erreichen der Gleichverteilung ist die Turbulenzenergie auf etwa ein Drittel des anfänglichen Wertes abgefallen.

Um die Beziehung (2.267) zu prüfen, ist in Fig. 32 die Differenz $(\overline{u_2^2} - \overline{u_1^2})/U^2$ über die Energie $\overline{\boldsymbol{u}^2}/U^2$ im logarithmischen Maßstab aufgetragen. Im Bereich der größeren Energie liegen die Versuchspunkte mit guter Genauigkeit auf der Geraden mit der Steigung $k_p \approx 2{,}5$. Später fällt $\overline{u_2^2} - \overline{u_1^2}$ stärker ab; es ist aber möglich, daß dieser Effekt durch Ungenauigkeiten bei der Bestimmung der Differenz nur vorgetäuscht wird. Bei späteren Messungen in einem Luftstrom schwach anisotroper Turbulenz durch eine Kontraktion mit anschließender Parallelstrecke[1]) wurde ein gegenteiliges Verhalten festgestellt. Die axiale Geschwindigkeitskomponente ist anfänglich größer $(\overline{u_1^2} > \overline{u_2^2} \approx \overline{u_3^2})$, innerhalb der Kontraktion nehmen die drei Komponenten nahezu gleiche Werte an und in der Parallelstrecke wächst das Verhältnis $\overline{u_1^2}/\overline{u_2^2}$ wieder an (>1). Nach Untersuchungen von E.A. Portfors und J.F. Keffer[2]) sind die Meßergebnisse von Quergeschwindigkeitskomponenten sehr empfindlich gegenüber den anzuwendenden Hitzdrahtkorrekturen. Deshalb kann man nicht ausschließen, daß die beobachteten Widersprüche versuchstechnisch begründet sind.

Allgemeine Form. Gl. (2.259) läßt sich in Verbindung mit (2.261) noch in eine andere interessante Form bringen. Mit Gl. (2.248) und (2.250) ist nämlich

$$E - \frac{1}{3}\overline{\boldsymbol{u}^2} = \frac{\overline{u_\mathrm{r}^2} - \overline{u_\mathrm{a}^2}}{3}; \tag{2.268}$$

aus (2.246) und (2.249) folgt dann

$$\overline{u_i u_j} - \frac{1}{3}\overline{\boldsymbol{u}^2}\delta_{ij} = -\frac{\overline{u_\mathrm{a}^2} - \overline{u_\mathrm{r}^2}}{3}[\delta_{ij} - 3\lambda_i\lambda_j]. \tag{2.269}$$

Eliminiert man aus (2.259) den Ausdruck $\delta_{ij} - 3\lambda_i\lambda_j$ und führt für M Gl. (2.261) ein, so ergibt sich

$$\frac{1}{\varrho}\overline{p\left(\frac{\partial u_i}{\partial x_j} + \frac{\partial u_j}{\partial x_i}\right)} = -2k_p\frac{\overline{u_i u_j} - \frac{1}{3}\overline{\boldsymbol{u}^2}\delta_{ij}}{\overline{\boldsymbol{u}^2}}\varepsilon. \tag{2.270}$$

---

[1]) Uberoi, M. S.; Wallis, S.: Small axisymmetric contraction of grid turbulence. J. Fluid Mech. **24** (1966) 539–543.

[2]) Portfors, E. A.; Keffer, J. F.: Isotropy in initial period grid turbulence. Phys. Fluids **12** (1969) 1519–1521.

Hier ist die phänomenologische Beziehung auf die allgemeine Tensorform zurückgeführt. Es liegt nahe, diese Formel auch auf allgemeinere Felder anisotroper Turbulenz mit der gleichen Berechtigung wie auf achsensymmetrische Felder anzuwenden. Dabei ist allerdings zu bedenken, daß k_p nicht eine universelle Konstante im strengen Sinn ist. Vielmehr ist Gl. (2.270) als Definitionsgleichung für k_p anzusehen, und man erwartet lediglich, daß sich k_p von Fall zu Fall nicht stark ändert. Unter derartig einschränkenden Vorbehalten bekommt man für das Abklingen des Korrelationstensors homogener, lokal isotroper Turbulenz die Gleichung

$$\frac{\partial \overline{u_i u_j}}{\partial t} + 2k_p \frac{\overline{u_i u_j} - \frac{1}{3}\overline{\boldsymbol{u}^2}\delta_{ij}}{\overline{\boldsymbol{u}^2}} \varepsilon + \frac{2}{3}\varepsilon\delta_{ij} = 0. \tag{2.271}$$

Gl. (2.270) setzt voraus, daß die Hauptachsen des Tensors $\overline{p(\partial u_i/\partial x_j + \partial u_j/\partial x_i)}$ mit denen des Reynoldsschen Spannungstensors zusammenfallen.

3. Turbulente Scherströmungen

3.1. Grundzüge der Scherströmungen

3.1.1. Einleitung. Bei den turbulenten Scherströmungen treten im Gegensatz zu den in Kapitel 2 behandelten Feldern erhebliche Gradienten der gemittelten Geschwindigkeit auf, d. h. die Schergeschwindigkeiten haben von Null verschiedene Mittelwerte. Die turbulenten Scherströmungen umfassen vornehmlich die Strömungsformen, die in technischen Apparaturen und bei der Umströmung von Körpern in sehr großer Vielfalt anzutreffen sind, und auf die sich deshalb das Interesse der Ingenieure in erster Linie richtet.

Zur Erzeugung bzw. Aufrechterhaltung der gemittelten Schergeschwindigkeiten sind nach Gl. (1.177) und (1.178) Reynoldssche Spannungen erforderlich, die zum Teil auf statistischen Korrelationen zwischen senkrecht zueinander gerichteten Geschwindigkeitsschwankungen beruhen. Diese Korrelationen werden ihrerseits durch die gemittelten Schergeschwindigkeiten bewirkt. Bei stationären Strömungen, auf die sich das Interesse hauptsächlich bezieht, wird die Turbulenzbewegung durch die von den Verformungsgeschwindigkeiten und Reynolds-Spannungen aufgewendete Leistung in Gang gehalten. Die zentrale Aufgabe dieses Kapitels ist, die Wechselwirkung zwischen Reynoldsschen Spannungen und gemittelten Verformungsgeschwindigkeiten aufzudecken und Möglichkeiten zur rechnerischen Erfassung zu untersuchen.

Es sollen hier nur solche Scherströmungen behandelt werden, deren Turbulenzfelder sich auf schichten- oder spindelförmige Gebiete erstrecken. Viele Scherströmungen praktischer Wichtigkeit erfüllen diese Voraussetzung. Bedeutende Kennzeichen dieser Strömungen sind also, daß die Richtung der resultierenden gemittelten Geschwindigkeit im wesentlichen in eine Ebene bzw. in eine Achse fällt, und daß sich die Abmessungen des Turbulenzfeldes normal zu dieser Ebene bzw. dieser Achse nur langsam ändern. Das letztere Kennzeichen wird mathematisch durch

$$|\text{grad}\,\delta| \ll 1 \tag{3.1}$$

ausgedrückt, wenn δ die Dicke der Schicht bzw. der Durchmesser des spindelförmigen Gebietes ist. Als Folge dieser Eigenschaften treten gemittelte Verformungsgeschwindigkeiten hauptsächlich als Gradienten der gemittelten Geschwindigkeit normal zur Schicht bzw. zur Achse auf.

Diese Kennzeichen, die die turbulenten Scherströmungen mit entsprechenden laminaren viskosen Strömungen großer Reynolds-Zahlen gemein haben, gestatten die Anwendung der auf L. Prandtl (1904) zurückgehenden Grenzschichtvereinfachungen, die drastische Vernachlässigungen der Strömungsgleichungen zulassen. Hierdurch erleichtert sich sowohl die theoretische als auch die experimentelle Behandlung der Strömungen in bedeutendem Maße.

Die Turbulenzgebiete sind entweder von festen Wänden berandet oder grenzen an Gebiete nichtturbulenter Strömungen an. Bei Strömungen durch Leitungen sind die Turbulenzgebiete in der Regel ganz von festen Wänden umschlossen. Sind die Turbulenzgebiete ganz in nicht turbulente Felder eingebettet, so spricht man von freier Turbulenz. Typisch hierfür sind Freistrahlen und Nachlaufgebiete hinter angeströmten Körpern. Bei den Grenzschichten an umströmten Körpern sind die Turbulenzgebiete einerseits von einer festen Wand und andererseits von nichtturbulenter Strömung begrenzt. Ein wesentlicher Aspekt der Grenzschichtkonzeption ist, daß bei freier Turbulenz und bei Grenzschichten die Anwesenheit des Turbulenzgebietes keine nennenswerte Rückwirkung auf das äußere Strömungsfeld hat; letzteres kann also ohne Beachtung der Turbulenzschicht behandelt werden. Außerhalb der Turbulenzgebiete sind die Geschwindigkeitsgradienten mindestens eine Größenordnung kleiner als innerhalb, und die Strömung wird als reibungsfrei angesehen.

3.1.2. Reynoldssche Gleichungen für turbulente Strömungsschichten. Um die Auswirkung der Grenzschichtvereinfachungen auf die Gleichungen der gemittelten Strömungsgeschwindigkeiten zu diskutieren, wollen wir uns auf den Fall beschränken, daß die gemittelte Strömung zweidimensional[1]) und stationär ist. Alle statistischen Mittelwerte sind dann von nur zwei Koordinaten abhängig, so daß eine Anzahl von Gliedern in den Bewegungsgleichungen entfällt. In Übereinstimmung mit der üblichen Bezeichnungsart soll die allgemeine Zeigerschreibweise durch Einführen eines rechtwinkligen xyz-Koordinatensystems mit den Geschwindigkeitskomponenten u, v, w ersetzt werden. Die Kontinuitätsgleichung und die Bewegungsgleichungen für gemittelte Geschwindigkeit schreiben sich bei Abwesenheit von Körperkräften dann in folgender Form:

[1]) Diese Strömungen werden im folgenden kurz als zweidimensionale oder ebene Strömungen bezeichnet.

$$\frac{\partial \bar{u}}{\partial x}+\frac{\partial \bar{v}}{\partial y}=0\,, \tag{3.2}$$

$$\bar{u}\frac{\partial \bar{u}}{\partial x}+\bar{v}\frac{\partial \bar{u}}{\partial y}=-\frac{1}{\varrho}\frac{\partial \bar{p}}{\partial x}-\frac{\partial \overline{u'^2}}{\partial x}-\frac{\partial \overline{u'v'}}{\partial y}+\nu\left(\frac{\partial^2 \bar{u}}{\partial x^2}+\frac{\partial^2 \bar{u}}{\partial y^2}\right), \tag{3.3}$$

$$\bar{u}\frac{U_\delta}{\delta}\frac{\mathrm{d}\delta}{\mathrm{d}x}\qquad \frac{U_\delta^2}{\delta}\frac{\mathrm{d}\delta}{\mathrm{d}x}\qquad\qquad \frac{u_t^2}{\delta}\frac{\mathrm{d}\delta}{\mathrm{d}x}\qquad \frac{u_t^2}{\delta}\qquad \frac{1}{Re}\frac{U_\delta^2}{\delta}\left(\left(\frac{\mathrm{d}\delta}{\mathrm{d}x}\right)^2+1\right)$$

$$\bar{u}\frac{\partial \bar{v}}{\partial x}+\bar{v}\frac{\partial \bar{v}}{\partial y}=-\frac{1}{\varrho}\frac{\partial \bar{p}}{\partial y}-\frac{\partial \overline{u'v'}}{\partial x}-\frac{\partial \overline{v'^2}}{\partial y}+\nu\left(\frac{\partial^2 \bar{v}}{\partial x^2}+\frac{\partial^2 \bar{v}}{\partial y^2}\right). \tag{3.4}$$

$$\bar{u}\frac{U_\delta}{\delta}\left(\frac{\mathrm{d}\delta}{\mathrm{d}x}\right)^2\qquad \frac{U_\delta^2}{\delta}\left(\frac{\mathrm{d}\delta}{\mathrm{d}x}\right)^2\qquad\qquad \frac{u_t^2}{\delta}\frac{\mathrm{d}\delta}{\mathrm{d}x}\qquad \frac{u_t^2}{\delta}\qquad \frac{1}{Re}\frac{U_\delta^2}{\delta}\frac{\mathrm{d}\delta}{\mathrm{d}x}\left(\left(\frac{\mathrm{d}\delta}{\mathrm{d}x}\right)^2+1\right)$$

Die x-Achse sei dabei so gelegt, daß die Querkomponente $\bar{v}$ klein im Vergleich zu $\bar{u}$ ist, und es wird eine Ebene $y=y_0$ definiert, für die $\bar{v}=0$ gilt. Die Gleichung für die z-Achse ist identisch erfüllt. Um die Größenordnungen der einzelnen Glieder in den Gleichungen abzuschätzen, werde die Dicke der Turbulenzschicht (nicht ganz scharf) durch δ definiert, und gemäß (3.1) wird ihr Zuwachs je Längeneinheit als klein vorausgesetzt,

$$\left|\frac{\mathrm{d}\delta}{\mathrm{d}x}\right|\ll 1\,. \tag{3.5}$$

Das durch diese Einschränkungen definierte Turbulenzfeld ist in Ebenen $y=\mathrm{const}$ fast homogen. Die maximale Geschwindigkeitsdifferenz in einem Schnitt $x=\mathrm{const}$ sei

$$U_\delta=u_{\mathrm{max}}-u_{\mathrm{min}}\,.$$

Dann ergeben sich folgende Größenordnungen:

$$\frac{\partial \bar{u}}{\partial y}\sim\frac{U_\delta}{\delta}\,,\quad \frac{\partial \bar{u}}{\partial x}\sim\frac{U_\delta}{\delta}\frac{\mathrm{d}\delta}{\mathrm{d}x}\,,\quad \frac{\partial^2 \bar{u}}{\partial y^2}\sim\frac{U_\delta}{\delta^2}\,,\quad \frac{\partial^2 \bar{u}}{\partial x^2}\sim\frac{U_\delta}{\delta^2}\left(\frac{\mathrm{d}\delta}{\mathrm{d}x}\right)^2.$$

Aus der Kontinuitätsgleichung (3.2) folgt dann $\partial\bar{v}/\partial y\sim(U_\delta/\delta)\mathrm{d}\delta/\mathrm{d}x$ und damit $\bar{v}\sim U_\delta\mathrm{d}\delta/\mathrm{d}x$ sowie $\partial\bar{v}/\partial x\sim(U_\delta/\delta)(\mathrm{d}\delta/\mathrm{d}x)^2$, $\partial^2\bar{v}/\partial x^2\sim(U_\delta/\delta^2)(\mathrm{d}\delta/\mathrm{d}x)^3$; $\partial^2\bar{v}/\partial y^2\sim$ $\sim(U_\delta/\delta^2)\mathrm{d}\delta/\mathrm{d}x$. Die Schwankungsgeschwindigkeiten sind alle als von gleicher Größenordnung anzunehmen; $\overline{u'^2}\sim\overline{v'^2}\sim|\overline{u'v'}|\sim u_t^2$, so daß $\partial\overline{u'^2}/\partial x\sim(u_t^2/\delta)\mathrm{d}\delta/\mathrm{d}x$, $\partial\overline{u'v'}/\partial y\sim u_t^2/\delta$ usw. Führt man noch die Reynolds-Zahl $Re=U_\delta\delta/\nu$ ein, so ergeben sich die in Gl. (3.3) und (3.4) eingetragenen Größenordnungen.

Bei hinreichend kleiner Zähigkeit, d.h. bei großen Reynolds-Zahlen werden die Zähigkeitsglieder beliebig klein. Bei verschwindenden Druckgradienten $\partial\bar{p}/\partial x$ muß dann nach (3.3)

$$u_t^2\sim\bar{u}\,U_\delta\frac{\mathrm{d}\delta}{\mathrm{d}x}\qquad\text{oder}\qquad u_t^2\sim U_\delta^2\frac{\mathrm{d}\delta}{\mathrm{d}x} \tag{3.6}$$

sein. Es folgt dann aber sofort aus (3.4), daß $\partial \overline{v'^2}/\partial y$ den größten Betrag neben $(1/\varrho)\partial \overline{p}/\partial y$ annimmt. Vernachlässigt man also alle Glieder, die von der Ordnung $\mathrm{d}\delta/\mathrm{d}x$ klein sind, so reduziert sich Gl. (3.4) auf

$$0 = -\frac{1}{\varrho}\frac{\partial \overline{p}}{\partial y} - \frac{\partial \overline{v'^2}}{\partial y}. \tag{3.7}$$

Diese Gleichung läßt sich über y integrieren und ergibt

$$\frac{1}{\varrho}\overline{p} = \frac{1}{\varrho}\overline{p}_\infty - \overline{v'^2}, \tag{3.8}$$

wobei $\overline{p}_\infty$ den Druck am Rand der turbulenten Schicht an einer Stelle bezeichnet, an der $\overline{v'^2} = 0$ ist, und der nur eine Funktion von x ist. Im Gegensatz zu den entsprechenden laminaren Strömungsschichten ist der Druck nicht über die Schichtdicke konstant. Mit Gl. (3.8) hat man also eine Aussage über die Variation des Drucks innerhalb der turbulenten Strömungsschicht gewonnen. An festen Wänden ist $\overline{v'^2} = 0$ und deshalb der gemittelte Wanddruck

$$\overline{p}_\mathrm{w} = \overline{p}_\infty . \tag{3.9}$$

Differentiation von (3.8) nach x liefert

$$\frac{1}{\varrho}\frac{\partial \overline{p}}{\partial x} = -\frac{\partial \overline{v'^2}}{\partial x} + \frac{1}{\varrho}\frac{\mathrm{d}\overline{p}_\infty}{\mathrm{d}x}. \tag{3.10}$$

Substituiert man mit dieser Beziehung $\partial \overline{p}/\partial x$ in Gl. (3.3), so erhält man

$$\overline{u}\frac{\partial \overline{u}}{\partial x} + \overline{v}\frac{\partial \overline{u}}{\partial y} = -\frac{1}{\varrho}\frac{\mathrm{d}\overline{p}_\infty}{\mathrm{d}x} - \frac{\partial(\overline{u'^2} - \overline{v'^2})}{\partial x} - \frac{\partial \overline{u'v'}}{\partial y} + \nu\frac{\partial^2 \overline{u}}{\partial y^2} \tag{3.11}$$

als Gleichung für die im Mittel stationäre Strömungsgeschwindigkeit, bei der das Glied $\nu\partial^2\overline{u}/\partial x^2$, das von zweiter Ordnung klein gegen $\nu\partial^2\overline{u}/\partial y^2$ ist, fortgelassen wurde. Das verbleibende Zähigkeitsglied ist zwar in der Regel auch vernachlässigbar, jedoch wird es in der Nähe fester Wände mit anderen Gliedern vergleichbar. Das Glied der Reynoldsschen Normalspannungen, $\partial(\overline{u'^2} - \overline{v'^2})/\partial x$, ist von der Größenordnung $\mathrm{d}\delta/\mathrm{d}x$ im Vergleich zu $\partial\overline{u'v'}/\partial y$ und bleibt bei praktischen Rechnungen fast immer unberücksichtigt. Mit der Zusammenfassung der Reynoldsschen und der Newtonschen Schubspannung nach (1.180) zu einer Schubspannung[1])

$$\tau = \varrho\left(-\overline{u'v'} + \nu\frac{\partial \overline{u}}{\partial y}\right) \tag{3.12}$$

wird die Gleichung für die gemittelte Strömung gewöhnlich in der Form

$$\overline{u}\frac{\partial \overline{u}}{\partial x} + \overline{v}\frac{\partial \overline{u}}{\partial y} = -\frac{1}{\varrho}\frac{\mathrm{d}\overline{p}_\infty}{\mathrm{d}x} + \frac{1}{\varrho}\frac{\partial \tau}{\partial y} \tag{3.13}$$

---

[1]) Der Mittelungsstrich und der Index g werden bei τ hier und im folgenden fortgelassen.

benutzt. Die Gl. (3.11) ist, ebenso wie die Grenzschichtapproximation der laminaren Strömungen, bis auf Glieder der Größenordnung $(\mathrm{d}\delta/\mathrm{d}x)^2$ exakt.

Am Rande freier Turbulenz und von Grenzschichten ist der Zusammenhang zwischen Druck und Geschwindigkeit durch die Bernoullische Gleichung gegeben; es ist daher

$$\frac{1}{\varrho}\frac{\mathrm{d}\overline{p}_\infty}{\mathrm{d}x} = -\overline{u}_\infty\frac{\mathrm{d}\overline{u}_\infty}{\mathrm{d}x}, \tag{3.14}$$

wobei das vernachlässigte Glied $\overline{v}_\infty \mathrm{d}\overline{v}_\infty/\mathrm{d}x$ einen von zweiter Ordnung kleinen Beitrag zu $(1/\varrho)\mathrm{d}\overline{p}_\infty/\mathrm{d}x$ liefert.

In der Praxis sind zwei Fälle von Interesse. Der erste ist, daß $\overline{u}$ sehr viel größer als U_δ ist; er wird bei der Nachlaufströmung hinter einem Körper verwirklicht. Es gilt dann bei Abwesenheit eines Druckgradienten $\mathrm{d}\overline{p}_\infty/\mathrm{d}x$ und vernachlässigbaren Zähigkeitskräften für die Größenordnung der Schwankungsgeschwindigkeiten die erstere Beziehung von (3.6). Im zweiten Fall, der einem in ruhendes Medium eintretenden Strahl entspricht, sind $\overline{u}$ und U_δ von gleicher Größenordnung, $\overline{u} \sim U_\delta$, und unter sonst gleichen Voraussetzungen ergibt sich für die Größenordnung der Schwankungsgeschwindigkeiten die zweite Beziehung von (3.6). Aus dem experimentellen Befund, daß die Schichtdicke nur langsam in Strömungsrichtung wächst, kann man also schließen, daß die Turbulenzschwankungen klein gegen die gemittelte Geschwindigkeit sein müssen. Es ist aber nicht ohne weiteres möglich, die Dicke δ wie bei laminaren Strömungsschichten abzuschätzen.

Achsensymmetrische Strömungen. Die Herleitung der Gleichungen für achsensymmetrische Strömungen geht von den Strömungsgleichungen in Zylinderkoordinaten aus und geschieht in ähnlicher Weise wie für den ebenen Fall. Hier seien nur die wichtigsten Ergebnisse angegeben und ihre Nachprüfung dem Leser überlassen. Die x-Koordinate falle mit der Achse der Strömungen zusammen und r sei der radiale Abstand; u, v, w sind die Geschwindigkeitskomponenten in axialer, radialer und azimutaler Richtung. Die Bewegungsgleichung in radialer Richtung reduziert sich unter den Grenzschichtvereinfachungen auf die Beziehung

$$0 = -\frac{1}{\varrho}\frac{\partial\overline{p}}{\partial r} - \frac{1}{r}\frac{\partial(\overline{v'^2}r)}{\partial r} + \frac{\overline{w'^2}}{r}, \tag{3.15}$$

die an die Stelle von (3.7) tritt. Die Integration liefert

$$\frac{1}{\varrho}\overline{p} = \frac{1}{\varrho}\overline{p}_\infty - \overline{v'^2} + \int_r^\infty \frac{\overline{v'^2} - \overline{w'^2}}{r'}\,\mathrm{d}r'. \tag{3.16}$$

Der Wert des Integralgliedes ist gewöhnlich klein gegen $\overline{v'^2}$, da $\overline{v'^2}$ und $\overline{w'^2}$ für $r=0$ gleich sind und im übrigen Gebiet sich nur wenig unterscheiden. Unter Vernachlässigung dieses Gliedes ist also (3.16) mit (3.8) identisch, und als Bewegungsgleichung für die Achsrichtung gilt

$$\overline{u}\frac{\partial\overline{u}}{\partial x} + \overline{v}\frac{\partial\overline{u}}{\partial r} = -\frac{1}{\varrho}\frac{\mathrm{d}\overline{p}_\infty}{\mathrm{d}x} - \frac{\partial(\overline{u'^2} - \overline{v'^2})}{\partial x} - \frac{1}{r}\frac{\partial(\overline{u'v'}r)}{\partial r} + \frac{v}{r}\frac{\partial}{\partial r}\left(r\frac{\partial\overline{u}}{\partial r}\right). \tag{3.17}$$

Die Kontinuitätsgleichung für die gemittelte Strömung lautet

$$\frac{\partial \bar{u}}{\partial x}+\frac{1}{r}\frac{\partial(\bar{v}r)}{\partial r}=0. \tag{3.18}$$

Mit der nach (3.12) definierten Schubspannung und unter Vernachlässigung der Reynoldsschen Normalspannungen schreibt man (3.17) in der Form

$$\bar{u}\frac{\partial \bar{u}}{\partial x}+\bar{v}\frac{\partial \bar{u}}{\partial r}=-\frac{1}{\varrho}\frac{\mathrm{d}\bar{p}_\infty}{\mathrm{d}x}+\frac{1}{\varrho r}\frac{\partial(\tau r)}{\partial r}. \tag{3.19}$$

3.1.3. Gleichungen für die Reynolds-Spannungen und kinetische Schwankungsenergie. Es ist naheliegend, zum Studium des Mechanismus, der für das Verhalten turbulenter Scherströmungen verantwortlich ist, die Gleichungen des Korrelationstensors für zwei Geschwindigkeitskomponenten an zwei Punkten des Raumes zu betrachten, die durch Gl. (1.192) und (1.193) gegeben sind. Jedoch sind nicht annähernd so weitgehende Vereinfachungen durchführbar wie bei isotropen Turbulenzfeldern. Andererseits treten die Vorgänge, die für homogene Turbulenzfelder schon dargelegt wurden, bei Scherströmungen in ähnlicher Weise auf. Daher können wesentliche Zusatzwirkungen in Scherströmungen deutlicher gezeigt werden, wenn man sich auf die Betrachtung von zwei Geschwindigkeitskomponenten an einem Punkt beschränkt.

Die zugehörigen Gleichungen gewinnt man mit den in 1.3.6 erläuterten Methoden. Man kann in Gl. (1.193) einfach den Grenzübergang zum verschwindenden Abstand r der Punkte vornehmen und erhält, nachdem man die Differentiationsregeln von 1.2.4, Gl. (1.39) bis (1.41) angewendet hat, für allgemeine nichtstationäre Scherströmungen

$$\begin{aligned}&\frac{\partial \overline{u_i' u_j'}}{\partial t}+\bar{u}_k\frac{\partial \overline{u_i' u_j'}}{\partial x_k}+\overline{u_k' u_j'}\frac{\partial \bar{u}_i}{\partial x_k}+\overline{u_k' u_i'}\frac{\partial \bar{u}_j}{\partial x_k}-\frac{1}{\varrho}\overline{p'\left(\frac{\partial u_i'}{\partial x_j}+\frac{\partial u_j'}{\partial x_i}\right)}+\\&+2\nu\overline{\left(\frac{\partial u_i'}{\partial x_k}\frac{\partial u_j'}{\partial x_k}\right)}+\frac{\partial}{\partial x_k}\left[\overline{u_i' u_j' u_k'}+\frac{1}{\varrho}\overline{(\delta_{jk}u_i'+\delta_{ik}u_j')p'}-\nu\frac{\partial \overline{u_i' u_j'}}{\partial x_k}\right]=0.\end{aligned} \tag{3.20}$$

Die Fluktuationen der Körperkräfte wurden hierbei außer Acht gelassen.

Außerdem kann man eine Erhaltungsgleichung für die kinetische Energie der Geschwindigkeitsschwankungen aus (3.20) herleiten, indem man $i=j$ setzt und über alle i summiert. Dies führt zunächst auf

$$\begin{aligned}&\frac{\partial \overline{u_i' u_i'}}{\partial t}+\bar{u}_k\frac{\partial \overline{u_i' u_i'}}{\partial x_k}+2\,\overline{u_k' u_i'}\frac{\partial \bar{u}_i}{\partial x_k}+2\nu\overline{\left(\frac{\partial u_i'}{\partial x_k}+\frac{\partial u_i'}{\partial x_k}\right)}+\\&+\frac{\partial}{\partial x_k}\left[\overline{(u_i' u_i'+2p'/\varrho)u_k'}-\nu\frac{\partial \overline{u_i' u_i'}}{\partial x_k}\right]=0;\end{aligned} \tag{3.21}$$

dabei ist wegen der Kontinuitätsgleichung $\overline{p'\,\partial u_i'/\partial x_i}=0$. Ferner gilt aus dem gleichen Grunde die Identität (vgl. (2.9))

$$\overline{\frac{\partial u_i'}{\partial x_k}\frac{\partial u_k'}{\partial x_i}}=\frac{\partial^2 \overline{u_i' u_k'}}{\partial x_k \partial x_i}, \tag{3.22}$$

so daß sich für die turbulente Dissipation nach (1.187)

$$\varepsilon = \nu\left(\overline{\frac{\partial u_i'}{\partial x_k}\frac{\partial u_i'}{\partial x_k}} + \overline{\frac{\partial u_i'}{\partial x_k}\frac{\partial u_k'}{\partial x_i}}\right) = \nu\,\overline{\frac{\partial u_i'}{\partial x_k}\frac{\partial u_i'}{\partial x_k}} + \nu\frac{\partial^2 \overline{u_i' u_k'}}{\partial x_k \partial x_i} \tag{3.23}$$

ergibt. Setzt man dies sowie $q = |\sqrt{u_i' u_i'}|$ in (3.21) ein und dividiert durch 2, so lautet die Gleichung für die kinetische Turbulenzenergie $\overline{q^2}/2$

$$\frac{1}{2}\frac{\partial \overline{q^2}}{\partial t} + \underbrace{\bar{u}_k \frac{1}{2}\frac{\partial \overline{q^2}}{\partial x_k}}_{\text{Konvektion}} + \underbrace{\overline{u_k' u_i'}\frac{\partial \bar{u}_i}{\partial x_k}}_{\text{Produktion}} + \underbrace{\varepsilon}_{\text{Dissipation}} + \underbrace{\frac{\partial}{\partial x_k}\left[\overline{(q^2/2 + p'/\varrho)u_k'} - \frac{\nu}{2}\frac{\partial \overline{q^2}}{\partial x_k} - \nu\frac{\partial \overline{u_i' u_k'}}{\partial x_i}\right]}_{\text{Diffusion}} = 0\,. \tag{3.24}$$

Sowohl die Gl. (3.20) als auch (3.24) gelten ganz allgemein für turbulente Strömungen volumenbeständiger Flüssigkeiten. Die in Kapitel 2 angegebenen Gleichungen für die kinetische Energie der homogenen Turbulenz, (2.8), der Windkanalturbulenz, (2.16), und die Gleichung für den Korrelationstensor für homogene Turbulenz, (2.37), sind spezielle Formen von Gl. (3.24) bzw. (3.20). Für die in diesem Kapitel zu behandelnden Scherströmungen, für die die Grenzschichtvernachlässigungen zulässig sind, vereinfachen sich Gl. (3.20) und (3.24) ebenfalls erheblich.

Bei den turbulenten Strömungsschichten, bei denen das gemittelte Geschwindigkeitsfeld zweidimensional ist, wird das in 3.1.2 eingeführte Koordinatensystem mit den zugehörigen Bezeichnungen für die Geschwindigkeitskomponenten benutzt. Es bedarf keiner Erläuterung, daß die Grenzschichtvereinfachungen nur auf Gradienten von Mittelwerten anzuwenden sind, nicht aber auf Gradienten, die unter dem Mittelungsstrich erscheinen ($\partial u'/\partial x$; $\partial u'/\partial y$; $\partial u'/\partial z$; $\partial v'/\partial x$; ...; $\partial w'/\partial z$ haben alle gleiche Größenordnung). Bei stationären Turbulenzschichten ergibt sich aus (3.20) für die Schwankungskomponente u'

$$\begin{aligned} &\bar{u}\frac{\partial \overline{u'^2}}{\partial x} + \bar{v}\frac{\partial \overline{u'^2}}{\partial y} + 2\overline{u'v'}\frac{\partial \bar{u}}{\partial y} + \left\langle 2\overline{u'^2}\frac{\partial \bar{u}}{\partial x}\right\rangle - \frac{2}{\varrho}\overline{p'\frac{\partial u'}{\partial x}} + \\ &+ 2\nu\left[\overline{\left(\frac{\partial u'}{\partial x}\right)^2} + \overline{\left(\frac{\partial u'}{\partial y}\right)^2} + \overline{\left(\frac{\partial u'}{\partial z}\right)^2}\right] + \\ &+ \frac{\partial}{\partial y}\left(\overline{u'^2 v'} - \nu\frac{\partial \overline{u'^2}}{\partial y}\right) + \left\langle\frac{\partial}{\partial x}(\overline{u'^3} + 2\overline{u'p'}/\varrho)\right\rangle = 0\,. \end{aligned} \tag{3.25}$$

Die in Klammern $\langle\ \rangle$ gesetzten Ausdrücke sind um den Faktor $\mathrm{d}\delta/\mathrm{d}x$ kleiner als die Hauptglieder der Gleichung und in der Regel vernachlässigbar. Für die Schwankungskomponente v' erhält man

$$\bar{u}\frac{\partial\overline{v'^2}}{\partial x}+\bar{v}\frac{\partial\overline{v'^2}}{\partial y}-\left\langle 2\overline{v'^2}\frac{\partial\bar{u}}{\partial x}\right\rangle-\frac{2}{\varrho}\overline{p'\frac{\partial v'}{\partial y}}+$$
$$+2\nu\left[\overline{\left(\frac{\partial v'}{\partial x}\right)^2}+\overline{\left(\frac{\partial v'}{\partial y}\right)^2}+\overline{\left(\frac{\partial v'}{\partial z}\right)^2}\right]+ \tag{3.26}$$
$$+\frac{\partial}{\partial y}\left(\overline{v'^3}+2\overline{v'p'}/\varrho-\nu\frac{\partial\overline{v'^2}}{\partial y}\right)+\left\langle\frac{\partial\overline{v'^2u'}}{\partial x}\right\rangle=0\,,$$

wobei die Kontinuitätsgleichung (3.2) benutzt wurde. Die Gleichung für die Reynoldssche Schubspannung $-\overline{u'v'}$ lautet

$$\bar{u}\frac{\partial\overline{u'v'}}{\partial x}+\bar{v}\frac{\partial\overline{u'v'}}{\partial y}+\overline{v'^2}\frac{\partial\bar{u}}{\partial y}-\frac{1}{\varrho}\overline{p'\left(\frac{\partial u'}{\partial y}+\frac{\partial v'}{\partial x}\right)}+$$
$$+2\nu\left[\overline{\frac{\partial u'}{\partial x}\frac{\partial v'}{\partial x}}+\overline{\frac{\partial u'}{\partial y}\frac{\partial v'}{\partial y}}+\overline{\frac{\partial u'}{\partial z}\frac{\partial v'}{\partial z}}\right]+ \tag{3.27}$$
$$+\frac{\partial}{\partial y}\left(\overline{u'v'^2}+\overline{u'p'}/\varrho-\nu\frac{\partial\overline{u'v'}}{\partial y}\right)+\left\langle\frac{\partial}{\partial x}(\overline{u'^2v'}+\overline{v'p'}/\varrho)\right\rangle=0\,.$$

Ganz entsprechend kann man auch eine Gleichung für die Komponente w' hinschreiben, die man aber nicht benötigt, wenn man die Gl. (3.24) für die kinetische Turbulenzenergie benutzt. Letztere nimmt folgende Form an:

$$\bar{u}\frac{1}{2}\frac{\partial\overline{q^2}}{\partial x}+\bar{v}\frac{1}{2}\frac{\partial\overline{q^2}}{\partial y}+\overline{u'v'}\frac{\partial\bar{u}}{\partial y}+\left\langle(\overline{u'^2}-\overline{v'^2})\frac{\partial\bar{u}}{\partial x}\right\rangle+\varepsilon+$$
$$+\frac{\partial}{\partial y}\left[\overline{(q^2/2+p'/\varrho)v'}-\frac{\nu}{2}\frac{\partial\overline{q^2}}{\partial y}-\nu\frac{\partial\overline{v'^2}}{\partial y}\right]+ \tag{3.28}$$
$$+\left\langle\frac{\partial}{\partial x}\left[\overline{(q^2/2+p'/\varrho)u'}-2\nu\frac{\partial\overline{u'v'}}{\partial y}\right]\right\rangle=0\,.$$

Man kann nun noch eine Gleichung für die kinetische Energie der gemittelten Strömungsgeschwindigkeit herleiten, indem man (3.11) mit $\bar{u}$ multipliziert,

$$\bar{u}\frac{1}{2}\frac{\partial\bar{u}^2}{\partial x}+\bar{v}\frac{1}{2}\frac{\partial\bar{u}^2}{\partial y}+\frac{\bar{u}}{\varrho}\frac{\mathrm{d}\bar{p}_\infty}{\mathrm{d}x}+$$
$$+\bar{u}\left(\frac{\partial\overline{u'v'}}{\partial y}+\left\langle\frac{\partial(\overline{u'^2}-\overline{v'^2})}{\partial x}\right\rangle\right)+\nu\left(\frac{\partial\bar{u}}{\partial y}\right)^2-\frac{\nu}{2}\frac{\partial^2\bar{u}^2}{\partial y^2}=0\,. \tag{3.29}$$

Diese Gleichung läßt sich noch in etwas anderer Form schreiben, wenn man das vierte Glied umwandelt und außerdem den Ausdruck E für die direkte Dissipation nach Gl. (1.186) einführt, der sich in diesem Fall auf

$$\mathsf{E}=\nu\left(\frac{\partial\bar{u}}{\partial y}\right)^2 \tag{3.30}$$

reduziert. Man erhält so

$$\bar{u}\frac{1}{2}\frac{\partial \bar{u}^2}{\partial x}+\bar{v}\frac{1}{2}\frac{\partial \bar{u}^2}{\partial y}+\frac{\bar{u}}{\varrho}\frac{d\bar{p}_\infty}{dx}-\overline{u'v'}\frac{\partial \bar{u}}{\partial y}-\left\langle(\overline{u'^2}-\overline{v'^2})\frac{\partial \bar{u}}{\partial x}\right\rangle+$$
$$+\frac{\partial}{\partial y}(\overline{\bar{u}u'v'})+\left\langle\frac{\partial}{\partial x}[\bar{u}(\overline{u'^2}-\overline{v'^2})]\right\rangle+\mathsf{E}-\frac{\nu}{2}\frac{\partial^2 \bar{u}^2}{\partial y^2}=0. \tag{3.31}$$

Wenn man die beiden Gl. (3.28) und (3.31) addiert, bekommt man eine Gleichung für die gesamte kinetische Energie, die man folgendermaßen schreiben kann:

$$\bar{u}\frac{1}{2}\frac{\partial(\bar{u}^2+\overline{q^2})}{\partial x}+\bar{v}\frac{1}{2}\frac{\partial(\bar{u}^2+\overline{q^2})}{\partial y}+\frac{\bar{u}}{\varrho}\frac{d\bar{p}_\infty}{dy}+$$
$$+\frac{\partial}{\partial y}[\bar{u}\overline{u'v'}+\overline{(q^2/2+p'/\varrho)v'}]+$$
$$+\left\langle\frac{\partial}{\partial x}[\bar{u}(\overline{u'^2}-\overline{v'^2})+\overline{(q^2/2+p'/\varrho)u'}]\right\rangle+ \tag{3.32}$$
$$+\frac{\bar{\Phi}}{\varrho}-\frac{\nu}{2}\frac{\partial^2}{\partial y^2}(\bar{u}^2+\overline{q^2}-2\overline{v'^2})-2\nu\frac{\partial^2\overline{u'v'}}{\partial x\partial y}=0.$$

Hierbei ist $\bar{\Phi}/\varrho=\mathsf{E}+\varepsilon$ der Mittelwert der gesamten Dissipation gemäß Gl. (1.186).

Experimentelle Nachprüfung. Die meisten der in (3.24) bis (3.32) auftretenden Glieder sind mit erschwinglichem Aufwand experimentell zu ermitteln. Die Reynoldssche Schubspannung $-\overline{u'v'}$ kann mit Hilfe der Bewegungsgleichungen für die gemittelte Geschwindigkeit errechnet werden. Wenn die Verteilungen der gemittelten Geschwindigkeit sowie die quadratischen Mittelwerte $\overline{u'^2}, \overline{v'^2}, \overline{w'^2}$ und $\overline{u'v'}$ bekannt sind, lassen sich die Konvektions- und Erzeugungsglieder ermitteln. Auch die Geschwindigkeitsgradienten ($\partial u'/\partial x$ usw.) und Dreifachprodukte von Geschwindigkeitsschwankungen können experimentell bestimmt werden, so daß auch die Dissipationsglieder und wesentliche Teile der Diffusionsglieder gefunden werden können. An viele dieser Meßergebnisse kann man bezüglich der Genauigkeit nicht so strenge Maßstäbe anlegen wie an Messungen der gemittelten Geschwindigkeiten. Die größte Lücke besteht darin, daß es keine zuverlässige Methode gibt, Druckschwankungen im Felde direkt zu messen, so daß die Mittelwertprodukte aus Druck und Verformungsgeschwindigkeiten und die Druckgeschwindigkeitswerte nur als Differenzen aus den als erfüllt gedachten Gleichungen ermittelt werden können. Immerhin konnten für viele Strömungen Energiebilanzen aufgestellt werden, die zum Verständnis der Turbulenz wesentlich beigetragen haben. Später werden einige Beispiele gegeben werden.

3.1.4. Über den Energiehaushalt. Bei der allgemeinen Diskussion über die Scherströmungen wollen wir mit dem Energiehaushalt beginnen und zu diesem Zweck die Integrale der Energiegleichungen (3.28), (3.31) und (3.32) betrachten. Dabei sollen die Glieder in Klammern ⟨ ⟩ der Einfachheit halber vernachlässigt werden. Wie in Fig. 33 für die drei typischen Fälle freier Turbulenz, Grenzschicht und Leitung skizziert, werde eine Kontrollfläche derart um das betrachtete Volumen gelegt, daß die Schwankungsgeschwindigkeiten an den seitlichen Rändern verschwinden. Diese Ränder werden entweder von festen Wänden gebildet, oder sie liegen außerhalb des Turbulenzfeldes. Ferner ist an den seitlichen Rändern des Kontrollvolumens $\partial\overline{u}/\partial y=0$ (im

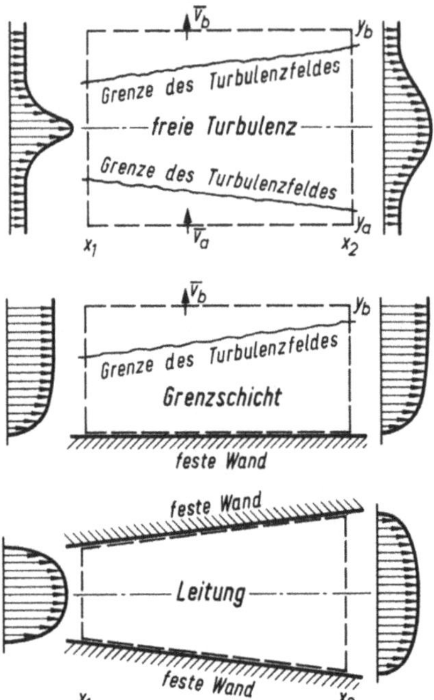

Fig. 33
Zum Energiehaushalt stationärer Scherströmungen

ersteren Fall) oder $\overline{u}=0$ (im letzteren Fall). Die Integration von (3.32) ergibt, nachdem die mit $(\overline{u}^2+\overline{q^2})/2+p_\infty/\varrho$ multiplizierte Kontinuitätsgleichung (3.2) addiert wurde,

$$\left[\int_{y_a}^{y_b}\overline{u}\left(\frac{\overline{u}^2+\overline{q^2}}{2}+\frac{\overline{p}_\infty}{\varrho}\right)\mathrm{d}y\right]_2-\left[\int_{y_a}^{y_b}\overline{u}\left(\frac{\overline{u}^2+\overline{q^2}}{2}+\frac{\overline{p}_\infty}{\varrho}\right)\mathrm{d}y\right]_1+$$
$$+\int_{x_1}^{x_2}\left\{\left[\overline{v}\left(\frac{\overline{u}^2}{2}+\frac{\overline{p}_\infty}{\varrho}\right)\right]_b-\left[\overline{v}\left(\frac{\overline{u}^2}{2}+\frac{\overline{p}_\infty}{\varrho}\right)\right]_a\right\}\mathrm{d}x+\int_{x_1}^{x_2}\int_{y_a}^{y_b}\frac{\overline{\Phi}}{\varrho}\,\mathrm{d}y\,\mathrm{d}x=0. \tag{3.33}$$

Diese Gleichung besagt einfach, daß bei einer im Mittel stationären Strömung die Summe der durch die Berandung einströmenden kinetischen Energie und der Leistung des Druckes im Inneren des Volumens durch Zähigkeitskräfte dissipiert wird. Das Integral von Gl. (3.31),

$$\left[\int_{y_a}^{y_b} \bar{u}\left(\frac{\bar{u}^2}{2}+\frac{\bar{p}_\infty}{\varrho}\right)\mathrm{d}y\right]_2-\left[\int_{y_a}^{y_b} \bar{u}\left(\frac{\bar{u}^2}{2}+\frac{\bar{p}_\infty}{\varrho}\right)\mathrm{d}y\right]_1+$$

$$+\int_{x_1}^{x_2}\left\{\left[\bar{v}\left(\frac{\bar{u}^2}{2}+\frac{\bar{p}_\infty}{\varrho}\right)\right]_b-\left[\bar{v}\left(\frac{\bar{u}^2}{2}+\frac{\bar{p}_\infty}{\varrho}\right)\right]_a\right\}\mathrm{d}x- \tag{3.34}$$

$$-\int_{x_1}^{x_2}\int_{y_a}^{y_b}\overline{u'v'}\frac{\partial\bar{u}}{\partial y}\mathrm{d}y\mathrm{d}x+\int_{x_1}^{x_2}\int_{y_a}^{y_b}\mathsf{E}\mathrm{d}y\mathrm{d}x=0,$$

bringt dagegen zum Ausdruck, daß die der gemittelten Strömung entzogene Energie nur zum Teil direkt dissipiert wird; zum größeren Teil wird sie von der Leistung der Reynolds-Spannungen, d.h. von dem Produkt aus Reynolds-Spannungen und Geschwindigkeitsgradienten $-\overline{u'v'}\,\partial\bar{u}/\partial y$, weitergegeben. In der Gleichung für die kinetische Turbulenzenergie, Gl. (3.28), tritt die Leistung der Reynolds-Spannungen mit umgekehrten Vorzeichen wie in Gl. (3.31) auf. Das Integral von (3.28),

$$\left[\int_{y_a}^{y_b}\bar{u}\frac{\overline{q^2}}{2}\mathrm{d}y\right]_2-\left[\int_{y_a}^{y_b}\bar{u}\frac{\overline{q^2}}{2}\mathrm{d}y\right]_1+\int_{x_1}^{x_2}\int_{y_a}^{y_b}\overline{u'v'}\frac{\partial\bar{u}}{\partial y}\mathrm{d}y\mathrm{d}x+\int_{x_1}^{x_2}\int_{y_a}^{y_b}\varepsilon\mathrm{d}y\mathrm{d}x=0, \tag{3.35}$$

beinhaltet demgemäß, daß die turbulente Dissipation gleich der Leistung der Reynolds-Spannungen zuzüglich der Summe der an den Rändern des Volumens einströmenden kinetischen Energie der Schwankungen ist. Die Umwandlung der der mittleren Strömung entzogenen Energie in Wärme geht bei turbulenten Scherströmungen also stufenweise vor sich. In der ersten Stufe wird die Energie der gemittelten Strömung, soweit sie nicht direkt dissipiert wird – in nennenswertem Umfang geschieht dies nur in der Nähe fester Wände –, in kinetische Energie ungeordneter Flüssigkeitsbewegung umgesetzt, und in der letzten Stufe findet die turbulente Energiedissipation statt. Zwischen diesen Vorgängen sind Transportprozesse eingeschaltet, in Gl. (3.28), (3.31) und (3.32) von denjenigen Gliedern bewirkt, die bei der Integration, Gl. (3.33), (3.34) und (3.35), verschwinden. Im allgemeinen fallen deshalb die Orte maximalen Energieentzuges aus der gemittelten Strömung und der maximalen Dissipation nicht zusammen.

Da die Dissipation ε stets positiven Wert hat, folgt aus (3.35), wenn man die Integration von $-\infty \leq x \leq +\infty$ erstreckt, daß eine stationäre turbulente Strömung nur möglich ist, wenn die Leistung der Reynolds-Spannungen irgendwo im Strömungsfeld positiv ist[1]). Das Glied $\overline{u'v'}\,\partial\bar{u}/\partial y$, das in (3.25) und (3.28) als Turbulenzenergie-

[1]) Dies schließt nicht aus, daß örtliche Gebiete mit „negativer Energieproduktion" auftreten können. Vgl. hierzu Eskinazi, S.; Erian, F. F.: Energy reversal in turbulent flows. Phys. Fluids **12** (1969) 1988–1998.

erzeuger auftritt, und ebenso das Glied $\overline{v'^2}\,\partial\bar{u}/\partial y$ in (3.27) beschreiben also den wichtigsten Effekt bei Scherströmungen.

Ergänzung. Wie die Umsetzung der kinetischen Energie der gemittelten Strömungsgeschwindigkeit in Energie der Geschwindigkeitsschwankungen vor sich geht, erkennt man etwa, wenn man ein infinitesimales Volumenelement der Flüssigkeit betrachtet, welches die Geschwindigkeitskomponenten u' und v' relativ zur gemittelten Strömungsgeschwindigkeit hat[1]). In einem kleinen Zeitintervall Δt wandert dieses Volumenelement um die Strecke $\Delta y = v'\Delta t$ in Richtung der y-Achse. Am Ende des Zeitintervalls, innerhalb dessen die Wirkungen äußerer Kräfte auf das Element vernachlässigt werden können, beträgt die Längsgeschwindigkeitskomponente bezüglich der gemittelten Geschwindigkeit $u' - \partial\bar{u}/\partial y\, v'\Delta t$. Die kinetische Energie der u-Komponente ist jetzt

$$\frac{1}{2}\left(u' - \frac{\partial\bar{u}}{\partial y}v'\Delta t\right)^2 = \frac{1}{2}u'^2 - u'v'\frac{\partial\bar{u}}{\partial y}\Delta t + \cdots. \tag{3.36}$$

Nimmt man den Mittelwert, so sieht man, daß das Glied $-\overline{u'v'}\,\partial\bar{u}/\partial y$ den Betrag angibt, den die Längsgeschwindigkeitskomponente in der Zeiteinheit an Energie gewinnt, wenn keine anderen Wirkungen vorhanden sind. Multipliziert man die Geschwindigkeit am Ende des Zeitintervalls mit $-v'$, so erhält man

$$-v'\left(u' - \frac{\partial\bar{u}}{\partial y}v'\Delta t\right) = -v'u' + v'^2\frac{\partial\bar{u}}{\partial y}\Delta t. \tag{3.37}$$

Der Mittelwert dieser Ausdrücke zeigt, daß das Glied $\overline{v'^2}\,\partial\bar{u}/\partial y$ den zeitlichen Betrag für die Erzeugung von $-\overline{u'v'}$ bei Abwesenheit anderer Effekte darstellt.

3.1.5. Scherströmungen großer Reynolds-Zahlen. Wenn die örtliche Turbulenz-Reynolds-Zahl sehr groß ist (sagen wir $Re = \sqrt{\overline{q^2}}\,L/\nu \sim 10^4$, wobei L ein Integral-Längenmaß nach Gl. (1.37) ist), dann darf nicht nur die molekulare Schubspannung $\nu\,\partial\bar{u}/\partial y$ neben $-\overline{u'v'}$ in der Gleichung für die gemittelte Geschwindigkeit (Gl. (3.11)) vernachlässigt werden, sondern in den Gleichungen von 3.1.3 auch alle mit ν multiplizierten Glieder, die von Differentialquotienten der Mittelwerte gebildet werden. Das sind namentlich $\nu\,\partial^2\overline{u'^2}/\partial y^2$ in Gl. (3.25), $\nu\,\partial^2\overline{v'^2}/\partial y^2$ in Gl. (3.26) und $\nu\,\partial^2\overline{u'v'}/\partial y^2$ in Gl. (3.27) sowie alle mit ν multiplizierten Glieder in (3.28) bis (3.32) mit Ausnahme der turbulenten Dissipation ε. Darüber hinaus kann man annehmen, daß das Turbulenzfeld lokalisotrop im Sinne der Darlegungen von 2.4.1 ist. Daher gilt wieder

$$2\nu\left(\overline{\frac{\partial u_i'}{\partial x_k}\frac{\partial u_j'}{\partial x_k}}\right) = \tfrac{2}{3}\varepsilon\delta_{ij}, \tag{3.38}$$

wie aus Gl. (2.83) und (2.84) folgt. Mit diesen Vereinfachungen ergeben sich aus Gl. (3.25) bis (3.27) von 3.1.3

[1]) Dieses Volumenelement braucht nicht mit einem Turbulenzballen im Sinne der Mischungswegtheorie identisch zu sein (vgl. 3.4.1).

$$\bar{u}\frac{\partial\overline{u'^2}}{\partial x}+\bar{v}\frac{\partial\overline{u'^2}}{\partial y}+2\overline{u'v'}\frac{\partial\bar{u}}{\partial y}+\left\langle 2\overline{u'^2}\frac{\partial\bar{u}}{\partial x}\right\rangle-\frac{2}{\varrho}\overline{p'\frac{\partial u'}{\partial x}}+\frac{2}{3}\varepsilon+$$
$$+\frac{\partial}{\partial y}\overline{u'^2v'}+\left\langle\frac{\partial}{\partial x}(\overline{u'^3}+2\overline{u'p'}/\varrho)\right\rangle=0, \tag{3.39}$$

$$\bar{u}\frac{\partial\overline{v'^2}}{\partial x}+\bar{v}\frac{\partial\overline{v'^2}}{\partial y}-\left\langle 2\overline{v'^2}\frac{\partial\bar{u}}{\partial x}\right\rangle-\frac{2}{\varrho}\overline{p'\frac{\partial v'}{\partial y}}+\frac{2}{3}\varepsilon+$$
$$+\frac{\partial}{\partial y}(\overline{v'^3}+2\overline{v'p'}/\varrho)+\left\langle\frac{\partial}{\partial x}\overline{v'^2u'}\right\rangle=0, \tag{3.40}$$

$$\bar{u}\frac{\partial\overline{u'v'}}{\partial x}+\bar{v}\frac{\partial\overline{u'v'}}{\partial y}+\overline{v'^2}\frac{\partial\bar{u}}{\partial y}-\frac{1}{\varrho}\overline{p'\left(\frac{\partial u'}{\partial y}+\frac{\partial v'}{\partial x}\right)}+$$
$$+\frac{\partial}{\partial y}(\overline{u'v'^2}+\overline{u'p'}/\varrho)+\left\langle\frac{\partial}{\partial x}(\overline{u'^2v'}+\overline{v'p'}/\varrho)\right\rangle=0, \tag{3.41}$$

die effektiv in den meisten Fällen anwendbar sind; in der Energiegleichung (3.28) entfallen lediglich einige Glieder,

$$\bar{u}\frac{1}{2}\frac{\partial\overline{q^2}}{\partial x}+\bar{v}\frac{1}{2}\frac{\partial\overline{q^2}}{\partial y}+\overline{u'v'}\frac{\partial\bar{u}}{\partial y}+\left\langle(\overline{u'^2}-\overline{v'^2})\frac{\partial\bar{u}}{\partial x}\right\rangle+\varepsilon+$$
$$+\frac{\partial}{\partial y}\overline{[(q^2/2+p'/\varrho)v']}+\left\langle\frac{\partial}{\partial x}\overline{[(q^2/2+p'/\varrho)u']}\right\rangle=0. \tag{3.42}$$

Formal tritt die Zähigkeit in diesen Gleichungen nicht mehr auf. Aber auch praktisch ist der Strömungsprozeß im großen von der Zähigkeit unabhängig, denn den Dissipationsvorgang beherrscht, wie in isotropen Turbulenzfeldern, die in 2.3.3 beschriebenen Energieübertragung von großen auf kleinere Turbulenzelemente, so daß die Größe der Dissipation ε von der Zähigkeit unabhängig ist. Aus Dimensionsbetrachtungen bekommt man, ähnlich wie in 2.4.5,

$$\varepsilon=c\frac{(\overline{q^2}/2)^{\frac{3}{2}}}{L}, \tag{3.43}$$

wobei L ein passendes Längenmaß der großen Wirbel (Integral-Längenmaß) und c eine von der Struktur des Feldes abhängige dimensionslose Größe ist.

Experimentelle Bestätigung. Daß die Verteilungen der gemittelten Geschwindigkeiten turbulenter Strömungen, für die die obigen Voraussetzungen erfüllt sind, weitgehend unabhängig von der Reynolds-Zahl sind, wurde experimentell schon sehr zeitig beobachtet. Später konnte auch die Existenz lokaler Isotropie in vielen Strömungen durch Messungen nachgewiesen werden, so von A. A. Townsend[1]) im Nachlauf hinter einem Zylinder, von St.

[1]) Townsend, A. A.: Local isotropy in the turbulent wake of a cylinder. Austr. J. Sci. Res. A, **1** (1948) 161–174.

Corrsin[1]) im Freistrahl, von J. Laufer[2]) bei der Rohrströmung und von P. S. Klebanoff[3]) in der Grenzschicht. Allerdings sind nicht alle vorliegenden Messungen ganz widerspruchsfrei.

Energiegleichung für achsensymmetrische Scherströmungen großer Reynolds-Zahlen. Die Gleichung der kinetischen Energie der Geschwindigkeitsschwankungen für achsensymmetrische Strömungen ohne Drall sei der Vollständigkeit wegen angegeben:

$$\bar{u}\frac{1}{2}\frac{\partial \overline{q^2}}{\partial x}+\bar{v}\frac{1}{2}\frac{\partial \overline{q^2}}{\partial r}+\overline{u'v'}\frac{\partial \bar{u}}{\partial r}+\left\langle(\overline{u'^2}-\overline{v'^2})\frac{\partial \bar{u}}{\partial x}+(\overline{w'^2}-\overline{v'^2})\frac{\bar{v}}{r}\right\rangle+$$
$$+\varepsilon+\frac{1}{r}\frac{\partial}{\partial r}\left[r\overline{\left(\frac{q^2}{2}+\frac{p'}{\varrho}\right)v'}\right]+\left\langle\frac{\partial}{\partial x}\left[\overline{\left(\frac{q^2}{2}+\frac{p'}{\varrho}\right)u'}\right]\right\rangle=0. \tag{3.44}$$

Diese Form gilt ebenso wie (3.42) nur für große Reynolds-Zahlen.

3.1.6. Gleichgewichtsbedingungen einfacher Scherströmungen.

Um anhand der vorstehenden Gleichungen für Scherströmungen großer Reynolds-Zahlen die wesentlichen Wirkungen zu erläutern, denken wir uns ein homogenes Turbulenzfeld in einer gemittelten Scherströmung mit konstantem Gradienten $\partial\bar{u}/\partial y$. Alle Transportglieder in den Gleichungen entfallen hierbei. Daß die Glieder des konvektiven Transports, $\bar{u}\,\partial\overline{u'^2}/\partial x+\bar{v}\,\partial\overline{u'^2}/\partial y$ usw. für die Aufrechterhaltung eines statistisch stationären Zustandes nicht unbedingt erforderlich sind, erkennt man daran, daß es Strömungen gibt, bei denen diese Glieder verschwinden. Dies ist z.B. bei der ausgebildeten Strömung durch ein langes zylindrisches Rohr oder einen Kanal konstanten Querschnitts der Fall. Die Diffusionsglieder ($\partial\overline{u'^2 v'}/\partial y$ usw.) verschwinden bei der Integration der Gleichungen in y-Richtung und tragen deshalb zum Gesamtgleichgewicht jeder Geschwindigkeitskomponente nichts bei. Man kann also schließen, daß auch diese Glieder für eine Gleichgewichtsströmung keineswegs lebensnotwendig sind, obgleich man praktisch keine Scherströmungen erzeugen kann, in denen die Diffusionswirkungen völlig entfallen.

Mit den erwähnten Vereinfachungen stehen die Erzeugungsglieder, die Mittelwertprodukte aus Schwankungen des Drucks und des Tensors der Verformungsgeschwindigkeiten sowie die turbulente Dissipation im Gleichgewicht miteinander. Dieser Gleichgewichtszustand ist in Fig. 34 schematisch dargestellt. Wenn eine Reynolds-Spannung $-\overline{u'v'}$ und ein Gradient der gemittelten Geschwindigkeit $\partial\bar{u}/\partial y$ vorhanden sind, so wird die insgesamt je Zeiteinheit erzeugte Turbulenzenergie, $-\overline{u'v'}\,\partial\bar{u}/\partial y$, die also gleich der turbulenten Dissipation ε ist, vollständig den u'-Schwankungen zugeführt. Die von der v'- und w'-Komponente dissipierte Energie wird durch die Glieder $\overline{p'(\partial v'/\partial y)}/\varrho=\varepsilon/3$ und $\overline{p'(\partial w'/\partial z)}/\varrho=\varepsilon/3$ geliefert, so daß $\overline{p'(\partial u'/\partial x)}/\varrho=-2\varepsilon/3$ ist.

[1]) Corrsin, St.: An experimental verification of local isotropy. J. Aeron. Sci. **16** (1949) 757–758.

[2]) Laufer, J.: The structure of turbulence in fully developed pipe flow. NACA TR 1174 1954.

[3]) Klebanoff, P. S.: Characteristics of turbulence in a boundary layer with zero pressure gradient. NACA TR 1247 1955.

Die Schwankungen der Geschwindigkeitskomponenten in y- und z-Richtung verdanken ihre Existenz also der Korrelation zwischen Druckschwankungen und Schwankungen der Geschwindigkeitsgradienten. Die Intensitäten der v'- und w'-Schwankungen werden deshalb niedriger als die u'-Intensität sein. Die Reynolds-Scherspannung wird durch das Gleichgewicht zwischen dem Erzeugungsglied, $\overline{v'^2}\,\partial\bar{u}/\partial y$

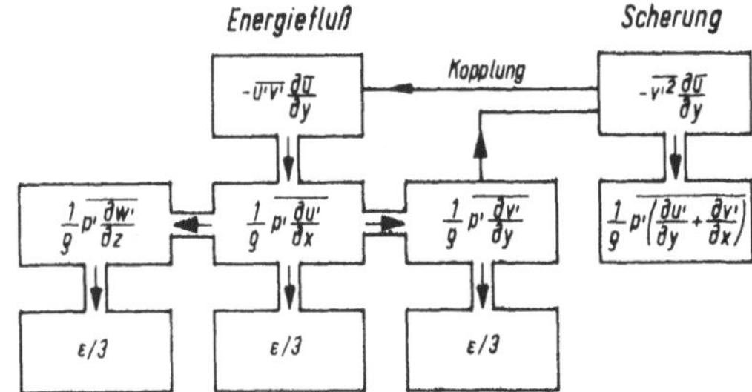

Fig. 34
Gleichgewichtsbedingungen einer lokalisotrope Scherströmung

und dem Mittelwertprodukt aus Schwankungen des Drucks und des Tensors der Verformungsgeschwindigkeiten, $\overline{p'(\partial u'/\partial y+\partial v'/\partial x)}/\varrho$ aufrecht erhalten. Die Gleichungen für die Schwankungsenergie und die Schubspannung sind wechselseitig miteinander gekoppelt, weil neben einem Mittelwert $\partial\bar{u}/\partial y$ die v'-Schwankungen zur Aufrechterhaltung von $-\overline{u'v'}$ notwendig sind und die Aufrechterhaltung von v' das Vorhandensein von $-\overline{u'v'}$ erfordert.

Derart einfache Strömungsverhältnisse, wie sie den vorstehenden Betrachtungen zugrunde liegen, trifft man praktisch nur selten an. Mit guter Annäherung sind sie z. B. im mittleren Bereich zwischen zwei sich parallel zueinander bewegenden Platten (ebene Couette-Strömung), Fig. 35, erfüllt. W. G. Rose[1]) ist es gelungen, in

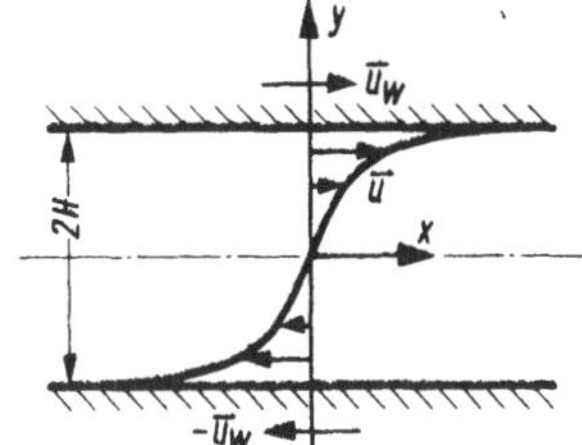

Fig. 35
Turbulente Scherströmung zwischen bewegten ebenen Platten (ebene Couette-Strömung)

einem Windkanal durch ein Stabgitter mit passend gewählter Verteilung der Stababstände ein näherungsweise homogenes Turbulenzfeld mit konstantem Geschwindigkeitsgradienten zu erzeugen und wesentliche Turbulenzgrößen zu messen. In der

---

[1]) Rose, W. G.: Results of an attempt to generate a homogeneous turbulent shear flow. J. Fluid Mech. **25** (1966) 97–120.

Regel sind jedoch die Transportglieder mehr oder weniger stark am Gleichgewichtszustand beteiligt.

Außerdem darf man nicht übersehen, daß Gl. (3.20) bis (3.28) die tatsächlichen Vorgänge ohnehin nur in sehr stark vereinfachter Weise beschreiben und eine Reihe von Fragen unbeantwortet lassen. So ersieht man aus den Gleichungen für die statistischen Momente an zwei oder mehr Punkten des Feldes, daß z.B. die Verteilung der gemittelten Geschwindigkeit der gesamten Felder zur Wirkung kommt, während in den Gleichungen von 3.1.3 nur örtliche Werte und deren Ableitungen erster Ordnung erscheinen.

Korrelation zwischen Schwankungen des Drucks und der Verformungsgeschwindigkeiten. Die Betrachtungen zeigen eindringlich die große Rolle, die die Druckschwankungen beim Mechanismus turbulenter Strömungen spielen. Hierauf wurde bereits in 2.5 hingewiesen, und es wurde dort auch eine empirische Abschätzungsformel für die Korrelation zwischen den Schwankungen des Drucks und der Verformungsgeschwindigkeiten für homogene Turbulenzfelder angegeben. Nach 1.3.4 setzen sich die Druckschwankungen aus Beiträgen des gesamten Strömungsfeldes zusammen, wenngleich die Gebiete, die vom betrachteten Punkt weiter entfernt sind, weniger beitragen als die benachbarten Regionen. Damit kommen praktisch auch alle Inhomogenitäten des Feldes ins Spiel. Noch wichtiger ist aber, daß die Druckschwankungen zum Teil von den Gradienten der gemittelten Geschwindigkeit erzeugt werden. Auf diese Weise gewinnt also die Verteilung der gemittelten Geschwindigkeit des ganzen Feldes abermals Einfluß auf die örtlichen Verhältnisse. Würde man für die Druckschwankungen den Integralausdruck (1.167) einsetzen, so würden die partiellen Differentialgleichungen (3.25) bis (3.27) in Integro-Differentialgleichungen übergehen.

Abschätzung. Um insbesondere über die Größenordnung der Beiträge zu den Druckschwankungsgliedern, die von der gemittelten Geschwindigkeitsverteilung bewirkt werden, eine Vorstellung zu vermitteln, soll die Möglichkeit einer Abschätzung kurz besprochen werden, wobei auch die Druckdiffusion $\overline{p'u_i'}$ in die Betrachtungen einbezogen wird. Allgemein kann man die Druckschwankungen aufspalten,

$$p' = p'_{\mathrm{M}} + p'_{\mathrm{T}}, \tag{3.45}$$

und erhält damit

$$\overline{p' \frac{\partial u_i'}{\partial x_j}} = \overline{p'_{\mathrm{M}} \frac{\partial u_i'}{\partial x_j}} + \overline{p'_{\mathrm{T}} \frac{\partial u_i'}{\partial x_j}}, \tag{3.46}$$

wobei der Index M die Beiträge kennzeichnet, die durch Wechselwirkung der Geschwindigkeitsschwankungen mit den gemittelten Geschwindigkeiten erzeugt werden, während die mit dem Index T versehenen Anteile durch statistische Wechselwirkungen von drei Geschwindigkeitskomponenten verursacht werden. Man könnte versuchen, das Glied $\overline{p'_{\mathrm{T}}(\partial u_i'/\partial x_j)}$ mit der durch Gl. (2.270) gegebenen Formel zu erfassen. Für das andere Glied multipliziert man Gl. (1.167) mit u_i' bzw. $\partial u_i'/\partial x_j$ und führt die Mittelung durch. Mit $\boldsymbol{x}^{(1)} = \boldsymbol{x} + \boldsymbol{r}$ und Gl. (1.39) bis (1.41) für die Korrelationsfunktionen erhält man formal für die Druck-Geschwindigkeitskorrelation (Druckdiffusion)

$$\frac{1}{\varrho}\overline{p'_{\mathrm{M}}u'_i}(\boldsymbol{x}) = \frac{1}{2\pi}\int\limits_{V(\boldsymbol{r})} \frac{\partial}{\partial r_l}\overline{u}_k(\boldsymbol{x}+\boldsymbol{r})\frac{\partial}{\partial r_k}R_{il}(\boldsymbol{x},\boldsymbol{r})\frac{\mathrm{d}\boldsymbol{r}}{|\boldsymbol{r}|} \tag{3.47}$$

und für die Druck-Scherkorrelation

$$\begin{aligned}\frac{1}{\varrho}\overline{p'_{\mathrm{M}}\frac{\partial u'_i}{\partial x_j}}(\boldsymbol{x}) = &-\frac{1}{2\pi}\int\limits_{V(\boldsymbol{r})} \frac{\partial}{\partial r_l}\overline{u}_k(\boldsymbol{x}+\boldsymbol{r})\frac{\partial^2}{\partial r_j\partial r_k}R_{il}(\boldsymbol{x},\boldsymbol{r})\frac{\mathrm{d}\boldsymbol{r}}{|\boldsymbol{r}|}+\\ &+\frac{1}{2\pi}\int\limits_{V(\boldsymbol{r})} \frac{\partial}{\partial r_l}\overline{u}_k(\boldsymbol{x}+\boldsymbol{r})\frac{\partial^2}{\partial x_j\partial r_k}R_{il}(\boldsymbol{x},\boldsymbol{r})\frac{\mathrm{d}\boldsymbol{r}}{|\boldsymbol{r}|}.\end{aligned} \tag{3.48}$$

Die Integration ist dabei über den gesamten $\boldsymbol{r}$-Raum zu erstrecken. In diesen Beziehungen wurde davon abgesehen, daß die Abmessungen der Scherfelder endlich sind; die Vernachlässigung der Oberflächenintegrale (vgl. Gl. (1.165)) ist bei Anwesenheit fester Begrenzungen mit Vorbehalt erlaubt. Im übrigen sind Gl. (3.47) und (3.48) jedoch exakt. Einer rohen numerischen Abschätzung werden zusätzlich folgende Annahmen zugrundegelegt:

a) Es handelt sich um eine einfache Scherströmung, $(\partial\overline{u}/\partial x \ll \partial\overline{u}/\partial y)$;

b) der Gradient der gemittelten Geschwindigkeit wird in eine Taylor-Reihe entwickelt,

$$\frac{\partial}{\partial r_y}\overline{u}(\boldsymbol{x}+r_y) = \frac{\partial\overline{u}(\boldsymbol{x})}{\partial y} + r_y\frac{\partial^2\overline{u}(\boldsymbol{x})}{\partial y^2} + \frac{r_y^2}{2}\frac{\partial^3\overline{u}(\boldsymbol{x})}{\partial y^3} + \cdots; \tag{3.49}$$

c) für die Geschwindigkeitskorrelationsfunktionen gelten die Verteilungen der isotropen Turbulenz, Gl. (2.50).

Bei der Integration über den $\boldsymbol{r}$-Raum verfährt man ähnlich wie bei den Integrationen über den $\boldsymbol{k}$-Raum in 2.3.1. Man erhält

$$\overline{p'_{\mathrm{M}}\left(\frac{\partial u'}{\partial y}+\frac{\partial v'}{\partial x}\right)}\Big/\varrho = \frac{1}{5}\overline{q^2}\frac{\partial\overline{u}}{\partial y} + \frac{1}{45}\overline{q^2}\frac{\partial^3\overline{u}}{\partial y^3}\int\limits_0^\infty r\,f(r)\,\mathrm{d}r + \cdots \tag{3.50}$$

und

$$\overline{p'_{\mathrm{M}}u'}/\varrho = \frac{2}{15}\overline{q^2}\frac{\partial^2\overline{u}}{\partial y^2}\int\limits_0^\infty r\,f(r)\,\mathrm{d}r + \cdots, \tag{3.51}$$

wobei $f(r)$ die durch Fig. 13 definierte Längskorrelationsfunktion ist. Wegen der vorausgesetzten Symmetrie des Korrelationstensors ergibt sich die Gleichung

$$\overline{p'_{\mathrm{M}}\left(\frac{\partial u'}{\partial x}\right)} = \overline{p'_{\mathrm{M}}\left(\frac{\partial v'}{\partial y}\right)} = \overline{p'_{\mathrm{M}}\left(\frac{\partial w'}{\partial z}\right)} = \overline{p'_{\mathrm{M}}v'} = 0. \tag{3.52}$$

Aus dem gleichen Grunde treten bei der Reihe von (3.50) nur die Ableitungen ungerader Ordnung von $\overline{u}$ und bei (3.51) nur die gerader Ordnung auf. Natürlich können die Reihenentwicklungen nur über wenige Glieder fortgesetzt werden, da die Existenz der erscheinenden Integralmomente von $f(r)$ höherer Ordnung fraglich ist (vgl. 2.4.2)[1]). Für große Reynolds-Zahlen gilt schätzungsweise $\int_0^\infty r\,f(r)\,\mathrm{d}r \approx 6\,L_g^2$ mit L_g nach (2.53)[2]). Da bei isotroper Ver-

[1]) Diese Problematik besteht bei Turbulenzfeldern endlicher Abmessungen nicht.

[2]) Rotta, J.: Statistische Theorie nichthomogener Turbulenz. 1. Mitt.: siehe Fußnote 2, S. 123; 2. Mitt.: Z. Phys. **131** (1951) 51–77.

teilung der Geschwindigkeitsschwankungen $\overline{v'^2}=\overline{q^2}/3$ gilt, beträgt also das erste Glied von (3.50) nach dieser Abschätzung 60% des Produktionsgliedes $\overline{v'^2}\,\partial\bar{u}/\partial y$ in (3.41). Dieses Ergebnis hebt die Bedeutung der durch Wechselwirkung mit der gemittelten Geschwindigkeitsverteilung erzeugten Druckschwankungen hervor.

Einfluß zeitlicher Änderungen und der konvektiven Glieder. Gemäß dem statistischen Gleichgewicht für einfache stationäre Scherströmungen besteht unter gegebenen Umständen ein funktionaler Zusammenhang zwischen der Reynolds-Schubspannung und dem Gradienten $\partial\bar{u}/\partial y$. In gewisser Weise liegt also eine Ähnlichkeit im Verhalten der Reynolds-Spannungen turbulenter Strömungen mit den Spannungen eines viskosen Kontinuums vor, nur ist der Zusammenhang zwischen Spannungen und Verformungsgeschwindigkeiten viel komplizierter – also keineswegs linear wie in einer Newtonschen Flüssigkeit –. Aus den hergeleiteten Gleichungen kann man nun auch über die Auswirkung zeitlicher Änderungen von $\partial\bar{u}/\partial y$ etwas lernen. Es ist leicht einzusehen, daß bei einer plötzlichen Änderung von $\partial\bar{u}/\partial y$ um einen endlichen Betrag, die man sich durch entsprechende Körperkräfte hervorgerufen denken kann, die Schubspannung $-\varrho\overline{u'v'}$ und das Turbulenzenergieniveau im ersten Augenblick unverändert bleiben und sich dann allmählich dem neuen Gleichgewichtszustand annähern. Das neue Gleichgewicht wird also erst nach einer gewissen Relaxationszeit hergestellt.

Zur Erläuterung wollen wir annehmen, man könnte neben den Diffusionsgliedern auch $\overline{p'_{\mathrm{T}}\partial u'_i/\partial x_j}$ ausschalten. Man würde dann für die Schubspannung

$$\varrho\frac{\partial}{\partial t}(-\overline{u'v'})=\varrho(\overline{v'^2}-\overline{q^2}/5)\frac{\partial\bar{u}}{\partial y} \tag{3.53}$$

erhalten, wobei für $\overline{p'_{\mathrm{M}}\left(\frac{\partial u'}{\partial y}+\frac{\partial v'}{\partial x}\right)}$ Gl. (3.50) mitbenutzt und Ableitungen höherer Ordnung von $\bar{u}$ als nicht vorhanden angenommen werden. Nach dieser Gleichung wird in einem kleinen Zeitintervall ∂t die gleiche Zunahme der Schubspannung $\partial(-\varrho\overline{u'v'})=\partial\tau$ bewirkt, wie in einem elastischen Medium mit dem Schubmodul $G=\varrho(\overline{v'^2}-\overline{q^2}/5)$; denn die Verschiebung eines materiellen Punktes ist im Mittel $\partial\xi=\bar{u}\,\partial t$, so daß

$$\frac{\partial\tau}{\partial t}=G\frac{\partial}{\partial t}\left(\frac{\partial\xi}{\partial y}\right) \tag{3.54}$$

gilt. Nimmt man nun die Gleichungen für $\overline{u'^2}$, $\overline{v'^2}$ und $\overline{q^2}$ hinzu und denkt sich auch die turbulente Dissipation ausgeschaltet, so findet man grundsätzlich ein ähnliches Verhalten, jedoch sind der „Schubmodul" G und die übrigen auftretenden „Elastizitätsmoduln" bei längerem Wirken der Verformungsgeschwindigkeiten veränderlich. Nichtdestoweniger entspricht das Verhalten des so verstümmelten Turbulenzmechanismus dem eines elastischen Mediums, wenngleich weit kompliziertere Zusammenhänge als nach dem Hookeschen Elastizitätsgesetz gelten. Von hier ist es nach Wiedereinführen von $\overline{p'_{\mathrm{T}}\partial u'_i/\partial x_j}$ und der turbulenten Dissipation nur noch ein kleiner

Schritt zu der Feststellung, daß die Gesetzmäßigkeiten zwischen den Reynolds-Spannungen und den gemittelten Geschwindigkeiten mit denen viskoelastischer Medien vergleichbar sind. Dies gilt vor allem auch, wenn an die Stelle der partiellen Differentialquotienten $\partial/\partial t$ die substantiellen Ableitungen $\bar{D}/Dt = \partial/\partial t + \bar{u}\,\partial/\partial x + \bar{v}\,\partial/\partial y$ treten[1]). Das heißt, daß auch bei stationären Scherströmungen, bei denen jedoch die konvektiven Transportglieder nennenswerten Einfluß haben (Freistrahlen, Grenzschichten u.a.), die Wechselwirkungen zwischen gemittelten Geschwindigkeiten und Reynolds-Spannungen durch Vergleich mit einem viskoelastischen Medium erklärt werden können.

3.1.7. Räumlich-zeitlicher Bewegungsablauf. Die den vorstehenden Darlegungen zugrunde liegende Konzeption, nach der die Beiträge zur kinetischen Energie der Schwankungen und zur Reynolds-Spannung hauptsächlich von den großen Turbulenzelementen kommen, schließt in sich ein, daß der Einfluß der gemittelten Schergeschwindigkeit in erster Linie auf diese Elemente wirkt und daß die dissipierte Energie durch den in 2.3.3 beschriebenen Kaskadenprozeß den kleinen Turbulenzelementen zugeleitet wird. Die Frage, wie im einzelnen die Wechselwirkungen in den großen Turbulenzelementen zum Entstehen von $\overline{u'v'}$ führen, wurde nicht berührt. Eine durch Beweise gesicherte Antwort darauf steht noch aus; sie ist auch durch Hinschreiben weiterer Gleichungen nicht zu finden. Mit dem Ziel, den Mechanismus turbulenter Scherströmungen besser zu verstehen, hat man viele Messungen von Korrelationen zwischen Geschwindigkeitsschwankungen an zwei Punkten und von Frequenzspektren durchgeführt. Zwar handelt es sich hier stets um Messungen in speziellen Strömungen, dennoch können einige typische Erscheinungen allgemeines Interesse für sich beanspruchen.

Korrelationsfunktionen. Daß die Turbulenzfelder in Scherströmungen gewöhnlich inhomogen und vor allem anisotrop sind, folgt aus den vorherigen Abschnitten. Weniger selbstverständlich ist, daß sich die durch die gemittelte Schergeschwindigkeit bewirkte Anisotropie nicht nur in unterschiedlichen Schwankungsintensitäten $(\overline{u'^2} \neq \overline{v'^2} \neq \overline{w'^2})$, sondern auch wesentlich in den Formen der Korrelationsfunktionen äußert. Das geht z.B. aus den Korrelationsfunktionen einer turbulenten Grenzschicht hervor, die in Fig. 36 in der normierten Form

$$R_{ij} = \frac{\overline{u'_i(\boldsymbol{x})\,u'_j(\boldsymbol{x}+\boldsymbol{r})}}{\overline{u'_i(\boldsymbol{x})\,u'_j(\boldsymbol{x})}} \tag{3.55}$$

dargestellt sind[2]). Die einzige Ähnlichkeit der Kurven von Fig. 36a mit denen isotroper Turbulenzfelder besteht darin, daß die drei Kurven $R_{11}(y, r_x)$, $R_{22}(y, r_y)$, $R_{33}(y, r_z)$[3]) im ganzen Bereich positiv sind, während die restlichen Kurven aus Konti-

[1]) Vgl. Crow, S. C.: Viscoelastic properties of fine-grained incompressible turbulence. J. Fluid Mech. **33** (1968) 1–20.

[2]) Grant, H. L.: The large eddies of turbulent motion. J. Fluid Mech. **4** (1958) 149–190.

[3]) Es bedeuten: $u'_1 = u'$; $u'_2 = v'$; $u'_3 = w'$.

nuitätsgründen für große $\boldsymbol{r}$-Werte negativ werden (vgl. Fig. 14). Beachtenswert sind jedoch die große Ausdehnung von $R_{11}(y,r_x)$ verglichen mit der für $R_{22}(y,r_y)$ und $R_{33}(y,r_z)$ und die unterschiedlichen Formen von $R_{11}(y,r_y)$ und $R_{11}(y,r_z)$ sowie von $R_{33}(y,r_x)$ und $R_{33}(y,r_y)$, die bei isotroper Turbulenz identisch sind. Außerdem fällt auf, daß die Korrelationen in transversaler Richtung (r_y) über Entfernungen bestehen, die einen großen Teil der Schichtdicke ausmachen. Die Kurven von Fig. 36b, bei denen der Festpunkt nahe der Wand liegt, zeigen nicht einmal eine qualitative Ähnlichkeit mit den Korrelationsfunktionen isotroper Turbulenz.

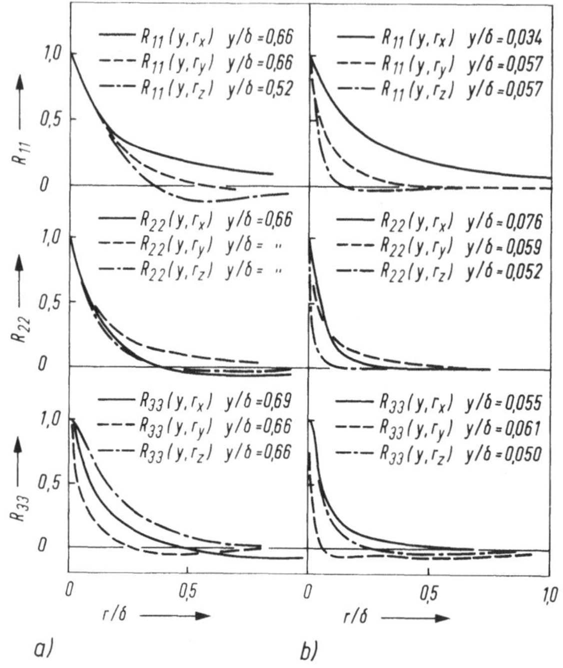

Fig. 36
Zweipunkt-Korrelationsfunktionen in einer turbulenten Grenzschicht (nach Messungen von H. L. Grant)
a) Festpunkt im äußeren Grenzschichtbereich, $y/\delta > 0{,}5$
b) Festpunkt nahe der Wand, $y/\delta < 0{,}08$

Weitergehende Einblicke in den Bewegungsablauf vermitteln räumlich-zeitliche Korrelationsfunktionen $R_{ij}(\boldsymbol{x},\boldsymbol{r},\tau)$. Zwei typische Ergebnisse von Messungen, die auch wieder in einer Grenzschicht ausgeführt wurden, sind in Fig. 37 und 38 wiedergegeben[1]).

Jede Kurve mit gegebenem Abstand $\boldsymbol{r}$ der Meßpunkte hat bei einem bestimmten Zeitverzug τ_m einen Maximalwert, der mit wachsendem Betrag $|\boldsymbol{r}|$ abnimmt. Bei den Längskorrelationen $R_{11}(y,r_x,\tau)$ ist der Zeitverzug τ_m, bei dem die maximale Korrelation auftritt, annähernd proportional r_x. Das Verhältnis $r_x/\tau_m = U_c$ gibt die Ge-

[1]) Favre, A. J.; Gaviglio, J. J.; Dumas, R. J.: Space-time double correlations and spectra in a turbulent boundary layer. J. Fluid Mech. 2 (1957) 313–342.

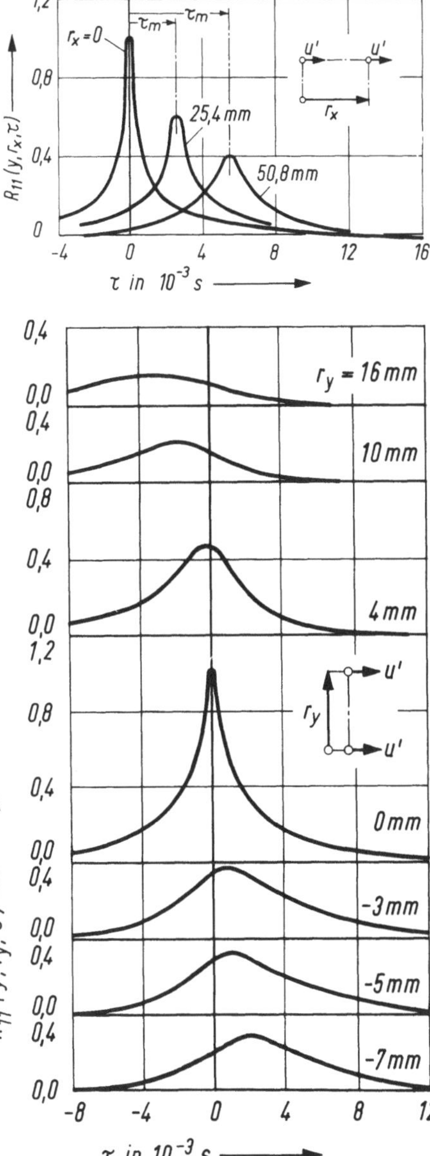

Fig. 37
Longitudinale Raum-Zeit-Korrelationen in der Grenzschicht an einer flachen Platte. Festpunkt bei $y = 4$ mm; $y/\delta = 0{,}24$, $u_\infty = 12$ m/s (nach Messungen von A. Favre und Mitarbeitern)

Fig. 38
Transversale Raum-Zeit-Korrelationen in der Grenzschicht an einer flachen Platte. Festpunkt bei $y = 8$ mm; $y/\delta = 0{,}24$, $u_\infty = 12$ m/s (nach Messungen von A. Favre und Mitarbeitern)

schwindigkeit an, mit der sich die Turbulenzelemente fortbewegen; U_c ist als eine Art Phasengeschwindigkeit anzusehen. Der Abbau der stromabwärts fortgeführten Korrelationen wird durch folgende Einflüsse bewirkt:

1. Viskose Dissipation der kleinen Turbulenzelemente.
2. Wechselwirkung zwischen Turbulenzelementen verschiedener Größen.
3. Verformung durch die Schergeschwindigkeit der gemittelten Strömung.

Trägt man die Meßergebnisse von Fig. 37 über $\tau-\tau_m$ auf, Fig. 39, so weichen die Kurven im Bereich $R_{11} \leq 0{,}2$ nur wenig voneinander ab. Der Abbau erfaßt also zunächst die kleinen Turbulenzelemente und greift graduell auf die größeren über. Die unter Punkt 1. und 2. genannten Wirkungen sind auch bei homogenen Turbulenz-

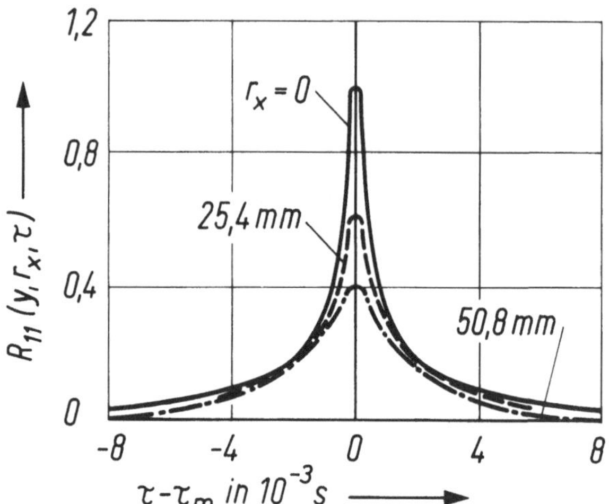

Fig. 39
Longitudinale Raum-Zeit-Korrelationen. Die Kurven von Fig. 37 sind um den Betrag τ_m verschoben

feldern vorhanden. Der Einfluß der gemittelten Schergeschwindigkeit tritt bei den transversalen Korrelationsfunktionen, Fig. 38, deutlich hervor. Die maximale Korrelation wird für positive Abstände r_y bei negativen Zeitverzügen τ_m beobachtet und für negative r_y bei positivem τ_m. Dies deutet auf eine schiefe Strömungsstruktur hin, wobei die Turbulenzelemente im äußeren Grenzschichtteil gegenüber den näher zur Wand befindlichen Elementen vorauseilen. Man vergleiche die Fig. 37 und 38 mit den Fig. 10 und 11.

Phasengeschwindigkeit. Nach 2.2.2 kann man bei Windkanalturbulenz auf Grund der Taylorschen Hypothese annehmen, daß die Turbulenzelemente mit der gemittelten Strömungsgeschwindigkeit „eingefroren" an der ruhenden Meßsonde vorbeigeführt werden, mit anderen Worten, die Phasengeschwindigkeit ist etwa gleich der gemittelten Geschwindigkeit. Deshalb kann man aus dem Frequenzspektrum auf das Wellenzahlenspektrum schließen. In Scherströmungen ist die Phasengeschwindigkeit nicht gleich der örtlichen gemittelten Strömungsgeschwindigkeit; sie ist von Ort zu Ort verschieden und außerdem frequenzabhängig.

Die Frequenzabhängigkeit bestimmt man, indem man bei der Messung der räumlich-zeitlichen Korrelationsfunktionen ein Bandfilter zwischenschaltet und nur die Beiträge eines schmalen Frequenzbandes berücksichtigt. Die Phasengeschwindigkeiten $U_c = r_x/\tau_m$ einer turbulenten Grenzschicht sind in Fig. 40 im Verhältnis zur örtlichen Strömungsgeschwindigkeit $\bar{u}$ über dem Parameter $r_x/(\delta\omega\tau_m)$ aufgetragen[1]). Bei kleinen Werten dieses Parameters, d.h. für die kleinen Turbulenzelemente ist die Phasengeschwindigkeit gleich dem örtlichen $\bar{u}$. Die Anwendung der Beziehung (Taylorsche Hypothese)

$$\overline{\left(\frac{\partial u'}{\partial x}\right)^2} = \frac{1}{\bar{u}^2}\overline{\left(\frac{\partial u'}{\partial t}\right)^2} \tag{3.56}$$

zur experimentellen Bestimmung der Dissipation ist daher auch bei Scherströmungen mit guter Annäherung gerechtfertigt[2]). Die Unterschiede zwischen U_c und $\bar{u}$ sind aber um so größer, je größer $r_x/(\delta\omega\tau_m)$ ist. Bei kleinem Wandabstand y/δ ist die Phasengeschwindigkeit größer als $\bar{u}$, bei großem y/δ ist sie kleiner.

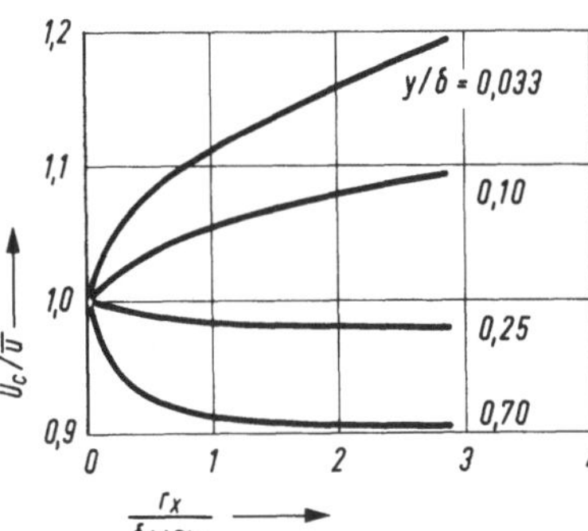

Fig. 40
Phasengeschwindigkeiten, bezogen auf die örtliche gemittelte Geschwindigkeit, in einer turbulenten Grenzschicht (nach Versuchen von A. Favre und Mitarbeitern)

Eine alternative Darstellung der räumlich-zeitlichen Struktur der Scherströmungsfelder hat J. A. B. Wills[3]) gegeben. Diese geht von der zweifachen Fourier-Transformation der Korrelationsfunktion

$$\Phi_{ij}(k_x,\omega) = \frac{2}{(2\pi)^2}\int_{-\infty}^{\infty}\int_{-\infty}^{\infty} R_{ij}(r_x,\tau)\,e^{-i(k_x r_x+\omega\tau)}\,dr_x\,d\tau \tag{3.57}$$

aus. Nach Definition der Phasengeschwindigkeit $U = -\omega/k_x$ wird die Funktion $\Phi_{ij}(k_x, -U k_x)$ als Linien konstanter Spektraldichte in ein k_x,U-Diagramm eingezeichnet. Eine spezielle

---

[1]) Favre, A.; Gaviglio, J.; Dumas, R.: Structure of velocity space-time correlations in a boundary layer. In: Bowden, K. F.; Frenkiel, F. N.; Tani, I. (Eds.): [23], S138–S145.

[2]) Heskestad, G.: A generalized Taylor hypothesis with application for high Reynolds number turbulent shear flows. Trans. ASME Ser. E: J. Appl. Mech. **32** (1965) 735–739. Paper No. 65-APM-G.

[3]) Wills, J. A. B.: On convection velocities in turbulent shear flows. J. Fluid Mech. **20** (1964) 417–432.

Phasengeschwindigkeit $U = U_c(k_x)$ ist durch die Bedingung

$$\partial \Phi_{ij}(k_x, -U k_x)/\partial U = 0 \tag{3.58}$$

gegeben. Ein Beispiel hierzu zeigt Fig. 41, das die Meßergebnisse an einem festen Ort in einem runden Freistrahl veranschaulicht.

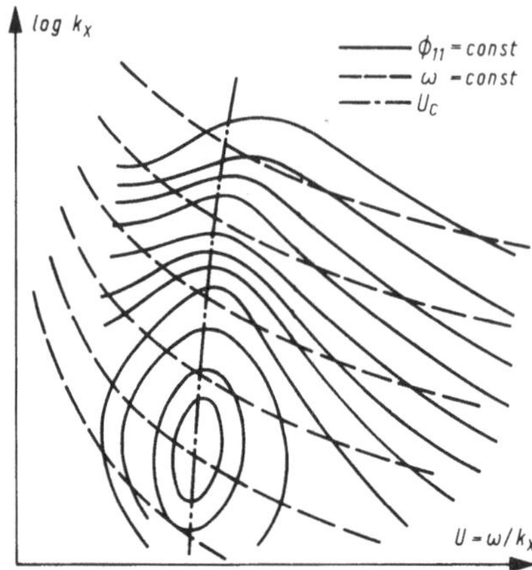

Fig. 41
Darstellung der Spektralfunktion Φ_{11} von (3.57) im k_x, U-Diagramm nach J.A.B. Wills

Wenngleich der Wert solcher zeitraubender Messungen für die Erforschung der Turbulenzbewegung über jedem Zweifel steht, darf man nicht übersehen, daß die vermittelte Information immer nur begrenzt ist und keineswegs eine vollständige Einsicht in die Vorgänge gewährt. Die Ergebnisse richtig zu interpretieren, ist daher mit Sicherheit nicht möglich, sondern die Deutung basiert mehr oder weniger stark auf Hypothesen. Visuelle Beobachtungen[1]) eröffnen vielfach neue Einblicke, die den Messungen statistischer Quantitäten verborgen bleiben, doch sind auch den hieraus zu ziehenden Schlußfolgerungen enge Grenzen gesetzt. Auf die vielfältigen Strömungsmodelle, mit denen man das Wesentliche der Beobachtungen und die Entstehung der Reynolds-Spannung zu beschreiben versucht, deren Gültigkeit aber nicht voll erwiesen ist, kann hier nicht eingegangen werden.

3.2. Strömung nahe fester Wände

Die Turbulenzfelder der Scherströmungen werden entweder durch feste Wände begrenzt, oder sie sind von Gebieten nichtturbulenter Strömung umgeben. Im letzteren Fall spricht man von freien Grenzen der Turbulenzfelder (vgl. 3.3). Die bisherigen Betrachtungen befassen sich nur mit den Vorgängen im Strömungsfeld, ohne die endlichen

[1]) Kline, S. J.; Reynolds, W. C.; Schraub, F. A.; Runstadler, P. W.: The structure of turbulent boundary layers. J. Fluid Mech. **30** (1967) 741–773.

Abmessungen des Feldes in Erwägung zu ziehen. Da die Makro-Längenmaße der Scherströmung meistens nicht klein im Vergleich zur Schichtdicke sind, unterliegt die Strömung nicht nur in der Nähe der Feldbegrenzungen besonderen Bedingungen, sondern das gesamte Turbulenzfeld wird von den an den Begrenzungen sich abspielenden Vorgängen mehr oder weniger beeinflußt.

3.2.1. Ähnlichkeitsbetrachtungen. Vor allem bedarf die Strömung in der Nähe fester Wände einer speziellen Betrachtung, wo die Turbulenzbewegung durch die Wand behindert wird. Die Geschwindigkeitsfluktuationen und damit auch die Reynoldssche Schubspannung fallen mit Annäherung an die Wand auf Null ab, da die Flüssigkeit an der Wand die Haftbedingung erfüllt. Nach dem Newtonschen Gesetz gilt dort deshalb

$$\lim_{y \to 0} \nu \frac{\partial \overline{u}}{\partial y} = \frac{\tau_w}{\varrho}, \tag{3.59}$$

wenn τ_w der Mittelwert der Schubspannung an der Wand ist. Die dämpfende Wirkung der Zähigkeitskräfte nimmt sehr rasch mit dem Wandabstand ab, so daß der Übergang zur vollausgebildeten turbulenten Strömung innerhalb einer Schicht, der viskosen Unterschicht geschieht, deren Dicke sehr klein im Vergleich zu den Abmessungen des Turbulenzfeldes ist. Deshalb sind weitere Vereinfachungen der Gleichungen zulässig und die Strömung wird durch wenige Parameter beschrieben. Der einfachste Fall ist die geradlinige Strömung entlang einer ebenen Wand mit glatter Oberfläche, die in der Ebene $y=0$ liegen möge. Das Strömungsfeld sei stationär und homogen in Ebenen $y=\text{const}$; der Mittelwert des Drucks an der Wand sei $\overline{p}_w=\text{const}$. Dann sind alle statistischen Werte nur Funktionen von y, jedoch von x und z unabhängig. Wegen $\partial \overline{u}/\partial x=0$ folgt damit aus der Kontinuitätsgleichung (3.2) $\overline{v} \equiv 0$ im ganzen Feld, und die Bewegungsgleichung (3.11) reduziert sich auf

$$0 = -\frac{\partial \overline{u'v'}}{\partial y} + \nu \frac{\partial^2 \overline{u}}{\partial y^2}. \tag{3.60}$$

Unter Beachtung von Gl. (3.59) als Randbedingung bei $y=0$ ergibt die Integration

$$-\overline{u'v'} + \nu \frac{\partial \overline{u}}{\partial y} = \frac{\tau_w}{\varrho}. \qquad (3.61)^{1)}$$

Da offensichtlich nur die beiden Parameter τ_w/ϱ und ν auftreten, führt man eine Schubspannungsgeschwindigkeit

$$u_\tau = \sqrt{\tau_w/\varrho} \tag{3.62}$$

ein und definiert die

[1]) Man kann sich die Strömung durch eine parallel bewegte Platte erzeugt denken (geradlinige Couette-Strömung), die soweit entfernt ist (Abstand $2H$), daß die Strömung in der Nähe der betrachteten Wand nicht beeinträchtigt wird ($\nu/u_\tau \ll 2H$), Fig. 35.

Ähnlichkeitshypothese (universelles Wandgesetz). *Innerhalb eines schichtförmigen Gebiets, das auf einer Seite von einer Wand begrenzt wird und dessen Dicke klein gegen die Abmessungen des ganzen Strömungsfeldes ist, wird die gemittelte Geschwindigkeitsverteilung durch u_τ, ν und y bestimmt.*

Die Verteilung der gemittelten Geschwindigkeit kann man durch folgendes Ähnlichkeitsgesetz angeben:

$$\bar{u} = u_\tau f(y^*). \tag{3.63}$$

Darin ist f eine universelle Funktion des dimensionslosen Wandabstandes $y^* = y u_\tau/\nu$. Dieses universelle Wandgesetz wurde zuerst von L. Prandtl[1]) angegeben. Selbstverständlich schließt die gegebene Formulierung entsprechende mechanische Ähnlichkeitsgesetze auch für andere statistischen Größen und Verteilungsfunktionen mit ein. Dabei sind ν/u_τ eine charakteristische Länge und ν/u_τ^2 eine charakteristische Zeit.

Das Verhalten von $f(y^*)$ in unmittelbarer Nähe der Wand kann sofort angegeben werden. Wegen der Haftbedingung liefert die Integration von (3.61) $\bar{u} = (\tau_w/\varrho)\, y/\nu$, also

$$\lim_{y^* \to 0} f(y^*) = y^*. \tag{3.64}$$

Mit wachsendem y^* nimmt der Anteil von $-\overline{u'v'}$ an der Schubspannung rasch zu, bei gleichzeitigem Abfallen der Newtonschen Spannung $(\nu(\mathrm{d}\bar{u}/\mathrm{d}y) \to 0)$, und nähert sich dem Grenzfall

$$-\overline{u'v'} = \frac{\tau_w}{\varrho} = u_\tau^2. \tag{3.65}$$

Für große Abstände $(100 < y^* \ll H u_\tau/\nu)$ kann die Strömung als ein homologes Turbulenzfeld angesehen werden, in welchem alle statistischen Größen im ganzen Feld sich ähnlich sind; lediglich der charakteristische Längenmaßstab ist mit y veränderlich. Statistische Momente von Geschwindigkeiten, z.B. $\overline{u'v'}$, $\overline{u'^2}$, $\overline{v'^2}$, $\overline{u'^3}$ usw., sind konstant und stehen in festem Verhältnis zueinander. Der Turbulenzstruktur wird durch die Anwesenheit der Wand eine Asymmetrie aufgeprägt. Die Zähigkeit kommt lediglich in der Feinstruktur der Turbulenz zur Wirkung, die von der so postulierten Ähnlichkeit ausgenommen ist und ihrerseits der Kolmogoroffschen Ähnlichkeitshypothese unterliegt (vgl. 2.4.1). Das homologe Feld ist im großen anisotrop und lokalisotrop. Die Schubspannungsgeschwindigkeit u_τ und der Wandabstand y sind jetzt die einzigen unabhängigen Größen des Problems. Eine Aussage über die Verteilung der gemittelten Geschwindigkeit gewinnt man durch wiederholte Diffe-

[1]) Prandtl, L.: Zur turbulenten Strömung in Rohren und längs Platten. Ergeb. AVA Göttingen, IV. Lfg. 1932, 18–29. In dieser Arbeit erscheint das Wandgesetz erstmals in der Form (3.63); die wesentlichen Gedanken finden sich aber bereits in der früheren Veröffentlichung Prandtl, L.: Über den Reibungswiderstand strömender Luft. Ergeb. AVA Göttingen, III. Lfg. 1927, 1–5.

rentiation von (3.63); der Differentialquotient n-ter Ordnung lautet

$$\frac{d^n \bar{u}}{d y^n} = u_\tau \left(\frac{u_\tau}{\nu}\right)^n \frac{d^n f}{d y^{*n}}. \tag{3.66}$$

Die Ähnlichkeit fordert, daß alle diese Differentialquotienten von der Zähigkeit unabhängig sind. Dies wird durch

$$\frac{d f}{d y^*} = \frac{1}{\varkappa y^*} \quad \text{oder} \quad \frac{d\bar{u}}{d y} = \frac{u_\tau}{\varkappa y} \tag{3.67}$$

erfüllt. Die Überlegungen dieser Art gehen auf Th. v. Kármán[1]) zurück; die auftretende universelle Konstante $\varkappa$ wird deshalb als die v. Kármánsche Konstante bezeichnet. Die Integration von (3.67) ergibt das universelle Geschwindigkeitsgesetz

$$\bar{u} = u_\tau \left(\frac{1}{\varkappa} \ln y^* + C\right), \tag{3.68}$$

wobei die Integrationskonstante C durch die Geschwindigkeitsverteilung in der viskosen Unterschicht bestimmt wird.

Anmerkung. In (3.67) ist y der Abstand von einer für die Ähnlichkeitsbetrachtung eingeführten Bezugsebene, die nicht genau mit der Wandoberfläche zusammenfallen muß. Praktisch setzt man für y jedoch den Abstand von der festen Wand ein.

3.2.2. Experimentelle Befunde. Praktisch ist es nicht möglich, die Wandströmung in der definierten Form exakt zu verwirklichen. Jedoch findet man das Gesetz in fast allen Strömungen entlang Wänden mit experimenteller Genauigkeit bestätigt, auch wenn die Schubspannung nicht genau konstant ist, so z.B. bei Strömungen durch Leitungen und Grenzschichten mit positivem und negativem Druckgradienten. Bei den Reynolds-Zahlen, bei denen ausgebildete turbulente Strömung stationär existieren kann, findet der Übergang vom Geschwindigkeitsgesetz nach (3.64) zum Logarithmusgesetz (3.68) innerhalb einer so dünnen Schicht statt, daß die Variation von τ ohne nennenswerte Auswirkung bleibt. In Fig. 42 ist die universelle Geschwindigkeitsverteilung in der von Prandtl gegebenen Weise aufgetragen. Dabei stellen die Kurven 2 und 3 die gleiche Verteilung wie Kurve 1 dar, nur ist der Abszissenmaßstab im Verhältnis 1/10 bzw. 1/100 verkürzt. Die Abbildung zeigt den steilen Geschwindigkeitsanstieg an der Wand und vermittelt zugleich einen Eindruck, wie sich die Geschwindigkeitsverteilung bei gleichbleibender Wandschubspannung ändert, wenn die Zähigkeit, gegenüber Kurve 1, auf 1/10 bzw. auf 1/100 vermindert wird. In Fig. 43 ist das Wandgesetz in der häufig bevorzugten halblogarithmischen Darstellung wiedergegeben. Für die beiden Konstanten in (3.68) wurden Werte von $\varkappa \approx 0{,}4$, $C \approx 5{,}2$ gefunden. Daß die in der Literatur angegebenen Zahlen beträchtlich voneinander abweichen, hat eine Anzahl von Gründen. Nicht nur die unvollkommene Verwirk-

[1]) v. Kármán, Th.: Mechanische Ähnlichkeit und Turbulenz. Nachr. Ges. Wiss. Göttingen, Math. Phys. Klasse 1930, 58–76.

lichung konstanter Schubspannung ist verantwortlich, sondern es besteht z.B. eine gewisse Willkür beim Einzeichnen der Geraden durch die Versuchsdaten im halblogarithmischen Diagramm. Ferner ist die Meßgenauigkeit bei der Ermittlung der Wandschubspannung häufig sehr begrenzt und auch die Anzeigen der Geschwindigkeitsmessungen (Pitot-Rohr) werden nahe der Wand durch die steilen Geschwindigkeitsgradienten und andere Einflüsse verfälscht.

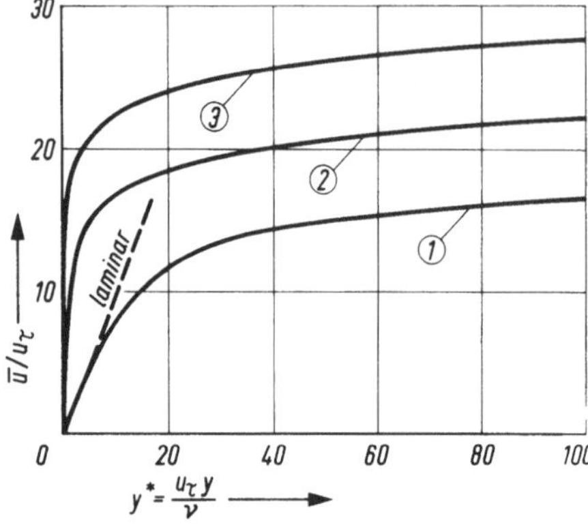

Fig. 42
Universelle Geschwindigkeitsverteilung in der Nähe der Wand (nach L. Prandtl [2])
① angegebene Abszissenwerte
② 10-fache Abszissenwerte
③ 100-fache Abszissenwerte

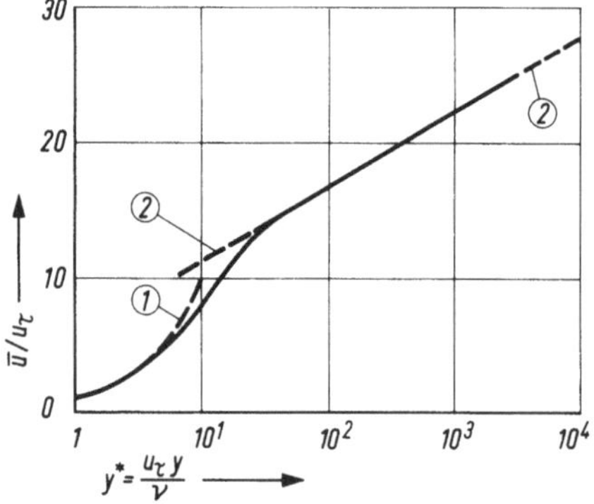

Fig. 43
Universelle Geschwindigkeitsverteilung mit logarithmischen Abszissenmaßstab
① Unterschicht, Gl. (3.64)
② universelles Geschwindigkeitsgesetz, Gl. (3.68)

Das gesamte Gebiet, auf das sich die Ähnlichkeitshypothese des universellen Wandgesetzes bezieht, kann man in drei Bereiche einteilen, die natürlich nicht scharf gegeneinander abgegrenzt sind:

1. *Die von Trägheitskräften freie Unterschicht;* $0 < y^* < 5$,
2. *Die Übergangsschicht;* $5 < y^* < 60$,
3. *Die voll turbulente Schicht;* $y^* > 60$.

Die unter 1. genannte Schicht, in der das Newtonsche Reibungsgesetz (3.59) gilt, wird viskose Unterschicht[1]) genannt. Fig. 44 gibt die Schwankungsintensitäten in dimensionsloser Form wieder und Fig. 45 den Verlauf der Reynoldsschen und Newtonschen Spannung nebst dem Korrelationskoeffizienten $-\overline{u'v'}/\sqrt{\overline{u'^2}\,\overline{v'^2}}$.

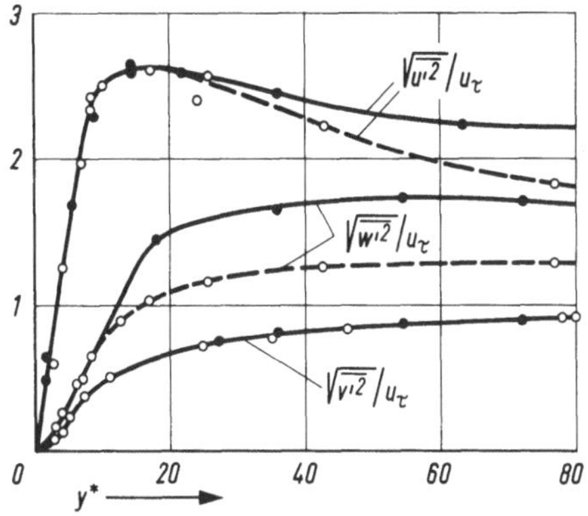

Fig. 44
Verteilungen der turbulenten Geschwindigkeitsschwankungen in der Nähe der Wand eines zylindrischen Rohres (nach Messungen von J. Laufer)

—— $\bar{u}_m D/\nu = 5 \cdot 10^5$
--- $= 4 \cdot 10^5$

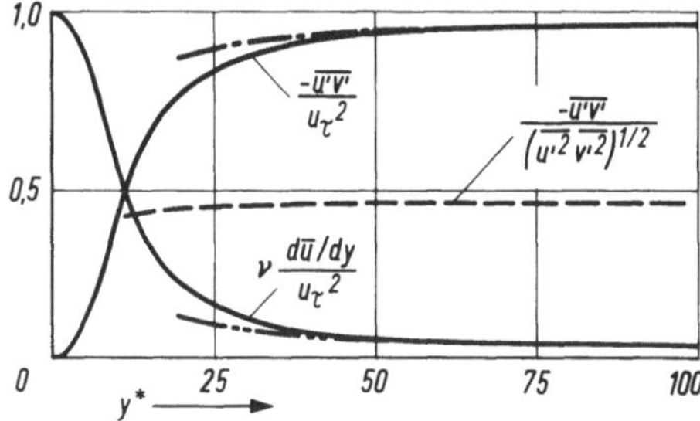

Fig. 45
Verteilungen der Reynoldsschen und Newtonschen Schubspannung und des Korrelationskoeffizienten in der Nähe der Wand eines zylindrischen Rohres (nach Messungen von J. Laufer)

–·– $\overline{u'v'} = u_\tau^2(1 - 1/(\varkappa y^*))$
–··– $\nu\, d\bar{u}/dy = u_\tau^2/\varkappa y^*$

Inaktive Bewegung. Es zeigt sich vielfach, daß die statistischen Schwankungsgrößen mit dem Ähnlichkeitsgesetz nicht verträglich sind. Genaue Untersuchungen ergeben, daß die Strömung in Wandnähe in zwei fast unabhängige Bewegungsformen unterteilt werden kann. Nämlich in ein Wirbelfeld, das für die Entstehung der Schubspannung und Dissipation verantwortlich ist und das auch dem postulierten Ähnlichkeitsgesetz entspricht, und in eine „inaktive Bewegung", die ihren Ursprung in Vorgängen bei größeren Wandabständen hat und zur Entstehung der Reynolds-Spannung nicht beiträgt. Die letztere Bewegungsform ist nach P. Bradshaw[2]) zu einem Teil eine drehungsfreie Bewegung, die mit den in größeren Ent-

[1]) Wird in der Literatur häufig als „laminare Unterschicht" bezeichnet. Diese Bezeichnung wird hier bewußt vermieden, da sich das Turbulenzgeschehen durch diese Schicht hindurch bis an die Wand fortsetzt.

[2]) Bradshaw, P.: ‚Inactive' motion and pressure fluctuations in turbulent boundary layers. J. Fluid Mech. **30** (1967) 241–258.

fernungen erzeugten Druckschwankungen im Zusammenhang steht, und zum anderen Teil ein langwelliges Wirbelfeld. Diese inaktive Bewegung ist natürlich von Fall zu Fall verschieden und nicht universell im Sinne des Wandgesetzes. Man kann sie ganz grob als quasistationäre Fluktuationen der Geschwindigkeitsverteilung nach (3.63) auffassen, die mit langsamen Schwankungen der Wandschubspannung τ_w einhergehen.

3.2.3. Energiehaushalt. Die Vorgänge in der Unter- und Übergangsschicht werden durch die Betrachtung des Energiehaushalts verdeutlicht. Von den wandferneren Teilen des Turbulenzfeldes wird von der gemittelten Geschwindigkeit Energie im Betrage $\bar{u}\tau_w/\varrho$ in die Wandschicht transportiert, die teils in kinetische Turbulenzenergie und teils durch direkte Dissipation in Wärme verwandelt wird. Multipliziert man Gl. (3.61) mit $\bar{u}$ und differenziert nach y, so erhält man

$$-\frac{\mathrm{d}(\bar{u}\overline{u'v'})}{\mathrm{d}y}+\frac{\nu}{2}\frac{\mathrm{d}^2\bar{u}^2}{\mathrm{d}y^2}=\frac{\mathrm{d}}{\mathrm{d}y}(\bar{u}\tau_w/\varrho). \tag{3.69}$$

Wenn man Gl. (3.69) zu Gl. (3.31) addiert, so reduziert sich die Gleichung für die kinetische Energie der gemittelten Strömung im vorliegenden Fall auf

$$-\overline{u'v'}\frac{\mathrm{d}\bar{u}}{\mathrm{d}y}+\mathsf{E}=\frac{\mathrm{d}}{\mathrm{d}y}(\bar{u}\tau_w/\varrho), \tag{3.70}$$

wobei E für die direkte Dissipation nach (3.30) steht. Die einzelnen Glieder können aus der Verteilung von $\bar{u}$ berechnet werden und sind in Fig. 46 wiedergegeben. Der Hauptteil der direkten Dissipation findet in einer sehr dünnen Schicht statt. Die Turbulenzenergieerzeugung, $-\overline{u'v'}\,\mathrm{d}\bar{u}/\mathrm{d}y$, erreicht innerhalb der viskosen Übergangsschicht einen Maximalwert von

$$\left(-\overline{u'v'}\frac{\mathrm{d}\bar{u}}{\mathrm{d}y}\right)_{\max}=\frac{u_\tau^4}{4\nu}, \tag{3.71}$$

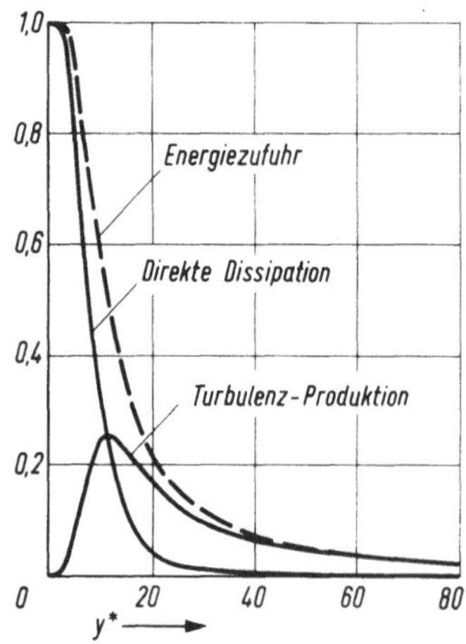

Fig. 46
Zum Energiehaushalt in der wandnahen Strömungsschicht

$$\text{Energiezufuhr}=\frac{\nu}{u_\tau^2}\frac{\mathrm{d}\bar{u}}{\mathrm{d}y}$$

$$\text{direkte Dissipation}=\frac{\nu^2}{u_\tau^4}\mathsf{E}=\frac{\nu^2}{u_\tau^2}\left(\frac{\mathrm{d}\bar{u}}{\mathrm{d}y}\right)^2$$

$$\text{Turbulenz-Produktion}=\frac{\nu}{u_\tau^4}\left(-\overline{u'v'}\frac{\mathrm{d}\bar{u}}{\mathrm{d}y}\right)$$

der genau an der Stelle auftritt, an der $-\overline{u'v'}=\tau_w/2\varrho$; das ist bei $y^*\approx 11$. Da die gesamte produzierte Turbulenzenergie, wie in 3.1.6 erwähnt, zunächst der x-Komponente zugeführt wird, ist es nicht verwunderlich, daß $\overline{u'^2}$ etwa an der gleichen Stelle ein Maximum hat, Fig. 44. Gl. (3.24) für die kinetische Schwankungsenergie vereinfacht sich auf

$$\overline{u'v'}\frac{d\bar{u}}{dy}+\varepsilon+\frac{d}{dy}\left[\overline{(q^2/2+p'/\varrho)v'}-\frac{\nu}{2}\frac{d\overline{q^2}}{dy}-\nu\frac{d\overline{v'^2}}{dy}\right]=0. \tag{3.72}$$

In der vollturbulenten Schicht verschwindet wegen $\overline{q^2}=\text{const}$ usw. der dritte Ausdruck, der die Energiediffusion beschreibt. Für die Turbulenzdissipation ergibt sich daher mit (3.65) und (3.67)

$$\varepsilon=\frac{u_\tau^3}{\varkappa y}. \tag{3.73}$$

Hieraus läßt sich auch das nach Gl. (2.146) definierte Kolmogoroffsche Längenmaß l_s errechnen zu

$$\frac{l_s}{y}=\frac{\varkappa^{\frac{1}{4}}}{y^{*\frac{3}{4}}}. \tag{3.74}$$

Für $y^*\approx 100$ ergibt sich also $l_s/y\approx 0{,}025$. In der viskosen Übergangsschicht hat die Energiediffusion einen beträchtlichen Anteil. Es ist mehrfach versucht worden, verschiedene statistische Quantitäten hier zu messen; wegen der geringen Abmessungen dieser Schicht lassen diese Versuchsergebnisse an Genauigkeit zu wünschen übrig. Die im Schrifttum angegebenen Verteilungen der turbulenten Dissipation und Energiediffusion sind als Mutmaßungen anzusehen.

Das Integral der direkten Dissipation beträgt

$$\int_0^\infty \mathsf{E}\,dy=u_\tau^3\int_0^\infty \frac{\nu^2}{u_\tau^4}\left(\frac{\partial\bar{u}}{\partial y}\right)^2 dy^*\approx 8u_\tau^3; \tag{3.75}$$

es ist also formal unabhängig von der Zähigkeit, obwohl E proportional ν ist. Diese Feststellung ist eine nützliche Ergänzung zu den früheren Aussagen über die turbulente Dissipation.

3.2.4. Bewegungen in der viskosen Unterschicht. Da die Geschwindigkeitsschwankungen an der Wand dauernd die Haftbedingung zu erfüllen haben, gilt dort außer $u'=v'=w'=0$ auch

$$\frac{\partial u'}{\partial x}=\frac{\partial u'}{\partial z}=\frac{\partial v'}{\partial x}=\frac{\partial v'}{\partial z}=\frac{\partial w'}{\partial x}=\frac{\partial w'}{\partial z}=0$$

und wegen der Kontinuitätsgleichung $\partial v'/\partial y=0$. Mit diesen Bedingungen erhält man für die ersten beiden Differentialquotienten der Reynolds-Spannung

$$-\frac{\partial\overline{u'v'}}{\partial y}=0,\qquad -\frac{\partial^2\overline{u'v'}}{\partial y^2}=0\quad\text{für}\quad y=0.$$

Entwickelt man $\overline{u'v'}$ in eine Taylorsche Reihe, so liefert die Integration von Gl. (3.61) somit

$$\lim_{y\to 0} \overline{u} = \frac{1}{\nu}\left[u_\tau^2 y + \frac{y^4}{4!}\left(\frac{\partial^3 \overline{u'v'}}{\partial y^3}\right)_{y=0} + \frac{y^5}{5!}\left(\frac{\partial^4 \overline{u'v'}}{\partial y^4}\right)_{y=0} + \cdots\right]. \tag{3.76}$$

Für den dritten Differentialquotienten von $\overline{u'v'}$ ergibt sich

$$\frac{\partial^3 \overline{u'v'}}{\partial y^3} = 3\,\overline{\frac{\partial u'}{\partial y}\frac{\partial^2 v'}{\partial y^2}} = -3\,\overline{\frac{\partial u'}{\partial y}\frac{\partial}{\partial y}\left(\frac{\partial w'}{\partial z}\right)}, \tag{3.77}$$

wobei die letztere Form mit Hilfe der Kontinuitätsgleichung hergeleitet wurde. Dieser Differentialquotient beruht danach auf der Existenz einer Korrelation zwischen u' und $\partial w'/\partial z$. Für diese Korrelation eine plausible Erklärung zu finden ist wohl ebenso schwierig, wie den Nachweis zu führen, daß eine solche Korrelation nicht existiert. Der vierte Differentialquotient läßt sich auf eine Korrelation zwischen Druck- und Geschwindigkeitsschwankungen zurückführen.

Die Abweichungen von der linearen Verteilung beginnen also mit der vierten oder fünften Potenz von y. Damit erklärt sich der experimentell gefundene Verlauf, nach welchem die Geschwindigkeitsverteilung über einen beträchtlichen Bereich dem linearen Gesetz (3.64) folgt und dann ziemlich plötzlich abbiegt.

Die Schwankungsbewegung im Gebiet $0 < y^* < 5$ wird teils durch Druckschwankungen, die hier praktisch gleich den Wanddruckschwankungen sind, erzeugt und teils durch Stokessche Spannungen von den Bewegungen der entfernteren Gebiete übertragen. Die Strömung ist bereits hier in starkem Maße dreidimensional. Visuelle Studien von S. J. Kline und Mitarbeitern[1]) zeigen, daß sich nahe der Wand lange Streifen verminderter Geschwindigkeit bilden, die sich graduell von der Oberfläche abheben, pendelnde Bewegungen ausführen und sich schließlich mit der umgebenden Flüssigkeit (in Abständen $10 < y^* < 40$) vermischen.

3.2.5. Strömung an rauhen Oberflächen. Die bedeutendste Verallgemeinerung des Wandgesetzes ist die auf Strömungen über rauhe Oberflächen. Unter einer rauhen Oberfläche sei eine ebene Fläche verstanden, die mit „Rauhigkeitselementen" (z.B.

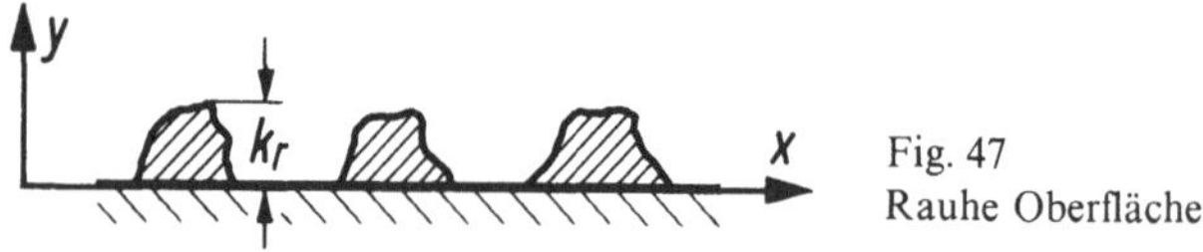

Fig. 47
Rauhe Oberfläche

Sandkörnern) bedeckt ist, deren Größe klein im Vergleich zu den Abmessungen der Turbulenzfelder sind, Fig. 47. Es besteht die Möglichkeit, daß die zur Wandebene parallel wirkende Widerstandskraft nur zum Teil durch Reibungsspannungen erzeugt

[1]) Siehe Fußnote 1, S. 150.

wird. Der Rest wird durch Druckkräfte an den Rauhigkeitserhebungen hervorgerufen. Mitunter kann dieser „Druckwiderstand" sehr hohe Werte im Vergleich zu den Reibungskräften erreichen. Es ist üblich, eine mittlere Wandschubspannung τ_w zu definieren, die dem Mittelwert der gesamten Widerstandskraft, bezogen auf die Einheit der Wandebene, entspricht. Die Strömung wird von der Größe, der Verteilung und der Form der Rauhigkeitselemente beeinflußt. Da eine große Vielfalt von Rauhigkeitsformen vorkommt, wollen wir beim Besprechen der wesentlichen Erscheinungen zunächst geometrisch ähnliche Rauhigkeitsverteilungen betrachten, deren Eigenschaften durch nur eine kennzeichnende Länge k_r, die Höhe der Rauhigkeiten über der glatten Fläche, bestimmt sind.

Geht man im übrigen von gleichen Voraussetzungen wie in 3.2.1 aus, so gilt die dortige Gl. (3.61) in allen zur Wand parallelen Ebenen, in die die Rauhigkeiten nicht hineinragen Im Ähnlichkeitsgesetz (3.63) tritt nun k_r als weitere Länge neben ν/u_τ auf, so daß das Geschwindigkeitsgesetz (3.63) nach Einführen des Parameters $k^* = k_r u_\tau/\nu$ die Form

$$\bar{u} = u_\tau f(y^*, k^*) \tag{3.78}$$

annimmt. Es gilt als erwiesen, daß sich der unmittelbare Einfluß der Rauhigkeit nur in Abständen y auswirkt, die mit der charakterisierenden Länge der Rauhigkeit vergleichbar sind. In größeren Entfernungen ist die Strömung unabhängig von der Zähigkeit und der speziellen Ausbildung der Rauhigkeitsverteilung. Hier besteht das gleiche homologe Turbulenzfeld wie nahe glatter Wände, für das die Beziehungen (3.66) und (3.67) zutreffen. Damit ist Gl. (3.68) für die Geschwindigkeitsverteilung gültig, mit dem Unterschied, daß die Integrationskonstante C zu einer Funktion des Rauhigkeitsparameters k^* wird:

$$\bar{u} = u_\tau \left[\frac{1}{\varkappa} \ln y^* + C(k^*) \right]. \tag{3.79}$$

Außerhalb der Unterschicht offenbart sich also die Wirkung der Rauhigkeit lediglich in einer Parallelverschiebung des Geschwindigkeitsprofils um den Betrag

$$\Delta\bar{u} = u_\tau (C(k^*) - C_0), \tag{3.80}$$

wobei C_0 die Integrationskonstante für glatte Oberflächen ist ($C_0 = C$ von Gl. (3.68)). Eine alternative Form zu (3.79) ist

$$\bar{u} = u_\tau \left[\frac{1}{\varkappa} \ln \frac{y}{k_r} + C_r(k^*) \right], \tag{3.81}$$

wobei zwischen den beiden Funktionen $C_r(k^*)$ und $C(k^*)$ offensichtlich die Beziehung

$$C(k^*) = C_r(k^*) - \frac{1}{\varkappa} \ln k^* \tag{3.82}$$

besteht.

Umfangreiche Versuchsergebnisse[1]) über die Strömung durch Rohre mit kreisförmigem Querschnitt, deren Oberflächen mit Sand bestimmter Korngrößen und -verteilungen beklebt waren, zeigen, daß im Verhalten der Funktionen $C(k^*)$ bzw. $C_r(k^*)$ drei Bereiche zu unterscheiden sind:

1. *Hydraulisch glatte Oberfläche*; $0 \leq k^* \leq 5$

Die Rauhigkeiten sind gänzlich in der von Trägheitskräften freien Unterschicht eingebettet. Ein Einfluß der Rauhigkeit auf die gemittelte Geschwindigkeitsverteilung ist nicht feststellbar.

2. *Übergangsbereich*; $5 \leq k^* \leq \approx 70$

Der Impuls der Strömung wird teils durch Scherspannungen, teils durch Druckkräfte auf die Wand übertragen. Die Funktion $C(k^*)$ beginnt abzunehmen.

3. *Ausgebildete Rauhigkeitsströmung*; $k^* \geq \approx 70$

Die Impulsübertragung wird zum beträchtlichen Teil durch Druckkräfte bewirkt. Eine unmittelbare Wirkung der Zähigkeit auf die Geschwindigkeitsverteilung ist nicht mehr vorhanden, so daß die Länge ν/u_τ neben k_r zurücktritt und $C_r(k^*)$ in (3.81) damit zu einer Konstanten $C_{r\infty}$ wird.

Die Zahlenangabe für die obere Grenze des Übergangsbereichs bezieht sich auf die dichteste Verteilung von Sandkörnern gleicher Größe.

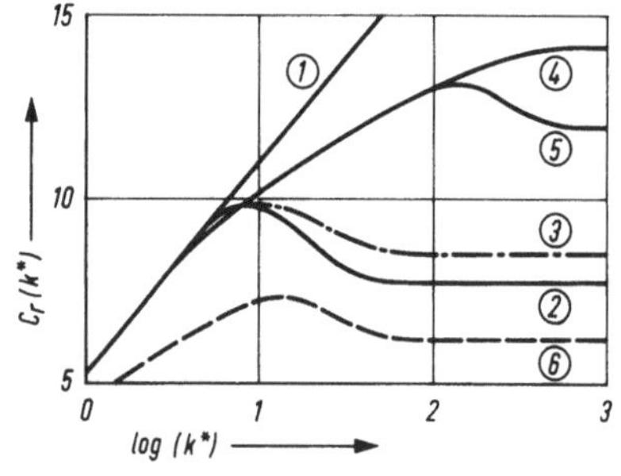

Fig. 48
Die Rauhigkeitsfunktion $C_r(k^*)$ für verschiedene Arten von Sandrauhigkeit
① hydraulisch glatt, $C(k^*) = 5{,}2$
② dicht gepackte Sandkörner gleicher Größe (nach C. F. Colebrook und C. M. White)
③ dito (nach J. Nikuradse)
④ 5% der Fläche Sandkörner gleicher Größe, 95% der Fläche glatte Oberfläche
⑤ 5% der Fläche Sandkörner gleicher Größe k_r, 95% der Fläche feine Sandkörner der Größe $0{,}1\,k_r$
⑥ Sandrauhigkeiten wie ⑤, Größe der kleinen Sandkörner als Bezugsgröße benutzt

Experimentelle Ergebnisse. Für den Verlauf von $C_r(k^*)$ sind in Fig. 48 einige typische Ergebnisse der erwähnten Messungen wiedergegeben. Die hydraulisch glatte Oberfläche wird durch die Gerade 1 dargestellt. Bei dicht gepackten Sandkörnern gleicher Größe steigt C_r bis zu einem Maximalwert an und fällt dann asymptotisch auf den

[1]) Nikuradse, J.: Strömungsgesetze in rauhen Rohren. VDI-Forschungsheft 361, 1933. Colebrook, C. F.; White, C. M.: Experiments with fluid friction in roughened pipes. Proc. Roy. Soc. London A **161** (1937) 367–381.

konstanten Wert $C_{r\infty}$ ab (Kurven 2 und 3). Qualitativ stimmt der Verlauf nach Colebrook und White (Kurve 2) mit den Ergebnissen von Nikuradse überein (Kurve 3). Wenn die an sich glatte Oberfläche nur zu 5 % der Fläche mit Sandkörnern gleicher Größe versehen wird, steigt C_r dagegen monoton gegen den Wert $C_{r\infty}$ an, der dem Betrage nach größer als im ersteren Fall ist und erst bei wesentlich größeren Werten von k^* erreicht wird (Kurve 4). Werden im letzteren Fall die verbliebenen glatten Stellen mit feinen Sandkörnern dicht beklebt, deren Größe nur 1/10 der großen Körner ist (Kurve 5), so ergibt sich zunächst der gleiche Verlauf von C_r; erst bei $k^* > 100$ zeigt sich eine Abweichung von Kurve 2. Führt man bei dieser gemischten Rauhigkeitsverteilung statt der großen Korndurchmesser die der kleinen als Bezugsgröße in Gl. (3.81) ein, so liefert die Auswertung der Versuchsdaten die gleiche Kurve wie 5, die im logarithmischen Diagramm jedoch um eine Einheit nach links und 5,75 Einheiten nach unten verschoben ist (Kurve 6). Diese Darstellung veranschaulicht die Ähnlichkeit mit Kurve 2 bei großen k^*-Werten; die individuellen Einflüsse der beiden Teilrauhigkeiten bleiben also klar erkennbar.

Die Wirkung der Rauhigkeit setzt offensichtlich ein (Abweichung von der Geraden 1), wenn an den größten der vorhandenen Rauhigkeitserhebungen Strömungsablösungen beginnen. Das ist allgemein bei $k^* \approx 5$ der Fall; die zugehörige Reynolds-Zahl

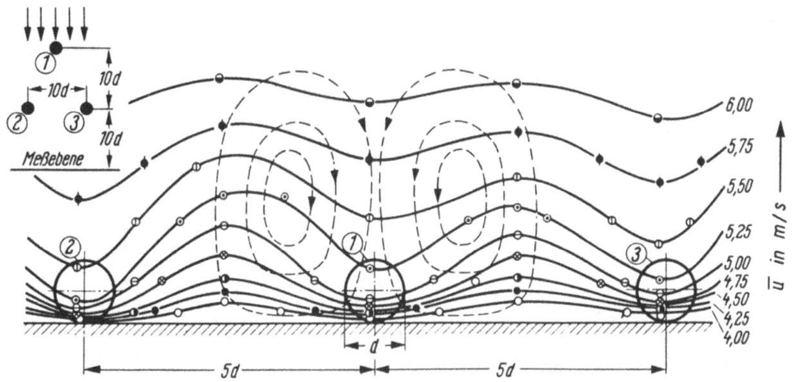

Fig. 49 Geschwindigkeitsfeld (Mittelwerte) hinter einer Kugelreihe an einer ebenen Wand (nach H. Schlichting [3])
——— Isotachen
— — — Stromlinien der Sekundärströmung (nach F. Schultz-Grunow)

$\bar{u}_k k_r/\nu = k^{*2}$ (nach Gl. (3.64)), wobei $\bar{u}_k$ die Strömungsgeschwindigkeit bei $y = k_r$ ist, liegt mit $\bar{u}_k k_r/\nu \approx 25$ ganz in der Größenordnung, bei der auch hinter Kugeln und Zylindern in freier Anströmung die ersten Wirbelbildungen beobachtet werden.

Das Geschwindigkeitsfeld hinter Störkörpern in einer turbulenten Grenzschicht wurde von H. Schlichting[1]) ausgemessen, Fig. 49. Gemäß einer Deutung von F. Schultz-Grunow wird eine Sekundärströmung in Form von Längswirbeln hervorgerufen, die bis zu Wandabständen spürbar ist, die mit den Abständen der Störkörper voneinander vergleichbar sind. Es ist daher verständlich, daß die Ausdehnung des Übergangsbereiches für die Rauhigkeitsverteilung der Kurve 2 von Fig. 48 eher durch die Abstände der Sandkörner als durch ihre Größe bestimmt wird.

Ein Maximum von C_r entsteht, wenn bei dichter Anordnung der Körner (Kurve 2 und 3) der Rauhigkeitseinfluß erst langsam, später aber sehr rasch zunimmt. Dieses Maximum stellt sich ein, wenn die Rauhigkeiten gerade in die Schicht hineinreichen, in der bei glatten Wänden maximale Turbulenzenergieerzeugung und maximale Längsgeschwindigkeitsschwankungen auftreten. Der Grund, weshalb ein monotoner Übergang stattfindet, wenn nur wenige Rauhigkeiten vorhanden sind, ist nicht bekannt; man wird aber davon ausgehen dürfen, daß das Verhältnis der beiden Längen – Korngröße und -abstand – eine wesentliche Rolle spielt.

Es liegen viele Versuchsangaben über technische Rauhigkeiten vor[2]). Praktisch hat es sich als zweckmäßig erwiesen, für beliebige Rauhigkeiten die Wirksamkeit durch die Korngröße der äquivalenten Sandrauhigkeit auszudrücken, für die nach den Nikuradseschen Messungen $C_{r\infty} = 8{,}5$ beträgt.

Windgeschwindigkeit in der unteren Atmosphäre[3]). Das universelle Wandgesetz gilt auch für die Änderung der Windgeschwindigkeit mit der Höhe in den bodennahen Schichten (bis etwa 40 m Höhe), sofern die Dichteschichtung der Atmosphäre neutral ist. Die Windrichtung bleibt in diesem Bereich unabhängig von der Höhe. Wegen der unterschiedlichen Bodenbeschaffenheit findet insbesondere Gl. (3.81) für rauhe Oberflächen Anwendung. Bei stark stabiler oder instabiler Dichteschichtung ändert sich die Geschwindigkeitsverteilung unter der Wirkung von Gravitationskräften.

3.3. Freie Grenzen der Turbulenzfelder

3.3.1. Vorbemerkungen. Das Unterscheidungsmerkmal zwischen turbulenter und nicht turbulenter Strömung ist das Vorhandensein der Wirbelbewegung in turbulenten Feldern (rot $\boldsymbol{u} \neq 0$) und ihr Fehlen in nichtturbulenten Gebieten (rot $\boldsymbol{u} = 0$). Der Übergang von turbulenten zu nichtturbulenten Strömungsgebieten kann sich in zweierlei Weise ausbilden, nämlich als

1. ein allmählicher Übergang mit graduellem Abklingen der Turbulenzschwankungen oder
2. in Form einer relativ scharf ausgeprägten, aber unregelmäßig verformten Grenzfläche, die stark turbulente und nichtturbulente Strömung voneinander trennt.

---

[1]) Schlichting, H.: Experimentelle Untersuchungen zum Rauhigkeitsproblem. Ing.-Arch. 7 (1936) 1–34.

[2]) Vgl. hierzu Schlichting, H.: [3].

[3]) Vgl. Lumley, J. L.; Panofsky, H. A.: [9]. Ellison, T. H.: [15].

Den ersteren Übergang trifft man an, wenn hinreichend kräftige Quellen zur Energieversorgung der Turbulenz fehlen; die Turbulenz erlischt allmählich infolge Überwiegens der Dissipation. Ein typischer Fall ist das Abklingen der Turbulenz hinter einem durchströmten Gitter (vgl. 2.1.3). Der an zweiter Stelle genannte Übergang tritt bei sich ausbreitenden Turbulenzfeldern auf, also z.B. bei Freistrahlen, Nachlaufströmungen hinter Körpern und bei Grenzschichten. Dieser Übergang soll uns hier hauptsächlich beschäftigen.

3.3.2. Gemischt laminar-turbulente Strömungen. In der noch nicht vollentwickelt turbulenten Strömung an Platten und durch Leitungen usw. beobachtet man bei gewissen Reynolds-Zahlen isolierte Gebiete turbulenter Strömung – in die laminare Umgebung eingebettet –, die nach und nach miteinander verschmelzen und so das vollturbulente Feld aufbauen. Die Fragen der Turbulenzentstehung gehören zwar nicht zum Thema des Buches, doch mag dieser Fall hier als ein Beispiel erwähnt werden, bei dem beide der genannten Formen des Übergangs vorkommen.

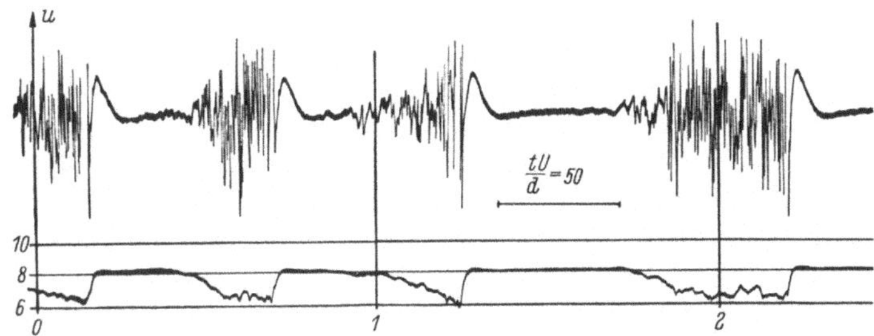

Fig. 50 Hitzdraht-Aufzeichnungen der Geschwindigkeit auf der Rohrachse ($Re = 2550$)
obere Kurve: Rasche Geschwindigkeitsschwankungen (Hitzdrahtstrom durch Wechselstromverstärker geleitet)
untere Kurve: Zeitlicher Gesamtverlauf (Hitzdrahtstrom durch Gleichstromverstärker geleitet)
Abszisse: Zeit in Sekunden
(nach J. Rotta)

Wir betrachten die Strömung durch zylindrische Rohre. Es bewegen sich abwechselnd laminare und turbulente Partien (Pfropfen) hintereinander her, innerhalb welcher sich jeweils über dem Querschnitt Geschwindigkeitsverteilungen einstellen, die für ausgebildete laminare bzw. turbulente Strömungen typisch sind. Fig. 50 zeigt die Aufzeichnung der schnellen Schwankungen und den Gesamtverlauf der Geschwindigkeiten in Rohrmitte als Funktion der Zeit[1]). Die Laufgeschwindigkeit der Fronten zwischen den Partien entspricht etwa der Durchflußgeschwindigkeit U (Gl. (4.7)). Infolge der

---

[1]) Rotta, J.: Experimenteller Beitrag zur Entstehung turbulenter Strömung im Rohr. Ing.-Arch. **24** (1956) 258–281.

größeren Mittengeschwindigkeit der laminaren Poiseuille-Strömung ($u = 2U$) holt die laminare Flüssigkeit das vorweglaufende Turbulenzgebiet ein und wird dabei durch Druckanstieg und Reynolds-Spannungen stark abgebremst, wobei heftige Geschwindigkeitsschwankungen auftreten. Dies ist ein Übergang zwischen turbulent und nichtturbulent vom Typ 2. Am anderen Ende des Turbulenzpfropfens werden die Schwankungen schwächer und die Flüssigkeit wird graduell wieder auf das Niveau der Poiseuille-Strömung beschleunigt. Dabei klingen die Turbulenzschwankungen vollständig ab. Es liegt ein Übergang vom Typ 1 vor. Es kann geschehen, daß ein Flüssigkeitsteilchen vom laminaren ins turbulente und wieder ins laminare Gebiet überwechselt, möglicherweise sogar mit mehrfachen Wiederholungen.

3.3.3. Statistische Beschreibung. Bei Scherströmungen kann die ausgeprägte Grenze zwischen turbulenter und nichtturbulenter Strömung als eine zusammenhängende Trennfläche angesehen werden, deren Lage nach Raum und Zeit unregelmäßig variiert. Im Fall zweidimensionaler Strömungen ist der Abstand dieser Grenzfläche von der Bezugsfläche $y = 0$ demgemäß eine Zufallsfunktion $Y(x, z, t)$, die stationär und bezüglich z homogen, bezüglich x schwach inhomogen ist. In Fig. 51, in der ein Normalschnitt ($z = \text{const}$) durch eine Wandgrenzschicht skizziert ist, erscheint die momentane Lage der Grenzfläche als eine Schnittlinie, deren Abstand von der Wand durch $Y(x, t)$ beschrieben werde. Wenn man im äußeren Teil der Grenzschicht an einem festen Punkt des Raumes Turbulenzmessungen ausführt, stellt man folglich nur zeitweise turbulente Schwankungen fest; zwischendurch ist die Strömung ruhig. Um Einzelheiten der Strömung zu bestimmen, reicht eine einfache zeitliche Mittelung gemäß Gl. (1.17) nicht aus, vielmehr muß über die Zeiten turbulenter und nichtturbulenter Strömung gesondert gemittelt werden (Zonenmittelwerte). Dazu ist im allgemeinen eine Detektorsonde erforderlich, die anzeigt, ob die Strömung momentan turbulent ist oder nicht.

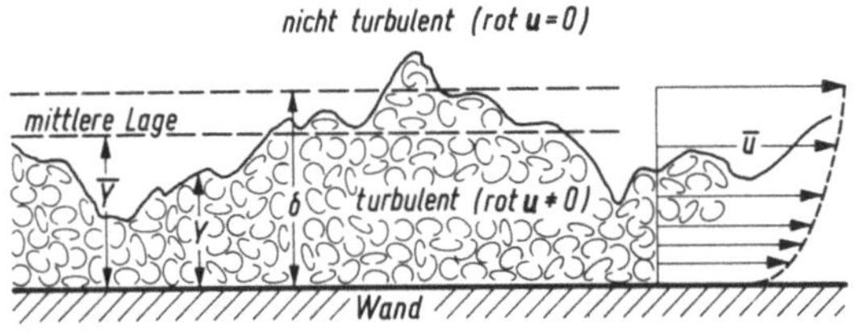

Fig. 51
Skizze eines Längsschnitts durch die turbulente Grenzschicht

Grundsätzlich könnte $Y(x, z, t)$ eine mehrwertige Funktion sein, jedoch ist das gleichzeitige Auftreten mehrerer Werte von Y so selten, daß man diesen Fall ausschließen kann. Die Wahrscheinlichkeit, die Turbulenzgrenze bei stationärer Strömung in einem bestimmten Abstand y vorzufinden, wird dann durch die Wahrscheinlichkeitsdichteverteilung $f(y, x)$ beschrieben, für die

$$\int_0^\infty f(y, x) \, \mathrm{d}y = 1 \tag{3.83}$$

gilt. Man bezeichnet den Wert

$$\gamma(y,x) = \int_y^\infty f(y',x)\,\mathrm{d}y' \tag{3.84}$$

als den Intermittenzfaktor; dieser Wert definiert die Wahrscheinlichkeit, an der Stelle x, y turbulente Strömung anzutreffen; bei Versuchen beschreibt er den Bruchteil der Zeit, über den turbulente Strömung an diesem Ort beobachtet wird. Der Intermittenzfaktor hat im vollturbulenten Gebiet den Wert $\gamma = 1$ und fällt für große Wand-

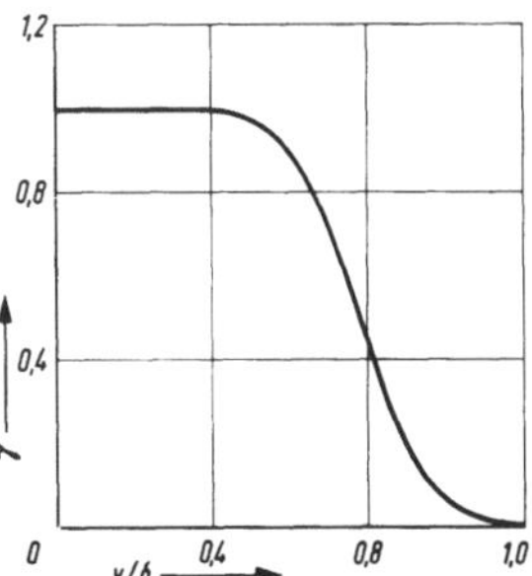

Fig. 52
Verteilung des Intermittenzfaktors in der Grenzschicht an einer flachen Platte (nach Messungen von P. S. Klebanoff)

abstände auf $\gamma = 0$ ab. Aus der experimentell ermittelten Verteilung von γ, die in Fig. 52 für eine turbulente Grenzschicht bei konstantem Druck dargestellt ist, kann man dann rückwärts die Wahrscheinlichkeitsverteilung $f(y,x)$ bestimmen zu

$$f(y,x) = -\frac{\partial \gamma}{\partial y}. \tag{3.85}$$

Die mittlere Lage der Turbulenzgrenze ist damit durch den Abstand

$$\overline{Y}(x) = \int_0^\infty f(y,x)\,y\,\mathrm{d}y = \int_0^\infty \gamma(y,x)\,\mathrm{d}y \tag{3.86}$$

festgelegt. Eine weitere wichtige statistische Größe, die Streuung

$$\sigma(x) = [\overline{(Y-\overline{Y})^2}]^{\frac{1}{2}} = \left[\int_0^\infty f(y,x)(y-\overline{Y})^2\,\mathrm{d}y\right]^{\frac{1}{2}} = \left[2\int_0^\infty \gamma(y,x)(y-\overline{Y})^2\,\mathrm{d}y\right]^{\frac{1}{2}}, \tag{3.87}$$

ist ein Maß für die Breite der Intermittenzzone, d. h. für die mittlere Faltungsamplitude der Grenzfläche. Nach den vorliegenden Versuchsergebnissen kann die Wahrscheinlichkeitsverteilung nach (3.85) durch die Gaußsche Normalverteilung angenähert werden,

$$-\frac{\partial \gamma}{\partial y} = \frac{1}{\sqrt{2\pi}\,\sigma}\exp\left\{-\frac{(y-\overline{Y})^2}{2\sigma^2}\right\}, \tag{3.88}$$

die für den Intermittenzfaktor eine Verteilung gemäß der Fehlerfunktion ergibt.

Fig. 53 zeigt gemittelte Geschwindigkeiten in einer turbulenten Grenzschicht nach Messungen von R. E. Kaplan und J. Laufer[1]). Das Zonenmittel in der turbulenten Strömung $\langle u \rangle_T$ ist sichtlich geringer als der Gesamtmittelwert $\bar{u}$; dagegen ist das Zonenmittel in der nichtturbulenten Strömung $\langle u \rangle_N$ größer, bleibt jedoch unter dem

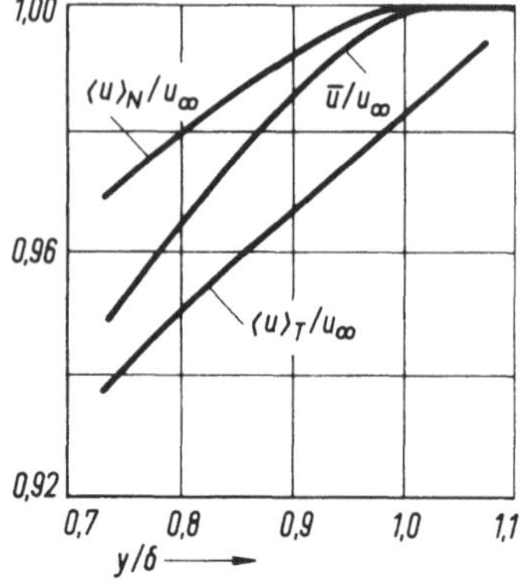

Fig. 53
Gemittelte Geschwindigkeiten in einer turbulenten Grenzschicht
① $\bar{u}/u_\infty$ über Gesamtzeit gemittelt
② $\langle u \rangle_T/u_\infty$ über Zeiten turbulenter Strömung gemittelt
③ $\langle u \rangle_N/u_\infty$ über Zeiten nichtturbulenter Strömung gemittelt
(nach R. E. Kaplan und J. Laufer)

Wert u_∞ der ungestörten Strömung. Zonenmittelwerte von Schwankungsgrößen kann man nach Townsend aus den Gesamtmittelwerten etwa zu

$$\langle u'^2 \rangle_T \approx \frac{\overline{u'^2}}{\gamma} \tag{3.89}$$

abschätzen. Allerdings setzt diese Beziehung voraus, daß die Schwankungsgröße in der nichtturbulenten Strömung gleich Null und im turbulenten Gebiet homogen ist.

3.3.4. Dynamik der Turbulenzausbreitung. Die Ausbreitung der Turbulenzgebiete, die hier das Wesentliche ist, bedeutet, daß fortwährend nichtturbulente Flüssigkeit in das Turbulenzgebiet eindringt und in turbulente Bewegung versetzt wird. Die Wirbelbewegung kann nach der Wirbelgleichung (Gl. (1.170)) nur durch Zähigkeitskräfte auf die nichtturbulente (drehungsfreie) Flüssigkeit übertragen werden. In der dünnen Schicht, in der sich der Wechsel von nichtturbulenter zu vollturbulenter Strömung vollzieht, übernimmt deshalb die Zähigkeit eine beherrschende Rolle.

Um sich die wesentlichen Vorgänge der Wirbelausbreitung in diesem als „viskose Überschicht"[2]) bezeichneten Gebiet an einem einfachen Modell klar zu machen,

---

[1]) Kaplan, R. E.; Laufer, J.: The intermittently turbulent region of the boundary layer. In: Hetényi, M.; Vincenti, W. G. (Eds.): Appl. Mech. Proc. XII ICAM. Berlin-Heidelberg-New York 1969, 236–245.

[2]) Corrsin, St.; Kistler, A. L.: Free-stream boundaries of turbulent flows. NACA TR 1244, 1955.

läßt man zunächst alle Verformungen außer acht und führt ein in der Überschicht ruhendes Achsensystem ein, Fig. 54. Die Normalkomponente der gemittelten Geschwindigkeit ist gleich dem negativen Wert der Ausbreitungsgeschwindigkeit v_e, es gilt also $\overline{u}_2 = -v_e = \text{const}$. Ferner sei das Koordinatensystem so gewählt, daß im

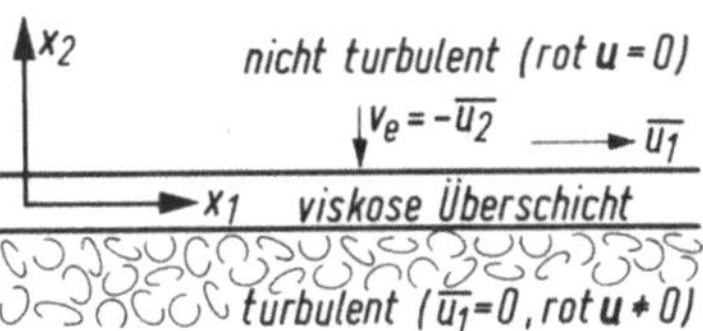

Fig. 54
Zur Turbulenzausbreitung. Das Koordinatensystem ruht bezüglich der viskosen Überschicht

turbulenten Gebiet $\overline{u}_1 = \overline{u}_3 = 0$ ist. Die nichtturbulente Flüssigkeit gleite mit der Tangentialgeschwindigkeit $\overline{u}_1 (\sim \langle u \rangle_N - \langle u \rangle_T$ nach Fig. 53) über die turbulente hinweg, so daß der Wirbelvektor die Mittelwerte $\overline{\omega}_1 = \overline{\omega}_2 = 0$, $\overline{\omega}_3 = \partial \overline{u}_1 / \partial x_2$ hat. Das Feld sei stationär und homogen bezüglich x_1 und x_3. Die Verteilungen von Wirbelschwankungen $\omega' = \sqrt{(\overline{\omega_i' \omega_i'})/2}$ und der Verlauf von $\overline{\omega}_3$ über x_2 sind in Fig. 55 skiz-

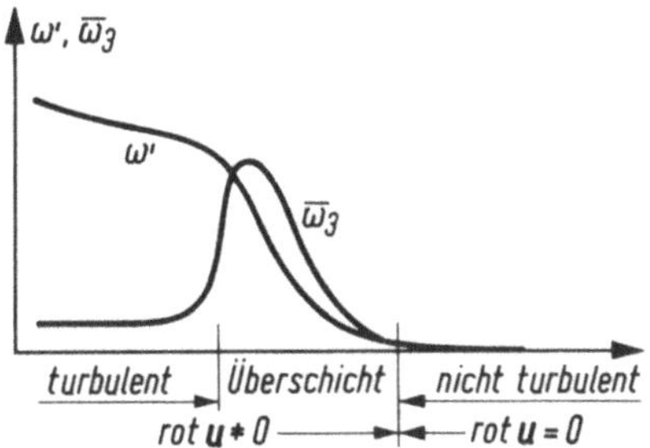

Fig. 55
Skizze der Verteilungen der Wirbelschwankungen und der gemittelten Wirbelstärke $\overline{\omega}_3$ im Übergangsgebiet zwischen turbulenter und nichtturbulenter Flüssigkeit. Das Koordinatensystem ruht bezüglich der viskosen Überschicht

ziert. Man erhält die Gleichung für die Wirbelstärke, indem man Gl. (1.172) mit ω_i' multipliziert und dann mittelt; so ergibt sich

$$\begin{aligned} &\frac{1}{2}\overline{u}_2 \frac{\partial \overline{\omega_i' \omega_i'}}{\partial x_2} + \frac{1}{2} \frac{\partial \overline{u_2' \omega_i' \omega_i'}}{\partial x_2} + \left[\overline{u_2' \omega_3'} \frac{\partial \overline{\omega}_3}{\partial x_2} \right] \\ &= \overline{\omega_i' \omega_j' \frac{\partial u_i'}{\partial x_j}} + \left[\overline{\omega_1' \omega_2'} \frac{\partial \overline{u}_1}{\partial x_2} \right] + \frac{1}{2} \nu \frac{\partial^2 \overline{\omega_i' \omega_i'}}{\partial x_2^2} - \nu \overline{\left(\frac{\partial \omega_i'}{\partial x_j} \frac{\partial \omega_i'}{\partial x_j} \right)}; \end{aligned} \tag{3.90}$$

dies ist eine erweiterte Form der in 2.1.2 angegebenen Gleichung für homogene Turbulenz. Die beiden eingeklammerten Glieder, die durch die „Gleitgeschwindigkeit" $\overline{u}_1$ hervorgerufen werden, sollen bei der Diskussion zunächst fortgelassen werden. Das erste Glied der linken Seite stellt die Konvektion, das zweite die turbulente Diffusion der Wirbelschwankungen dar. Das dritte und vierte Glied der rechten Seite geben die viskose Diffusion und Dissipation der Wirbelintensität an. Das erste Glied der rechten Seite beschreibt die Vermehrung der Wirbelstärke infolge Streckung der Wirbelfäden und ist stets positiv. Im turbulenten Gebiet nahe der Überschicht werden sich das erste und vierte Glied – wie bei homogener Turbulenz (vgl. 2.3.3) – etwa das Gleichgewicht halten. Am äußeren Rand der Überschicht, wo $\omega_i' \to 0$ geht, steht das erste Glied der linken Seite mit dem dritten Glied der rechten Seite in Konkurrenz.

Für eine Dimensionsbetrachtung sind das Niveau ω' der Wirbelschwankungen im turbulenten Gebiet und die kinematische Zähigkeit als die steuernden Parameter anzusehen; daraus ergibt sich als charakteristische Länge $\lambda = (\nu/\omega')^{\frac{1}{2}}$. Wenn man alle Längen hiermit dimensionslos macht, findet man aus (3.90), daß die Ausbreitungsgeschwindigkeit $v_e \sim (\omega' \nu)^{\frac{1}{2}}$ und die Dicke der Überschicht $\sim (\nu/\omega')^{\frac{1}{2}}$ ist. Die Wirbelintensität und die Energiedissipation sind durch

$$\varepsilon = \nu \overline{\omega_i' \omega_i'} \tag{3.91}$$

miteinander verbunden, so daß λ dem Kolmogoroffschen Mikro-Längenmaß (Gl. (2.146)) entspricht. Die Dicke der viskosen Überschicht ist also von der Größenordnung der Kolmogoroffschen Länge l_s $(\sim \nu^{\frac{3}{4}}/\varepsilon^{\frac{1}{4}})$ und die Ausbreitungsgeschwindigkeit hat die Größenordnung

$$v_e \sim (\varepsilon \nu)^{\frac{1}{4}}. \tag{3.92}$$

Die Tangentialkomponente $\overline{u}_1$ unterliegt der Reynoldsschen Gleichung, die für diesen einfachen Fall integriert werden kann und mit den zugehörigen Randbedingungen

$$v_e(\overline{u}_{1\infty} - \overline{u}_1) = -\overline{u'v'} + \nu \frac{\partial \overline{u}_1}{\partial x_2} \tag{3.93}$$

lautet. Im nichtturbulenten Gebiet besteht keine Korrelation zwischen den Schwankungen u' und v'; $\overline{u}_1$ nähert sich daher für positive x_2 asymptotisch dem konstanten Wert $\overline{u}_{1\infty}$ und $\partial \overline{u}_1/\partial x_2$ verschwindet, so daß alle drei Glieder von (3.93) gegen Null gehen. Könnte man die Reynolds-Spannung ganz vernachlässigen, dann hätte (3.93) die Lösung

$$\overline{u}_{1\infty} - \overline{u}_1 = \overline{u}_{1\infty} \exp[-v_e x_2/\nu], \tag{3.94}$$

die der asymptotischen Lösung der laminaren Absaugegrenzschicht[1]) entspricht. Die Schubspannung, die bei der Absaugegrenzschicht von der Wand aufgenommen wird, muß hier durch die Reynoldssche Spannung weitergeleitet werden. Im turbulenten Gebiet wird $\overline{u}_1 \to 0$, $\partial \overline{u}_1/\partial x_2 \to 0$ und (3.93) reduziert sich für negative x_2 auf

$$v_e \overline{u}_{1\infty} = -\overline{u'v'}. \tag{3.95}$$

Die Tangentialgeschwindigkeit $\overline{u}_{1\infty}$ wird also durch die Größe der Reynolds-Spannung im Turbulenzgebiet bestimmt. Die Dicke dieser „asymptotischen Absauge-

[1]) Vgl. Schlichting, H.: [3], 359.

schicht“ ist von der Größenordnung ν/v_e oder, mit (3.92), $\sim \nu^{\frac{3}{4}}/\varepsilon^{\frac{1}{4}}$. Dies ist die gleiche Größenordnung, die auf Grund der Wirbelausbreitung für die Überschicht gefunden wurde. Zur Größenabschätzung der Tangentialgeschwindigkeit greift man wieder auf die Wirbelgleichung (3.90) zurück. Es ist unwahrscheinlich, daß die eingeklammerten Glieder größer als die übrigen sind. $\bar{\omega}_3$ wird also von gleicher Größenordnung oder kleiner als ω' sein. Daraus ist zu folgern, daß $\bar{u}_1$ die Größenordnung von v_e nicht übersteigen dürfte.

Die kontinuierlichen Verformungen der Turbulenzgrenze, die durch die Turbulenzbewegung der verschiedenen Maßstäbe bewirkt werden[1]), haben eine immense Vergrößerung der von der viskosen Überschicht überdeckten Fläche gegenüber der von der gemittelten Lage $\bar{Y}(x)$ erzeugten Fläche zur Folge. Im gleichen Verhältnis vergrößert sich die Menge der in das Turbulenzgebiet eindringenden Flüssigkeit. Ein Flächenelement der Überschicht hat die Größe

$$\mathrm{d}O = \mathrm{d}x\,\mathrm{d}z\sqrt{1+\left(\frac{\partial Y}{\partial x}\right)^2+\left(\frac{\partial Y}{\partial z}\right)^2}. \tag{3.96}$$

Man kann daher eine gemittelte Ausbreitungsgeschwindigkeit $\bar{v}_e$ definieren,

$$\bar{v}_e(x) = \lim_{\tau\to\infty}\frac{1}{2\tau}\int\limits_{t-\tau}^{t+\tau} v_e(x,z,t')\left[1+\left(\frac{\partial Y(x,z,t')}{\partial x}\right)^2+\left(\frac{\partial Y(x,z,t')}{\partial z}\right)^2\right]^{\frac{1}{2}}\mathrm{d}t', \tag{3.97}$$

wobei $v_e(x,z,t)$ die nach Fig. 54 definierte örtliche, normal zur Überschicht gerichtete Ausbreitungsgeschwindigkeit ist und $\mathrm{d}\bar{Y}/\mathrm{d}x \ll 1$ vorausgesetzt wird. Für die Änderung des gemittelten Abstandes $\bar{Y}(x)$ nach (3.86) gilt dann die angenäherte Beziehung

$$\frac{\mathrm{d}\bar{Y}}{\mathrm{d}x} \approx \frac{\bar{v}_e(x)+\bar{v}(x,\bar{Y})}{\bar{u}(x,\bar{Y})}, \tag{3.98}$$

wobei $\bar{u}$ und $\bar{v}$ die Komponenten der gemittelten Strömungsgeschwindigkeit sind.

Versuche in freier Turbulenz und Grenzschichten zeigen, daß $\mathrm{d}\bar{Y}/\mathrm{d}x$ und damit $\bar{v}_e(x)$ von der Reynolds-Zahl praktisch unabhängig sind. Mit den üblichen Ähnlichkeitsbetrachtungen (vgl. 4.3.1 und 4.4.4) kommt man daher zu dem Schluß, daß sich die Oberfläche der Überschicht im Vergleich zur Projektionsfläche $y=\mathrm{const}$ im Verhältnis $(L/l_s)^{\frac{1}{3}}$ vergrößert, wobei L eine Integral-Länge ist.

Es besteht also ein enger Zusammenhang zwischen den Beträgen der gemittelten Ausbreitungsgeschwindigkeit $\bar{v}_e$ und der Faltungsamplitude der Grenzfläche; der Mechanismus, der die Faltungsamplitude bestimmt, ist aber für die einzelnen Strömungsfälle sehr unterschiedlich. So ist $\bar{v}_e$ im Verhältnis zum Niveau der Schwankungsgeschwindigkeiten $(\sqrt{\overline{q^2}})$ bei Nachlaufströmungen wesentlich größer als bei Grenzschichten an flachen Platten. Das gegenwärtige Wissen ist lückenhaft, so daß allgemeine Aussagen nicht möglich sind.

---

[1]) Vgl. hierzu Townsend, A. A.: The mechanism of entrainment in free turbulent flows. J. Fluid Mech. **26** (1966) 689–715.

3.3.5. Die Strömung außerhalb der Turbulenzgebiete. Die außerhalb der Turbulenzgebiete vorhandenen Geschwindigkeitsschwankungen können, da die Strömung drehungsfrei ist ($\operatorname{rot} \boldsymbol{u} = 0$), durch ein stochastisches Potentialfeld $\varphi'(\boldsymbol{x}, t)$ beschrieben werden; es gilt also

$$u_i' = \frac{\partial \varphi'}{\partial x_i}; \qquad \frac{\partial^2 \varphi'}{\partial x_i \partial x_i} = 0. \tag{3.99}$$

Für die theoretische Behandlung denke man sich die Normalkomponente v' in einer zur gemittelten Turbulenzgrenze parallelen Ebene ($y=0$) als stationäre, homogene Zufallsfunktion definiert,

$$\left(\frac{\partial \varphi'}{\mathrm{d} y}\right)_{y=0} = v'(x, 0, z). \tag{3.100}$$

Diese Schwankungen, die durch das Turbulenzfeld erzeugt sein mögen, klingen mit dem Abstand y ab und erfüllen für $y \to \infty$ die Randbedingung $\varphi' = 0$. Drückt man die Geschwindigkeitsverteilung (3.100) als zweidimensionales Fourier-Stieltjesches Integral (vgl. 1.2.5) aus,

$$v'(x, 0, z) = \int e^{i(k_x x + k_z z)} \mathrm{d} Z(\boldsymbol{k}), \tag{3.101}$$

wobei $\boldsymbol{k}$ der Wellenzahlenvektor mit den Komponenten k_x und k_z ist und das Integral sich über alle $\boldsymbol{k}$ erstreckt, so hat Gl. (3.99) die Lösung

$$\varphi'(x, y, z) = -\int \exp[i(k_x x + k_z z) - k y] \frac{\mathrm{d} Z(\boldsymbol{k})}{k} \tag{3.102}$$

mit $k = |\boldsymbol{k}| = \sqrt{k_x^2 + k_z^2}$. Diese Lösung ermöglicht eine Reihe interessanter Aussagen über das Schwankungsfeld im nichtturbulenten Gebiet. Die Rechnungen, die hier übergangen werden müssen[1]), liefern als wichtigste Ergebnisse, daß zwischen senkrecht zueinander wirkenden Geschwindigkeitskomponenten keine statistische Korrelation besteht, d. h. es ist

$$\overline{u' v'} = \overline{u' w'} = \overline{v' w'} = 0, \tag{3.103}$$

ferner daß die Beziehung

$$\overline{v'^2} = \overline{u'^2} + \overline{w'^2} \tag{3.104}$$

gilt und schließlich, daß die kinetische Energie der Schwankungen mit dem Kehrwert der vierten Potenz des Abstandes abfällt,

$$\frac{\overline{q^2}}{2} \sim y^{-4}. \tag{3.105}$$

Diese Befunde wurden experimentell bestätigt.

---

[1]) Phillips, O. M.: The irrotational motion outside a free turbulent boundary. Proc. Cambr. Phil. Soc. **51** (1955) 220–229.
Stewart, R. W.: Irrotational motion associated with free turbulent flows. J. Fluid Mech. **1** (1956) 593–606.

3.4. Halbempirische Berechnungsmethoden

Für die Ingenieure besteht das Bedürfnis, wichtige Größen turbulenter Strömungen (Reibungswiderstand, gemittelte Geschwindigkeitsverteilungen und andere mehr) vorausberechnen zu können, die unter gegebenen Randbedingungen zu erwarten sind. Es ist deshalb schon sehr zeitig versucht worden, die der theoretischen Behandlung entgegentretenden Schwierigkeiten mit einfachen empirischen Ansätzen zu überwinden. In diesem Abschnitt werden Möglichkeiten besprochen, die Gleichungen für Scherströmungen durch Einführen dimensionsrichtiger Ansätze zu lösbaren partiellen Differentialgleichungen zu machen. Da in gewissem Umfang versuchsmäßig gewonnene Erfahrungsdaten in Verbindung mit Modellvorstellungen verarbeitet werden, bezeichnet man die so entstehenden Berechnungsformeln als halbempirisch. Es handelt sich, anders ausgedrückt, um die Schließung des Systems der Gleichungen von 1.3.5 und 1.3.6 durch phänomenologische bzw. empirische Ansätze. Von allen Bemühungen, die dort beschriebene Hierarchie von Differentialgleichungen zu schließen, haben in der Tat bis jetzt einzig die halbempirischen Verfahren praktisch brauchbare, wenn auch nicht immer ganz befriedigende Ergebnisse geliefert.

3.4.1. Austauschansatz und Mischungswegformel. In den meisten Büchern über Strömungslehre begegnet man bei Behandlung turbulenter Scherströmungen vor allem zwei Formeln, nämlich dem Austauschansatz und der Mischungswegformel.

Bei dem Austauschansatz, der auf J. Boussinesq (1877) zurückgeht, wird in Analogie zum Newtonschen Gesetz der Flüssigkeitsreibung eine scheinbare Zähigkeit $A_\tau = \varrho \varepsilon_\tau$ eingeführt, die auch Austauschgröße genannt wird. Für die Reynoldssche Schubspannung in einer scherenden Parallelströmung $\bar{u}(y)$ schreibt man also

$$-\varrho \overline{u'v'} = A_\tau \frac{\mathrm{d}\bar{u}}{\mathrm{d}y} = \varrho \varepsilon_\tau \frac{\mathrm{d}\bar{u}}{\mathrm{d}y}. \tag{3.106}$$

ε_τ stellt eine der kinematischen Zähigkeit ν entsprechende Größe dar, die als Wirbelviskosität oder scheinbare Zähigkeit bezeichnet wird und die Dimension [Geschwindigkeit × Länge] hat. Zu der Annahme, die turbulente Strömung als die Strömung eines Mediums mit veränderten Eigenschaften anzusehen, wird man geführt, wenn man sich darauf beschränkt, mit der althergebrachten Ausrüstung (Staurohr, Druckanbohrungen an der Wand, Flüssigkeitsmanometer oder dgl.) Mittelwerte wie Druckabfall im Rohr oder Geschwindigkeitsverteilung zu messen; denn hierbei bleiben die Einzelheiten der komplizierten Bewegung verborgen. Die Wirbelviskosität ε_τ ist aber keine Stoffgröße wie die kinematische Zähigkeit ν, sondern eine von Ort zu Ort verschiedene Größe (die z. B. mit Annäherung an die Wand gegen Null geht), die sich mit der gemittelten Geschwindigkeit und den geometrischen Abmessungen des Strömungsfeldes ändert.

Die Mischungswegformel wurde von L. Prandtl (1925) in der Absicht entwickelt, eine allgemeine Beziehung zwischen der Wirbelviskosität und dem gemittelten Geschwindigkeitsfeld zu schaffen. Den Mischungsweg l deutet Prandtl als den

Weg, den einheitlich bewegte „Flüssigkeitsballen“ in Richtung der y-Achse durchschnittlich zurücklegen, bevor sie durch Vermischung ihre Individualität einbüßen. Man stellt sich vor, daß die Geschwindigkeitskomponente u der Turbulenzballen während dieser Zeit konstant bleibt, so daß die erzeugten Längsgeschwindigkeitsschwankungen u' etwa den Betrag $l\mathrm{d}\bar{u}/\mathrm{d}y$ haben, und daß die Verdrängungswirkung der Turbulenzballen Quergeschwindigkeitsschwankungen v' von gleicher Größenordnung hervorruft. Die scheinbare Schubspannung ist daher von der Größenordnung $\varrho(l\mathrm{d}\bar{u}/\mathrm{d}y)^2$. Damit zum Ausdruck kommt, daß die Schubspannung das gleiche Vorzeichen wie $\mathrm{d}\bar{u}/\mathrm{d}y$ hat, wird für die Mischungswegformel

$$-\varrho\overline{u'v'}=\varrho l^2\left|\frac{\mathrm{d}\bar{u}}{\mathrm{d}y}\right|\frac{\mathrm{d}\bar{u}}{\mathrm{d}y} \tag{3.107}$$

geschrieben. Sieht man die Größe von l als von der Geschwindigkeit unabhängig an, so ändert sich die Reynoldssche Spannung proportional dem Quadrat der gemittelten Strömungsgeschwindigkeit. Dies ist im Einklang mit der Wirklichkeit. Setzt man Gl. (3.107) und (3.106) gleich, so ergibt sich für die Wirbelviskosität die Beziehung

$$\varepsilon_\tau=l^2\left|\frac{\mathrm{d}\bar{u}}{\mathrm{d}y}\right|, \tag{3.108}$$

die besagt, daß nicht nur die Schubspannung, sondern auch die Wirbelviskosität selbst vom Geschwindigkeitsgradienten abhängt. Eliminiert man hier noch $\mathrm{d}\bar{u}/\mathrm{d}y$ mit Hilfe von (3.106), so findet man folgende Korrespondenz zwischen Wirbelviskosität und Mischungsweg:

$$\varepsilon_\tau=\sqrt{|\overline{u'v'}|}\,l. \tag{3.109}$$

Ergänzung. Es gibt noch einige weitere Ansätze, die in die gleiche Kategorie gehören. Der Ansatz von H. Reichardt[1]) für die gesamte Impulsübertragung $-\overline{uv}=-\bar{u}\bar{v}-\overline{u'v'}$, die insbesondere bei freier Scherturbulenz Anwendung gefunden hat, lautet

$$-\overline{uv}=\Lambda\frac{\partial\overline{u^2}}{\partial y}, \tag{3.110}$$

wobei die „Übertragungsgröße“ Λ die Dimension einer Länge hat. Hierbei wird also die gesamte Impulsübertragung in der Querrichtung mit dem Gradienten des Impulses der x-Richtung in Verbindung gebracht und es wird von der üblichen Unterscheidung zwischen einer gemittelten Geschwindigkeit und einer Schwankungskomponente abgesehen.

Eine alternative Betrachtungsweise, nach welcher die Wirkung der Turbulenzbewegung auf die gemittelte Strömungsgeschwindigkeit als ein Wirbeltransport gedeutet wird, geht auf G. I. Taylor[2]) zurück. Mit der Wirbelkomponente $\omega_z'=(\partial u'/\partial y)-(\partial v'/\partial x)$ läßt sich

$$\frac{\partial}{\partial y}(-\varrho\overline{u'v'})\approx-\varrho\overline{v'\omega_z'} \tag{3.111}$$

[1]) Reichardt, H.: Über eine neue Theorie der freien Turbulenz. Z. angew. Math. Mech. **21** (1941) 257–264.

[2]) Taylor, G. I.: The transport of vorticity and heat through fluids in turbulent motion. Proc. Roy. Soc. A **135** (1932) 685–705.

schreiben, wobei die fortgelassenen Glieder, $-\varrho\left(\frac{1}{2}\frac{\partial \overline{v'^2}}{\partial x}+\overline{u'\frac{\partial v'}{\partial y}}\right)$, nur kleine Größe haben, wenn die Strömung, wie bisher angenommen, in Ebenen $y=\text{const}$ fast homogen ist. Der Gradient der Schubspannung wird also durch die „Wirbelkraft" $-\varrho\overline{v'\omega_z'}$ (eine Volumenkraft!) ersetzt. Taylor führt nun analog zu (3.106) den Ansatz

$$-\varrho\overline{v'\omega_z'}=\varrho\,\varepsilon_\omega\frac{\partial\overline{\omega_z}}{\partial y}\approx\varrho\,\varepsilon_\omega\frac{\partial^2\overline{u}}{\partial y^2}\tag{3.112}$$

ein, wobei $\overline{\omega_z}\approx(\partial\overline{u}/\partial y)$ der Mittelwert der Wirbelstärke ist[1]). Falls $\varepsilon_\omega=\text{const}$ ist, sind (3.106) und (3.112) identisch und es gilt $\varepsilon_\omega=\varepsilon_\tau$. Führt man für ε_ω einen Ansatz nach (3.108) ein, $\varepsilon_\omega=l_\omega^2|\partial\overline{u}/\partial y|$, so ergibt die Integration bei konstantem l_ω wieder die Mischungswegformel mit der Relation $l_\omega=\sqrt{2}\,l$. Im allgemeinen Fall führen die Ansätze jedoch zu grundsätzlich verschiedenen Ergebnissen. Insbesondere ergibt der Wirbeltransportansatz kein sinnvolles Ergebnis, wenn $\varrho\overline{u'v'}=\text{const}$ und $\partial^2\overline{u}/\partial y^2\neq 0$ ist, was in einigen Fällen auftritt, z.B. beim Wandgesetz.

Allen Ansätzen dieser Art haften zwei grundsätzliche Mängel an, der eine betrifft die physikalische Konzeption und der andere die praktische Anwendung.

Zum ersteren ist zu sagen, daß die Vorgänge bei molekularen und turbulenten Transporterscheinungen derartig voneinander verschieden sind, daß die implizierte Analogie nur mit großem Vorbehalt akzeptiert werden kann. Der größte Mangel dieser Formeln ist, daß die scheinbare Schubspannung nur mit dem örtlichen Geschwindigkeitsgradienten $\mathrm{d}\overline{u}/\mathrm{d}y$ in Verbindung gebracht wird, während in Wirklichkeit die Strömung in benachbarten und weiter stromaufwärts liegenden Gebieten die Größe von $-\varrho\overline{u'v'}$ mitbestimmt. Man bedenke z.B. nur, daß ein Turbulenzballen, während er sich um die Strecke des Mischungsweges l quer zur Strömungsrichtung bewegt, eine Strecke stromabwärts fortgeführt wird, die mindestens um eine Größenordnung größer ist.

Hinsichtlich der Anwendung ist zu beachten, daß sich nach Einführen einer der Ansätze in Gl. (3.11) noch keineswegs ein geschlossenes Gleichungssystem ergibt. Mit dem Austauschansatz (3.106) wird lediglich die unbekannte Schubspannung $-\varrho\overline{u'v'}$ durch die unbekannte Wirbelviskosität ersetzt. Auch für die Anwendung der Mischungswegformel (3.107) werden Angaben über die Größe l benötigt, die in allgemeingültiger Form nicht vorliegen. Die v. Kármánsche Beziehung

$$l=\varkappa\left|\frac{\mathrm{d}\overline{u}/\mathrm{d}y}{\mathrm{d}^2\overline{u}/\mathrm{d}y^2}\right|,\tag{3.113}$$

in der $\varkappa$ eine empirisch zu bestimmende Konstante bedeutet, ist nur beschränkt anwendbar; sie versagt, wenn die Verteilung von $\overline{u}$ einen Wendepunkt hat.

Trotz dieser Unzulänglichkeiten werden die Ansätze (3.106) und (3.107) seit Jahrzehnten bis in die Jetztzeit häufig angewendet. Obwohl die Vorausberechnung der Geschwindigkeitsverteilung und anderer Größen die eigentliche Aufgabe ist, steht am Anfang gewöhnlich die Nachrechnung von Strömungen, für die Experimente bereits

---

[1]) O. M. Phillips behandelt diese Konzeption in Verbindung mit einem Strömungsmodell, das der Theorie der Wasserwellenentstehung entlehnt ist. Phillips, O. M.: The maintenance of Reynolds stress in turbulent shear flow. J. Fluid Mech. **27** (1967) 131–144.

durchgeführt sind. Man geht entweder von sinnvoll erscheinenden Annahmen für ε_τ bzw. l aus und variiert sie eventuell solange, bis die Rechnungsergebnisse in annehmbarer Übereinstimmung mit den Versuchsdaten sind, oder man betrachtet Gl. (3.106) bzw. (3.107) als Definitionsgleichungen für ε_τ bzw. l und berechnet diese Größen aus den Versuchsergebnissen[1]). Die Resultate korreliert man mit geeigneten Parametern in der Absicht, die so gewonnenen Zusammenhänge für ε_τ und l auf andere Fälle zu übertragen. Während in früheren Jahren nur einfachere Strömungsfälle behandelt worden sind, wurden nach Aufkommen von Rechenautomaten Verfahren zur Berechnung komplizierter Fälle entwickelt. Dabei kommt als Vorteil dieser Ansätze zur Geltung, daß die Rechenmethoden für laminare Grenzschichten auf turbulente Strömungen angewendet werden können. Es liegen heute Erfahrungen in größerem Umfang, insbesondere für Grenzschichten vor (vgl. 4.4.6). In vielen Fällen sind die vorausberechneten Ergebnisse für technische Zwecke durchaus brauchbar; in anderen Fällen bleiben die Resultate unbefriedigend.

Anwendung auf das universelle Wandgesetz. Als Anwendungsbeispiel soll die Geschwindigkeitsverteilung des universellen Wandgesetzes nach (3.63) berechnet werden. Setzt man

$$\varepsilon_\tau = \varkappa u_\tau y \quad \text{bzw.} \quad l = \varkappa y, \tag{3.114}$$

wobei $\varkappa$ die v. Kármánsche Konstante ist, und führt (3.106) oder (3.107) in Gl. (3.65) ein, so erhält man die in Gl. (3.67) gegebene Form und damit das universelle Geschwindigkeitsgesetz (3.68). Da im vollturbulenten Bereich Gleichgewicht zwischen Energieproduktion und Dissipation besteht und weder diffusiver noch konvektiver Transport vorhanden ist, scheint die Anwendung des Mischungsweganṡatzes geeignet zu sein. Tatsächlich hat Prandtl die logarithmische Geschwindigkeitsverteilung zuerst vermittels der Mischungswegformel hergeleitet.

Mitunter ist es wünschenswert, den Verlauf der gemittelten Geschwindigkeitsverteilung vom vollturbulenten Bereich bis zur Wand genauer zu kennen. Außerdem möchte man die Behandlung mit empirischen Methoden gern in den Griff bekommen, um gegebenenfalls Nebeneffekte, wie Variation der Schubspannung, Absaugen oder Ausblasen durch die poröse Wand, Dichtevariationen oder dgl. abschätzen zu können. Führt man (3.107) in Gl. (3.61) ein und löst die quadratische Gleichung nach $\mathrm{d}\bar{u}/\mathrm{d}y$ auf, so ergibt sich

$$\frac{\mathrm{d}\bar{u}}{\mathrm{d}y} = \frac{2u_\tau^2/\nu}{1 + \sqrt{1 + 4\left(\frac{u_\tau l}{\nu}\right)^2}} \tag{3.115}$$

Mit dem Ansatz $l = \varkappa y$ liefert die Integration von (3.106) wieder die asymptotische Form (3.68) für $y \to \infty$.

Um im Bereich der viskosen Übergangsschicht einen der wirklichen Geschwindigkeitsverteilung entsprechenden Verlauf und mit Versuchswerten quantitativ übereinstimmende Größe für die Integrationskonstante C zu bekommen, ist eine Modifikation für kleine y-Werte erforderlich. Mit der von van Driest[2]) auf Grund einer Analogie mit der Stokesschen Lösung für die oszillierende Platte entwickelte Beziehung

[1]) Negative ε_τ und imaginäre Werte für l treten selten auf, sind aber nicht ganz ausgeschlossen.

[2]) Van Driest, E. R.: On turbulent flow near a wall. J. Aeron. Sci. **23** (1956) 1007–1011.

$$l = \varkappa y \left[1 - \exp(-y^*/A)\right] \tag{3.116}$$

erhält man eine Verteilung, die bezüglich aller Ableitungen stetig ist und die sich auch bei Erweiterungen bewährt hat. Darin ist A eine empirische Konstante. In Fig. 56 ist die Integrationskonstante C der Gl. (3.68) als Funktion der van Driestschen Konstanten für einige Werte der v. Kármánschen Konstanten dargestellt; dieses Ergebnis wurde vermittels numerischer Integration von (3.115) ermittelt.

Mit Hilfe des Mischungsweganssatzes ist eine Reihe von Einflüssen auf die gemittelte Geschwindigkeitsverteilung des Wandgesetzes behandelt worden, so der Einfluß der Variation der Schubspannung, des Absaugens und Ausblasens von Flüssigkeit durch eine poröse Oberfläche, die Wirkung von Machzahl und Wärmeübertragung u. a.

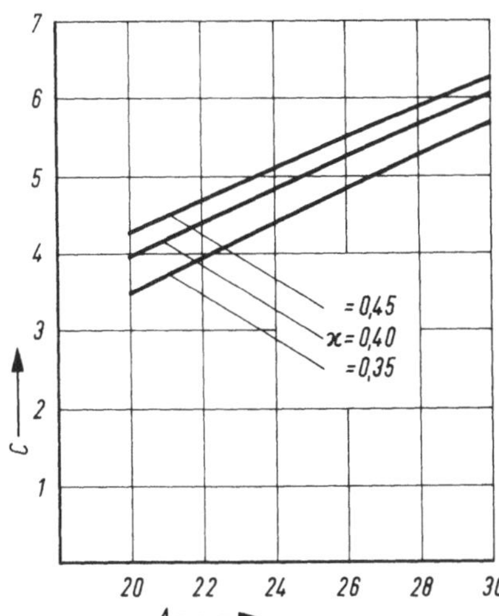

Fig. 56
Variation der Integrationskonstanten C des Wandgesetzes, Gl. (3.68), als Funktion der van Driestschen Konstanten A, Gl. (3.116), und der v. Kármánschen Konstanten $\varkappa$

3.4.2. Berechnungsmethoden auf der Grundlage der Turbulenz-Energiegleichung. Bei den soeben besprochenen Verfahren wurde mit phänomenologischen Überlegungen direkt in den Reynoldsschen Gleichungen begonnen; man könnte diese Verfahren deshalb als halbempirische Methoden erster Ordnung bezeichnen. Bessere Resultate sind mit halbempirischen Methoden höherer Ordnung zu erwarten, bei denen man die phänomenologischen Ansätze in die Momentengleichungen von 1.3.6 einführt. Es liegt eine Anzahl von Methoden vor, bei denen versucht wird, die Gleichungen für die Reynolds-Spannungen von 3.1.3 auf dieser Basis in ein lösbares System zu verwandeln. Die älteren Vorschläge, die um 1950 oder früher veröffentlicht wurden, konnten zunächst keine praktische Bedeutung erlangen, weil die technischen Hilfsmittel zur numerischen Lösung solch komplizierter Differentialgleichungssysteme nicht zur Verfügung standen. Die heute verfügbaren Rechenautomaten eröffnen ganz neue Möglichkeiten; deshalb wird an mehreren Stellen an der Vervollkommnung derartiger Rechenverfahren gearbeitet.

Prandtls Methode. Bei mehreren Methoden, die sich an die von L. Prandtl[1]) 1945 veröffentlichten Überlegungen anlehnen, ist der Kern die Berechnung der örtlichen Schwankungsenergie $\overline{q^2}/2$ vermittels der Gl. (3.28); dazu werden die Ausdrücke in ⟨ ⟩-Klammern vernachlässigt und es sind Annahmen über die Dissipation und die Diffusion erforderlich. Für die Reynoldssche Schubspannung wird nach Prandtl der Austauschansatz (3.106) benutzt; dabei wird die Wirbelviskosität proportional der Wurzel der kinetischen Turbulenzenergie gesetzt,

$$\varepsilon_\tau = k\sqrt{\overline{q^2}/2}\,L\,, \tag{3.117}$$

wobei k ein dimensionsloser Koeffizient und L ein Integral-Längenmaß ist. Für die turbulente Dissipation wird die Formel (3.43) benutzt und für die Diffusion ein dem Austauschansatz analoger Ausdruck eingeführt,

$$\overline{(q^2/2+p'/\varrho)v'} = -k_q\sqrt{\overline{q^2}/2}\,L\,\partial(\overline{q^2}/2)/\partial y, \tag{3.118}$$

wobei k_q ein weiterer Koeffizient ist. Damit ergibt sich das Gleichungssystem

$$\frac{1}{2}\bar{u}\frac{\partial\overline{q^2}}{\partial x} + \frac{1}{2}\bar{v}\frac{\partial\overline{q^2}}{\partial y} + \overline{u'v'}\frac{\partial\bar{u}}{\partial y} + c\frac{(\overline{q^2}/2)^{\frac{3}{2}}}{L} - \frac{\partial}{\partial y}\left\{k_q\sqrt{\frac{\overline{q^2}}{2}}\,L\frac{\partial(\overline{q^2}/2)}{\partial y}\right\} = 0, \tag{3.119}$$

$$\frac{\tau}{\varrho} = -\overline{u'v'} = k\sqrt{\overline{q^2}/2}\,L\frac{\partial\bar{u}}{\partial y}, \tag{3.120}$$

das mit der Bewegungsgleichung (3.13) und der Kontinuitätsgleichung (3.2) simultan zu integrieren ist. Die Anwendung dieser Formeln auf das vollturbulente Gebiet des Wandgesetzes, in welchen $\overline{q^2}$ und τ konstant sind, ergibt zwei wichtige Beziehungen für die Koeffizienten c und k. Diese Beziehungen werden besonders einfach, wenn man die Länge in diesem Gebiet als $L=\varkappa y$ (wie den Mischungsweg) festsetzt. Durch Gleichsetzen der Dissipation nach (3.43) und (3.73) erhält man

$$\frac{u_\tau^3}{\varkappa y} = c\frac{(\overline{q^2}/2)^{\frac{3}{2}}}{L}$$

und damit
$$c = \left(\frac{2u_\tau^2}{\overline{q^2}}\right)^{\frac{3}{2}} = \left(2\frac{\tau}{\varrho\overline{q^2}}\right)^{\frac{3}{2}} = \left(2\frac{-\overline{u'v'}}{\overline{q^2}}\right)^{\frac{3}{2}}. \tag{3.121}$$

Mit ε_τ nach (3.106) und (3.114) folgt ferner

$$k = \frac{u_\tau}{(\overline{q^2}/2)^{\frac{1}{2}}} = c^{\frac{1}{3}}. \tag{3.122}$$

Läßt man in (3.119) die konvektiven Glieder und die Energiediffusion fort, so führt die Kombination von (3.119) und (3.120) nebst (3.122) direkt auf die Mischungswegformel (3.107). Auf Grund Wieghardts Abschätzungen ist $c\approx 0{,}18$, $k\approx 0{,}56$ und

[1]) Prandtl, L.: Über ein neues Formelsystem für die ausgebildete Turbulenz. Nachr. Akad. Wiss. Göttingen, Math.-Phys. Klasse 1945, 6–19.

$k_q \approx 0{,}38$. G. S. Glushko[1]) hat diese Methode hinsichtlich des Reynolds-Zahleinflusses erweitert und Rechnungen für die Grenzschicht an der ebenen Platte ausgeführt. Dabei wurde der Übergang in die viskose Unterschicht ebenso wie der Übergang von der laminaren in die turbulente Strömung mit erfaßt. I. E. Beckwith und D. M. Bushnell[2]) haben diese Rechnungen wiederholt und auf Grenzschichten mit veränderlicher Druckverteilung ausgedehnt, wobei die Wirkung von Modifikationen studiert wurde.

Bradshaws Methode. Bei der Methode von P. Bradshaw, D. H. Ferriss und N. P. Atwell[3]) wird für die Reynoldssche Schubspannung alternativ zu (3.117) eine lineare Abhängigkeit zur turbulenten kinetischen Energie

$$-\overline{u'v'} = \frac{\tau}{\varrho} = a_1 \overline{q^2} \tag{3.123}$$

vorausgesetzt, wobei $a_1 = 0{,}15$ angenommen wird. Nach (3.121) ergibt sich dann für $c = (2a_1)^{\frac{3}{2}} = 0{,}164$. Bei diesem für Grenzschichten gedachten Berechnungsverfahren wird die turbulente Energiediffusion durch den Ansatz

$$\overline{(q^2/2 + p'/\varrho)v'} = \left(\frac{\tau_{\max}}{\varrho}\right)^{\frac{1}{2}} \frac{\tau}{\varrho} G \tag{3.124}$$

berücksichtigt, wobei $\tau_{\max}$ der Maximalwert der Schubspannung und G eine dimensionslose Funktion ist, Fig. 57.

$$G = \left(\frac{\tau_{\max}}{\varrho u_\infty^2}\right)^{\frac{1}{2}} \varphi\left(\frac{y}{\delta}\right). \tag{3.125}$$

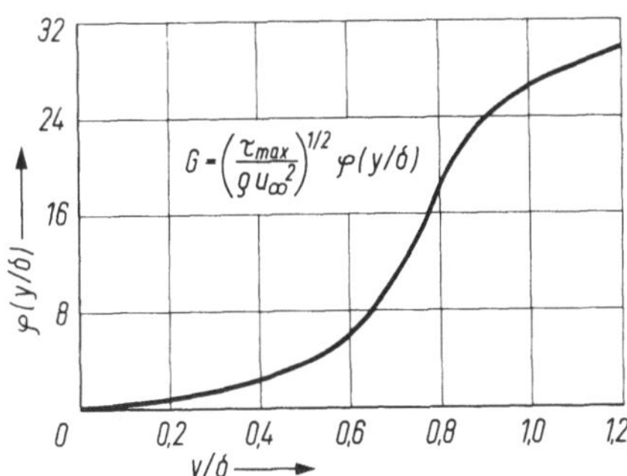

Fig. 57
Empirische Funktion zur Berechnung der Energiediffusion nach P. Bradshaw

---

[1]) Glushko, G. S.: Turbulent boundary layer on a flat plate in an incompressible fluid. Izv. Akad. Nauk SSSR, Ser. Mek. No. **4** (1965) 13–23. Engl. Übers. in: NASA TT F 10, 080.

[2]) Beckwith, I. E.; Bushnell, D. M.: Detailed description and results of a method for computing mean and fluctuating quantities in turbulent boundary layers. NASA TN D-4815, 1968.

[3]) Bradshaw, P.; Ferriss, D. H.; Atwell, N. P.: Calculation of boundary-layer development using the turbulent energy equation. J. Fluid Mech. **28** (1967) 593–616.

Die Energiegleichung läßt sich dann in eine Differentialgleichung für die Reynoldssche Schubspannung umschreiben,

$$\bar{u}\frac{\partial}{\partial x}\left(\frac{\tau}{2a_1\varrho}\right)+\bar{v}\frac{\partial}{\partial y}\left(\frac{\tau}{2a_1\varrho}\right)-\frac{\tau}{\varrho}\frac{\partial \bar{u}}{\partial y}+\frac{(\tau/\varrho)^{\frac{3}{2}}}{L}+\left(\frac{\tau_{\max}}{\varrho}\right)^{\frac{1}{2}}\frac{\partial}{\partial y}\left(G\frac{\tau}{\varrho}\right)=0. \tag{3.126}$$

Nach Fortlassen der Transportglieder und Dividieren durch τ/ϱ reduziert sich diese Gleichung auch auf den Mischungswegansatz. Das mit dieser Gleichung und den Gl. (3.2) und (3.13) gebildete Gleichungssystem hat hyperbolische Eigenschaften; ein Charakteristiken-Verfahren zur Lösung der Gleichungen wurde ausgearbeitet. Es

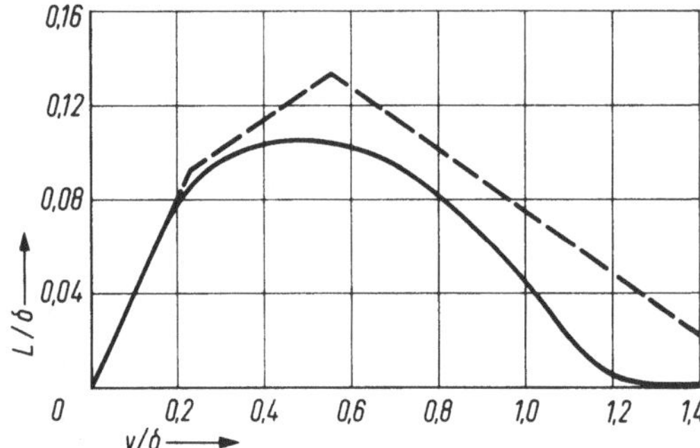

Fig. 58
Empirische Verteilungen für das Längenmaß
——— Bradshaw
— — — Glushko

mag erwähnt werden, daß die hyperbolischen Eigenschaften von (3.126) mit dem Ansatz (3.124) für die Energiediffusion zusammenhängen; die Energiegleichung in der Form (3.119) ist vom parabolischen Typus.

Die Genauigkeit der beschriebenen Berechnungsmethoden beruht gänzlich auf den empirischen Funktionen, insbesondere auf der gewählten Verteilung des Längenmaßes. In Fig. 58 sind die von Bradshaw und von Glushko[1]) benutzten Verteilungen dargestellt.

3.4.3. Bewegungsgleichung für ein Integral-Längenmaß. Bei den eingeführten Näherungsformeln für Dissipation und Energiediffusion wird die räumliche Struktur der Turbulenz (wie bei der Mischungswegformel) vereinfachend durch Längenmaße berücksichtigt. Sie können zur Berechnung turbulenter Strömungen nur benutzt werden, wenn Beziehungen für diese Längenmaße zur Verfügung stehen. Daß viele Autoren keine allgemein gültigen Regeln hierfür angeben, muß als unbefriedigend empfunden

[1]) Glushkos Verteilung wurde affin verzerrt, so daß sie nahe der Wand mit Bradshaws Verteilung, d. h. $L=\varkappa y$ übereinstimmt. Die Verzerrung bleibt ohne Rückwirkung auf die Rechenergebnisse, wenn die Koeffizienten c, k, k_q entsprechend umgerechnet werden.

werden. Diese Längenmaße entsprechen ihrer Bedeutung nach Makro-Längen gemäß der Definitionsgleichung (1.37); man kann dafür Bewegungsgleichungen aus den Navier-Stokesschen Gleichungen herleiten. Für isotrope Turbulenzfelder wurde eine solche Bewegungsgleichung schon in Gl. (2.222) angegeben.

Definition des Längenmaßes. Gl. (1.37) umfaßt je nach Wahl der beteiligten Geschwindigkeitskomponenten und der Integrationsrichtung eine Vielfalt von Integral-Längenmaßen. Für das Folgende ist nun die Definition eines Längenmaßes wünschenswert, das von keiner Integrationsrichtung abhängt. Unter Benutzung der Spektralfunktion nach Gl. (1.91) erfüllt die Größe

$$L(\boldsymbol{x}) = \frac{1}{\overline{q^2}} \frac{3\pi}{8} \int\limits_{V(\boldsymbol{k})} \Phi_{ii}(\boldsymbol{x},\boldsymbol{k}) \frac{\mathrm{d}\boldsymbol{k}}{k} \tag{3.127}$$

diese Forderung. Durch den Zahlenfaktor $3\pi/8$ wird L im Fall isotroper Turbulenz mit der Länge L_g nach Gl. (2.53) identisch (vgl. auch (2.72)); hierdurch werden Vergleiche erleichtert. Wenn man $\Phi_{ii}(\boldsymbol{x},\boldsymbol{k})$ nach Gl. (1.91) in (3.127) einsetzt, läßt sich die Integration über den $\boldsymbol{k}$-Raum ausführen und es ergibt sich L als Integral über die Korrelationsfunktion

$$\overline{q^2}(\boldsymbol{x})\,L(\boldsymbol{x}) = \frac{3}{16\pi} \int\limits_{V(\boldsymbol{r})} R_{ii}(\boldsymbol{x},\boldsymbol{r}) \frac{\mathrm{d}\boldsymbol{r}}{r^2} \tag{3.128}$$

wobei

$$\overline{q^2}(\boldsymbol{x}) = R_{ii}(\boldsymbol{x},0) = \int\limits_{V(\boldsymbol{k})} \Phi_{ii}(\boldsymbol{x},\boldsymbol{k})\,\mathrm{d}\boldsymbol{k} \tag{3.129}$$

gilt. Mit diesen Definitionen kann man nun eine Gleichung für das Produkt $\overline{q^2}\,L$ herleiten, indem man wahlweise die Operation $\int\limits_{V(\boldsymbol{k})} \cdots \frac{\mathrm{d}\boldsymbol{k}}{k}$ auf die Gl. (1.199) oder $\int\limits_{V(\boldsymbol{r})} \cdots \frac{\mathrm{d}\boldsymbol{r}}{r^2}$ auf Gl. (1.193) anwendet[1]). Das definierte Längenmaß stellt auch bei komplizierten Turbulenzfeldern eine brauchbare charakteristische Größe dar („Durchmesser der Turbulenzballen" im Sprachgebrauch der Mischungswegkonzeption). Bei schichten- und spindelförmigen Turbulenzfeldern genügt es jedoch, die Integration nur in Richtung parallel zum Gradienten der gemittelten Geschwindigkeit, d.h. in y-Richtung vorzunehmen. Für Scherströmungen erscheint also die Definition

$$\overline{q^2}(\boldsymbol{x})\,L(\boldsymbol{x}) = \frac{3}{8} \int\limits_{-\infty}^{\infty} R_{ii}(\boldsymbol{x},r_y)\,\mathrm{d}r_y \tag{3.130}$$

[1]) Siehe Fußnote 2, S. 143.

zweckmäßig, Fig. 59, weil die Herleitung der Differentialgleichung für $\overline{q^2}L$ hiermit etwas übersichtlicher wird. Bei isotroper Turbulenz sind die beiden L nach Gl. (3.128) und (3.130) gleich. Wenn feste Wände vorhanden sind, wird der Integrationsbereich durch die Wände begrenzt.

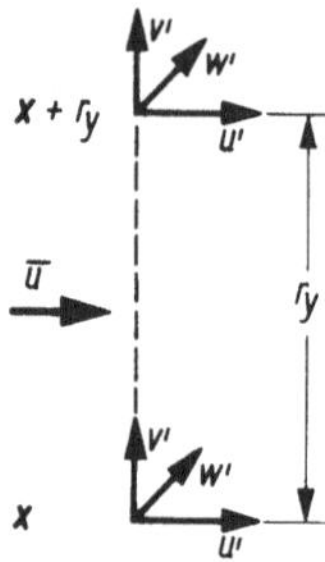

Fig. 59
Zur Definition des Integral-Längenmaßes nach Gl. (3.130)

Die Bewegungsgleichung. Die gesuchte Bewegungsgleichung kann man jetzt unmittelbar unter Benutzung von Gl. (1.193) herleiten, wobei man die Vereinfachungen für die im Mittel zweidimensionalen stationären Strömungsschichten berücksichtigt. Die Gleichung für R_{ii} lautet dann

$$\bar{u}\frac{\partial R_{ii}}{\partial x} + \bar{v}\frac{\partial R_{ii}}{\partial y} + [\bar{v}(\boldsymbol{x}+r_y)-\bar{v}(\boldsymbol{x})]\frac{\partial R_{ii}}{\partial r_y} + R_{21}\frac{\partial \bar{u}(\boldsymbol{x})}{\partial y} + R_{12}\frac{\partial \bar{u}(\boldsymbol{x}+r_y)}{\partial y} +$$
$$+ \frac{\partial R_{(i2)i}}{\partial y} - \frac{\partial}{\partial r_k}(R_{(ik)i}-R_{i(ik)}) + \frac{1}{\varrho}\frac{\partial}{\partial y}(\overline{p'v'}+\overline{v'p'}) - \tag{3.131}$$
$$-\nu\left[\frac{\partial^2 R_{ii}}{\partial y^2} - 2\frac{\partial^2 R_{ii}}{\partial y\,\partial r_y} + 2\frac{\partial^2 R_{ii}}{\partial r_k\,\partial r_k}\right] = 0.$$

Auf die Druck-Geschwindigkeitskorrelationen wurde dabei Kontinuitätsbedingung angewendet. Bei der Integration über r_y ergibt das dritte Glied von (3.131) nach partieller Integration und Anwendung der Kontinuitätsgleichung

$$\int_{-\infty}^{\infty}[\bar{v}(\boldsymbol{x}+r_y)-\bar{v}(\boldsymbol{x})]\frac{\partial R_{ii}}{\partial r_y}\mathrm{d}r_y = -\int_{-\infty}^{\infty}\frac{\partial \bar{v}(\boldsymbol{x}+r_y)}{\partial y}R_{ii}\,\mathrm{d}r_y = \int_{-\infty}^{\infty}\frac{\partial \bar{u}(\boldsymbol{x}+r_y)}{\partial x}R_{ii}\,\mathrm{d}y$$
$$= \frac{\partial \bar{u}(\boldsymbol{x})}{\partial x}\int_{-\infty}^{\infty}R_{ii}\,\mathrm{d}y + \int_{-\infty}^{\infty}\left[\frac{\partial \bar{u}(\boldsymbol{x}+r_y)}{\partial x} - \frac{\partial \bar{u}(\boldsymbol{x})}{\partial x}\right]R_{ii}\,\mathrm{d}y. \tag{3.132}$$

Multipliziert man (3.131) mit 3/16 und integriert dann über r_y, so gewinnt man mit (3.130) und (3.132) die Bewegungsgleichung für das Integral-Längenmaß in der Form

$$\underbrace{\frac{1}{2}\frac{\partial}{\partial x}(\overline{u}\overline{q^2}L)+\frac{1}{2}\overline{v}\frac{\partial}{\partial y}(\overline{q^2}L)+\frac{3}{16}\int\limits_{-\infty}^{\infty}\left[\frac{\partial\overline{u}(\boldsymbol{x}+r_y)}{\partial x}-\frac{\partial\overline{u}(\boldsymbol{x})}{\partial x}\right]R_{ii}\,\mathrm{d}r_y+}_{\text{Konvektion}}$$

$$\underbrace{+\frac{3}{16}\frac{\partial\overline{u}(\boldsymbol{x})}{\partial y}\int\limits_{-\infty}^{\infty}R_{21}\,\mathrm{d}r_y+\frac{3}{16}\int\limits_{-\infty}^{\infty}\frac{\partial\overline{u}(\boldsymbol{x}+r_y)}{\partial y}R_{12}\,\mathrm{d}r_y-}_{\text{Produktion}}$$

$$\underbrace{-\frac{3}{16}\int\limits_{-\infty}^{\infty}\frac{\partial}{\partial r_k}(R_{(ik)i}-R_{i(ik)})\,\mathrm{d}r_y-\nu\frac{3}{8}\int\limits_{-\infty}^{\infty}\frac{\partial^2 R_{ii}}{\partial r_k\partial r_k}\,\mathrm{d}r_y+}_{\text{Dissipation}} \tag{3.133}$$

$$\underbrace{+\frac{\partial}{\partial y}\left\{\frac{3}{16}\int\limits_{-\infty}^{\infty}\left[R_{(i2)i}+\frac{1}{\varrho}(\overline{p'v'}+\overline{v'p'})\right]\mathrm{d}r_y-\frac{\nu}{2}\frac{\partial}{\partial y}(\overline{q^2}L)\right\}}_{\text{Diffusion}}=0,$$

die ein Pendant zur Gl. (3.28) für die kinetische Turbulenzenergie bildet. Vernachlässigt wurden die Glieder, die den in Gl. (3.28) in Klammern $\langle\cdots\rangle$ gesetzten Ausdrücken entsprechen. Es stehen auch hier Turbulenzerzeugung, Dissipation, konvektiver und diffusiver Transport im Gleichgewicht miteinander. Bei der Produktion und dem konvektiven Transport geht die Verteilung der gemittelten Geschwindigkeit über die gesamte Dicke der Strömungsschicht ein. Zum Begriff Dissipation wurden zwei Effekte zusammengefaßt; der Energietransport im Wellenzahlenraum (vgl. 2.3.3), der ja in der Energiegleichung verschwindet, und die Wirkung der Zähigkeitskräfte. Die Diffusion setzt sich wie in der Energiegleichung aus der Wechselwirkung von drei Schwankungsgeschwindigkeiten, aus Druckdiffusion und Zähigkeitsdiffusion zusammen.

Phänomenologische Ansätze. Um diese Gleichung für Berechnungsmethoden nutzbar zu machen, sind ebenso wie bei der Energiegleichung Vereinfachungen und Annahmen erforderlich. Das bei der Konvektion auftretende Integral kann vernachlässigt werden. Eine Möglichkeit, das zweite Integral der Produktion zu behandeln besteht darin, die gemittelte Geschwindigkeit, wie in 3.1.6, in eine Taylorsche Reihe zu entwickeln. Zu diesem Zweck definiert man folgende Längenmaße:

$$L_{12,1}=\frac{3}{16\overline{u_1' u_2'}}\int\limits_{-\infty}^{\infty}(R_{12}+R_{21})\,\mathrm{d}r_y\,, \tag{3.134}$$

$$L_{12,n}=\left[\frac{3}{16(n-1)!\,\overline{u_1' u_2'}}\int\limits_{-\infty}^{\infty}R_{12}r_y^{n-1}\,\mathrm{d}r_y\right]^{1/n}, \quad (n>1). \tag{3.135}$$

Wenn man sich auf den Fall großer Reynolds-Zahlen beschränkt, entfällt die Diffusion durch Zähigkeit, und man kann das Konzept der lokalisotropen Turbulenz anwenden; d.h. das mit ν multiplizierte Glied darf vernachlässigt werden (vgl. 2.4.5). Für das den Energietransport im Wellenzahlenraum darstellende Glied kann man in Analogie zur Dissipationsformel (3.43)

$$-\frac{3}{16}\int\limits_{-\infty}^{\infty}\frac{\partial}{\partial r_k}(R_{(ik)i}-R_{i(ik)})\,\mathrm{d}r_y=c_L\,c(\overline{q^2}/2)^{\frac{3}{2}} \tag{3.136}$$

setzen. Im Hinblick auf den Ansatz (3.118) scheint mit einiger Vorsicht für die Diffusion in (3.135) der Ausdruck

$$\frac{3}{16}\int\limits_{-\infty}^{\infty}\left[R_{(i2)i}+\frac{1}{\varrho}(\overline{p'v'}+\overline{v'p'})\right]\mathrm{d}r_y=-k_{qL}\sqrt{\overline{q^2}/2}\,L\left[L\frac{\partial(\overline{q^2}/2)}{\partial y}+\alpha_L\frac{\overline{q^2}}{2}\frac{\partial L}{\partial y}\right] \tag{3.137}$$

vertretbar zu sein, wobei c_L, k_{qL} und α_L weitere Koeffizienten sind. Weiter werden die verschiedenen Längen einander proportional gesetzt, also insbesondere

$$\begin{aligned}L_{12,1}&=\zeta L\,,\\ L_{12,3}^3&=\zeta_3 L^3\,.\end{aligned} \tag{3.138}$$

Wenn man sich auf Glieder bis zur Ableitung dritter Ordnung von $\bar{u}$ beschränkt und R_{12} als symmetrisch in r_y annimmt, erhält man schließlich folgende Differentialgleichung aus (3.133)

$$\begin{aligned}&\frac{1}{2}\frac{\partial}{\partial x}(\bar{u}\overline{q^2}L)+\frac{1}{2}\bar{v}\frac{\partial(\overline{q^2}L)}{\partial y}+\overline{u'v'}\left(\zeta L\frac{\partial\bar{u}}{\partial y}+\zeta_3 L^3\frac{\partial^3\bar{u}}{\partial y^3}\right)+c_L\,c\left(\frac{\overline{q^2}}{2}\right)^{\frac{3}{2}}-\\ &-\frac{\partial}{\partial y}\left\{k_{qL}\sqrt{\overline{q^2}/2}\,L\left[L\frac{\partial(\overline{q^2}/2)}{\partial y}+\alpha_L\frac{\overline{q^2}}{2}\frac{\partial L}{\partial y}\right]\right\}=0\,.\end{aligned} \tag{3.139}$$

Hierbei treten die Koeffizienten ζ, ζ_3, c_L, k_{qL} und α_L neu auf; c erschien schon in der Formel für die Energiedissipation. Für c_L gewinnt man eine Abschätzung, indem man die ersten beiden Glieder durch die zeitliche Ableitung $\frac{1}{2}\partial(\overline{q^2}L)/\partial t$ ersetzt und den Fall isotroper Turbulenz betrachtet. Durch Vergleichen mit der Lösung von 2.4.5 erhält man gemäß (2.228)

$$c_L=\frac{\sigma}{\sigma+1}\,, \tag{3.140}$$

wobei σ der in 2.4.2 definierte Exponent der Grobstruktur ist. Für die beiden Fälle der Loitsianskiischen ($\sigma=4$) und der Birkhoffschen ($\sigma=2$) Konzeption ergibt sich also $c_L=0{,}8$ bzw. $c_L=0{,}667$; diese Zahlen können als obere und untere Grenzwerte für c_L angesehen werden.

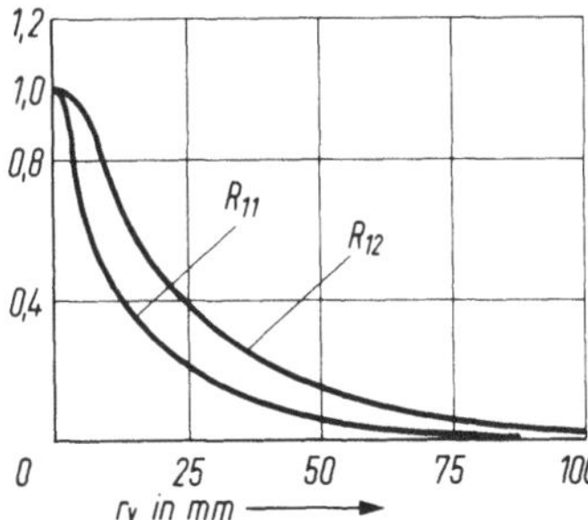

Fig. 60
Korrelationsfunktionen in einer homogenen Scherströmung (nach W. G. Rose). Definition gemäß Gl. (3.55)

Die Korrelationsfunktion R_{12} hat wegen der lokalisotropen Struktur eine flachere Scheitelkrümmung als die Funktionen R_{11} usw. Fig. 60 zeigt die in einer homogenen Scherströmung von W. G. Rose[1]) gemessenen Funktionen. Nach diesen Messungen ist $\zeta \approx 1{,}2$.

Bei der Anwendung von (3.139) auf das vollturbulente Gebiet des Wandgesetzes entfallen die konvektiven Glieder, nicht aber der diffusive Transport. Mit den Beziehungen (3.67) und (3.121) findet man $L \sim y$. Setzt man insbesondere wieder $L=\varkappa y$, so ergibt sich die Formel

$$-\zeta-2\varkappa^2\zeta_3+c_L-\varkappa^2 k_{qL}\alpha_L/c=0\,, \tag{3.141}$$

die eine wichtige Relation zwischen den Koeffizienten und der v. Kármánschen Konstanten $\varkappa$ herstellt.

Wenn man die konvektiven und diffusiven Transportglieder in Gl. (3.139) fortläßt und $c(\overline{q^2}/2)^{\frac{3}{2}}$ mit der ebenso reduzierten Energiegleichung (3.119) eliminiert, so erhält man als interessante Vereinfachung

$$L^2=\frac{c_L-\zeta}{\zeta_3}\,\frac{\partial\overline{u}/\partial y}{\partial^3\overline{u}/\partial y^3} \tag{3.142}$$

oder mit (3.141)

$$L^2=2\varkappa^2\,\frac{\partial\overline{u}/\partial y}{\partial^3\overline{u}/\partial y^3}\,. \tag{3.143}$$

Die Beziehung hat eine bemerkenswerte Ähnlichkeit mit der Formel (3.113) die v. Kármán auf Grund eines Ähnlichkeitspostulates hergeleitet hat. Da die Ableitung

[1]) Siehe Fußnote 1, S. 141.

dritter Ordnung von $\overline{u}$ auftritt, kann man eine Randbedingung mehr erfüllen als bei der v. Kármánschen Formel.

Anwendungen. Rechnungen, bei denen die Prandtlschen Formeln, (3.119) und (3.120), durch die Gleichung für das Längenmaß ergänzt wurden, sind von W. Rodi und D. B. Spalding[1]) für Probleme der freien Turbulenz durchgeführt worden; dabei wurde die dritte Ableitung von $\overline{u}$ nach y vernachlässigt ($\zeta_3=0$). F. H. Harlow und P. I. Nakayama[2]) haben auf heuristischem Wege ein ähnliches Formelsystem entwickelt und auf die turbulente Rohrströmung angewendet.

3.4.4. Weitere Entwicklungen. Die Berechnungsmethoden nach 3.4.2 bedeuten einen beachtlichen Fortschritt gegenüber dem Austauschansatz und der Mischungswegformel, dennoch bleiben sie jeweils nur auf eine relativ kleine Gruppe von Strömungen anwendbar. Die Unzulänglichkeiten sind vorwiegend in den Ansätzen für die Reynoldssche Spannung begründet. Der Austauschansatz ist mit dem Inhalt der Gl. (3.20) nicht vereinbar, das gilt auch, wenn die Wirbelviskosität nach (3.120) als auf dem Niveau der Turbulenzenergie beruhend angenommen oder mit einer Transportgleichung[3]) ermittelt wird. Die Annahme von Bradshaw, $\overline{u'v'}/\overline{q^2}=\text{const}$, führt bei Vorzeichenwechsel der Schubspannung, der bei vielen Strömungen auftritt, zu singulärem Verhalten. Um Verfahren zu schaffen, die für eine größere Klasse von Strömungen brauchbare Ergebnisse liefern, scheint es notwendig, noch weiter auf die Gleichungen des Reynoldsschen Tensors zurückzugreifen. Grundsätzlich kann man versuchen, die Gleichungen für alle Koordinaten des Tensors durch phänomenologische Ansätze lösbar zu machen, wie es vom Verfasser[4]) früher vorgeschlagen wurde. Neuerdings sind Berechnungen von Grenzschichten[5]) auf dieser Grundlage bekannt geworden. Die Schwierigkeiten liegen z. T. bei der numerischen Lösung der Gleichungssysteme, hauptsächlich aber bei den notwendigen empirischen Annahmen, deren Ausmaß den Stand des Wissens überschreitet.

In konsequenter Weiterentwicklung der in 3.4.2 und 3.4.3 besprochenen Methoden wird von J. C. Rotta[6]) die partielle Differentialgleichung (3.41) als Bestimmungsgleichung für die Reynoldssche Schubspannung herangezogen, die damit die Ansätze (3.120) bzw. (3.123) ersetzt. In diese Gleichung für die Schubspannung werden in Anlehnung an die Ausführungen von 2.5.2 (Gl. (2.270)) und 3.1.6 folgende Ansätze eingeführt

---

[1]) Rodi, W.; Spalding, D. B.: A two-parameter model of turbulence, and its application to free jets. Wärme- und Stoffübertragung **3** (1970) 85–95.

[2]) Harlow, F. H.; Nakayama, P. I.: Turbulence transport equations. Phys. Fluids **10** (1967) 2323–2332.

[3]) Nee, V. W.; Kovasznay, L. S. G.: Simple phenomenological theory of turbulent shear flows. Phys. Fluids **12** (1969) 473–484.

[4]) Siehe Fußnote 2, S. 143.

[5]) Donaldson, C. duP.; Rosenbaum, H.: Calculation of turbulent shear flows through closure of the Reynolds equations by invariant modelling. In: Bertram, M. H.: [21], 231–253.

[6]) Rotta, J. C.: Über eine Methode zur Berechnung turbulenter Scherströmungsfelder. Z. angew. Math. Mech. **50** (1970) T204–T205.

$$\overline{v'^2}\frac{\partial \bar{u}}{\partial y} - \frac{1}{\varrho}\overline{p'_{\mathrm{M}}\left(\frac{\partial u'}{\partial x} + \frac{\partial v'}{\partial y}\right)} = a_p \frac{\overline{q^2}}{2}\frac{\partial \bar{u}}{\partial y} + a_{p3}\frac{\overline{q^2}}{2} L^2 \frac{\partial^3 \bar{u}}{\partial y^3}, \tag{3.144}$$

$$\frac{1}{\varrho}\overline{p'_{\mathrm{T}}\left(\frac{\partial u'}{\partial x} + \frac{\partial v'}{\partial y}\right)} = -k_p c \frac{\sqrt{\overline{q^2}/2}}{L}\overline{u'v'}. \tag{3.145}$$

Für das Diffusionsglied wird ähnlich wie in (3.118)

$$\overline{u'v'^2} + \frac{\overline{u'p'}}{\varrho} = -k_{q\tau}\sqrt{\overline{q^2}/2}\, L \frac{\partial \overline{u'v'}}{\partial y} \tag{3.146}$$

angenommen. Das Glied in $\langle\,\rangle$-Klammern wird vernachlässigt. Damit ergibt sich aus Gl. (3.41) die Gleichung

$$\begin{aligned} \bar{u}\frac{\partial \overline{u'v'}}{\partial x} + \bar{v}\frac{\partial \overline{u'v'}}{\partial y} + \frac{\overline{q^2}}{2}\left(a_p \frac{\partial \bar{u}}{\partial y} + a_{p3} L^2 \frac{\partial^3 \bar{u}}{\partial y^3}\right) + k_p c \frac{\sqrt{\overline{q^2}/2}}{L}\overline{u'v'} - \\ - k_{q\tau}\frac{\partial}{\partial y}\left(\sqrt{\overline{q^2}/2}\, L\, \partial \overline{u'v'}/\partial y\right) = 0. \end{aligned} \tag{3.147}$$

Insgesamt treten hierbei vier weitere Koeffizienten auf, nämlich a_p, a_{p3}, k_p *und* $k_{q\tau}$; die Größe c ist der Zahlenfaktor der Dissipationsformel nach (3.43). Die Abschätzung unter der Annahme isotroper Verteilungen der Schwankungsgrößen ergibt nach (3.50)

$$a_p = \frac{4}{15}, \qquad a_{p3} \approx -\frac{4}{15}. \tag{3.148}$$

Aus der Anwendung der Gl. (3.147) auf das vollturbulente Gebiet des Wandgesetzes erhält man mit (3.65), (3.67), (3.121) und $L = \varkappa y$

$$a_p + 2\varkappa^2 a_{p3} - k_p c^{\frac{4}{3}} = 0. \tag{3.149}$$

Diese Gleichung stellt eine Beziehung zwischen den Koeffizienten a_p, a_{p3} *und* k_p und der v. Kármánschen Konstanten $\varkappa$ her.

Bei der Anwendung der Gl. (3.147) auf allgemeine Scherströmungen wird man vermutlich bessere Übereinstimmung zwischen den Rechenergebnissen und der Wirklichkeit erzielen können, wenn man für a_p und a_{p3} Werte einsetzt, die von Gl. (3.148) abweichen. Insbesondere liegt nahe, $a_{p3} = 0$ zu setzen, so daß das Glied mit der Ableitung dritter Ordnung, $\partial^3\bar{u}/\partial y^3$, entfällt.

Sonderfälle. Es ist interessant, festzustellen, daß die vorher erwähnten Ansätze, nämlich der Austauschansatz mit Prandtls Wirbelviskosität (3.117) und Bradshaws Ansatz (3.123), als Sonderfälle in Gl. (3.147) enthalten sind:

1. Vernachlässigt man die Glieder des konvektiven Transports und der turbulenten Diffusion, so reduziert sich Gl. (3.147) mit $a_{p3} = 0$ auf die Form

$$-\overline{u'v'} = \frac{a_p}{k_p c}\sqrt{\overline{q^2}/2}\, L \frac{\partial \bar{u}}{\partial y}, \tag{3.150}$$

die mit dem Austauschansatz (3.106) mit der Wirbelviskosität ε_τ nach (3.117) identisch ist. Unter Beachtung von Gl. (3.149) gilt für den Koeffizienten k in (3.117)

$$k = (a_p/k_p)^{\frac{1}{4}}. \qquad (3.151)$$

Die Vernachlässigung der Transportglieder ist berechtigt, wenn das Turbulenzfeld nur schwach inhomogen ist.

2. Führt man den Ansatz von Bradshaw (3.123) in Gl. (3.147) ein, so geht diese Gleichung genau in die Gleichung für die kinetische Schwankungsenergie (3.119) über, wenn folgende Bedingungen erfüllt sind:

$$a_p = 4a_1^2, \quad a_{p3} = 0, \quad k_p = 1, \quad k_{q\tau} = k_q. \qquad (3.152)$$

Mit Bradshaws Wert $a_1 = 0{,}15$ ergibt sich also $a_p = 0{,}09$. Setzt man diese Werte in Gl. (3.147) ein, so liefert die simultane Integration von (3.119) und (3.147) bei geeigneten Annahmen für L im ganzen Turbulenzfeld $-\overline{u'v'} = 0{,}15\overline{q^2}$, sofern die Randbedingungen dies erlauben, z.B. bei Grenzschichten. In anderen Fällen, bei denen z.B. die Reynoldsspannung das Vorzeichen wechselt (Kanalströmung), ergeben die beiden Gleichungen unterschiedliche, dem Problem angepaßte Lösungen.

Anwendung. Gl. (3.147) bildet mit der Energiegleichung (3.119) und der partiellen Differentialgleichung für das Längenmaß (3.139) sowie der Kontinuitätsgleichung (3.2) und der Bewegungsgleichung (3.13) für die gemittelten Geschwindigkeiten ein geschlossenes Gleichungssystem. Die Methode wurde für den Freistrahl in ruhender Umgebung und die ebene Nachlaufströmung sowie für ausgebildete Kanal- und Rohrströmung erprobt[1]). Wir möchten diese Ausführungen mit der Bemerkung abschließen, daß die zuletzt genannten Methoden noch im Entwicklungsstadium stehen. Sowohl hinsichtlich der zweckmäßigen Zahlenwerte für die Koeffizienten als auch der Eigenschaften der Differentialgleichungssysteme bestehen noch Unklarheiten. Auch bezüglich der numerischen Behandlung der Gleichungssysteme ist noch viel Arbeit zu leisten. Die Aufgabe, ein Formelsystem mit festen Koeffizienten zu schaffen, mit dem man turbulente Strömungen durch Leitungen, freie Turbulenz und Grenzschichten in gleicher Weise mit befriedigender Genauigkeit berechnen kann, ist praktisch noch nicht gelöst.

4. Erscheinungsformen turbulenter Scherströmungen

4.1. Einführung

In diesem Kapitel werden praktisch wichtige Einzelfälle von Scherströmungen behandelt. Insbesondere soll über Tatsachen, über die Anwendung von Ähnlichkeitsbeziehungen und halbempirischer Rechenmethoden sowie über Versuchsergebnisse gesprochen werden, wobei wiederum nur im Mittel stationäre Strömungen betrachtet

---

[1]) Siehe Fußnote 6, S. 184.

werden. Es handelt sich also im wesentlichen um die Spezialisierung und Anwendung der im Kapitel 3 erarbeiteten Ergebnisse. Im Hinblick auf den zur Verfügung stehenden Platz ist eine Beschränkung auf wenige charakteristische Fälle notwendig.

Nachdem die Strömung in der Nähe fester Wände bereits in 3.2 behandelt worden ist, werden sich die Ähnlichkeitsbetrachtungen fast stets auf Strömungen sehr großer Reynolds-Zahlen beziehen. Sie umfassen alle statistischen Feldgrößen; lediglich werden die kleinsten Turbulenzelemente von der Größe der Kolmogoroffschen Mikrolänge l_s (nach (2.146)) in den meisten Fällen ausgenommen.

Die Anwendung von Austausch- und Mischungswegansatz wird relativ ausführlich behandelt, weil diese Ansätze noch viel im Gebrauch sind. Die Berechnung der Wirbelviskosität und des Mischungsweges aus dem experimentell bestimmten Feld der gemittelten Geschwindigkeiten ist für den Praktiker noch immer eine attraktive Aufgabe, der nach Lage der Dinge eine gewisse Nützlichkeit nicht abzusprechen ist.

4.2. Strömungen durch Leitungen und Rohre gleichbleibender Querschnitte

Die hier zu besprechenden Strömungen durch gerade Kanäle und Rohre seien durch zeitlich konstante Durchflußmengen gekennzeichnet. Die Zuströmverhältnisse beeinflussen die Bewegungsform nur in der Nähe des Einlaufs. Mit wachsender Ent-

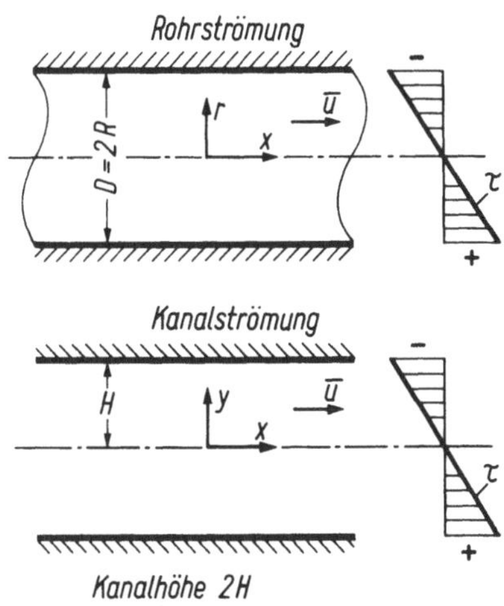

Fig. 61
Ausgebildete Rohr- und Kanalströmung

fernung vom Einlauf bildet sich asymptotisch eine Strömungsform aus, die im Mittel von der Zuströmung und damit auch von der Lauflänge unabhängig ist; sie wird als ausgebildete Strömung bezeichnet. Wegen der vielseitigen Bedingungen, denen die Zuströmung ausgesetzt sein kann, lassen sich schwerlich allgemeine Aussagen über die Einlaufströmung machen. Vom theoretischen Standpunkt aus ist hauptsächlich die ausgebildete Strömung von Interesse, Fig. 61. Die Lauflängen, die zur Herstellung der ausgebildeten Strömung erforderlich sind, liegen bei gleichförmiger Zuströmung in der Größe von 50 bis 100 Rohrdurchmessern D bzw. Kanalhöhen $2H$.

Die beiden Fälle, die Strömung durch zylindrische Rohre und sehr breite Kanäle – genauer die Strömung zwischen sich ins Unendliche erstreckenden parallelen Wänden[1]) –, weisen weitgehend gemeinsame Züge auf. Das trifft auch schon für die laminare Strömung zu, bei der sich beidemal eine parabolische Geschwindigkeitsverteilung ergibt.

4.2.1. Druckabfall und Schubspannungen. Unter Beachtung von Gl. (3.9) reduziert sich die Reynoldssche Gleichung (3.19) für die turbulente Rohrströmung auf die Gleichung

$$-\frac{1}{\varrho}\frac{\mathrm{d}\bar{p}_w}{\mathrm{d}x}+\frac{1}{\varrho r}\frac{\mathrm{d}(\tau r)}{\mathrm{d}r}=0, \tag{4.1}$$

deren Integration auf die geradlinige Verteilung für die Schubspannung

$$\tau=\frac{r}{2}\frac{\mathrm{d}\bar{p}_w}{\mathrm{d}x} \tag{4.2}$$

führt. Zwischen der Wandschubspannung τ_w und dem Druckgradienten besteht mithin die Beziehung

$$\tau_w=\frac{R}{2}\frac{\mathrm{d}\bar{p}_w}{\mathrm{d}x}. \tag{4.3}$$

Ganz entsprechend ergeben sich für die Schubverteilung der Kanalströmung Beziehungen, die sich nur um den Faktor 2 unterscheiden:

$$\tau=y\frac{\mathrm{d}\bar{p}_w}{\mathrm{d}x}, \tag{4.4}$$

$$\tau_w=H\frac{\mathrm{d}\bar{p}_w}{\mathrm{d}x}. \tag{4.5}$$

Der Druckabfall $\mathrm{d}\bar{p}_w/\mathrm{d}x$ in Strömungsrichtung ist die treibende Kraft dieser Strömungen. Im laminaren Fall werden die Gegenkräfte ausschließlich durch Stokessche Schubspannungen bewirkt. Da Beschleunigungskräfte gänzlich abwesend sind, ergeben sich von der Reynolds-Zahl unabhängige Geschwindigkeitsverteilungen. Die gemittelte Geschwindigkeitsverteilung der turbulenten Strömung ist dagegen eine Funktion der Reynolds-Zahl, Fig. 62, weil die Strömungen nur im Mittel stationär sind, jede einzelne Realisation aber instationär ist. Bei den in Fig. 62 wiedergegebenen Geschwindigkeitsverteilungen im Rohr wurde die Reynolds-Zahl

[1]) Dieser Fall wird im folgenden kurz als Kanalströmung bezeichnet.

$$Re = \frac{UD}{\nu} \tag{4.6}$$

mit der „Durchflußgeschwindigkeit"

$$U = \frac{2}{R^2} \int_0^R \bar{u} r \, \mathrm{d}r \tag{4.7}$$

gebildet.

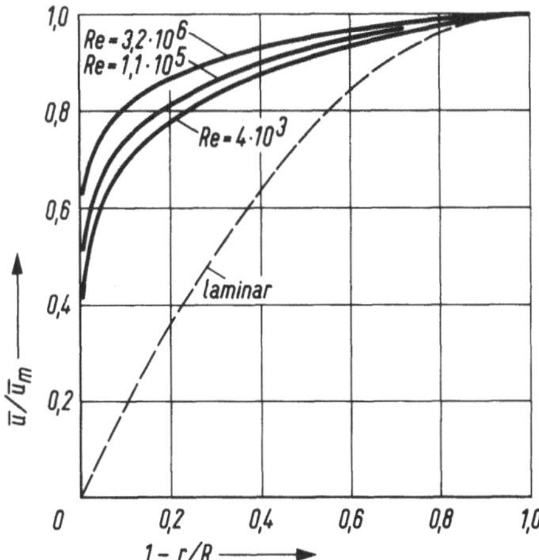

Fig. 62
Verteilung der gemittelten Geschwindigkeit im Rohr bei verschiedenen Reynolds-Zahlen (nach J. Nikuradse) $Re = U D/\nu$

4.2.2. Ähnlichkeitsbetrachtungen. Um die Ähnlichkeitsgesetze zu formulieren, wird wie bei Behandlung der Wandströmung in 3.2 eine Schubspannungsgeschwindigkeit

$$u_\tau = \sqrt{\left|\frac{\tau_w}{\varrho}\right|} = \sqrt{\frac{R}{2\varrho}\left|\frac{\mathrm{d}\bar{p}_w}{\mathrm{d}x}\right|} \quad \text{bzw.} \quad = \sqrt{\frac{H}{\varrho}\left|\frac{\mathrm{d}\bar{p}_w}{\mathrm{d}x}\right|} \tag{4.8}$$

eingeführt. Unter der Voraussetzung glatter Innenwände hängt die Geschwindigkeitsverteilung $\bar{u}$ über r bzw. y von den Parametern u_τ, ν und R bzw. H ab. Der funktionale Zusammenhang zwischen diesen Größen läßt sich für die Rohrströmung ohne weitere Voraussetzungen alternativ durch folgende zwei Formen ausdrücken,

$$\bar{u} = u_\tau \varphi\left(\frac{r}{R}; \frac{u_\tau R}{\nu}\right), \tag{4.9}$$

$$\bar{u} = u_\tau f\left(\frac{(R-r)u_\tau}{\nu}; \frac{r}{R}\right), \tag{4.10}$$

wobei φ und f dimensionslose Funktionen der angegebenen Variablen sind. Die letztere Form wird durch das Wandgesetz (3.63) nahegelegt $(y^* = (R-r)u_\tau/\nu)$. Wenn

$u_\tau R/\nu$ sehr groß ist, so wird für $R-r \ll R$ $\tau \approx \text{const} = \tau_w$, und r/R hat keinen nennenswerten Einfluß auf die Funktion f; sie wird in diesem Gebiet mit f von Gl. (3.63) identisch.

Andererseits folgt aus (4.9) für $r=0$ die Mittengeschwindigkeit (Maximalgeschwindigkeit)

$$\bar{u}_m = u_\tau \varphi\left(0; \frac{u_\tau R}{\nu}\right), \tag{4.11}$$

und man kann daher auch

$$\bar{u}_m - \bar{u} = u_\tau \left[\varphi\left(0; \frac{u_\tau R}{\nu}\right) - \varphi\left(\frac{r}{R}; \frac{u_\tau R}{\nu}\right)\right] = u_\tau F\left(\frac{r}{R}; \frac{u_\tau R}{\nu}\right) \tag{4.12}$$

schreiben, wobei F eine andere dimensionslose Funktion ist. Nun bleibt nach 3.2 der unmittelbare Einfluß der Zähigkeit auf die viskose Unterschicht, d. h. auf das Gebiet $r > R - \delta_w$ beschränkt (δ_w ist die Dicke der viskosen Unterschicht). Also wird in Einklang mit den Ausführungen von 3.1.3 auch die Funktion F für $r < R - \delta_w$ von ν unabhängig sein, vorausgesetzt, daß $u_\tau R/\nu$ hinreichend groß ist. Diese als Mittengesetz bezeichnete Funktion

$$F\left(\frac{r}{R}\right) = \frac{\bar{u}_m - \bar{u}}{u_\tau} \tag{4.13}$$

beschreibt zusammen mit dem Wandgesetz die Geschwindigkeitsverteilung der Rohrströmung (und entsprechend auch der Kanalströmung) bei großen Reynolds-Zahlen. In einem gewissen Gebiet, $\delta_w < R - r \ll R$, überschneiden sich die Gültigkeitsbereiche der beiden Gesetze; es gilt hier insbesondere das universelle Geschwindigkeitsgesetz nach (3.67) und (3.68). Das Mittengesetz hat die gleiche Form, also

$$\frac{\partial \bar{u}}{\partial r} = -\frac{u_\tau}{\varkappa(R-r)} = -\frac{u_\tau}{R} F'\left(\frac{r}{R}\right); \tag{4.14}$$

mit anderen Worten: das Mittengesetz hat die Asymptote

$$\lim_{R-r \to 0} F\left(\frac{r}{R}\right) = -\frac{1}{\varkappa} \ln\left(\frac{R-r}{R}\right) + K, \tag{4.15}$$

wobei K eine Integrationskonstante ist. Tatsächlich ist der logarithmische Teil des Geschwindigkeitsgesetzes im ganzen Bereich dominierend. Wegen der kleinen Geschwindigkeitsunterschiede im Kerngebiet des Rohres ist es schwierig, die genaue Form von $F(r/R)$ aus den Versuchsergebnissen zu erschließen. Nach den Messungen J. Nikuradses[1]) ergibt sich der in Fig. 63 wiedergegebene Verlauf von $F(r/R)$ und die Konstante in (4.15) beträgt $K \approx 0{,}7$. Jedoch klingt der Einfluß der Zähigkeit auf das Mittengesetz auch außerhalb der wandnahen Regionen keineswegs so rasch mit zunehmender Reynolds-Zahl ab, wie man zunächst erwarten sollte. Die von der

---

[1]) Nikuradse, J.: Gesetzmäßigkeiten der turbulenten Strömung in glatten Rohren. Forschungsheft 356, 1932.

Reynolds-Zahl unabhängige Form (4.13) gilt etwa für $Re > 10^5$. Aber auch bei $Re = 10^5$ ist nahe der Rohrmitte die Stokessche Schubspannung noch mit schätzungsweise 10% an der Gesamtschubspannung beteiligt.

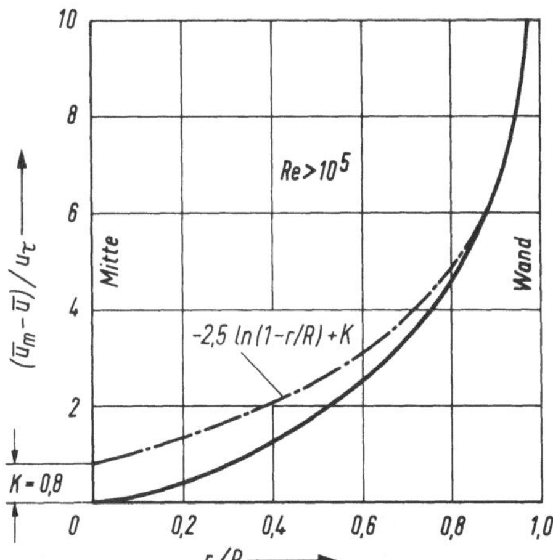

Fig. 63
Das Mittengesetz der Rohrströmung

4.2.3. Widerstandsgesetz. Das Vorhandensein eines Überschneidungsbereichs für beide Ähnlichkeitsgesetze gibt die Grundlage für die Herleitung des Widerstandsgesetzes ab. Man setzt in (4.13) für $F(r/R)$ Gl. (4.15) und für $\bar{u}$ Gl. (3.68) ein und erhält

$$\frac{\bar{u}_m}{u_\tau} = \frac{1}{\varkappa} \ln \frac{R u_\tau}{\nu} + K + C. \tag{4.16}$$

Die Beziehung ermöglicht die Berechnung des Verhältnisses $\bar{u}_m/u_\tau$ bei gegebener Reynolds-Zahl $\bar{u}_m D/\nu$, wenn die drei Konstanten $\varkappa$, C und K aus Versuchen bestimmt sind. Bei der Rohrströmung ist es gebräuchlich, den Widerstand auf die Durchflußgeschwindigkeit U nach (4.7) zu beziehen. Es gilt

$$U = \bar{u}_m - 2u_\tau \int_0^1 F\left(\frac{r}{R}\right)\left(\frac{r}{R}\right) \mathrm{d}\left(\frac{r}{R}\right), \tag{4.17}$$

wobei die in der Nähe der Wände auftretenden Abweichungen von der Asymptote (4.15) mit ausreichender Näherung vernachlässigt werden dürfen. Nach den Nikuradseschen Versuchen ist

$$U = \bar{u}_m - 4{,}07\, u_\tau. \tag{4.18}$$

Mit der Einführung des Rohrwiderstandsbeiwertes λ lautet das Widerstandsgesetz

$$\frac{\mathrm{d}\bar{p}_w}{\mathrm{d}x} = -\frac{\lambda}{D} \frac{\varrho}{2} U^2. \tag{4.19}$$

Unter Beachtung von (4.3) ist

$$\lambda = 8\left(\frac{u_\tau}{U}\right)^2, \tag{4.20}$$

und nach Einsetzen von (4.20) und (4.18) ergibt sich aus (4.16) mit $\varkappa=0{,}4$; $C=5{,}2$ und $K=0{,}7$ schließlich

$$\frac{1}{\sqrt{\lambda}} = 2{,}035 \log(Re\sqrt{\lambda}) - 0{,}9 \tag{4.21}$$

mit Re nach Gl. (4.6). Auf Grund von Vergleichen vieler Meßergebnisse hat Prandtl dieses Widerstandsgesetz für glatte Rohre mit etwas verschiedenen Zahlenwerten als

$$\frac{1}{\sqrt{\lambda}} = 2{,}0 \log(Re\sqrt{\lambda}) - 0{,}8 \tag{4.22}$$

angegeben, das allgemein angewendet wird.

Das Mittengesetz in der Form (4.13) gilt universell bei großen Reynolds-Zahlen, also auch für Rohre mit rauhen Innenwänden. Daher bleibt auch (4.16) für rauhe Rohre gültig, wenn für C die durch Gl. (3.79) definierte Funktion $C(k^*)$ eingesetzt wird. Dementsprechend läßt sich auch das Widerstandsgesetz für rauhe Rohre in ähnlicher Weise wie (4.22) herleiten. Für die ausgebildete Rauhigkeitsströmung, bei der C_r von Gl. (3.81) konstant $(=C_{r\infty})$ ist, wird der Widerstandsbeiwert λ von der Reynolds-Zahl unabhängig; $\bar{u}_m/u_\tau$ läßt sich explizit als Funktion von R/k_r ausdrücken. Mit (3.82) wird

$$\frac{\bar{u}_m}{u_\tau} = \frac{1}{\varkappa} \ln\left(\frac{R}{k_r}\right) + K + C_{r\infty}. \tag{4.23}$$

Speziell für die Nikuradsesche Sandrauhigkeit mit $C_{r\infty}=8{,}5$ ergibt sich dann

$$\lambda = \left[2{,}035 \log\left(\frac{R}{k_r}\right) + 1{,}8\right]^{-2}. \tag{4.24}$$

4.2.4. Weitere Einzelheiten der Strömung. Es liegen über die verschiedenen statistischen Feldgrößen der Rohr- und der Kanalströmung umfangreiche Meßergebnisse von J. Laufer[1]), G. Comte-Bellot[2]) und J. A. Clark[3]) vor. Diese Ergebnisse stützen die Gültigkeit der Ähnlichkeitsgesetze im Detail, wenn hinreichend große Einlauflängen und Reynolds-Zahlen von über 10^5 erreicht werden. Hierzu sei erwähnt, daß die Turbulenz-Reynolds-Zahl $\sqrt{\overline{q^2}}\,L/\nu$ in Rohrmitte etwa zwei Zehnerpoten-

[1]) Laufer, J.: Investigation of turbulent flow in a two-dimensional channel. NACA TR 1053 (1951). The structure of turbulence in fully developed pipe flow. NACA TR 1174, 1954.

[2]) Comte-Bellot, G.: Écoulement turbulent entre deux parois parallèles. Publ. Sci. Techn. du Ministère de l'Air. No. 419, 1965.

[3]) Clark, J. A.: A study of incompressible turbulent boundary layers in channel flow. J. Basic Engng. **90** (1968), 455–467.

zen kleiner als die Rohr-Reynolds-Zahl $Re = UD/\nu$ ist. Die Schwankungsintensitäten im Rohr, mit der Schubspannungsgeschwindigkeit u_τ dimensionslos gemacht, sind in Fig. 64 für zwei Reynolds-Zahlen $\bar{u}_m D/\nu$ wiedergegeben. Nahe der Rohr-

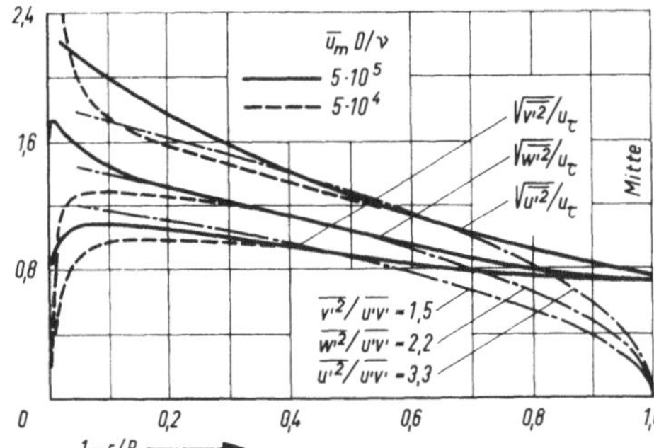

Fig. 64
Verteilungen der Geschwindigkeitsschwankungen bei der Rohrströmung (nach Messungen von J. Laufer)

wand unterliegen diese Größen dem Wandeinfluß und sind daher von der Ähnlichkeit des Mittengesetzes ausgeschlossen. Im zentralen Teil fallen die Kurven der beiden Reynolds-Zahlen jedoch weitgehend zusammen. Bemerkenswert ist, daß das Verhältnis der Schwankungsintensitäten zur Reynolds-Spannung sich in einem

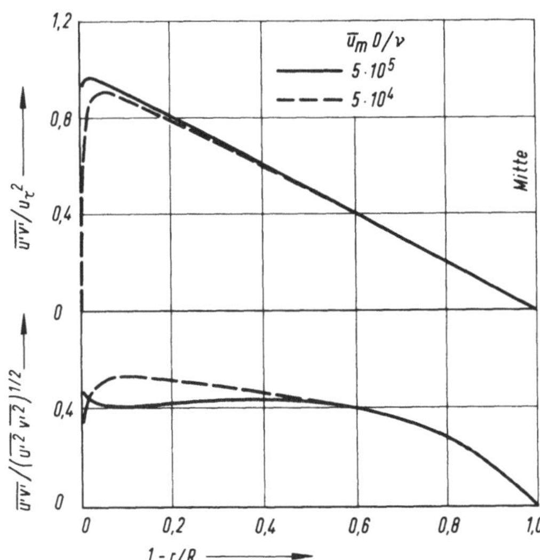

Fig. 65
Reynoldssche Schubspannung und Korrelationskoeffizient der Rohrströmung (nach J. Laufer)

großen Bereich nur schwach ändert. Dies ist an Hand der eingezeichneten Kurven $\overline{u'^2}/(\overline{u'v'}) = \text{const}$ usw. zu erkennen. Demgemäß ist auch der Korrelationskoeffizient

$\overline{u'v'}/\sqrt{\overline{u'^2}\ \overline{v'^2}}$ im gleichen Bereich etwa konstant, Fig. 65. Auf der Rohrachse sind alle drei Komponenten der Geschwindigkeitsschwankungen ungefähr gleich groß, was natürlich noch keine Isotropie des Feldes bedeutet.

Messungen von Vierfachproduktmittelwerten ($\overline{u'^4}$ usw.) zeigen keinen wesentlichen Exzeß der Wahrscheinlichkeitsverteilungen, was auf gleichförmige Turbulenzstruktur schließen läßt. Die Produkte aus drei Geschwindigkeitskomponenten $\overline{v'u'^2}$, $\overline{v'^3}$, $\overline{v'w'^2}$ haben negative Mittelwerte, entsprechend radial nach innen gerichteten turbulenten Diffusionsströmen, Fig. 66. Bei der Kanalströmung wurde trotz der Homogenität des

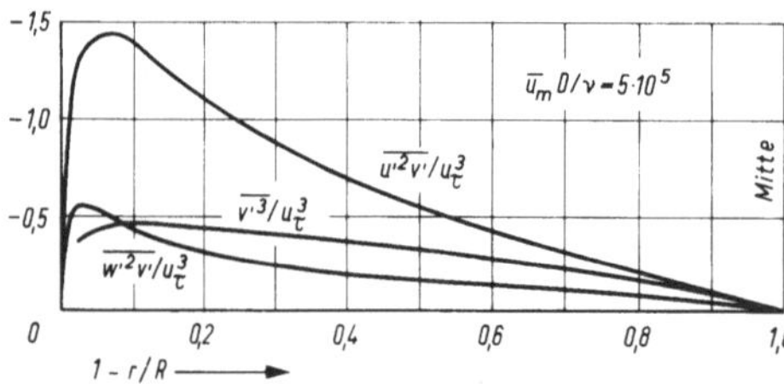

Fig. 66
Verteilung von Dreifachkorrelationen bei der Rohrströmung (nach J. Laufer)

Feldes in x-Richtung eine Schiefe der Wahrscheinlichkeitsverteilung von u' festgestellt, die im Mittelteil des Kanals bei $\overline{u'^3}/(\overline{u'^2})^{\frac{3}{2}} \approx -0{,}4$ liegt; dies entspricht einem Energietransport entgegen der Strömungsrichtung.

Gleichgewicht der kinetischen Energie. Gl. (3.44) für die kinetische Energie der Schwankungen nimmt für die ausgebildete Rohrströmung die Form

$$\underbrace{\overline{u'v'}\frac{\mathrm{d}\bar{u}}{\mathrm{d}r}}_{\text{Produktion}} + \underbrace{\varepsilon}_{\text{Dissipation}} + \underbrace{\frac{1}{r}\frac{\mathrm{d}}{\mathrm{d}r}[r\overline{(q^2/2+p'/\varrho)v'}]}_{\text{Diffusion}} = 0 \tag{4.25}$$

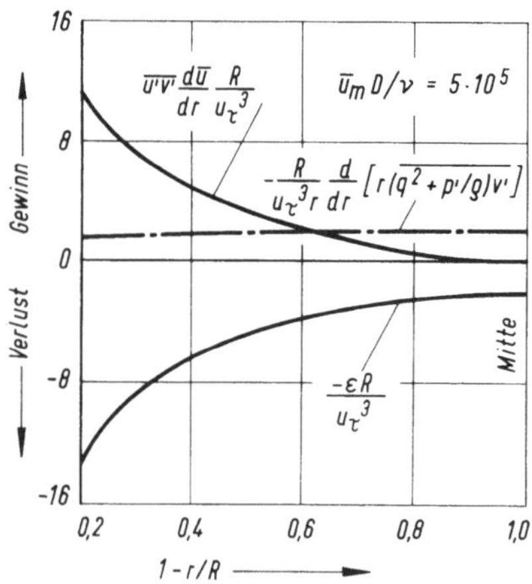

Fig. 67
Gleichgewicht der kinetischen Energie der Schwankungen bei der Rohrströmung (nach J. Laufer)

an; es stehen also Energieerzeugung, Dissipation und turbulente Diffusion in radialer Richtung miteinander im Gleichgewicht. Fig. 67 zeigt den Verlauf der einzelnen Glieder im mittleren Teil des Rohres nach Angaben von Laufer. Die Energieerzeugung $\overline{u'v'}\,\mathrm{d}\bar{u}/\mathrm{d}r$, die praktisch der vom Druckabfall geleisteten Arbeit $\mathrm{d}\overline{p_w}/\mathrm{d}x(r/2\varrho)\mathrm{d}\bar{u}/\mathrm{d}r$ gleicht, ist in den äußeren Partien groß und fällt zur Mitte auf Null ab. Einen ähnlichen Verlauf, mit umgekehrtem Vorzeichen und größeren Beträgen, hat die turbulente Dissipation ε; sie behält aber endliche Werte bis zur Rohrmitte. Deshalb greift die Energie-Diffusion, die über einen großen Radienbereich nur wenig veränderliche Größe hat, im Mitteilteil entscheidend in den Energiehaushalt ein, während ihr Einfluß weiter außen weniger bedeutend ist.

4.2.5. Anwendung halbempirischer Ansätze. Nikuradse hat aus seinen Meßergebnissen die Wirbelviskosität und den Mischungsweg ermittelt, Fig. 68. Für die Mischungswegverteilung über den Rohrradius wurde die Interpolationsformel

$$\frac{l}{R} = 0{,}14 - 0{,}08\left(\frac{r}{R}\right)^2 - 0{,}06\left(\frac{r}{R}\right)^4 \tag{4.26}$$

angegeben. Da keine konvektiven Transporterscheinungen vorhanden sind und die Komponenten der Geschwindigkeitsschwankungen über einen beträchtlichen Teil

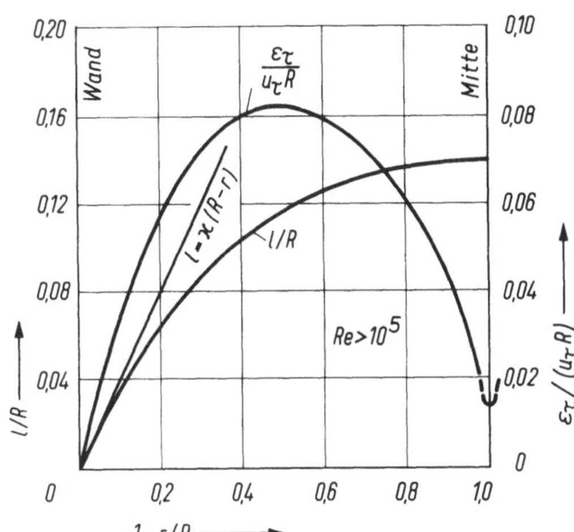

Fig. 68
Verteilungen von Mischungsweg und Wirbelviskosität im Rohr (nach J. Nikuradse)

des Radius in annähernd konstantem Verhältnis zueinander stehen, sind die Voraussetzungen für die Anwendung des Mischungsweganssatzes leidlich gut erfüllt. Etwas fragwürdig wird die Anwendbarkeit in Rohrmitte, weil sie dem hier wesentlichen diffusiven Transport nicht Rechnung trägt. Mit einem endlichen Wert für l bekommt die Geschwindigkeitsverteilung bei $r=0$ eine Singularität

$$\lim_{r\to 0} F\left(\frac{r}{R}\right) = a\left(\frac{r}{R}\right)^{\frac{3}{2}} + \cdots .^{1)} \tag{4.27}$$

Demgegenüber erwartet man für die wirkliche Geschwindigkeitsverteilung ein reguläres Verhalten,

$$\lim_{r\to 0} F\left(\frac{r}{R}\right) = c\left(\frac{r}{R}\right)^{2} + \cdots . \tag{4.28}$$

Diese Form verlangt, daß l gegen unendlich strebt wie

$$\lim_{r\to 0} \frac{l}{R} \sim \left(\frac{r}{R}\right)^{-\frac{1}{2}} . \tag{4.29}$$

Hierfür ergibt sich auch für die Wirbelviskosität ein endlicher Wert bei $r=0$, während mit endlichem l die Wirbelviskosität bei $r=0$ verschwindet. Ein unendlicher Wert für l widerspricht aber der zugrunde gelegten physikalischen Deutung des Mischungswegs. Praktisch bleibt die erwähnte Singularität allerdings ohne große Auswirkung.

Setzt man die Schubverteilung nach (4.2) und l nach (4.26) in die Mischungswegformel (3.107) ein, so erhält man eine Beziehung, die sich geschlossen integrieren läßt und

$$\begin{aligned} F(r/R) = &-2{,}5 \ln\left(\frac{1-\sqrt{r/R}}{1+\sqrt{r/R}}\right) - 5 \arctan(\sqrt{r\,R}) + \\ &+ 10\,\frac{(3/7)^{\frac{1}{4}}}{\sqrt{8}}\left[\frac{1}{2}\ln\left(\frac{z^2-\sqrt{2}\,z+1}{z^2+\sqrt{2}\,z+1}\right) + \arctan\left(\frac{\sqrt{2}\,z}{1-z^2}\right)\right] \end{aligned} \tag{4.30}$$

mit $z=(3/7)^{\frac{1}{4}}\sqrt{r/R}$ ergibt. Erwartungsgemäß liefert diese Beziehung eine gute Interpolation für die experimentelle Verteilung von $F(r/R)$.

4.2.6. Sekundärströmungen. Bei turbulenten Strömungen durch gerade Leitungen mit nichtkreisförmigen Querschnitten beobachtet man eine Art von Sekundärströmungen, die L. Prandtl im Unterschied zu den Sekundärströmungen in gekrümmten Rohren als „Sekundärströmungen zweiter Art" bezeichnet hat. Für diese Sekundärströmungen gibt es kein Pendant bei laminaren Strömungen. In Fig. 69 sind gemittelte Stromlinien der Sekundärströmungen nach Messungen von F. B. Gessner und J. B. Jones[2]) in einem Kanal mit quadratischem Querschnitt dargestellt. Die gemittelte Strömung führt längs der Winkelhalbierenden in die Ecken hinein und zu beiden Seiten davon heraus. Auf diese Weise wird Impuls aus der Mitte in die Ecken hineingetragen, so daß dort relativ große Längsgeschwindigkeiten vorhanden sind. Die Sekundär-

---

[1]) Diese Form der Geschwindigkeitsverteilung wurde schon von H. Darcy (1855) auf Grund seiner Versuche angegeben.

[2]) Gessner, F. B.; Jones, J. B.: On some aspects of fully-developed turbulent flow in rectangular channels. J. Fluid Mech. **23** (1965) 689–713.

strömungen sind im Isotachenbild (Linien gleicher Längsgeschwindigkeit) deutlich wiederzuerkennen. Als Beispiel zeigt Fig. 70 Isotachen in einem Kanal mit Rechteckquerschnitt nach J. Nikuradse[1]).

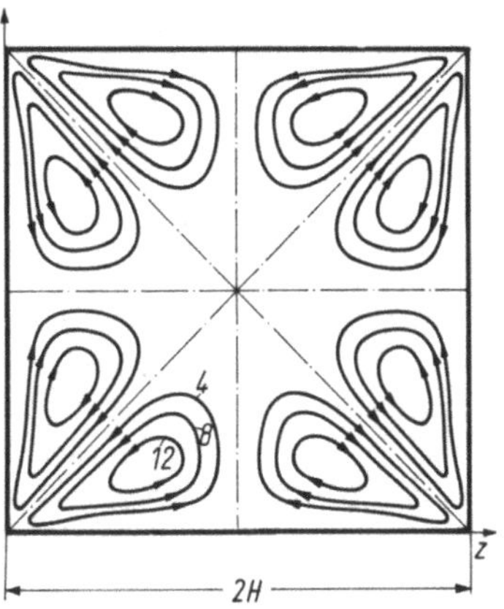

Fig. 69
Stromlinien der Sekundärströmung in einem Kanal mit quadratischem Querschnitt (nach F. B. Gessner und J. B. Jones)
$Re = 2\bar{U}\,a/\nu = 150000$; ψ = Stromfunktion

Kurvenparameter $10^4\,\psi/(\bar{u}_m a) = -\dfrac{10^4}{\bar{u}_m a}\displaystyle\int_0^y \bar{w}\,dy$

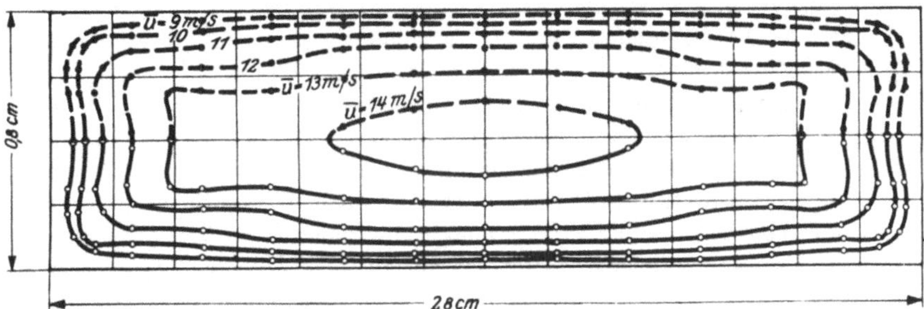

Fig. 70 Isotachen in einem Kanal mit Rechteckquerschnitt (nach J. Nikuradse)

Auf den ersten Blick scheint es sich um ein Paradoxon zu handeln, für das sich gar nicht so leicht eine strenge Erklärung finden läßt. Tatsächlich hat man es mit einer für turbulente Strömungen ganz typischen Erscheinung zu tun, deren Ursache Inhomogenitäten des Schwankungsfeldes sind.

Zunächst sollen für alle drei Geschwindigkeitskomponenten in einem rechteckigen Kanal die Kontinuitätsgleichung und die Reynoldsschen Gleichungen hingeschrieben werden. Alle Strömungsgrößen mit Ausnahme des Druckes seien von x (parallel zur Kanalachse) unabhängig. Dann gelten folgende Beziehungen:

[1]) Nikuradse, J.: Untersuchung über die Geschwindigkeitsverteilung in turbulenten Strömungen. Berlin 1926. = Forschungsarbeiten auf dem Gebiete des Ingenieurwesens. H. 281.

$$\frac{\partial \bar{v}}{\partial y}+\frac{\partial \bar{w}}{\partial z}=0, \tag{4.31}$$

$$\bar{v}\frac{\partial \bar{u}}{\partial y}+\bar{w}\frac{\partial \bar{u}}{\partial z}=-\frac{1}{\varrho}\frac{\partial \bar{p}}{\partial x}-\frac{\partial \overline{u'v'}}{\partial y}-\frac{\partial \overline{u'w'}}{\partial z}+\nu\left(\frac{\partial^2 \bar{u}}{\partial y^2}+\frac{\partial^2 \bar{u}}{\partial z^2}\right), \tag{4.32}$$

$$\bar{v}\frac{\partial \bar{v}}{\partial y}+\bar{w}\frac{\partial \bar{v}}{\partial z}=-\frac{1}{\varrho}\frac{\partial \bar{p}}{\partial y}-\frac{\partial \overline{v'^2}}{\partial y}-\frac{\partial \overline{v'w'}}{\partial z}+\nu\left(\frac{\partial^2 \bar{v}}{\partial y^2}+\frac{\partial^2 \bar{v}}{\partial z^2}\right), \tag{4.33}$$

$$\bar{v}\frac{\partial \bar{w}}{\partial y}+\bar{w}\frac{\partial \bar{w}}{\partial z}=-\frac{1}{\varrho}\frac{\partial \bar{p}}{\partial z}-\frac{\partial \overline{v'w'}}{\partial y}-\frac{\partial \overline{w'^2}}{\partial z}+\nu\left(\frac{\partial^2 \bar{w}}{\partial y^2}+\frac{\partial^2 \bar{w}}{\partial z^2}\right). \tag{4.34}$$

Es ist aus diesen Gleichungen zu ersehen, daß bezüglich der y- und z-Richtung auf der rechten Seite Druckkräfte, Reynoldssche und Stokessche Spannungen erscheinen, deren Differenzen die Sekundärströmungen bewirken. Man kann an Hand dieser Gleichungen prüfen, unter welchen Umständen keine Sekundärströmungen auftreten würden. Man setzt hierzu $\bar{v}=\bar{w}=0$, differenziert (4.33) nach z, (4.34) nach y und subtrahiert dann (4.33) von (4.34). So erhält man

$$\frac{\partial^2(\overline{v'^2}-\overline{w'^2})}{\partial y\,\partial z}+\frac{\partial^2 \overline{v'w'}}{\partial z^2}-\frac{\partial^2 \overline{v'w'}}{\partial y^2}=0 \tag{4.35}$$

als Bedingung für eine sekundärströmungsfreie Kanalströmung. Diese Bedingung wäre z. B. für $\overline{v'^2}-\overline{w'^2}=\text{const}$ längs y oder z und $\overline{v'w'}=0$ erfüllt. In der Regel ist Gl. (4.35) jedoch nicht befriedigt.

Es liegen detaillierte Untersuchungen über Sekundärströmungen vor. Unter anderen haben F. B. Gessner und J. B. Jones das Kräftegleichgewicht längs der Sekundärstromlinien verfolgt sowie die Richtungen der Wandschubspannungen und die Lage der Hauptachsen der Reynolds-Spannungen ermittelt. Es folgt hieraus, daß zwischen Sekundärströmung und Axialströmung schwer übersehbare Wechselwirkungen bestehen. Eine auch nur angenäherte Berechnung dieser Vorgänge ist noch nicht versucht worden.

Außer in Kanälen mit nichtkreisförmigen Querschnitten treten Sekundärströmungen dieser Art an den Seitenrändern von längsangeströmten Platten, bei Grenzschichten in Ecken usw. auf. Ihr Vorhandensein erschwert die Verwirklichung zweidimensionaler Strömungen bei Versuchen ganz erheblich. Bei der praktischen Berechnung der Strömungen vernachlässigt man die Sekundärströmungen in Ermangelung geeigneter Verfahren; der Reibungswiderstand wird hierdurch unterschätzt.

4.3. Freie Turbulenz

Turbulente Scherströmungen, deren Felder nicht durch feste Wände begrenzt sind, werden unter dem Begriff „freie Turbulenz" zusammengefaßt. Im wesentlichen unterscheidet man drei Arten der freien Turbulenz, nämlich die Freistrahlen, die Nachlaufströmungen und die freien Strahlgrenzen.

Ein Freistrahl entsteht beim Ausströmen einer Flüssigkeit aus einer Öffnung oder Düse in einen mit Flüssigkeit gefüllten Raum. Eine Nachlaufströmung (auch Windschattenströmung genannt) bildet sich hinter einem durch eine zähe Flüssigkeit geschleppten Körper aus – die Flüssigkeit läuft dem Körper nach –. Als freie Strahlgrenze bezeichnet man das Berührungsgebiet zweier gleichgerichteter Flüssigkeitsströme, die stromaufwärts bis zu einer bestimmten Stelle ($x=0$) durch eine dünne Wand voneinander getrennt sind.

All diese Strömungen können laminar sein. In den meisten der beobachteten Fälle sind die laminaren Strömungen jedoch instabil und gehen rasch in turbulente Strömungen über oder die Turbulenz wird durch Grenzschichtablösungen von festen Oberflächen in Gang gesetzt.

Die freien turbulenten Strömungen unterscheiden sich in wesentlichen Punkten von den vorher behandelten Strömungen durch Rohre und Kanäle, die bezüglich der gemittelten Strömungsrichtung homogen sind. Bei der freien Turbulenz wächst die Dicke der Turbulenzschichten in Strömungsrichtung an; die Geschwindigkeitsdifferenzen und auch die Intensitäten der Geschwindigkeitsschwankungen klingen bei Freistrahlen und Nachläufen ab. Die erstere Eigenschaft, die Ausbreitung der Turbulenzgebiete, ist vielleicht das hervorstechendste Merkmal der freien Turbulenz; man spricht deshalb auch von turbulenten Ausbreitungsvorgängen. Der Volumenstrom turbulenter Flüssigkeit nimmt in Strömungsrichtung dauernd zu. Es wird also fortgesetzt nichtturbulente Flüssigkeit in Turbulenzbewegung versetzt, wobei sich die unregelmäßig verformten, scharfen Begrenzungen zwischen Turbulenzfeld und drehungsfreier Strömung ausbilden, über die in 3.3 gesprochen wurde (Entrainment-Gebiet). Weiterhin ist bemerkenswert, daß bei großen Reynolds-Zahlen, bei denen die Gleichungen der lokalisotropen Turbulenz nach 3.1.5 anwendbar sind, die gemittelten Geschwindigkeitsverteilungen ganz unabhängig von der Reynolds-Zahl bleiben im Gegensatz zu Strömungen an festen glatten Oberflächen, bei denen die viskose Unterschicht immer eine Reynolds-Zahl-Abhängigkeit bewirkt.

Fig. 71 gibt die Skizze eines Freistrahles in einem parallel gerichteten Grundstrom der Geschwindigkeit u_∞ wieder. Von der Düse ausgehend, bilden sich als Strahlgrenzen

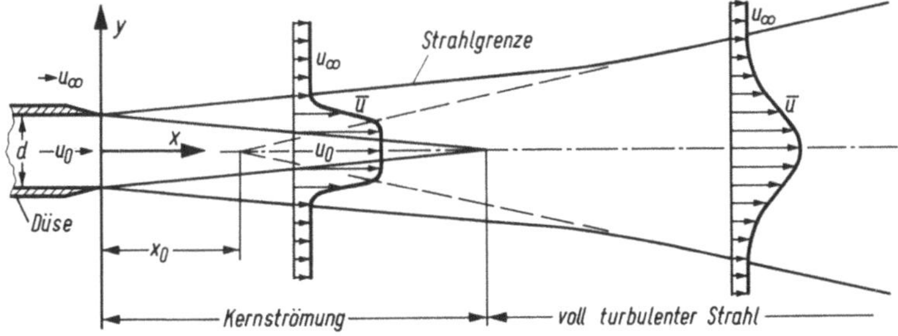

Fig. 71 Freistrahl in einer Parallelströmung

anwachsende turbulente Vermischungsgebiete aus. Die ungestörte Strömung dazwischen wird als Kernströmung bezeichnet und die Geschwindigkeit ist hier konstant gleich u_0, vorausgesetzt, daß die ankommende Strömung in der Düse nicht turbulent ist. Die Länge des Kernströmungsgebiets wird durch die Dicke der an den Düsenwänden sich ausbildenden Grenzschichten beeinflußt. Der voll turbulente Freistrahl beginnt nach Zusammenwachsen der Strahlgrenzen.

4.3.1. Ähnlichkeitsbetrachtungen. Obgleich die Gebiete freier Turbulenz ihren Ausgang an festen Körpern nehmen, wird man erwarten können, daß die Strömungen in einiger Entfernung stromabwärts von den genauen Bedingungen am Körper selbst und von dessen Abmessungen unabhängig sind und durch nur wenige globale Parameter bestimmt werden. Eine wichtige Aussage gewinnt man, indem man die Gleichung für die gemittelte Geschwindigkeit (Gl. (3.11)) über y zwischen den außerhalb des Turbulenzfeldes liegenden Grenzen y_a und y_b integriert (Fig. 33). Man erhält unter der Voraussetzung $(\partial\overline{p}/\partial x)_\infty = 0$ alternativ die folgenden beiden Formen:

$$\frac{\partial}{\partial x}\int_{y_a}^{y_b} \overline{u}(\overline{u}-\overline{u}_b)\,\mathrm{d}y + (\overline{u}_b - \overline{u}_a)\overline{v}_a = -\frac{\partial}{\partial x}\int_{y_a}^{y_b} (\overline{u'^2} - \overline{v'^2})\,\mathrm{d}y, \tag{4.36}$$

$$\frac{\partial}{\partial x}\int_{y_a}^{y_b} \overline{u}(\overline{u}-\overline{u}_a)\,\mathrm{d}y + (\overline{u}_b - \overline{u}_a)\overline{v}_b = -\frac{\partial}{\partial x}\int_{y_a}^{y_b} (\overline{u'^2} - \overline{v'^2})\,\mathrm{d}y. \tag{4.37}$$

Dabei wurde die Beziehung

$$\overline{v}_b = \overline{v}_a - \frac{\partial}{\partial x}\int_{y_a}^{y_b} \overline{u}\,\mathrm{d}y \tag{4.38}$$

benutzt, die sich durch Integration der Kontinuitätsgleichung (3.2) ergibt. Bei einem Freistrahl in einem parallel zur Strahlachse gerichteten homogenen Flüssigkeitsstrom oder in einer ruhenden Umgebung und im Nachlauf hinter einem Zylinder im gleichförmigen Strom ist $\overline{u}_a = \overline{u}_b = u_\infty$ oder $\overline{u}_a = \overline{u}_b = 0$, so daß sich (4.36) auf

$$\frac{\partial}{\partial x}\int_{y_a}^{y_b} [\overline{u}(\overline{u}-u_\infty) + \overline{u'^2} - \overline{v'^2}]\,\mathrm{d}y = 0 \tag{4.39}$$

reduziert. Da außerhalb des Turbulenzgebietes $\overline{u} \to u_\infty$, $\overline{u'^2} \to 0$ und $\overline{v'^2} \to 0$, ist der Wert des Integrals nicht von der Festlegung der Integrationsgrenzen abhängig, solange diese außerhalb des Turbulenzgebietes liegen; man kann daher auch $y_a = -\infty$, $y_b = \infty$ setzen. Gl. (4.39) ist identisch mit

$$J = \int_{-\infty}^{\infty} [\overline{u}(\overline{u}-u_\infty) + \overline{u'^2} - \overline{v'^2}]\,\mathrm{d}y = \mathrm{const}. \tag{4.40}$$

Der Impulsüberschuß J ist also ein invarianter Parameter dieser Probleme. Für eine Näherung erster Ordnung können die Schwankungsglieder $\overline{u'^2}$ und $\overline{v'^2}$ natürlich fortgelassen werden. Beim Freistrahl ist J durch den Impuls des „eingeblasenen" Strahles gegeben,

$$J = d(u_0 - u_\infty)u_0, \tag{4.41}$$

wenn u_0 die gleichmäßig über die Düsenöffnung verteilte Austrittsgeschwindigkeit und d die Schlitzweite der Düse ist. Beim Nachlauf tritt statt des Impulsüberschusses ein Impulsverlust auf, der in bekannter Weise mit dem Strömungswiderstand des Körpers im Zusammenhang steht. Ist W der Widerstand des querangeströmten Zylinders oder Prismas von der Länge 1, so gilt

$$-\varrho J = W = c_w d \frac{\varrho}{2} u_\infty^2, \tag{4.42}$$

wobei c_w der Widerstandsbeiwert und d die Dicke (der Durchmesser) des Körpers ist. In hinreichend großen Abständen vom Körper werden die statistischen Feldgrößen bei ebenem Freistrahl und Nachlauf hiernach durch die Koordinaten x, y sowie durch u_∞, J und ν vollständig bestimmt. Bei großen Reynolds-Zahlen beeinflußt die kinematische Zähigkeit lediglich die Feinstruktur, nicht aber die gemittelte Geschwindigkeit, die Schubspannung, die Energie der Schwankungen usw. Beim ebenen Freistrahl im ruhenden Medium ($u_\infty = 0$) läßt sich daher aus den verbleibenden Größen x, y, J auf einfache Weise das Ähnlichkeitsgesetz für die gemittelte Geschwindigkeit formulieren, nämlich

$$\bar{u} = \sqrt{\frac{J}{x}}\, F\left(\frac{y}{x}\right), \tag{4.43}$$

wobei F eine dimensionslose Funktion von y/x ist. Das Verhältnis der gemittelten Geschwindigkeit, $\bar{u}/\bar{u}_m$, ist also auf Strahlen durch den Ursprung ($x=0$) konstant; der Freistrahl breitet sich geradlinig aus. Die Breite des Turbulenzgebietes ist nicht exakt definierbar, daher ist es üblich, die Ausbreitung durch den Wert von $y=b$ zu kennzeichnen, bei dem $\bar{u}=\bar{u}_m/2$ ist, wobei $\bar{u}_m$ die Geschwindigkeit auf der Freistrahlachse ($y=0$) bei gleichem x bedeutet. Diese Breite b wächst proportional zu x, während die maximale Geschwindigkeit $\bar{u}_m$ mit $1/\sqrt{x}$ abfällt. Gl. (4.43) besagt auch, daß die Geschwindigkeitsverteilungen in allen Ebenen $x = \text{const}$ einander ähnlich sind, mithin als

$$\bar{u} = \bar{u}_m f\left(\frac{y}{b}\right) \tag{4.44}$$

darstellbar sind[1]). In analoger Weise können die Schubverteilung,

$$\tau = -\varrho \overline{u'v'} = \varrho \bar{u}_m^2 g_{12}\left(\frac{y}{b}\right), \tag{4.45}$$

und auch die quadratischen Mittelwerte der Geschwindigkeitsschwankungen usw. ausgedrückt werden.

---

[1]) Im englischen Schrifttum wird diese Eigenschaft häufig als „self-preservation" bezeichnet.

Mit Gl. (4.43) ist unwillkürlich die Vorstellung eines Freistrahls verbunden, der bei $x=0$ einer linienförmigen Impulsquelle mit unendlich großer Ausströmungsgeschwindigkeit ($u_0=\infty$) entspringt. Bei Versuchen haben die Strahldüse und die Austrittsgeschwindigkeit endliche Werte. Daher wird die Übereinstimmung von Versuchsergebnissen bei kleineren Abständen x mit diesem Ähnlichkeitsgesetz verbessert, wenn man sich den Freistrahl von einem virtuellen Ursprung bei x_0 ausgehend denkt, der nicht notwendig in der Düsenebene liegen muß. Mathematisch stellt x_0 eine Integrationskonstante dar; praktisch beruht ihre Größe auf den Strömungsverhältnissen am Austritt der Düse und deren Abmessungen. Allgemeiner schreibt man also Gl. (4.43) in der Form

$$\bar{u}=\sqrt{\frac{J}{x-x_0}}\,F\left(\frac{y}{x-x_0}\right). \tag{4.46}$$

Für den ebenen Freistrahl im homogenen Strom ($u_\infty \neq 0$) kann man eine invariante Impulsüberschußdicke

$$\delta_2=\frac{J}{u_\infty^2}\approx\int_{-\infty}^{\infty}\frac{\bar{u}}{u_\infty}\left(\frac{\bar{u}}{u_\infty}-1\right)\mathrm{d}y \tag{4.47}$$

einführen und damit das Gesetz der gemittelten Geschwindigkeit bei großen Reynolds-Zahlen, wiederum unter Berücksichtigung eines virtuellen Ursprungs bei x_0, durch

$$\bar{u}=u_\infty F\left(\frac{x-x_0}{\delta_2};\frac{y}{\delta_2}\right) \tag{4.48}$$

ausdrücken, wobei F diesmal eine universelle Funktion von $(x-x_0)/\delta_2$ und y/δ_2 ist. Diese Beziehung gilt auch für den ebenen Nachlauf, bei dem man dann für δ_2 die Impulsverlustdicke

$$\delta_2=\frac{c_w d}{2}\approx\int_{-\infty}^{\infty}\frac{\bar{u}}{u_\infty}\left(1-\frac{\bar{u}}{u_\infty}\right)\mathrm{d}y \tag{4.49}$$

einzusetzen hat und x_0 durch die Strömungsbedingungen am Körper bestimmt wird. Die Form (4.48) ist ebenso wie (4.46) natürlich nur anzutreffen, wenn $x-x_0 \gg d$ ist, wobei d die Spaltweite der Austrittsdüse bzw. die Dicke des Widerstandskörpers ist.

Anmerkung. Wie schon erwähnt, kann man sich den Strahl aus einer Düse infinitesimaler Abmessungen als idealisierten Fall denken, der durch $u_0/u_\infty \to \infty$ und $d/\delta_2 \to 0$ gekennzeichnet ist. Daher ist es sinnvoll, die Existenz eines universellen Gesetzes der Form (4.48) für den gesamten Bereich $0 \leq (x-x_0)/\delta_2 \leq \infty$ zu postulieren. Dagegen scheint eine solche Definition für die Nachlaufströmung keinen Sinn zu haben. Denn das Gegenstück zur Düse mit $u_0/u_\infty \to \infty$, der Körper mit $c_w \to \infty$, ist physikalisch unmöglich. Vielmehr erzeugen gerade Körper großen Widerstandes (z. B. quer angeströmte Platten) Wirbelformen, die über große Strecken bestehen bleiben. Von H. Reichardt und R. Ermshaus[1]) durchgeführte

[1]) Reichardt, H.; Ermshaus, R.: Impuls- und Wärmeübertragung in turbulenten Windschatten hinter Rotationskörpern. Int. J. Heat Mass Transfer **5** (1962) 251–265.

Messungen hinter stumpfen und schlanken Körpern zeigen denn auch sehr unterschiedliches Verhalten des Nachlaufs. Erst in Abständen, die mehrere Hundert Körperdicken messen, scheint die Bewegung einer universellen Form zuzustreben.

Es fragt sich, ob in (4.48) für die gemittelte Geschwindigkeit und andere statistische Feldgrößen auch Ähnlichkeit in dem Sinn zu erwarten ist, daß sich die Verteilungen nur in den Längen- und Geschwindigkeitsmaßstäben voneinander unterscheiden. Um

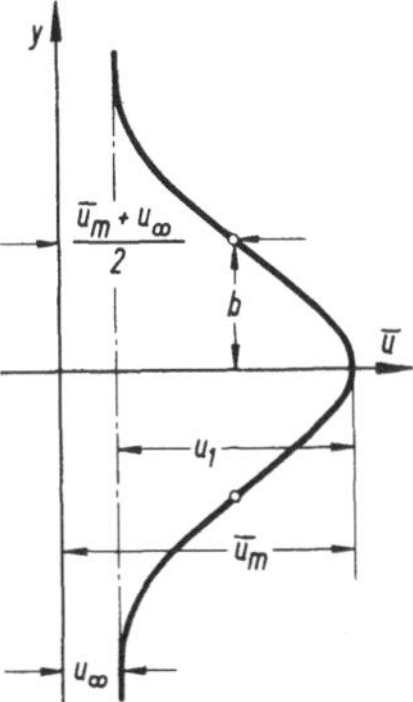

Fig. 72
Verteilung der gemittelten Geschwindigkeit im ebenen Freistrahl

dieses zu prüfen, muß man auf die Bewegungsgleichungen zurückgreifen. Als Geschwindigkeitsmaßstab wählen wir die Differenz zwischen der gemittelten Geschwindigkeit auf der Symmetrieachse und der ungestörten Strömungsgeschwindigkeit, Fig. 72,

$$u_1 = \overline{u}_{\mathrm{m}} - u_\infty, \tag{4.50}$$

die beim Strahl die Übergeschwindigkeit ist. Beim Nachlauf ist u_1 negativ und wird auch als Tiefe der Nachlaufdelle bezeichnet. Als Längenmaßstab dient die Breite b, die analog der obigen Definition als der Abstand von der Achse festgelegt wird, bei welchem $\overline{u} = (\overline{u}_{\mathrm{m}} + u_\infty)/2$ ist (b = halbe Breite bei halber Übergeschwindigkeit bzw. halber Dellentiefe). Die beiden Größen u_1 und b sind Funktionen von x. Führt man mit $\eta = y/b$ die Ansätze

$$\left.\begin{aligned} \overline{u} &= u_\infty + u_1 f(\eta), \\ -\overline{u'v'} &= u_1^2 g_{12}(\eta), \\ \overline{u'^2} &= u_1^2 g_1(\eta), \qquad \overline{v'^2} = u_1^2 g_2(\eta) \end{aligned}\right\} \tag{4.51}$$

in die Bewegungsgleichung (3.11) ein, so ergibt sich mit den Differentialquotienten

$$\frac{\partial}{\partial x} = -\frac{\mathrm{d}b/\mathrm{d}x}{b}\,\eta\,\frac{\mathrm{d}}{\mathrm{d}\eta}, \qquad \frac{\partial}{\partial y} = \frac{1}{b}\,\frac{\mathrm{d}}{\mathrm{d}\eta}$$

die Gleichung

$$u_\infty\left[\frac{\mathrm{d}u_1}{\mathrm{d}x}f-\frac{u_1}{b}\frac{\mathrm{d}b}{\mathrm{d}x}\eta f'\right]+u_1\frac{\mathrm{d}u_1}{\mathrm{d}x}f^2-\frac{u_1}{b}\frac{\mathrm{d}(u_1 b)}{\mathrm{d}x}f'\int_0^\eta f(\eta')\mathrm{d}\eta'+$$
$$+2u_1\frac{\mathrm{d}u_1}{\mathrm{d}x}(g_1-g_2)-\frac{u_1^2}{b}\frac{\mathrm{d}b}{\mathrm{d}x}\eta(g_1'-g_2')=\frac{u_1^2}{b}g_{12}', \qquad (4.52)$$

wobei $f'=\mathrm{d}f/\mathrm{d}\eta$ usw. bedeuten. Dabei wurde $\bar{v}$ mit Hilfe der Kontinuitätsgleichung (3.2) und der Randbedingung $\bar{v}=0$ für $y=0$ eliminiert. Das Impulsintegral (4.40) lautet mit den Funktionen (4.51)

$$J=b\left[u_\infty u_1\int_{-\infty}^{\infty}f\,\mathrm{d}\eta+u_1^2\int_{-\infty}^{\infty}f^2\mathrm{d}\eta+u_1^2\int_{-\infty}^{\infty}(g_1-g_2)\mathrm{d}\eta\right]. \qquad (4.53)$$

Die Ansätze (4.51) sind mit den Bewegungsgleichungen nur dann verträglich, wenn die dimensionsbehafteten Faktoren der einzelnen Glieder in (4.52) entweder alle in gleicher Weise von x abhängen oder gleich Null sind, d.h., wenn sie in konstantem Verhältnis zueinander stehen, und wenn ferner die Faktoren in (4.53) konstant sind. Man überzeugt sich zunächst davon, daß die durch (4.46) bzw. (4.48) gegebene Form mit $u_1=\bar{u}_m\sim(x-x_0)^{-\frac{1}{2}}, b\sim(x-x_0)$ und $u_\infty=0$ diesen Bedingungen genügt. Bei endlichem u_∞ können die Forderungen offenbar nur für $u_\infty\sim u_1$ erfüllt werden, so daß es für den Strahl und Nachlauf im homogenen Strom ($u_\infty=\mathrm{const}$) keine Ähnlichkeit zu geben scheint. Jedoch ist annähernd eine Ähnlichkeit möglich, wenn

$$u_\infty \gg |u_1|.$$

In diesem Fall vereinfachen sich (4.52) und (4.53) zu

$$u_\infty\left[\frac{\mathrm{d}u_1}{\mathrm{d}x}f-\frac{u_1}{b}\frac{\mathrm{d}b}{\mathrm{d}x}\eta f'\right]=\frac{u_1^2}{b}g_{12}', \qquad (4.54)$$

$$J=bu_\infty u_1\int_{-\infty}^{\infty}f\,\mathrm{d}\eta. \qquad (4.55)$$

Die Ähnlichkeitsbedingungen werden dann für

$$u_1\sim(x-x_a)^{-\frac{1}{2}}, \qquad b\sim(x-x_a)^{\frac{1}{2}} \qquad (4.56)$$

befriedigt. Man vergewissert sich durch Einsetzen von (4.56), daß jedes Glied in (4.54) proportional $(x-x_a)^{-\frac{3}{2}}$ und die rechte Seite von (4.55) konstant ist. Die Größe x_a bedeutet formal eine Integrationskonstante, die den virtuellen Anfangspunkt dieser Strömung fixiert. Im Rahmen des allgemeinen Ähnlichkeitsgesetzes (4.48) ist das Verhältnis $(x_a-x_0)/\delta_2$ eine universelle Konstante, vorausgesetzt, daß die Abmessungen der Düse hinreichend klein sind. Da in Strahl und Nachlauf u_1 kontinuierlich abnimmt, wird diese Ähnlichkeit asymptotisch für $x\to\infty$ angenähert. Die asymptotische Form von (4.48) ist also

$$\lim_{\bar{u}\to u_\infty} \bar{u} = u_\infty \left[1 \pm \sqrt{\frac{\delta_2}{x - x_a}}\, F_1\left(\frac{y}{\sqrt{(x - x_a)\delta_2}}\right)\right], \tag{4.57}$$

wobei das obere Vorzeichen für den Strahl, das untere für den Nachlauf gilt.

So, wie (4.57) eine Näherung für den Grenzfall $\bar{u}_1/u_\infty \to 0$ darstellt, so kann man die für den Strahl in ruhender Umgebung abgeleitete Form (4.46) beim Strahl im homogenen Strom näherungsweise für den Grenzfall $u_\infty/\bar{u}_1 \to 0$ als gültig ansehen.

Anmerkung. Zur Prüfung der Bedingungen, unter welchen ähnlich bleibende Geschwindigkeitsverteilungen zu erwarten sind, genügt es die Gleichung für die gemittelte Geschwindigkeit zu befragen. Man kann sich aber davon überzeugen, daß die Ähnlichkeitsansätze unter gleichen Bedingungen auch mit den Gleichungen für andere statistische Größen verträglich sind, soweit sie nicht gerade die Feinstruktur der Turbulenzbewegung beschreiben. Dabei gelten z. B. für Integral-Längenmaße Ansätze der Form

$$L = b\,\lambda(\eta). \tag{4.58}$$

Achsensymmetrische Strömungen. Diese Ähnlichkeitsbetrachtungen werden sinngemäß auch auf die achsensymmetrischen Strömungen angewandt. Der invariante Impulsüberschuß ist

$$J = 2\pi \int_0^\infty r\left[\bar{u}(\bar{u} - u_\infty) + \overline{u'^2} - \overline{v'^2}\right] \mathrm{d}r = \text{const}, \tag{4.59}$$

der beim Freistrahl gleich dem aus der Düse austretenden Impuls

$$J = F_0(u_0 - u_\infty)u_0 \tag{4.60}$$

und beim Nachlauf gleich dem Strömungswiderstand des Körpers

$$-\varrho J = W = c_w F_0 \frac{\varrho}{2} u_\infty^2 \tag{4.61}$$

ist, wobei F_0 die Fläche der Düsenöffnung bzw. die Stirnfläche des Körpers bedeutet. Analog zu (4.46) für den ebenen Freistrahl ergibt sich für die gemittelte Geschwindigkeitsverteilung des runden Freistrahls im ruhenden Medium

$$\bar{u} = \frac{\sqrt{J}}{x - x_0} F\left(\frac{y}{x - x_0}\right). \tag{4.62}$$

Also auch der runde Freistrahl breitet sich in ruhender Flüssigkeit geradlinig aus, jedoch fällt die gemittelte Geschwindigkeit auf der Achse mit $(x - x_0)^{-1}$ ab.

Für den runden Freistrahl im axialen Strom läßt sich ein I m p u l s ü b e r s c h u ß r a d i u s

$$\delta_2 = \sqrt{\frac{J}{\pi u_\infty^2}} \approx \left[2 \int_0^\infty r \frac{\bar{u}}{u_\infty}\left(\frac{\bar{u}}{u_\infty} - 1\right) \mathrm{d}r\right]^{\frac{1}{2}} \tag{4.63}$$

definieren, der beim homogenen Strom invariant ist. Beim Nachlauf hinter einem Rotationskörper tritt an dessen Stelle der Impulsverlustradius

$$\delta_2 = \sqrt{\frac{c_w F_0}{2\pi}} \approx \left[2 \int_0^\infty r \frac{\bar{u}}{u_\infty} \left(1 - \frac{\bar{u}}{u_\infty}\right) \mathrm{d}r \right]^{\frac{1}{2}}. \tag{4.64}$$

Die Dimensionsbetrachtungen für den runden Freistrahl im homogenen Strom bzw. für den runden Nachlauf führen auf genau die gleiche, für ebene Strömungen gültige Beziehung (4.48), wenn für δ_2 der Impulsüberschußradius bzw. -verlustradius eingesetzt wird. Das, was zu diesem Gesetz über die ebenen Strömungen gesagt wurde, gilt sinngemäß auch für die achsensymmetrischen Strömungen. Die Anwendung der in Gl. (4.50) bis (4.55) ausgedrückten Gedanken auf die Gleichungen der achsensymmetrischen Strömungen, Gl. (3.17) und (3.18), liefert auch eine Ähnlichkeit für den Fall $u_\infty \gg |u_1|$, vorausgesetzt, daß die Reynolds-Zahl hinreichend hoch ist. Mit $\eta = r/b$ gelten die Beziehungen

$$u_\infty \left[\frac{\mathrm{d}u_1}{\mathrm{d}x} f - \frac{u_1}{b} \frac{\mathrm{d}b}{\mathrm{d}x} \eta f' \right] = \frac{u_1^2}{b} \frac{1}{\eta} \frac{\mathrm{d}}{\mathrm{d}\eta} (\eta g_{12}), \tag{4.65}$$

$$J = 2\pi b^2 u_\infty u_1 \int_0^\infty \eta f \,\mathrm{d}\eta, \tag{4.66}$$

die mit

$$u_1 \sim (x - x_a)^{-\frac{2}{3}}, \qquad b \sim (x - x_a)^{\frac{1}{3}}$$

unabhängig von x erfüllt werden, so daß man also als asymptotische Form

$$\lim_{\bar{u} \to u_\infty} \bar{u} = u_\infty \left[1 \pm \left(\frac{\delta_2}{x - x_a} \right)^{\frac{2}{3}} F_1 \left(\frac{y}{(x - x_a)^{\frac{1}{3}} \delta_2^{\frac{2}{3}}} \right) \right] \tag{4.67}$$

mit dem oberen Vorzeichen für den Strahl und dem unteren Vorzeichen für den Nachlauf erhält. Auch hier wird $(x_a - x_0)/\delta_2$ eine universelle Konstante sein.

Reynoldssches Ähnlichkeitsgesetz. Nachdem man mit Hilfe von Ähnlichkeitsbetrachtungen Gesetzmäßigkeiten für Ausbreitung und Änderung der Mittengeschwindigkeit bei großen Reynolds-Zahlen ermittelt hat, sollen einige Folgerungen aus dem Reynoldsschen Ähnlichkeitsgesetz besprochen werden. Man kann eine örtliche Reynolds-Zahl

$$Re = |u_1| \, b/\nu \tag{4.68}$$

bilden, die im allgemeinen eine Funktion des Abstandes $(x - x_0)$ sein wird. Man überzeugt sich aber durch Einsetzen der hergeleiteten Ergebnisse in Gl. (4.68), daß die Reynolds-Zahl bei der asymptotischen Form des ebenen Strahles im homogenen Strom bzw. beim ebenen Nachlauf ($|u_1| \ll u_\infty$) und beim achsensymmetrischen Strahl in ruhender Umgebung konstant ist. Das bedeutet, daß die angegebenen Ähnlichkeitsgesetze in diesen Fällen alle statistischen Größen, also auch die die Feinstruktur betreffenden und die vernachlässigte Stokessche Schubspannung in (3.11) bzw. (3.17) umfassen.

Beim ebenen Strahl in ruhender Umgebung wächst die Reynolds-Zahl wie $Re \sim (x-x_0)^{\frac{1}{2}}$, so daß die Voraussetzung großer Reynolds-Zahl mit zunehmendem Abstand vom Ursprung des Strahls immer besser erfüllt ist. Die Reynolds-Zahl eines ebenen laminaren Freistrahls wächst wie $Re \sim (x-x_0)^{\frac{1}{3}}$ [1]). Daher wird der laminare Strahl stets in einiger Entfernung vom Ursprung instabil werden und sich als turbulenter Strahl fortsetzen.

Nur beim achsensymmetrischen Freistrahl im homogenen Strom nimmt die Reynolds-Zahl mit dem Abstand vom Ursprung ab, und zwar asymptotisch wie $Re \sim (x-x_a)^{-\frac{1}{3}}$. Wie hoch die Reynolds-Zahl anfänglich auch sein mag, schließlich wird immer eine Stelle erreicht werden, an der die Voraussetzungen der Form (4.67) nicht mehr erfüllt sind. Infolge der relativ größeren Zähigkeitswirkung fallen die Geschwindigkeitsschwankungen rascher ab als die Differenzen der gemittelten Geschwindigkeit. Im Endstadium hören die Wechselwirkungen zwischen gemittelter Geschwindigkeit und Schwankungsbewegung ganz auf. Bezüglich der letzteren stehen dann nur die konvektiven und die viskosen Glieder im Gleichgewicht miteinander, ähnlich wie im Endstadium der homogenen Turbulenzfelder, vgl. 2.3.2. Wie O. M. Phillips[2]) gezeigt hat, klingt die kinetische Energie der Geschwindigkeitsschwankungen proportional $(x-x_b)^{-\frac{5}{2}}$ ab. Die Verteilung der gemittelten Geschwindigkeit folgt den Gesetzen des laminaren Strahls bzw. des laminaren Nachlaufs[3]), d. h.

$$|u_1| \sim (x-x_b)^{-1}, \qquad b \sim (x-x_b)^{\frac{1}{2}}, \qquad Re \sim (x-x_b)^{-\frac{1}{2}}.$$

x_b ist wiederum eine Integrationskonstante; d. h. der virtuelle Ursprung der Ähnlichkeitsgesetze des Endstadiums liegt bei x_b. Aus dem Reynoldsschen Ähnlichkeitsgesetz folgt, daß $(x_b-x_0)/\delta_2$ eine universelle Funktion der Reynolds-Zahl $u_\infty \delta_2/\nu$ ist.

4.3.2. Versuchsergebnisse. Die wichtigsten Eigenschaften der Ähnlichkeitslösungen sind in Tab. 2 zusammengestellt. Die aus Versuchen ermittelten Zahlenwerte für die gemittelte Geschwindigkeit auf der Achse und für die Ausbreitung sind hierbei angegeben. Soweit es die ebenen und achsensymmetrischen Freistrahlen im ruhenden Medium $(u_\infty=0)$ betrifft, sind die im Schrifttum zu findenden Daten und Auffassungen in guter Übereinstimmung miteinander. Dagegen weichen die Angaben der verschiedenen Autoren für die Ähnlichkeitslösung, (4.57) bzw. (4.67), der Freistrahlen und Nachläufe im gleichförmigen Strom zum Teil stärker voneinander ab. Dies ist nicht sehr verwunderlich; denn die Ähnlichkeitslösungen sind ja asymptotische Lösungen, die sich erst in sehr großen Entfernungen vom Körper einstellen, wo die gemittelten Geschwindigkeiten sich nur um wenige Prozente von der ungestörten Geschwindigkeit u_∞ unterscheiden. Die beobachteten Diskrepanzen sind in vielen Fällen darauf zurückzuführen, daß die zum Vergleich herangezogenen Versuchswerte

---

[1]) Vgl. Schlichting, H.: [3], 162.

[2]) Phillips, O. M.: The final period of decay of non-homogeneous turbulence. Proc. Cambridge philos. Soc. **52** (1956) 135–151.

[3]) Schlichting, H.: [3], 214.

in viel zu geringen Abständen vom Körper gemessen wurden. Andererseits erfordern Messungen in großen Abständen vom Körper große Sorgfalt und hohe Genauigkeit. Beim achsensymmetrischen Strahl und Nachlauf kommt hinzu, daß das Ähnlichkeitsgesetz (4.67) für extrem große Entfernungen durch das zähigkeitsbeeinflußte (laminare) Gesetz abgelöst wird. Das Gesetz (4.67) kann sich also nur ausbilden, wenn die Anfangs-Reynolds-Zahl hinreichend groß ist; dies bedeutet für Laboratoriumsversuche eine weitere Erschwernis. Aus diesem Grunde sollten die in Tab. 2 angegebenen Daten nur mit einiger Zurückhaltung benutzt werden.

Bei gegebener Verteilung der gemittelten Geschwindigkeit nach Gl. (4.51) sind die Änderungen der Geschwindigkeit auf der Achse und die Ausbreitung über die Impulsbedingung (4.40) miteinander gekoppelt, wenn die Glieder $\overline{u'^2}$ und $\overline{v'^2}$ vernachlässigt werden. Beim ebenen Freistrahl in ruhender Umgebung ($u_\infty = 0$) ist nach Gl. (4.46) die Breite

$$b = \alpha(x - x_0) \tag{4.69}$$

und die Mittengeschwindigkeit $\bar{u}_m (= u_1)$

$$\bar{u}_m = \beta \sqrt{\frac{J}{x - x_0}}. \tag{4.70}$$

Durch Einsetzen in Gl. (4.40) folgt

$$\alpha\beta^2 \int_{-\infty}^{\infty} f^2(\eta)\,d\eta = 1. \tag{4.71}$$

Für die asymptotische Lösung $u_\infty \gg u_1$ nach (4.57) hat man

$$b = \alpha(\delta_2(x - x_a))^{\frac{1}{2}}, \tag{4.72}$$

$$u_1 = \beta u_\infty \left(\frac{\delta_2}{x - x_a}\right)^{\frac{1}{2}}, \tag{4.73}$$

so daß sich aus (4.47) und (4.55)

$$\alpha\beta \int_{-\infty}^{\infty} f(\eta)\,d\eta = 1 \tag{4.74}$$

ergibt. Die entsprechenden Formeln für die achsensymmetrischen Strömungen sind in Tab. 2 enthalten.

Die glockenförmige Verteilung der gemittelten Geschwindigkeit, Fig. 73, wird in der Regel durch das Gaußsche Fehlerverteilungsgesetz

$$f(\eta) = \exp[-(\ln 2)\eta^2] \tag{4.75}$$

angenähert, das aber in den Randgebieten keine sehr gute Übereinstimmung mit den Versuchswerten ergibt. Eine bessere Annäherung liefert die von L. J. S. Bradbury[1]) gegebene Formel

$$f(\eta) = \exp[-0{,}6749\,\eta^2(1 + 0{,}0269\,\eta^4)]. \tag{4.76}$$

---

[1]) Bradbury, L. J. S.: The structure of a self-preserving turbulent plane jet. J. Fluid Mech. **23** (1965) 31–64.

Tab. 2 Ähnlichkeitslösungen bei Freistrahl und Nachlauf (große Reynolds-Zahlen)

	Ebene Strömung		Achsensymmetrische Strömung	
	$u_\infty = 0$	$u_\infty \gg \lvert u_1 \rvert$ (Nachlauf[1])	$u_\infty = 0$	$u_\infty \gg \lvert u_1 \rvert$ (Nachlauf[1])
Übergeschwindigkeit u_1	$\beta \sqrt{J}(x-x_0)^{-\frac{1}{2}}$	$\beta u_\infty \left[\frac{x-x_a}{\delta_2}\right]^{-\frac{1}{2}}$	$\beta \sqrt{J}(x-x_0)^{-1}$	$\beta u_\infty \left(\frac{x-x_a}{\delta_2}\right)^{-\frac{2}{3}}$
Breite b	$\alpha(x-x_0)$	$\alpha[\delta_2(x-x_a)]^{\frac{1}{2}}$	$\alpha(x-x_0)$	$\alpha\delta_2^{\frac{2}{3}}(x-x_a)^{\frac{1}{3}}$
Reynolds-Zahl $Re = \lvert u_1 \rvert b/\nu$	$\sim(x-x_0)^{\frac{1}{2}}$	const	const	$(x-x_a)^{-\frac{1}{3}}$
Impulsbedingung	$\alpha\beta^2 I_2 = 1$	$\alpha\beta I_1 = 1$	$\pi(\alpha\beta)^2 I_2 = 1$	$\alpha^2\beta I_1 = 1$
Zahlenwerte $\alpha \approx$	0,11	0,34	0,088	0,64
$\beta \approx$	2,48	1,44	7,6	1,9
Quergeschwindigkeit $\bar{v}/u_1$	$\alpha\left(\eta f - \frac{1}{2}\int_0^\eta f\,d\eta'\right)$	≈ 0	$\alpha\left(\eta f - \frac{1}{\eta}\int_0^\eta \eta' f\,d\eta'\right)$	≈ 0
Schubspannung $-\overline{u'v'}/u_1^2$	$-\frac{\alpha}{2} f \int_0^\eta f\,d\eta'$	$-\frac{\alpha}{2\beta}\eta f$	$-\alpha\frac{f}{\eta}\int_0^\eta \eta' f\,d\eta'$	$-\frac{\alpha}{3\beta}\eta f$

[1]) Beim Nachlauf haben u_1 und $-\overline{u'v'}$ umgekehrte Vorzeichen.

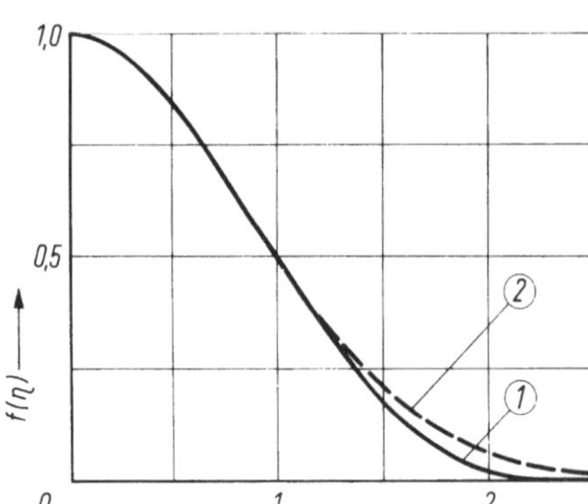

Fig. 73
Dimensionslose Verteilungsfunktionen der gemittelten Geschwindigkeit im Freistrahl
① Gl. (4.76)
② Gl. (4.75)

Die für den ebenen Nachlauf von A. A. Townsend [12] vorgeschlagene Beziehung,

$$f(\eta) = \exp\left[-0{,}6619\,\eta^2 (1 + 0{,}0465\,\eta^4)\right], \tag{4.77}$$

unterscheidet sich nicht wesentlich von (4.76). Auch beim achsensymmetrischen Freistrahl sind keine wesentlichen Unterschiede in den Geschwindigkeitsverteilungen festzustellen. In Tab. 3 sind einige wesentliche Integralmomente zusammengestellt.

Tab. 3 Integralmomente für den ebenen und achsensymmetrischen Freistrahl

	eben	achsensymmetrisch		eben	achsensymmetrisch
I_n	$\int_{-\infty}^{\infty} f^n \,\mathrm{d}\eta$	$2\int_0^{\infty} f^n \eta \,\mathrm{d}\eta$	I'_n	$\int_{-\infty}^{\infty} \left(\frac{\mathrm{d}f}{\mathrm{d}\eta}\right)^n \mathrm{d}\eta$	$2\int_0^{\infty} \left(\frac{\mathrm{d}f}{\mathrm{d}\eta}\right)^n \eta\,\mathrm{d}\eta$
I_1	2,044	1,274			
I_2	1,495	0,698	I'_2	1,135	1,115
I_3	1,233	0,479	I'_3	−0,7059	−0,6826

Für den ebenen [1]) und achsensymmetrischen [2]) Freistrahl im homogenen Strom liegen Messungen bei kleineren und mittleren Abständen von der Austrittsdüse vor, aus denen sich die Gesetze für die Änderung der Geschwindigkeit auf der Achse gemäß der Beziehung (4.48) erschließen lassen. Bei passender Wahl von x_0 fallen tatsächlich

[1]) Bradbury, L. J. S.; Riley, J.: The spread of a turbulent plane jet issuing into a parallel moving airstream. J. Fluid Mech. **27** (1967) 381–394.

[2]) Reichardt, H.: Zur Problematik der turbulenten Strahlausbreitung in einer Grundströmung. Mitt. MPI Ström. Forsch. u. Aerodyn. Vers. Anst. 35, 1966.

alle Versuchsdaten auf jeweils eine universelle Kurve

$$u_1 = u_\infty \varphi\left(\frac{x - x_0}{\delta_2}\right). \tag{4.78}$$

Da die Verteilung $f(\eta)$ der gemittelten Geschwindigkeit für alle $(x - x_0)/\delta_2$ mit experimenteller Genauigkeit die gleiche Form hat, sind damit die Geschwindigkeitsfelder definiert. Insbesondere ist der Zusammenhang zwischen Breitenentwicklung und der Geschwindigkeit auf der Achse durch die Impulsbedingung bestimmt. Nach Einsetzen von (4.51) und der in Tab. 3 gegebenen Integralmomente lautet die Impulsbedingung für den ebenen Freistrahl

$$b\left[\left(\frac{u_1}{u_\infty}\right)^2 I_2 + \frac{u_1}{u_\infty} I_1\right] = \delta_2, \tag{4.79}$$

für den achsensymmetrischen Freistrahl

$$b^2\left[\left(\frac{u_1}{u_\infty}\right)^2 I_2 + \frac{u_1}{u_\infty} I_1\right] = \delta_2^2. \tag{4.80}$$

In Tab. 4 sind die Verhältnisse der maximalen Übergeschwindigkeiten $(u_\infty/u_1)^2$ bzw. u_∞/u_1 und die Breitenverhältnisse b/δ_2 für den ebenen und achsensymmetrischen

Tab. 4 Maximale Übergeschwindigkeit und Breite für den ebenen und achsensymmetrischen Freistrahl

eben nach Bradbury/Riley			achsensymmetrisch nach Reichardt					
$\frac{x-x_0}{\delta_2}$	$\left(\frac{u_\infty}{u_1}\right)^2$	$\frac{b}{\delta_2}$	$\frac{x-x_0}{\delta_2}$	$\frac{u_\infty}{u_1}$	$\frac{b}{\delta_2}$	$\frac{x-x_0}{\delta_2}$	$\frac{u_\infty}{u_1}$	$\frac{b}{\delta_2}$
0	0	0	0	0	0	120	8,714	2,537
2	0,335	0,127	2	0,1456	0,1549	130	9,368	2,636
4	0,696	0,221	4	0,2927	0,2828	140	10,02	2,731
6	1,077	0,302	6	0,4410	0,3929	150	10,67	2,822
8	1,474	0,375	10	0,7431	0,5794	160	11,30	2,909
10	1,885	0,444	15	1,132	0,7738	170	11,92	2,991
12	2,306	0,508	20	1,531	0,9407	180	12,53	3,070
20	4,060	0,732	25	1,937	1,089	190	13,14	3,147
30	6,390	0,970	30	2,341	1,220	200	13,74	3,220
40	8,845	1,181	35	2,734	1,337	210	14,34	3,293
50	11,41	1,374	40	3,111	1,441	220	14,94	3,363
60	14,08	1,553	45	3,475	1,535	230	15,53	3,431
70	16,85	1,723	50	3,836	1,623	240	16,13	3,499
80	19,7	1,884	60	4,559	1,787	250	16,71	3,564
90	22,63	2,039	70	5,280	1,938	260	17,29	3,627
100	25,62	2,187	80	5,997	2,077	270	17,87	3,689
			90	6,701	2,205	280	18,44	3,749
			100	7,387	2,323	290	19,01	3,808
			110	8,056	2,433	300	19,57	3,866

Freistrahl als Funktion von $(x-x_0)/\delta_2$ enthalten. Die Daten für den ebenen Freistrahl wurden von Bradbury und Riley angegeben. Für den achsensymmetrischen Freistrahl wurden die Werte nach den Versuchen von Reichardt ermittelt.

Anmerkung. Die erwähnte Ähnlichkeit der Verteilungsform der gemittelten Geschwindigkeit über den gesamten Bereich von $x-x_0$ ist keine mechanische Ähnlichkeit im Sinne der Darlegungen von 4.3.1. Man muß sie als ein zufälliges Ergebnis hinnehmen, für das es keine schlüssige Erklärung gibt. Man kann anführen, daß die Normierung der Funktion $f(\eta)$ $[f(0)=1;\ f(1)=0{,}5;\ f(\infty)\to 0]$ die Vielfältigkeit ihrer Form einschränkt und somit eine Voraussetzung dafür schafft, daß alle Versuchsergebnisse auf eine Kurve fallen.

Quergeschwindigkeit und Schubspannung. Zwei wichtige Feldgrößen, deren experimentelle Bestimmung einigen Aufwand erfordert, lassen sich bei bekanntem Geschwindigkeitsfeld ohne weitere Annahmen berechnen, nämlich die Querkomponente $\bar{v}$ der gemittelten Geschwindigkeit aus der Kontinuitätsgleichung (3.2) und die Schubspannung τ aus der Bewegungsgleichung (3.11)[1]. Infolge der Ähnlichkeit der Geschwindigkeitsprofile ergeben sich hierfür relativ einfache Quadraturformeln.

Setzt man (4.51) in die Kontinuitätsgleichung ein, so liefert die Integration für die Quergeschwindigkeit bei ebener Strömung

$$\bar{v} = u_1 \frac{\mathrm{d}b}{\mathrm{d}x} \eta f - \frac{\mathrm{d}(u_1 b)}{\mathrm{d}x} \int_0^\eta f \,\mathrm{d}\eta', \tag{4.81}$$

wobei auf der Achse $(y=0)$ aus Symmetriegründen $\bar{v}=0$ als Randbedingung gesetzt wurde. Die Formel für die Radialgeschwindigkeitskomponente der achsensymmetrischen Strömung hat ähnliche Gestalt und lautet mit $\eta = r/b$

$$\bar{v} = u_1 \frac{\mathrm{d}b}{\mathrm{d}x} \eta f - \frac{1}{b} \frac{\mathrm{d}(u_1 b^2)}{\mathrm{d}x} \frac{1}{\eta} \int_0^\eta \eta' f \,\mathrm{d}\eta'. \tag{4.82}$$

Im Inneren der Freistrahlen überwiegt jeweils das erste Glied von (4.81) bzw. (4.82), so daß sich positives $\bar{v}$ gemäß einem Verdrängungseffekt ergibt. In den äußeren Regionen überwiegt bei kleinen x-Werten das zweite Glied; folglich stellt sich negatives $\bar{v}$ ein, das auch außerhalb des Strahles vorherrscht. Dieses Ansaugen von Flüssigkeit aus der Umgebung ist eine charakteristische Erscheinung bei Freistrahlen. Bei Strahlen im gleichgerichteten Strom fällt das zweite Glied in (4.81) und (4.82) rasch mit x ab und verschwindet bei sehr großen Abständen, da die Impulserhaltung hier $u_1 b = \mathrm{const}$ verlangt. Dann ist $\bar{v}$ innerhalb des Strahles überall positiv und klingt zum Strahlrand hin auf Null ab.

Die Verteilung der Schubspannung τ ist im ebenen Fall wie die von $\bar{v}$ antisymmetrisch. Bei der Integration der Gl. (4.52) ist also bei $y=0$ die Randbedingung $\tau=0$

---

[1]) Die Beziehungen wurden erstmals angegeben von Reichardt, H.: Gesetzmäßigkeiten der freien Turbulenz. VDI-Forschungsheft 414, 1942 (2. Aufl. 1951).

zu beachten. So erhält man, wenn man die Glieder der Normalspannungen vernachlässigt,

$$\frac{\tau}{\varrho u_1^2} = -\frac{\overline{u'v'}}{u_1^2} = g_{12}(\eta) = \frac{u_\infty}{u_1^2}\frac{\mathrm{d}(u_1 b)}{\mathrm{d}x}\int_0^\eta f\,\mathrm{d}\eta' - \frac{u_\infty}{u_1}\frac{\mathrm{d}b}{\mathrm{d}x}\eta f + \frac{1}{u_1^2}\frac{\mathrm{d}(u_1^2 b)}{\mathrm{d}x}\int_0^\eta f^2\,\mathrm{d}\eta' - \frac{1}{u_1}\frac{\mathrm{d}(u_1 b)}{\mathrm{d}x} f\int_0^\eta f\,\mathrm{d}\eta'. \tag{4.83}$$

Auch im achsensymmetrischen Fall hat die Schubspannung auf der Achse den Wert $\tau=0$; in diesem Fall gilt:

$$\frac{\tau}{\varrho u_1^2} = -\frac{\overline{u'v'}}{u_1^2} = g_{12}(\eta) = \frac{u_\infty}{u_1^2 b}\frac{\mathrm{d}(u_1 b^2)}{\mathrm{d}x}\frac{1}{\eta}\int_0^\eta \eta' f\,\mathrm{d}\eta' - \frac{u_\infty}{u_1}\frac{\mathrm{d}b}{\mathrm{d}x}\eta f + \frac{1}{u_1^2 b}\frac{\mathrm{d}(u_1^2 b^2)}{\mathrm{d}x}\frac{1}{\eta}\int_0^\eta \eta' f^2\,\mathrm{d}\eta' - \frac{1}{u_1 b}\frac{\mathrm{d}(u_1 b^2)}{\mathrm{d}x}\frac{f}{\eta}\int_0^\eta \eta' f\,\mathrm{d}\eta'. \tag{4.84}$$

4.3.3. Turbulenzstruktur. Die nach Gl. (4.83) berechneten Schubverteilungen in den beiden Fällen $u_\infty=0$ und $u_\infty \gg u_1$ für ebene Strömung sind in Fig. 74 dargestellt

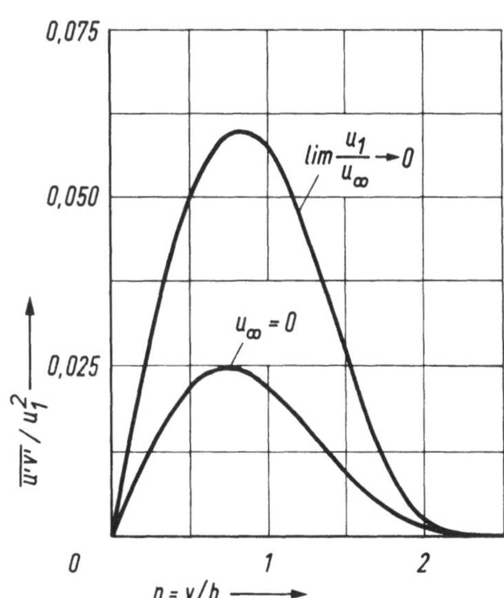

Fig. 74
Verteilung der Reynoldsschen Schubspannungen beim ebenen Freistrahl

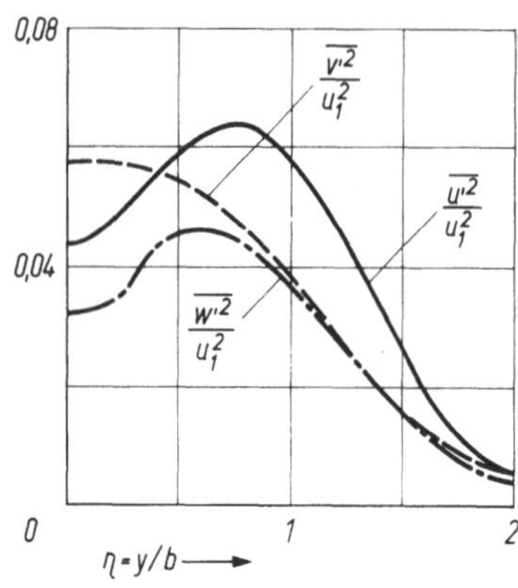

Fig. 75
Experimentelle Verteilungen der Geschwindigkeitsschwankungen beim ebenen Freistrahl ($u_\infty \approx 0$) (nach L. J. S. Bradbury)

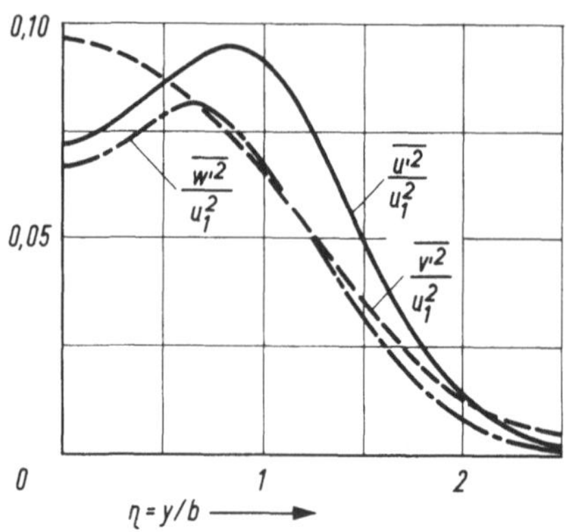

Fig. 76
Experimentelle Verteilungen der Geschwindigkeitsschwankungen im ebenen Nachlauf hinter einem Zylinder, $x/d = 500$ bis 950 (nach A. A. Townsend)

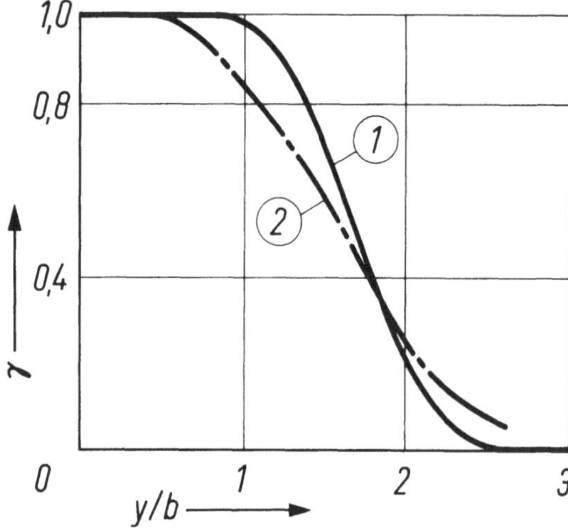

Fig. 77
Verteilungen der Intermittenzfaktoren beim ebenen Freistrahl ($u_\infty \approx 0$) und beim ebenen Nachlauf hinter einem Zylinder ($u_1/u_\infty \to 0$) nach Versuchen von L. J. S. Bradbury und A. A. Townsend
① Freistrahl
② Nachlauf

(bei der Nachlaufströmung hat τ umgekehrtes Vorzeichen). Die beträchtlichen Unterschiede in der Größe von τ legen nahe, daß die Turbulenzbewegung in den beiden Fällen wesentlich verschieden ist, obwohl sich die Verteilungen der gemittelten Geschwindigkeit kaum voneinander unterscheiden. Die Unterschiede finden sich auch in den Verteilungen der Schwankungsgeschwindigkeiten, Fig. 75 und 76, wenngleich sie im Verhältnis etwas kleiner sind. Bemerkenswert ist jedoch die Ähnlichkeit der Verteilungen für die beiden Fälle.

Fig. 77 zeigt die Verteilungen des Intermittenzfaktors. Der Wert $\gamma=0{,}5$ tritt bei beiden Strömungen fast im gleichen Abstand von der Mitte auf, jedoch verläuft die γ-Kurve beim Nachlauf sichtlich flacher als beim Strahl ($u_\infty=0$). Man kann daraus schließen, daß die großen Turbulenzelemente beim Strahl in ruhender Umgebung kleiner als bei $u_\infty \gg u_1$ sind.

Gleichgewicht der kinetischen Energie. Wenn man in Gl. (3.42) für die kinetische Energie der Schwankungen die von erster Ordnung kleinen Glieder vernachlässigt, so erhält man für ebene Strahlen und Nachläufe großer Reynolds-Zahlen

$$\underbrace{\bar{u}\frac{1}{2}\frac{\partial\overline{q^2}}{\partial x}+\bar{v}\frac{1}{2}\frac{\partial\overline{q^2}}{\partial y}}_{\text{Konvektion}}+\underbrace{\overline{u'v'}\frac{\partial\bar{u}}{\partial y}}_{\text{Produktion}}+\underbrace{\varepsilon}_{\text{Dissipation}}+\underbrace{\frac{\partial}{\partial y}\overline{[v'(q^2/2+p'/\varrho)]}}_{\text{Diffusion}}=0. \quad (4.85)$$

Die Produktion (Leistung an der Reynoldsschen Schubspannung) kann mit den angegebenen Beziehungen vollständig aus der bekannten Verteilung der gemittelten Geschwindigkeit berechnet werden. Ebenso ist die Konvektion aus den Verteilungen der Schwankungsgeschwindigkeiten, Fig. 75 und 76 mit Hilfe der Ähnlichkeitsbeziehungen zu ermitteln. Die Dissipation wurde aus gemessenen Werten $\overline{(\partial u'/\partial x)^2}$ vermittels der Beziehung für lokal isotrope Turbulenz

$$\varepsilon=15\,\nu\overline{\left(\frac{\partial u'}{\partial x}\right)^2} \quad (4.86)$$

bestimmt. So ergibt sich die Diffusion nach (4.85) aus der fehlenden Differenz. Die experimentellen Werte der Dissipation sind bei fast allen bekannten Messungen zu klein, – auch bei den Versuchen im Rohr von Laufer (vgl. 4.2.4) –. Darum wurden die ε-Verteilungen mit einem konstanten Faktor vergrößert, so daß der Gesamtbeitrag der Diffusion gleich Null ist, d. h. daß die Bedingung

$$\int_0^\infty \frac{\partial}{\partial y}\overline{[v'(q^2/2+p'/\varrho)]}\,\mathrm{d}y=0 \quad (4.87)$$

erfüllt ist. Die auf diese Weise ermittelten Energiebilanzen für Freistrahl ($u_\infty=0$) und Nachlauf ($u_1 \ll u_\infty$), in Fig. 78 und 79 dargestellt, offenbaren markante Unterschiede im Turbulenzmechanismus der verschiedenen Scherströmungen. Insbesondere fallen beim Vergleich mit der Energiebilanz der Rohrströmung, Fig. 67, die verhältnismäßig großen Beträge des konvektiven Energietransports auf, der überwiegend einen Gewinn an kinetischer Energie bringt und der bei der Rohrströmung fehlt. Aber auch der diffusive Energietransport nimmt, im Verhältnis zu den Maximalwerten der Produktion gemessen, wesentlich größere Werte als bei der Rohrströmung an und

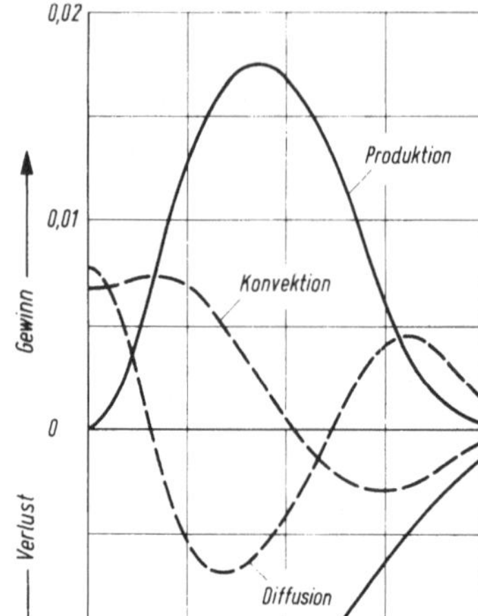

Fig. 78
Gleichgewicht der kinetischen Energie der Schwankungen beim ebenen Freistrahl ($u_\infty = 0$)

$$\text{Konvektion} = \frac{b}{2u_1^3}\left(\overline{u}\,\frac{\partial \overline{q^2}}{\partial x} + \overline{v}\,\frac{\partial \overline{q^2}}{\partial y}\right)$$

$$\text{Produktion} = \frac{b}{u_1^3}\left(\overline{u'v'}\,\frac{\partial \overline{u}}{\partial y}\right)$$

$$\text{Dissipation} = \frac{b}{u_1^3}\,\varepsilon$$

$$\text{Diffusion} = \frac{b}{u_1^3}\,\frac{\partial}{\partial y}\left[\overline{v'\left(\frac{q^2}{2} + \frac{p'}{\varrho}\right)}\right]$$

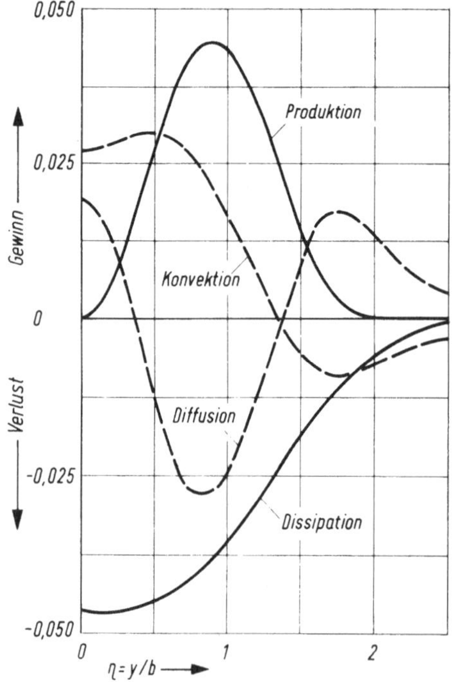

Fig. 79
Gleichgewicht der kinetischen Energie der Schwankungen bei ebenem Nachlauf ($u_1/u_\infty \to 0$). Formelausdrücke wie Fig. 78

variiert stark. Die größeren Einzelbeträge zum Energiegleichgewicht der Nachlaufströmung gegenüber dem Freistrahl sind durch die größeren Geschwindigkeitsschwankungen bedingt, die ihrerseits auf die vergleichsweise stärkere Konvektion beim Nachlauf zurückgeführt werden müssen.

4.3.4. Anwendung halbempirischer Ansätze. Die einfachen Konzeptionen wie Mischungswegansatz (3.107) und Austauschansatz (3.106) sind in Verbindung mit Ähnlichkeitsannahmen schon frühzeitig auf die Fälle freier Scherturbulenz angewendet worden. Mit dem Mischungswegansatz haben W. Tollmien[1]) den ebenen und achsensymmetrischen Freistrahl im ruhenden Medium, H. Schlichting[2]) den ebenen Nachlauf bearbeitet. Mit dem Austauschansatz hat H. Görtler[3]) den ebenen Freistrahl in ruhender Umgebung und den ebenen Nachlauf behandelt. Die Lösung mit dem Austauschansatz für den achsensymmetrischen Freistrahl im ruhenden Medium hat H. Schlichting [3] angegeben. Bei all diesen Rechnungen wurde der Mischungsweg l bzw. die Austauschgröße ε_τ nur als Funktion von x betrachtet, aber über die Breite des Turbulenzgebietes als konstant angenommen. Dies bedeutet praktisch, daß $l \sim b$ und $\varepsilon_\tau \sim u_1 b$ gesetzt werden. Die so errechneten Verteilungen der gemittelten Geschwindigkeit stimmen im großen und ganzen mit Versuchsergebnissen überein. Es ist aber folgendes zu diesen Rechnungen zu bemerken: Mit dem Mischungswegansatz ergibt sich für die Geschwindigkeitsverteilungen in der Mitte eine Singularität, die genau der bei der Rohrströmung (Gl. (4.27)) gefundenen entspricht. Die Geschwindigkeitsprofile erscheinen daher in der Mitte zu spitz, verglichen mit experimentellen Befunden. Eine zweite Singularität tritt am Rand auf, wo $\partial^2 \overline{u}/\partial y^2$ unstetig ist. Die Rechnungen mit dem Austauschansatz zeigen zwar in der Mitte bessere Übereinstimmung mit Versuchsergebnissen, am Rand klingen die berechneten Geschwindigkeitsverteilungen aber sichtbar zu langsam mit dem Abstand von der Mitte ab. Die letztere Diskrepanz läßt sich beseitigen, wenn man eine mit y veränderliche Austauschgröße annimmt. In Tab. 5 sind die Werte für l/b und $\varepsilon_\tau/(u_1 b)$ zusammengestellt, die die Rechnungsergebnisse mit Versuchsdaten bezüglich der Breitenentwicklung in Ein-

Tab. 5 Mischungsweg und Wirbelviskosität

Strömung		l/b	$\dfrac{\varepsilon_\tau}{u_1 b}$
Ebener Freistrahl	$u_\infty = 0$	0,25	0,037
Achsensymmetrischer Freistrahl	$u_\infty = 0$	0,22	0,025
Ebener Nachlauf	$u_1 \ll u_\infty$	0,41	0,090
Freie Strahlgrenze	$u_\infty = 0$	0,14	0,011

[1]) Tollmien, W.: Berechnung turbulenter Ausbreitungsvorgänge. Z. angew. Math. Mech. **6** (1926) 468–478.

[2]) Schlichting, H.: Über das ebene Windschattenproblem. Ing.-Arch. **1** (1930) 533–571.

[3]) Görtler, H.: Berechnung von Aufgaben der freien Turbulenz auf Grund eines neuen Näherungsansatzes. Z. angew. Math. Mech. **22** (1942) 241–254.

klang bringen. Daß diese Werte in den einzelnen Fällen unterschiedliche Größe haben, ist ein viel schwerwiegenderer Nachteil als die vorher erwähnten Unzulänglichkeiten in den Geschwindigkeitsverteilungen.

Auf weitere Einzelheiten der Rechnungen kann hier nicht eingegangen werden. Jedoch sollen mit einer Näherungsrechnung die Größen von l und ε_τ bestimmt werden, die zu den in Tab. 4 gegebenen Zusammenhängen für Freistrahlen gehören. Die Grundlage dieser Rechnungen ist die Gleichung für die kinetische Energie der gemittelten Geschwindigkeit; sie lautet für den ebenen Freistrahl

$$\frac{1}{2}\frac{\mathrm{d}}{\mathrm{d}x}\int_{-\infty}^{\infty}\bar{u}(\bar{u}^2-u_\infty^2)\,\mathrm{d}y=-\int_{-\infty}^{\infty}\frac{\tau}{\varrho}\frac{\partial\bar{u}}{\partial y}\,\mathrm{d}y \tag{4.88}$$

und für den achsensymmetrischen Freistrahl

$$\frac{\mathrm{d}}{\mathrm{d}x}\int_{0}^{\infty}\bar{u}(\bar{u}^2-u_\infty^2)\,r\,\mathrm{d}r=-2\int_{0}^{\infty}\frac{\tau}{\varrho}\frac{\partial\bar{u}}{\partial r}\,r\,\mathrm{d}r. \tag{4.89}$$

Man gewinnt diese Gleichungen aus der Gleichung für die gemittelte Geschwindigkeit, Gl. (3.13) bzw. (3.19), durch Multiplizieren mit $\bar{u}$ und anschließendem Integrieren über y bzw. r^2. Die Quergeschwindigkeit $\bar{v}$ wird mittels der Kontinuitätsgleichung (3.2) bzw. (3.18) eliminiert (vgl. Gl. (4.38)). Setzt man nun wieder Gl. (4.51) für die gemittelte Geschwindigkeit und führt einen Beiwert c_d für das Integral der Schubspannungsleistung (Dissipationsintegral) ein,

$$c_d\frac{u_1^3}{2}=\int_{-\infty}^{\infty}\frac{\tau}{\varrho}\frac{\partial\bar{u}}{\partial y}\,\mathrm{d}y,\quad \text{ebener Strahl}, \tag{4.90}$$

$$c_d\frac{u_1^3}{2}b=2\int_{0}^{\infty}\frac{\tau}{\varrho}\frac{\partial\bar{u}}{\partial r}\,r\,\mathrm{d}r,\quad \text{achsensymmetrischer Strahl}, \tag{4.91}$$

so erhält man mit den Integralmomenten nach Tab. 3 für den ebenen Strahl

$$\left(\frac{u_\infty}{u_1}\right)^3\frac{\mathrm{d}}{\mathrm{d}x}\left\{b\left[2\frac{u_1}{u_\infty}I_1+3\left(\frac{u_1}{u_\infty}\right)^2 I_2+\left(\frac{u_1}{u_\infty}\right)^3 I_3\right]\right\}=-c_d \tag{4.92}$$

und für den achsensymmetrischen Strahl

$$\left(\frac{u_\infty}{u_1}\right)^3\frac{\mathrm{d}}{\mathrm{d}x}\left\{b^2\left[2\frac{u_1}{u_\infty}I_1+3\left(\frac{u_1}{u_\infty}\right)^2 I_2+\left(\frac{u_1}{u_\infty}\right)^3 I_3\right]\right\}=-b\,c_d \tag{4.93}$$

Nun kann man schließlich für τ den Mischungswegansatz oder den Austauschansatz in Gl. (4.90) und (4.91) einsetzen und bekommt, wenn man, wie bei den vorher erwähnten Rechnungen, l und ε_τ als von y unabhängig annimmt,

$$c_d = \left(\frac{l}{b}\right)^2 2\,|I_3'|\,, \tag{4.94}$$

$$c_d = \frac{\varepsilon_\tau}{u_1\,b}\,2\,I_2'\,. \tag{4.95}$$

Diese beiden Beziehungen gelten in gleicher Weise für ebene und achsensymmetrische Strömung, wenn für I_2' bzw. I_3' die entsprechenden Werte von Tab. 3 genommen werden. Sind die Werte von l/b oder $\varepsilon_\tau/(u_1\,b)$ bekannt, so kann man unter der Voraussetzung, daß die Integralmomente von x unabhängig sind, aus Gl. (4.92) bis (4.95) die Entwicklung der Geschwindigkeit berechnen; die Impulsbedingungen (4.79) und (4.80) geben dazu den Zusammenhang zwischen b und u_1/u_∞. Hier wurden umgekehrt mit den Werten

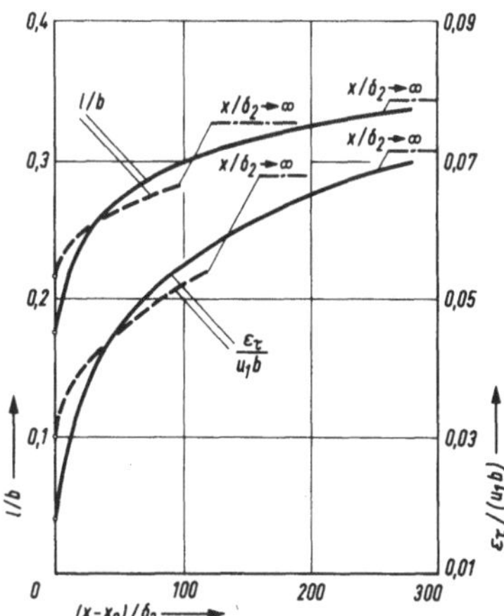

Fig. 80
Größe von Mischungsweg und Wirbelviskosität als Funktion des Abstandes $(x-x_0)/\delta_2$ bei ebenen und achsensymmetrischen Freistrahlen in Parallelströmung
— — — eben
——— achsensymmetrisch

der Tab. 4 aus Gl. (4.92) und (4.93) zunächst c_d und dann mit (4.94) und (4.95) die Werte l/b und $\varepsilon_\tau/(u_1\,b)$ ermittelt. Diese Werte, die in Fig. 80 als Funktionen von $(x-x_0)/\delta_2$ für beide Fälle dargestellt sind, ergänzen die Angaben von Tab. 5. Die Zunahme von $\varepsilon_\tau/(u_1\,b)$ und l/b mit $(x-x_0)/\delta_2$ steht in Einklang mit dem Anwachsen der relativen Schwankungsintensitäten (bezogen auf u_1); die beträchtlichen Variationen verdeutlichen aber, daß diese einfachen Ansätze die komplizierten Vorgänge in freier Turbulenz nur unvollkommen beschreiben[1]).

4.3.5. Freie Strahlgrenzen. Es soll noch kurz auf die asymmetrischen Strömungsgebiete eingegangen werden, die bei Vermischung zweier gleichgerichteter Ströme entstehen. Praktisch treten die freien Strahlgrenzen als Vorstufe zu den Freistrahlen auf,

[1]) Die unterschiedlichen Zahlenwerte nach Tab. 5 und Fig. 80 in den Grenzfällen $u_\infty=0$ und $u_1\to 0$ erklären sich damit, daß die bei der Näherungsrechnung benutzte Geschwindigkeitsverteilung nach Gl. (4.76) und die exakten Lösungen der Differentialgleichungen voneinander abweichen.

Fig. 71, und es mag beiläufig erwähnt werden, daß der von turbulenten Strahlen erzeugte Lärm zum größten Teil im Bereich der freien Strahlgrenzen entsteht[1]). Bei einem zweidimensionalen Strahl beeinflussen sich die beiden Strahlgrenzen gegenseitig erst, wenn ihre Dicke im Verhältnis zur Weite der Düsenöffnung beträchtlich angewachsen ist. Auch der Krümmungseinfluß beim runden Strahl wirkt sich auf die Entwicklung der Strahlgrenzen nicht aus, solange deren Dicken noch vergleichsweise klein zum Düsendurchmesser sind. Von allgemeinem Interesse ist daher die ideale Strahlgrenze, bei der sich die Ströme beiderseits der Trennwand unendlich erstrecken. Die Trennwand liege in der Ebene $y=0$ im Bereich $-\infty < x \leq 0$.

Impulssatz. Die Impulsintegrale in Gl. (4.36) und (4.37) haben im allgemeinen Fall keine wohl definierten Werte. Ferner ist über die Quergeschwindigkeiten $\overline{v}_a$ bzw. $\overline{v}_b$ ohne weiteres keine Entscheidung zu treffen. Wir wollen jedoch annehmen, daß die Trennwand die eine Düsenwand ist und daß irgendwo bei negativem y die andere

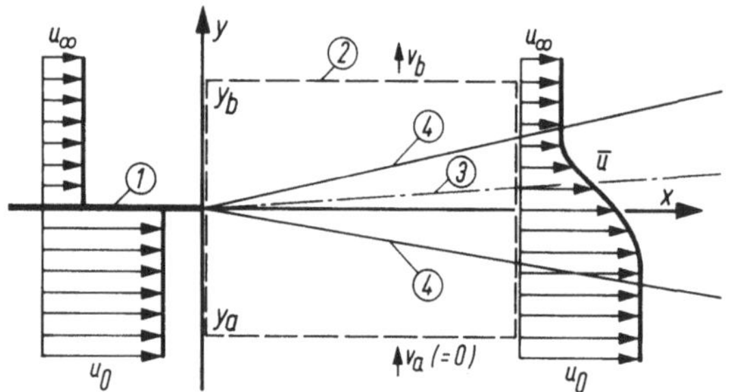

Fig. 81
Freie Strahlgrenze
① Trennwand
② Kontrollfläche
③ Ebene $\overline{u}=\dfrac{u_0+u_\infty}{2}$
④ Grenzen des Turbulenzfeldes

Düsenwand ist. Wir haben deshalb in Fig. 81 die ungestörte Strömungsgeschwindigkeit bei negativem y als u_0 (Geschwindigkeit am Düsenaustritt) und die bei positivem y mit u_∞ (Geschwindigkeit der Umgebung) bezeichnet. Jetzt muß $\overline{v}_a=0$ sein, und $\overline{v}_b$ errechnet sich aus der Kontinuitätsbedingung, Gl. (4.38), zu

$$\overline{v}_b = -\frac{\partial}{\partial x}\int_{-\infty}^{y_b} \overline{u}\,\mathrm{d}y\,. \tag{4.96}$$

Für die in Fig. 81 eingezeichnete Kontrollfläche erhält man das Impulsgleichgewicht, indem man Gl. (4.36) über x, beginnend bei $x=0$, integriert:

$$\int_{y_a}^{y_b} \overline{u}(\overline{u}-u_\infty)\,\mathrm{d}y + u_0(u_0-u_\infty)\,y_a = -\int_{y_a}^{y_b} (\overline{u'^2}-\overline{v'^2})\,\mathrm{d}y\,. \tag{4.97}$$

Diese Gleichung wird benötigt, um z.B. die Neigung der Geraden zu bestimmen, auf der $\overline{u}=(u_0+u_\infty)/2$ ist.

[1]) Vgl. hierzu 5.2.

Ähnlichkeitsbetrachtung. Die statistischen Quantitäten der Strömung sind durch die Größen der beiden Geschwindigkeiten u_0 und u_∞, die kinematische Zähigkeit ν und die Koordinaten x, y vollständig bestimmt. Für große Reynolds-Zahlen $(u_0-u_\infty)x/\nu$ hat ν keinen unmittelbaren Einfluß auf die turbulente Strömung (die Feinstruktur ausgenommen); das Feld der gemittelten Geschwindigkeit läßt sich für positive x daher durch folgendes Ähnlichkeitsgesetz beschreiben:

$$\bar{u}=u_\infty+(u_0-u_\infty)F(y/x). \tag{4.98}$$

Für die dimensionslose Funktion $F(y/x)$, die außer von y/x noch vom Geschwindigkeitsverhältnis u_∞/u_0 abhängen mag, gilt

$$\lim y/x\to\ \infty: F(y/x)=0,$$

$$\lim y/x\to -\infty: F(y/x)=1.$$

Die Richtigkeit des Gesetzes (4.98) kann man an Hand von Gl. (4.52) nachprüfen, wenn man mit den dortigen Ansätzen Gl. (4.51) $b\sim x$ und $u_1=u_0-u_\infty=\text{const}$ einführt.

Im Idealfall wird die Strömung über eine gewisse Strecke laminar sein. Andererseits bilden sich bei der experimentellen Verwirklichung an der Düsenwand Grenzschichten aus, so daß die Vermischung bei $x=0$ bereits mit endlicher Dicke beginnt. Daher wird man, wie bei Strahlen, einen virtuellen Anfang der Strahlgrenze bei $x=x_0$ definieren, der nicht genau mit der Kante der Trennwand zusammenfällt.

Geschwindigkeitsverteilung. Nach Versuchsergebnissen läßt sich die Funktion $F(y/(x-x_0))$ gut durch die Fehlerfunktion annähern,

$$F(\eta)=\frac{1}{\sqrt{\pi}}\int\limits_{\sigma(\eta-\eta_{0,5})}^{\infty} e^{-\zeta^2}\,d\zeta; \tag{4.99}$$

dabei sind $\eta=y/(x-x_0)$, σ eine durch Versuche zu bestimmende Konstante und $\eta_{0,5}=y_{0,5}/(x-x_0)$ der Wert von η, bei dem $F=1/2$ (Ebene ③ in Fig. 81). Tatsächlich ist (4.99) die erste Näherung zur Lösung der Bewegungsgleichung, wenn man für τ den Austauschansatz (3.106) mit einem von y unabhängigen ε_τ einsetzt.

Mit (4.98) erhält man die Impulsgleichung (4.97) in der Form

$$\lim_{\eta\to-\infty}\left\{(u_0-u_\infty)\int\limits_{\eta}^{\infty}[u_\infty+(u_0-u_\infty)F]F\,d\eta'+u_0(u_0-u_\infty)\eta\right\}=0, \tag{4.100}$$

wobei das Glied auf der rechten Seite von (4.97) vernachlässigt wurde. Mit (4.99) folgt hieraus[1])

$$\sigma\eta_{0,5}=0{,}399(1-u_\infty/u_0). \tag{4.101}$$

---

[1]) Aus Gl. (4.99) ergibt sich $\lim\limits_{\eta_a\to-\infty}\int\limits_{\eta_a}^{\infty}F\,d\eta=\eta_{0,5}-\eta_a$

$$\lim_{\eta_a\to-\infty}\int\limits_{\eta_a}^{\infty}F^2\,d\eta=-\frac{0{,}399}{\sigma}+\eta_{0,5}-\eta_a$$

Als ein Maß für die Breite b der Vermischungszone hat H. Reichardt[1]) die Strecke eingeführt, in deren Endpunkten F^2 die Werte 0,1 und 0,9 annimmt ($\zeta = -0{,}338$ und $\zeta = 1{,}154$ nach Gl. (4.99)). Nach den Messungen ergab sich im Spezialfall $u_\infty = 0$ $\mathrm{d}b/\mathrm{d}x = 0{,}098$. Diesen Zahlen entspricht ein Wert der Konstanten $\sigma = 15{,}2$[2]). Die zugehörigen Werte der Wirbelviskosität und des Mischungswegs (nach Rechnungen von Tollmien) sind in Tab. 5 enthalten.

4.4. Grenzschichten

Turbulente Grenzschichten sind einerseits von einer festen Wand und andererseits von einem Gebiete nichtturbulenter Strömung begrenzt. Sie vereinen in sich daher Eigenschaften, die teils den turbulenten Strömungen durch Leitungen und teils den freien Scherströmungen entsprechen.

Von allen turbulenten Strömungen haben die Grenzschichten wohl die meisten Bearbeiter gefunden. Der Grund liegt in ihrem häufigen Vorkommen sowohl bei Umströmungsproblemen (z.B. bei Flugzeugen und Schiffen) als auch bei Aufgaben des Durchströmens von Apparaturen (z.B. Strömungsmaschinen) und der dadurch erwachsenden Notwendigkeit, Voraussagen über die Auswirkung der verschiedenen Einflüsse auf wichtige Strömungsgrößen zu machen. Tatsächlich ist die Zahl der Probleme, die durch die verschiedenen Druckverteilungen und Oberflächenbeschaffenheiten, infolge Hinzufügens oder Absaugens von Strömungsmasse durch die Oberfläche, infolge von Wärmeübertragung und hohen Machzahlen der Außenströmung sowie durch viele andere Einflußgrößen aufgeworfen werden, kaum zu übersehen. Im Rahmen dieses Buches können nur die einfachsten Fälle behandelt werden, nämlich Grenzschichten bei im Mittel zweidimensionaler Strömung an undurchlässigen ebenen Wänden; die Stoffgrößen sind wie bisher konstant.

Der von der Strömung außerhalb der Grenzschicht aufgeprägte Druckverlauf und die Verteilung der Oberflächenrauhigkeit sind unter diesen Einschränkungen die beiden veränderlichen Randbedingungen, die die Entwicklung der Grenzschicht bestimmen. Die Willkür, mit der diese Bedingungen entlang der Wand in Hauptströmungsrichtung variiert werden können, ermöglicht bereits eine ungeheure Vielfalt von Grenzschichten.

4.4.1. Grenzschichtgleichungen. Für die Theorie der Grenzschichten bei zweidimensionalen Strömungen längs fester Wände, die nicht notwendigerweise eben zu sein brauchen, und an Rotationskörpern bei axialer Anströmung legt man gewöhnlich ein rechtwinkliges Koordinatensystem zugrunde, Fig. 82. Es sei x die Bogenlänge längs der Körperkontur in Strömungsrichtung bzw. längs eines Meridianschnitts, gemessen vom Staupunkt aus, und y die Koordinate senkrecht zur Oberfläche. Die Kontur des Rotationskörpers sei durch $r(x)$ gegeben, wobei der Radius $r(x)$ senkrecht zur Achse des Körpers gemessen wird. Setzt man die Grenzschichtdicke als klein gegen

[1]) Siehe Fußnote 1, S. 212.

[2]) Die genauere Lösung mit $\varepsilon_\tau \sim b(u_0 - u_\infty)$ ergibt nach H. Görtler etwas abweichende Zahlenwerte, vgl. Fußnote 3, S. 217.

den Betrag des Krümmungsradius der Oberfläche in der x, y-Ebene ($\delta \ll (|\mathrm{d}^2 r/\mathrm{d}x^2|)^{-1}$ $[1+(\mathrm{d}r/\mathrm{d}x)^2]^{\frac{3}{2}}$ und außerdem $\delta \ll r\sqrt{1+(\mathrm{d}r/\mathrm{d}x)^2}$) voraus, so unterscheidet sich die Strömung am Rotationskörper von der des ebenen Falls nur durch Divergenz bzw. Konvergenz der Stromlinien. Die Grenzschicht entspricht örtlich einer fächerförmigen

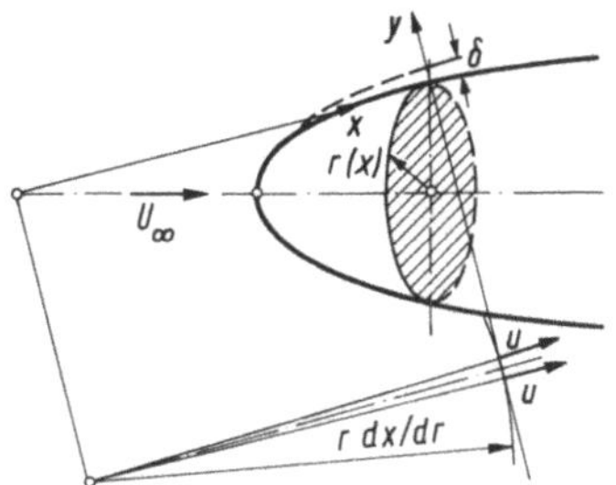

Fig. 82
Koordinatensystem für Grenzschichten an Rotationskörpern

Strömungsschicht, deren Zentrum im Schnittpunkt der Tangente der Oberfläche mit der Körperachse liegt. Daher sind hauptsächlich die Kontinuitätsgleichungen für den ebenen und achsensymmetrischen Fall verschieden,

Ebene Strömung $$\frac{\partial \overline{u}}{\partial x} + \frac{\partial \overline{v}}{\partial y} = 0, \tag{4.102}$$

Rotationskörper $$\frac{\partial r \overline{u}}{\partial x} + r\frac{\partial \overline{v}}{\partial y} = 0\,^{1)}. \tag{4.103}$$

Die Bewegungsgleichung der im Mittel stationären Strömungen an Rotationskörpern,

$$\overline{u}\frac{\partial \overline{u}}{\partial x} + \overline{v}\frac{\partial \overline{u}}{\partial y} = -\frac{1}{\varrho}\frac{\mathrm{d}\overline{p}_\infty}{\mathrm{d}x} - \frac{\partial \overline{u'v'}}{\partial y} + \nu\frac{\partial^2 \overline{u}}{\partial y^2} - \frac{\partial(\overline{u'^2}-\overline{v'^2})}{\partial x} - \overline{u'^2}\,\frac{1}{r}\frac{\mathrm{d}r}{\mathrm{d}x}, \tag{4.104}$$

weicht von Gl. (3.11) für die ebenen Strömungen nur in den unbedeutenden Normalspannungsgliedern ab. Die zugehörigen Formen der Gleichungen für die Reynolds-Spannungen und kinetische Energie der Schwankungen werden hier nicht wiedergegeben.

Die Geschwindigkeit außerhalb der Grenzschicht, $u_\infty(x)$, wird als vorgegeben betrachtet (Potentialströmung); damit ist über die Bernoullische Gleichung (3.14) auch $\mathrm{d}\overline{p}_\infty/\mathrm{d}x$ bekannt. Es sind folgende Randbedingungen zu erfüllen:

$$y=0:\ \overline{u}=\overline{v}=0; \qquad \lim y\to\infty:\ \overline{u}=u_\infty(x).$$

Impulsgleichung. Für die näherungsweise Berechnung der Grenzschichten ist die v. Kármánsche Impulsgleichung sehr wichtig; sie ist das Integral von Gl. (4.104).

[1]) $\overline{v}/r \ll \partial\overline{v}/\partial y$.

Der übersichtlicheren Schreibweise wegen führt man folgende Bezeichnungen ein:

Verdrängungsdicke $$\delta_1 = \int_0^\infty \left(1 - \frac{\overline{u}}{u_\infty}\right) \mathrm{d}y, \tag{4.105}$$

Impulsverlustdicke $$\delta_2 = \int_0^\infty \frac{\overline{u}}{u_\infty}\left(1 - \frac{\overline{u}}{u_\infty}\right) \mathrm{d}y, \tag{4.106}$$

Formparameter $$H_{12} = \delta_1/\delta_2. \tag{4:107}$$

Nachdem man $\overline{v}$ mit Hilfe der Kontinuitätsgleichung eliminiert und $\mathrm{d}\overline{p}_\infty/\mathrm{d}x$ mit Gl. (3.14) substituiert hat, erhält man als Impulsgleichung für die Grenzschichten am Rotationskörper

$$\frac{\mathrm{d}\delta_2}{\mathrm{d}x} + (2+H_{12})\frac{\delta_2}{u_\infty}\frac{\mathrm{d}u_\infty}{\mathrm{d}x} + \frac{\delta_2}{r}\frac{\mathrm{d}r}{\mathrm{d}x}$$

$$= \frac{\tau_\mathrm{w}}{\varrho u_\infty^2} + \frac{1}{u_\infty^2}\frac{\mathrm{d}}{\mathrm{d}x}\int_0^\infty (\overline{u'^2} - \overline{v'^2})\,\mathrm{d}y + \frac{1}{r}\frac{\mathrm{d}r}{\mathrm{d}x}\int_0^\infty \frac{\overline{u'^2}}{u_\infty^2}\,\mathrm{d}y. \tag{4.108}$$

Bei der Impulsgleichung für ebene Strömungen entfallen die Glieder mit $\mathrm{d}r/\mathrm{d}x$. Die letzten beiden Glieder werden gewöhnlich vernachlässigt.

4.4.2. Grenzschicht an einer flachen Platte

Ähnlichkeitsbetrachtungen. Um das Wesentliche herauszustellen, ist es notwendig, die Betrachtungen zunächst auf charakteristische Fälle zu beschränken. Der einfachste Fall ist die Grenzschicht an einer flachen Platte. Hierbei ist die Geschwindigkeit außerhalb der Grenzschicht $u_\infty = \mathrm{const}$, d. h. der Mittelwert des statischen Wanddrucks ist $\overline{p}_\mathrm{w} = \mathrm{const}$, Fig. 83.

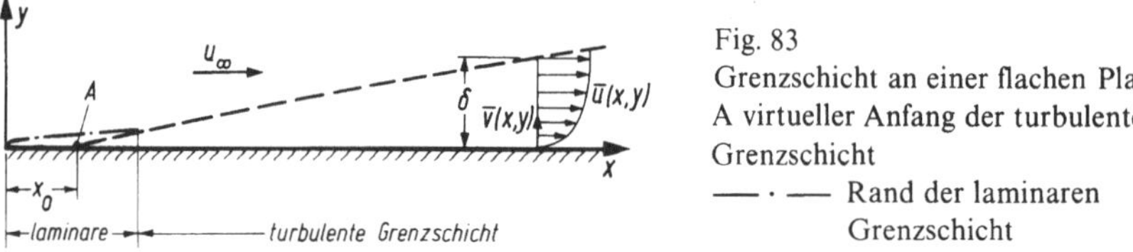

Fig. 83
Grenzschicht an einer flachen Platte
A virtueller Anfang der turbulenten Grenzschicht
— · — Rand der laminaren Grenzschicht

Es sei daran erinnert, daß sich die partielle Differentialgleichung der laminaren Grenzschicht an einer flachen Platte durch die dimensionslose Koordinate $\eta = y\sqrt{u_\infty/(\nu x)}$ auf eine gewöhnliche Differentialgleichung reduziert. Deshalb haben die Geschwindigkeitsprofile für alle Abstände x von der Plattenvorderkante eine ähnliche Form. Eine

Ähnlichkeit dieser einfachen Art besteht für die turbulente Grenzschicht nicht. Vielmehr liegt, wie bei den Geschwindigkeitsverteilungen der Rohrströmung, eine Abhängigkeit von der Reynolds-Zahl vor (Fig. 62).

Im allgemeinen beginnt die turbulente Grenzschicht nicht an der Plattenvorderkante, sondern erst nach einer „laminaren Anlaufstrecke", deren Länge verschiedenen Einflußgrößen unterworfen ist. Um diesen Einflüssen bequem Rechnung tragen zu können, ist es üblich, eine idealisierte turbulente Grenzschicht zu betrachten, die von einem virtuellen Anfangspunkt bei $x=x_0$ ausgeht. Selbst wenn die Grenzschicht in grober Weise (z.B. durch Einzelkörper) gestört wird, kann das Strömungsfeld hinreichend weit stromabwärts durch die Gesetze der ideellen Grenzschicht beschrieben werden, wenn der virtuelle Ursprung passend gewählt wird.

Die statistischen Feldgrößen der Grenzschicht an der glatten Oberfläche hängen also von $u_\infty, \nu, x-x_0, y$ ab; daraus ergibt sich für die gemittelte Geschwindigkeitsverteilung die Form

$$\bar{u}=u_\infty G(y u_\infty/\nu, (x-x_0)u_\infty/\nu), \tag{4.109}$$

wobei G eine dimensionslose Funktion ist. Dieses Gesetz enthält den funktionalen Zusammenhang zwischen der Grenzschichtdicke δ (dem Abstand y, bei dem $\bar{u}=u_\infty$ erreicht wird) und der Lauflänge $x-x_0$. Mit den Bezeichnungen $Re_x=(x-x_0)u_\infty/\nu$ und $Re_\delta=u_\infty\delta/\nu$ gilt also

$$Re_\delta=\Phi(Re_x), \tag{4.110}$$

wobei Φ wieder eine dimensionslose Funktion ist. Da die Wandschubspannung durch das Stokessche Gesetz

$$\tau_w=\mu\frac{\partial\bar{u}}{\partial y} \tag{4.111}$$

bestimmt wird, enthält (4.109) ferner das Reibungsgesetz in der Form

$$\tau_w=\varrho u_\infty^2\left[\frac{\partial G}{\partial(y u_\infty/\nu)}\right]_{y=0}=\varrho u_\infty^2\Psi(Re_x). \tag{4.112}$$

Mit diesen Zusammenhängen und der Schubspannungsgeschwindigkeit $u_\tau=\sqrt{\tau_w/\varrho}$ läßt sich (4.109) ohne Einschränkung der Gültigkeit auch durch die Ausdrücke

$$\bar{u}=u_\tau\varphi(y/\delta, u_\tau\delta/\nu). \tag{4.113}$$

$$\bar{u}=u_\tau f\left(\frac{y u_\tau}{\nu}, y/\delta\right) \tag{4.114}$$

wiedergeben, die formal Gl. (4.9) und (4.10) der Rohrströmung entsprechen. Ferner kann man analog zu (4.12) die Form

$$u_\infty-\bar{u}=u_\tau[\varphi(\infty, u_\tau\delta/\nu)-\varphi(y/\delta, u_\tau\delta/\nu)]=u_\tau F(y/\delta, u_\tau\delta/\nu) \tag{4.115}$$

bilden. Diese Beziehungen legen die gleiche Argumentation wie bei der Rohrströmung nahe; d. h. für große $u_\tau\delta/\nu$ und $y \ll \delta$ reduziert sich (4.114) auf das universelle Wandgesetz, Gl. (3.63); das Wandgesetz ist für die Gestalt der Geschwindigkeitsprofile dominierend, so daß diese qualitativ denen der Rohrströmung entsprechen. Da sich der unmittelbare Einfluß der kinematischen Zähigkeit auf das Gebiet der viskosen Unterschicht beschränkt[1]), sollte man erwarten, daß F von (4.115) für $y > \delta_w$ nur eine Funktion von y/δ ist. Dieser Schluß ist jedoch nicht korrekt. Den Unterschied zwischen der Grenzschichtströmung und der Rohrströmung erklärt man sich am einfachsten durch Betrachtung der Schubspannungsverteilung. Diese ist nämlich bei der Grenzschicht von der Geschwindigkeitsverteilung abhängig – im Gegensatz zur Rohrströmung (vgl. Gl. (4.2)) –. Da sich die Geschwindigkeitsverteilung nach (4.109) und (4.113) mit der Reynolds-Zahl bzw. Lauflänge ändert, ist auch die Schubspannungsverteilung nicht konstant. Das hat wiederum Rückwirkungen auf andere statistische Strömungsgrößen und letzten Endes auf die gemittelte Geschwindigkeitsverteilung. Eine weitere Vereinfachung von (4.115) ist daher nicht möglich. Lediglich kann man u_τ/ν mit Hilfe von (4.110) und (4.112) durch u_τ/u_∞ substituieren und bekommt damit für das Außengesetz ($y \gg \delta_w$)

$$u_\infty - \bar{u} = u_\tau F\left(\frac{y}{\delta}, \frac{u_\tau}{u_\infty}\right). \tag{4.116}$$

Die Gültigkeit dieser Gesetze reicht bis in den Gültigkeitsbereich des logarithmischen universellen Geschwindigkeitsgesetzes (Gl. (3.68)) und hat daher die Asymptote

$$\lim_{y\to 0} F\left(\frac{y}{\delta}, \frac{u_\tau}{u_\infty}\right) = -\frac{1}{\varkappa}\ln\frac{y}{\delta} + K', \tag{4.117}$$

wobei K' eine Funktion von u_τ/u_∞ ist. Aus der Forderung, daß die Geschwindigkeit $\bar{u}$ im Überschneidungsbereich der beiden Ähnlichkeitsgesetze nach den Formeln Gl. (3.68) und (4.117) den gleichen Wert annimmt, ergibt sich die Bestimmungsgleichung für u_τ/u_∞ (analog zu (4.16)) zu

$$\frac{u_\infty}{u_\tau} = \frac{1}{\varkappa}\ln\left(\frac{u_\tau\delta}{\nu}\right) + K' + C. \tag{4.118}$$

Mathematische Begründung. Es ist jetzt noch die Verträglichkeit der vorstehenden Überlegungen mit den Gleichungen für die gemittelte Geschwindigkeit zu prüfen. Die Beschränkung auf hydraulisch glatte Oberflächen soll hierbei fallen. Der Einfachheit halber schreiben wir

$$\eta = \frac{y}{\delta}, \qquad \omega = \frac{u_\tau}{u_\infty}. \tag{4.119}$$

Neben dem Ansatz (4.116) führen wir noch

$$\overline{u'^2} = u_\tau^2 g_1(\eta, \omega), \qquad \overline{v'^2} = u_\tau^2 g_2(\eta, \omega), \qquad -\overline{u'v'} = u_\tau^2 g_{12}(\eta, \omega) \tag{4.120}$$

[1]) Hier seien unter dem Begriff „viskoser Unterschicht" die Bereiche 1 und 2 von 3.2.2 zusammengefaßt ($0 < y^* < 60$).

ein. Die dimensionslosen Strömungsgrößen sind Funktionen der beiden Variablen η und ω. Obgleich bei gegebener Oberflächenbeschaffenheit die Variation von ω mit x durch die Grenzschichtentwicklung bestimmt wird, läßt sich der Verlauf von ω doch durch entsprechende Wahl der Rauhigkeitsverteilungen in Grenzen willkürlich beeinflussen. Bei den folgenden Herleitungen werden die Ableitungen der dimensionslosen Funktionen nach ω als vernachlässigbar angesehen.

Für die Komponente $\bar{v}$ der gemittelten Geschwindigkeit ergibt sich aus der Kontinuitätsgleichung (3.2) mit der Randbedingung $\bar{v}=0$ für $\eta=0$

$$\bar{v}=\left(u_\tau \frac{\mathrm{d}\delta}{\mathrm{d}x}+\delta \frac{\mathrm{d}u_\tau}{\mathrm{d}x}\right)\int_0^\eta F(\eta_1)\,\mathrm{d}\eta_1-u_\tau \frac{\mathrm{d}\delta}{\mathrm{d}x}\eta F(\eta)\,. \tag{4.121}$$

Durch Einsetzen dieser Beziehung sowie (4.116) und (4.120) in die Bewegungsgleichung (3.11) erhält man mit $\mathrm{d}\bar{p}_\infty/\mathrm{d}x=0$

$$\omega\left\{\eta-\omega\int_0^\eta F\,\mathrm{d}\eta_1\right\}F'\frac{\mathrm{d}\delta}{\mathrm{d}x}-\left[F-\omega\left\{F^2-F'\int_0^\eta F\,\mathrm{d}\eta_1\right\}\right]\delta\frac{\mathrm{d}\omega}{\mathrm{d}x}$$
$$=\omega^2 g_{12}'-2\omega(g_1-g_2)\frac{\mathrm{d}\omega}{\mathrm{d}x}+\omega^2\eta(g_1'-g_2')\frac{\mathrm{d}\delta}{\mathrm{d}x}, \tag{4.122}$$

wobei Ableitungen nach η durch Striche gekennzeichnet sind. Die Größe von ω ergibt sich aus (4.118) und die Impulsgleichung (4.108) liefert noch eine Beziehung für den Zusammenhang zwischen $\mathrm{d}\delta/\mathrm{d}x$ und ω; sie schreibt man mit (4.116) und (4.120)

$$\left(\delta\frac{\mathrm{d}\omega}{\mathrm{d}x}+\omega\frac{\mathrm{d}\delta}{\mathrm{d}x}\right)\int_0^1 F(1-\omega F)\,\mathrm{d}\eta-\delta\frac{\mathrm{d}\omega}{\mathrm{d}x}\omega\int_0^1 F^2\,\mathrm{d}\eta$$
$$=\omega^2+\left(2\delta\omega\frac{\mathrm{d}\omega}{\mathrm{d}x}+\omega^2\frac{\mathrm{d}\delta}{\mathrm{d}x}\right)\int_0^1(g_1-g_2)\,\mathrm{d}\eta\,. \tag{4.123}$$

Man erkennt, daß Gl. (4.122) nur dann von x unabhängig ist, wenn $\omega=\mathrm{const}$; in diesem Fall ist nämlich nach (4.123) auch $\mathrm{d}\delta/\mathrm{d}x=\mathrm{const}$. Die Forderung ist bei glatter Oberfläche allerdings nicht mit Gl. (4.118) vereinbar. Läßt man aber eine rauhe Oberfläche zu, bei der C eine Funktion von k^* ist, so kann die Bedingung $\omega=\mathrm{const}$ von einer Rauhigkeitsverteilung $k_r/\delta=\mathrm{const}$ erfüllt werden. Mit Gl. (3.81) für ausgebildete Rauhigkeitsströmung folgt dann aus (4.118)

$$\frac{1}{\omega}=\frac{1}{\varkappa}\ln\frac{\delta}{k_r}+K'+C_{r\infty}\,. \tag{4.124}$$

Wegen $\mathrm{d}\delta/\mathrm{d}x = \mathrm{const}$ führen die Betrachtungen also zu der

Schlußfolgerung. *Für die turbulente Grenzschicht an einer ebenen Platte ist die strikte Ähnlichkeit der Geschwindigkeitsprofile mit den Strömungsgleichungen nur verträglich, wenn die Oberfläche mit Rauhigkeiten bedeckt ist, deren representative Korngröße k_r dem Abstand vom virtuellen Ursprung, $x - x_0$, proportional ist.*

Allerdings ist auch für die Grenzschicht an der hydraulisch glatten Platte die Ähnlichkeit für das Außengesetz mit guter Näherung erfüllt, da ω sich nur langsam mit $x - x_0$ ändert und in den Strömungsgleichungen nur geringen Einfluß hat.

4.4.3. Reibungswiderstand der flachen Platte. Da die Grenzschichtdicke δ keine scharf definierte Größe ist[1]), benutzt man zweckmäßig $\delta_1 u_\infty/u_\tau$ als Bezugslänge[2]). Mit $y u_\tau/(\delta_1 u_\infty)$ ist gemäß der Definition der Verdrängungsdicke δ_1 (Gl. (4.105)) die Abszisse so festgelegt, daß die Fläche unter der Kurve F den Wert 1 hat,

$$\int_0^\infty \frac{u_\infty - \bar{u}}{u_\tau} \, \mathrm{d}\left(\frac{y u_\tau}{\delta_1 u_\infty}\right) = 1 \,. \tag{4.125}$$

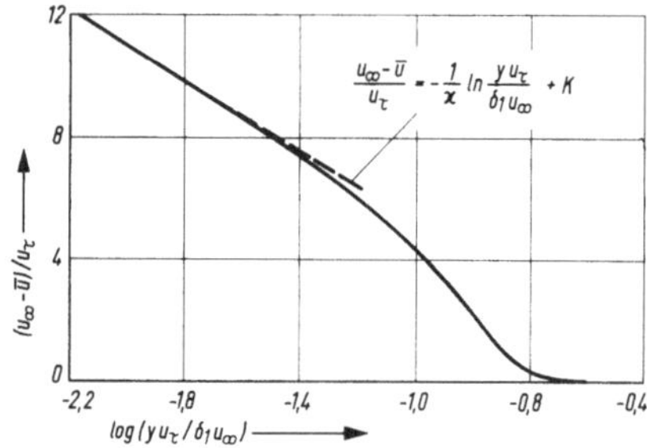

Fig. 84
Das Außengesetz der turbulenten Grenzschicht an der Platte

Fig. 84 zeigt in halblogarithmischer Darstellung das Außengesetz nach Versuchen. Ein systematischer Einfluß des Parameters u_τ/u_∞ auf diese Funktion ist nicht erkennbar. Das asymptotische Gesetz (4.117) wird jetzt in der Form

$$F(y u_\tau/(\delta_1 u_\infty)) = -\frac{1}{\varkappa} \ln \frac{y u_\tau}{\delta_1 u_\infty} + K \tag{4.126}$$

geschrieben und Gl. (4.118) nimmt für Grenzschichten an Platten beliebiger Rauhigkeit die Gestalt

$$\frac{u_\infty}{u_\tau} = \frac{1}{\varkappa} \ln \frac{u_\infty \delta_1}{\nu} + K + C(k^*) \tag{4.127}$$

---

[1]) Bei Versuchen definiert man δ meistens als den Abstand y von der Oberfläche, bei dem $\bar{u} = 0{,}995\, u_\infty$ ist.

[2]) Vgl. Rotta, J.: Beitrag zur Berechnung der turbulenten Grenzschichten. Ing.-Arch. **19** (1951) 31–41.

an, wobei $k^* = k_r u_\tau/\nu$ nach Gl. (3.78) ist. Nach Einsetzen der aus Versuchen an glatten Platten ermittelten Zahlenwerte $(K = -1{,}5)$ ergibt sich

$$\frac{u_\infty}{u_\tau} = 5{,}75 \log \frac{u_\infty \delta_1}{\nu} + 3{,}7\,. \tag{4.128}$$

Definiert man noch die Größe

$$I = \int_0^\infty F^2 \,\mathrm{d}\left(\frac{y u_\tau}{\delta_1 u_\infty}\right), \tag{4.129}$$

so findet man als Beziehung zwischen der Impulsverlustdicke δ_2 nach (4.106) und der Verdrängungsdicke

$$\delta_2 = \delta_1 \left(1 - \frac{u_\tau}{u_\infty} I\right). \tag{4.130}$$

Nach Einführen dieser Formeln läßt sich die v. Kármánsche Impulsgleichung (4.108), die sich für die flache Platte mit $u_\infty = \mathrm{const}$ auf

$$\frac{\mathrm{d}\delta_2}{\mathrm{d}x} = \left(\frac{u_\tau}{u_\infty}\right)^2 + \frac{\mathrm{d}}{\mathrm{d}x} \int_0^\infty \frac{\overline{u'^2} - \overline{v'^2}}{u_\infty^2} \,\mathrm{d}y \tag{4.131}$$

vereinfacht, nach Fortlassen des zweiten Gliedes auf der rechten Seite integrieren und der Reibungswiderstand von längsangeströmten Platten sowie das Anwachsen der Grenzschichtdicke somit berechnen. Da K und I praktisch konstante Werte haben $(I \approx 6{,}2)$, kann u_τ/u_∞ als Funktion von u_∞, ν, δ_2 und des Rauhigkeitsparameters k_r ausgedrückt werden. Wenn k_r nicht von x abhängt, also konstant oder gleich Null ist, ergibt die Integration

$$x - x_0 = \int_{\delta_2 = 0} \frac{\mathrm{d}\delta_2}{(u_\tau/u_\infty)^2}\,. \tag{4.132}$$

u_τ/u_∞ läßt sich nicht explizit als Funktion von δ_2 ausdrücken, jedoch kann man umgekehrt δ_2 als Funktion von u_τ/u_∞ angeben:

$$\delta_2 = \frac{\nu}{u_\infty} \exp\{-\varkappa[C(k^*) + K]\} \exp\left(\varkappa \frac{u_\infty}{u_\tau}\right)\left(1 - \frac{u_\tau}{u_\infty} I\right). \tag{4.133}$$

Man führt nun $\zeta = u_\infty/u_\tau$ ein und kann damit (4.132) partiell integrieren,

$$x - x_0 = \int_0^{\delta_2} \zeta^2 \,\mathrm{d}\delta_2' = \zeta^2 \delta_2 - 2 \int_{\zeta_0}^{\zeta} \delta_2 \zeta' \,\mathrm{d}\zeta'\,. \tag{4.134}$$

Hierbei wurde bereits berücksichtigt, daß im virtuellen Ursprung x_0 der Grenzschicht $\delta_2 = 0$ ist; nach Gl. (4.133) gehört hierzu ein Wert $\zeta = \zeta_0$,

$$\zeta_0 = I\,. \tag{4.135}$$

Die Ausführung der Quadratur von (4.134) liefert $x-x_0$ als Funktion von ζ; mit Hilfe von (4.133) kann das zugehörige δ_2 berechnet werden.

Anmerkung. Die Verdrängungsdicke (und damit auch die Gesamtdicke δ) ist hiernach bei $x=x_0$ nicht genau Null. Mit (4.135) und (4.133) folgt aus (4.130)

$$\delta_1(x_0)=\frac{\nu}{u_\infty}\exp\{\varkappa[I-C(k^*)-K]\}. \tag{4.136}$$

Man sollte nicht übersehen, daß die Gl. (4.133) zu Grunde liegenden Vorstellungen für $\lim I u_\tau/u_\infty \to 1$ ihre Gültigkeit verlieren. Für die praktische Anwendung der hieraus abgeleiteten Reibungsgesetze ist dies jedoch belanglos.

Grenzschicht an glatter Oberfläche. In diesem Fall ist $C=\text{const}$. Die Lösung von (4.134) ist nach Wiedereinführung von u_τ/u_∞

$$x-x_0=\frac{\nu}{u_\infty}\left\{\left[\left(\frac{u_\infty}{u_\tau}\right)^2-\left(\frac{2}{\varkappa}+I\right)\frac{u_\infty}{u_\tau}+\frac{2}{\varkappa}\left(\frac{1}{\varkappa}+I\right)\right]\times \right.$$
$$\left.\times\exp\left(\varkappa\frac{u_\infty}{u_\tau}\right)-\frac{2}{\varkappa^2}\exp(\varkappa I)\right\}\exp[-\varkappa(C+K)]. \tag{4.137}$$

Die Wandschubspannung in dimensionsloser Form wird auch als örtlicher Reibungsbeiwert bezeichnet,

$$c_\mathrm{f}=\frac{2\tau_\mathrm{w}}{\varrho u_\infty^2}=2\left(\frac{u_\tau}{u_\infty}\right)^2. \tag{4.138}$$

In Fig. 85 ist der örtliche Reibungsbeiwert und das Verhältnis Impulsverlustdicke zu Lauflänge als Funktion der Reynolds-Zahl $Re_x=(x-x_0)u_\infty/\nu$ dargestellt.

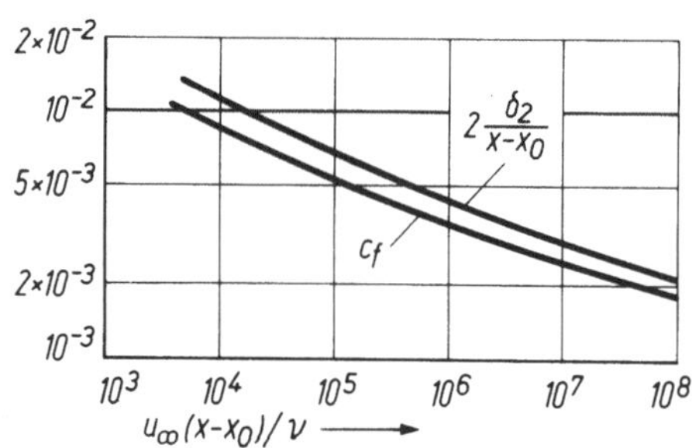

Fig. 85
Örtlicher Reibungsbeiwert c_f und Impulsverlustdicke δ_2 der turbulenten Grenzschicht an einer glatten Platte als Funktion der Reynolds-Zahl. $\varkappa=0{,}4$; $C+K=3{,}8$; $I=6{,}2$

Grenzschicht an gleichförmig rauher Oberfläche. Wenn die Oberfläche gleichförmig mit Rauhigkeiten bedeckt ist und die Voraussetzungen für ausgebildete Rauhigkeitsströmung vorliegen, so geht Gl. (4.133) für die Impulsverlustdicke mit Gl. (3.81) in

$$\delta_2=k_\mathrm{r}\frac{u_\tau}{u_\infty}\exp\{-\varkappa(C_\mathrm{r}+K)\}\exp\left(\varkappa\frac{u_\infty}{u_\tau}\right)\left(1-\frac{u_\tau}{u_\infty}I\right) \tag{4.139}$$

über und wird unabhängig von der kinematischen Zähigkeit. Gl. (4.134) hat dann die Lösung

$$x - x_0 = k_r \left[\left(\frac{u_\infty}{u_\tau} - \frac{2}{\varkappa} - I \right) \exp\left(\varkappa \frac{u_\infty}{u_\tau} \right) + \frac{2}{\varkappa} \exp(\varkappa I) + \right.$$
$$\left. + 2I \left(\int_{-\infty}^{\varkappa u_\infty / u_\tau} \frac{e^z}{z} \mathrm{d}z - \int_{-\infty}^{\varkappa I} \frac{e^z}{z} \mathrm{d}z \right) \right] \exp\{-\varkappa(C_r + K)\}. \tag{4.140}$$

Die Werte des Exponentialintegrals

$$\mathrm{Ei}(t) = \int_{-\infty}^{t} \frac{e^z}{z} \mathrm{d}z$$

findet man in Tafelwerken[1]). Unter Annahme eines Wertes von $C_r = 8{,}5$ für äquivalente Sandrauhigkeit sind in Fig. 86 der örtliche Reibungswert und die auf die Lauflänge bezogene Impulsverlustdicke als Funktion von $(x - x_0)/k_r$ aufgetragen.

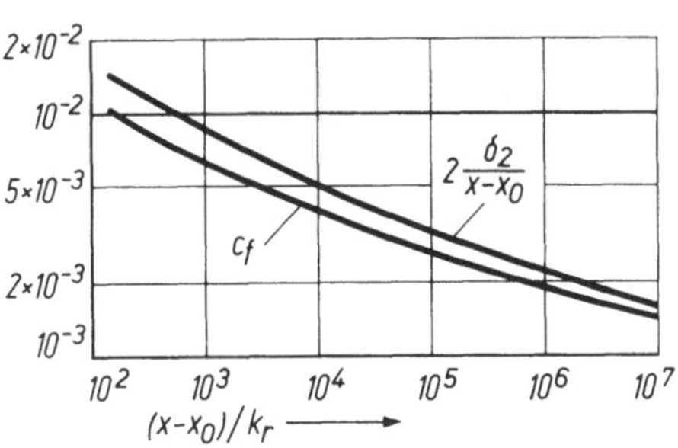

Fig. 86
Örtlicher Reibungsbeiwert c_f und Impulsverlustdicke δ_2 der turbulenten Grenzschicht an einer gleichförmig rauhen Platte als Funktion der dimensionslosen Lauflänge.
$\varkappa = 0{,}4$; $K + C_r = 7{,}1$; $I = 6{,}2$

Beiwert des Reibungswiderstandes. Der Reibungswiderstand W einer einseitig benetzten Platte der Länge l und der Breite b wird gewöhnlich unter Benutzung des Widerstandsbeiwertes c_F ausgedrückt,

$$W = b \int_0^l \tau_w(x) \mathrm{d}x = c_F b l \varrho u_\infty^2 / 2. \tag{4.141}$$

Dieser Reibungswiderstandsbeiwert kann durch Integration von (4.131) bestimmt werden zu

$$c_F = \frac{1}{l} \int_0^l c_f \mathrm{d}x = 2 \frac{\delta_2(l)}{l}, \tag{4.142}$$

wenn wieder das letzte Glied auf der rechten Seite von (4.131) vernachlässigt wird. Die Impulsverlustdicke an der Hinterkante der Platte kann mit den angegebenen Beziehungen leicht ermittelt werden, auch wenn die Grenzschicht am vorderen

[1]) Jahnke-Emde-Lösch, Tafeln höherer Funktionen. 7. Aufl. Stuttgart 1966.

Plattenteil laminar ist. Bei der Rechnung nimmt man einen plötzlichen Umschlag von laminarer in voll turbulente Strömung an der Stelle x_u an. Die Lage x_0 des virtuellen Ursprungs der turbulenten Schicht ist dann so zu wählen, daß die Impulsverlustdicken für die laminare und die turbulente Schicht bei $x = x_u$ gleiche Werte haben. Der typische Verlauf der Grenzschichtgrößen ist aus Fig. 87 zu ersehen[1]). Die

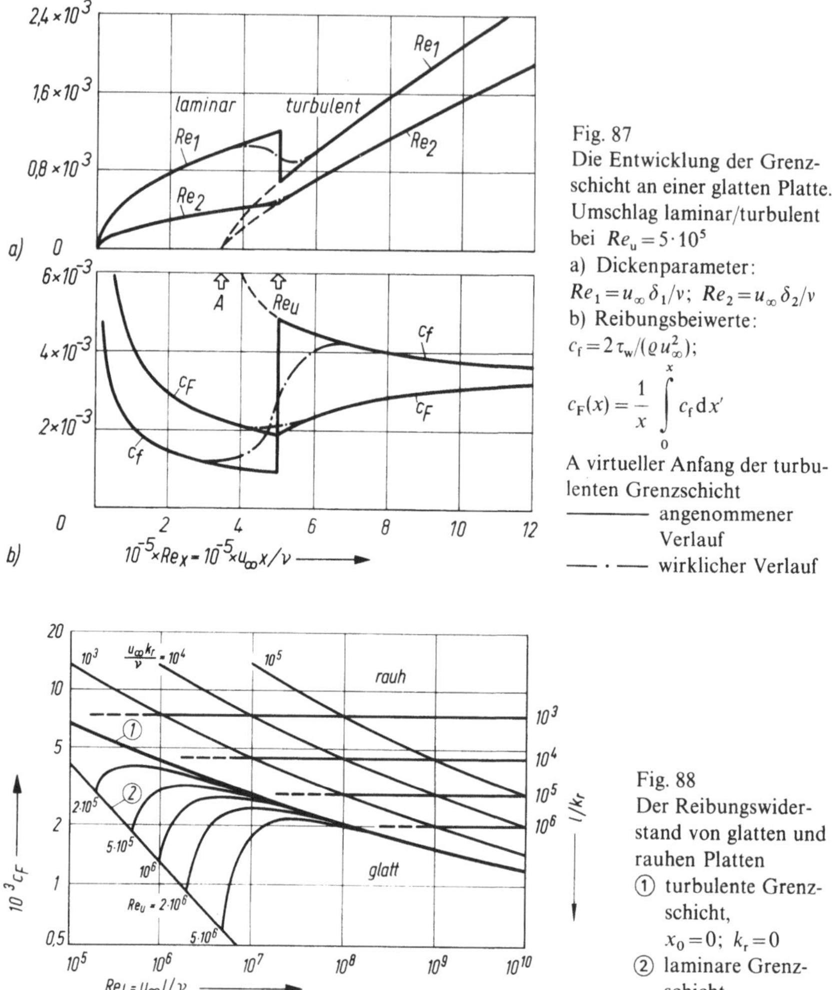

Fig. 87
Die Entwicklung der Grenzschicht an einer glatten Platte. Umschlag laminar/turbulent bei $Re_u = 5 \cdot 10^5$

a) Dickenparameter: $Re_1 = u_\infty \delta_1/\nu$; $Re_2 = u_\infty \delta_2/\nu$

b) Reibungsbeiwerte: $c_f = 2\tau_w/(\varrho u_\infty^2)$;

$$c_F(x) = \frac{1}{x}\int_0^x c_f \, dx'$$

A virtueller Anfang der turbulenten Grenzschicht

——— angenommener Verlauf

—·— wirklicher Verlauf

Fig. 88
Der Reibungswiderstand von glatten und rauhen Platten

① turbulente Grenzschicht, $x_0 = 0$; $k_r = 0$

② laminare Grenzschicht

[1]) Für die laminare Grenzschicht wurden folgende Beziehungen zu Grunde gelegt: $\delta_2 = 0{,}664\sqrt{\nu x/u_\infty}$; $\delta_1 = 1{,}72\sqrt{\nu x/u_\infty}$; $c_f = 0{,}664\sqrt{\nu/(u_\infty x)}$; $c_F = 1{,}328\sqrt{Re_x}$.

Verdrängungsdicke und der örtliche Reibungsbeiwert ändern sich an der Umschlagstelle sprunghaft; in Wirklichkeit finden die Übergänge natürlich allmählich statt, wie in Fig. 87 strichpunktiert angedeutet.

Die nach diesen Beziehungen berechneten Reibungswiderstandswerte sind in Fig. 88 für glatte und rauhe Oberflächen als Funktion der Platten-Reynolds-Zahl $Re_l = u_\infty l/\nu$ dargestellt. Für die glatten Oberflächen wurden Kurven mit verschiedenen Reynolds-Zahlen für den Umschlag, $Re_u = u_\infty x_u/\nu$, eingezeichnet. Bei rauhen Oberflächen wurde der virtuelle Ursprung an der Plattenvorderkante angenommen $(x_0 = 0)$[1]).

4.4.4. Gleichgewichtsgrenzschichten. Die Existenz solcher Grenzschichten, bei denen die Geschwindigkeitsverteilungen an verschiedenen Stellen ähnlich sind und sich nur durch Geschwindigkeits- und Längenmaßstäbe voneinander unterscheiden, ist im turbulenten Fall ebenso wenig wie bei den laminaren Schichten auf Strömungen mit konstantem Druck beschränkt. Die „ähnlichen" Lösungen der laminaren Grenzschichten wurden erstmalig von Falkner und Skan behandelt[2]). Bei den turbulenten Schichten ist die Bezeichnung „Gleichgewichtsgrenzschichten" üblicher. Tatsächlich geht es auch weniger darum, exakte mathematische Lösungen zu erstellen als vielmehr Grenzschichten mit gewissen Eigenschaften experimentell zu verwirklichen. Die hierbei gewonnenen Erkenntnisse haben sich sehr nützlich auf die Entwicklung der praktischen Berechnungsverfahren bei beliebigen Druckverläufen ausgewirkt.

Theoretische Bedingungen. Man prüft die theoretischen Bedingungen, unter denen man Gleichgewichtsgrenzschichten erwarten darf, indem man für die gemittelte Geschwindigkeit und die Reynoldssche Schubspannung Ähnlichkeitsansätze formuliert und in die Grenzschichtgleichung für die gemittelte Geschwindigkeit einsetzt. Diese Ähnlichkeitsansätze gleichen denen für die flache Platte, Gl. (4.116) und (4.120), bis auf den Unterschied, daß u_∞ eine Funktion von x ist. Abweichend von 4.4.2 soll als Länge das bei der Analyse von Versuchen zweckmäßige Maß (vgl. 4.4.3)

$$\Delta = \delta_1/\omega \tag{4.143}$$

benutzt werden; es ist also $\eta = y/\Delta = y u_\tau/(\delta_1 u_\infty)$. Die Betrachtungen beschränken sich auf den äußeren Teil, während in der Nähe der Oberfläche die Strömung den universellen Gesetzen nach 3.2 gehorchen möge. Die vorher behandelte Grenzschicht bei konstantem Druck an der flachen Platte ist lediglich ein Sonderfall einer größeren Klasse von Grenzschichtströmungen. Die strenge Ähnlichkeit unterliegt den gleichen Einschränkungen wie bei konstantem Druck; daher erscheint es auch gerechtfertigt,

---

[1]) Rechnungen ähnlicher Art sind erstmalig von L. Prandtl und H. Schlichting durchgeführt worden.
Prandtl, L.: Ergebnisse der AVA Göttingen. IV. Lfg. 1932.
Prandtl, L.; Schlichting, H.: Das Widerstandsgesetz rauher Platten. Werft, Reederei, Hafen **15** (1934) 1–4.

[2]) Vgl. Schlichting, H.: [3], 128ff.

wie in 4.4.2 Ableitungen nach der Größe ω und die weniger wichtigen Glieder $\partial(\overline{u'^2}-\overline{v'^2})/\partial x$ zu vernachlässigen. Mit diesen Voraussetzungen schreibt man die Gleichung der gemittelten Geschwindigkeit, Gl. (4.104), unter Benutzung der Kontinuitätsgleichung in der Form

$$\Pi(2F-\omega F^2)+\left(\frac{1}{\omega}\frac{\mathrm{d}\Delta}{\mathrm{d}x}-\Pi\right)\left[\eta-\omega\int_0^\eta F\,\mathrm{d}\eta_1\right]F'=g'_{12}, \tag{4.144}$$

wobei Π der dimensionslose Druckgradient

$$\Pi=\frac{\delta_1}{\tau_w}\frac{\mathrm{d}\overline{p}_\infty}{\mathrm{d}x} \tag{4.145}$$

ist. Gl. (4.144) wird nur dann von x unabhängig, wenn

$$\left.\begin{aligned}&\Pi=\text{const},\\ &\omega=\frac{u_\tau}{u_\infty}=\text{const};\end{aligned}\right\} \tag{4.146}$$

es folgt automatisch aus (4.144)

$$\frac{\mathrm{d}\Delta}{\mathrm{d}x}=\text{const}\quad\text{oder}\quad\Delta=\text{const}. \tag{4.147}$$

Der dimensionslose Druckgradient Π tritt als zusätzlicher Parameter auf, so daß F und g_{12} von den zwei Parametern Π und ω abhängen. Die Funktion F geht für kleine η asymptotisch in die Form (4.126) über und hat der Normierungsbedingung $\int_0^\infty F\,\mathrm{d}\eta=1$ zu genügen. Wegen der Forderung, daß die gemittelte Geschwindigkeitsverteilung dem universellen Wandgesetz von 3.2 genügen soll, gilt wieder Gl. (4.127); die Rauhigkeitsverteilung kann – zumindest gedanklich – als ein Mittel betrachtet werden, die Bedingung $\omega=\text{const}$ zu verwirklichen.

Die erste der Bedingungen von (4.146) wird durch Geschwindigkeitsverteilungen

$$u_\infty\sim(x-x_0)^m, \tag{4.148}$$

oder

$$u_\infty\sim\exp[\mu(x-x_0)] \tag{4.149}$$

erfüllt, wobei zur letzteren eine konstante Grenzschichtdicke, $\Delta=\text{const}$, gehört; x_0 beschreibt wieder die Lage des virtuellen Ursprungs der Schicht. Zwischen dem Exponenten m bzw. der Konstanten μ, die die Dimension $[\text{Länge}]^{-1}$ hat, und dem dimensionslosen Druckgradienten bestehen auf Grund der Bernoullischen Gleichung (3.14) die Beziehungen

$$\Pi=-m\frac{\mathrm{d}\Delta/\mathrm{d}x}{\omega}, \tag{4.150}$$

$$\Pi=-\mu\frac{\Delta}{\omega}. \tag{4.151}$$

Den Werten von m und μ sind Schranken gesetzt durch die Umstände, daß die Verdrängungsdicke nur positive Werte annehmen kann und daß negative Werte der Wandschubspannung ausgeschlossen bleiben mögen ($\omega^2 \geq 0$); der Wert $\omega = 0$ beschreibt den Grenzfall nicht abgelöster Strömungen. Die zu betrachtenden Bedingungen ergeben sich aus der Impulsgleichung (4.108), die in diesem Fall

$$\Pi(3-2\omega I) - \frac{1}{\omega}\frac{\mathrm{d}\Delta}{\mathrm{d}x}(1-\omega I) = -1 \tag{4.152}$$

lautet mit der Größe (Gl. (4.129))

$$I = \int_0^\infty F^2 \, \mathrm{d}\eta \,. \tag{4.153}$$

Tab. 6 Mögliche turbulente Gleichgewichtsgrenzschichten

<table>
<tr><th rowspan="2">Nr.</th><th rowspan="2">Druck-
verlauf
$\bar{p}_\infty(x)$</th><th rowspan="2">Äußere
Geschwindigkeit
u_∞</th><th colspan="2">Bedingungen für</th><th rowspan="2">Grenzschicht-
dicke
δ</th><th rowspan="2" colspan="2">Oberflächen-
beschaffenheit</th></tr>
<tr><th>m, μ</th><th>x</th></tr>
<tr><td>1</td><td>steigend</td><td>$\sim(x-x_0)^m$</td><td>$-\frac{1}{3} < m < 0$</td><td rowspan="3">$> x_0$</td><td rowspan="3">Zunahme
$\sim(x-x_0)$</td><td rowspan="5">ausgebildet rauh</td><td rowspan="3">$k_r \sim (x-x_0)$</td></tr>
<tr><td>2</td><td>konstant</td><td>$=\text{const}$</td><td>$m=0$</td></tr>
<tr><td>3</td><td rowspan="4">fallend</td><td>$\sim(x-x_0)^m$</td><td>$m>0$</td></tr>
<tr><td>4</td><td>$\sim(x_0-x)^m$</td><td>$m < -\dfrac{1-\omega I}{3-2\omega I+1/\Pi}$</td><td>$< x_0$</td><td>Abnahme
$\sim(x-x_0)$</td><td>$k_r \sim (x_0-x)$</td></tr>
<tr><td>5</td><td>$\sim e^{\mu(x-x_0)}$</td><td>$\mu>0$</td><td>$> x_0$</td><td>$=\text{const}$</td><td>$k_r = \text{const}$</td></tr>
<tr><td>6</td><td>$\sim(x_0-x)^{-1}$</td><td>$m=-1$</td><td>$< x_0$</td><td>Abnahme
$\sim(x_0-x)$</td><td colspan="2">hydraulisch
glatt</td></tr>
</table>

In Tab. 6 sind die wichtigsten Bedingungen für sechs mögliche Gleichgewichtsgrenzschichten zusammengestellt. Die Grenzschicht der flachen Platte mit konstantem Druck ($\Pi = 0$) ist in dieser Übersicht mit enthalten (Nr. 2). Bei Geschwindigkeitsverteilungen nach dem Potenzgesetz (4.148) mit beliebigen Werten von m verlangt die strenge Ähnlichkeit eine rauhe Oberfläche (ausgebildete Rauhigkeitsströmung), bei der die Korngröße k_r proportional $(x-x_0)$ ist. Grenzschichten mit steigendem Druck (positives $\mathrm{d}\bar{p}_\infty/\mathrm{d}x$) werden mit negativem Exponenten m verwirklicht (Nr. 1). Damit die Bedingung $\omega^2 \geq 1$ erfüllt wird, darf der Wert von m nicht kleiner als $-\frac{1}{3}$ sein. Dies folgt aus (4.152), wenn man Π nach (4.150) und $\omega = 0$ setzt. Grenzschichten mit $m < -\frac{1}{3}$ sind nur bei fallendem Druck (negatives $\mathrm{d}\bar{p}_\infty/\mathrm{d}x$) möglich (Nr. 4), wenn $x < x_0$ ist; es handelt sich um beschleunigte Strömungen, die an der Stelle $x = x_0$ enden. Die Grenzschichtdicke nimmt dabei in Strömungsrichtung ab. Unter diesen

Strömungen findet sich der Sonderfall $m=-1$ (Nr. 6), in welchem die örtliche Reynolds-Zahl $u_\infty \delta_1/\nu$ für alle x-Werte gleich bleibt. Es ist die einzige Gleichgewichtsgrenzschicht, die an einer glatten Oberfläche exakt verwirklicht werden kann; sie tritt bei der Strömung durch einen konvergenten Kanal auf. Schließlich entstehen mit den Geschwindigkeitsverteilungen nach (4.149), bei denen u_∞ mit $x-x_0$ exponentiell wächst, Grenzschichten mit konstanter Dicke δ_1, wenn die Oberfläche gleichförmig rauh ist (Nr. 5); μ muß dabei stets positiv sein.

Experimentelle Verwirklichung. Gleichgewichtsgrenzschichten mit Druckanstieg wurden erstmals von F. H. Clauser[1]) experimentell verwirklicht. Weitere Untersuchungen sind von P. Bradshaw[2]) und H. Herring und J. Norbury[3]) veröffentlicht worden. Wie bei der Grenzschicht konstanten Drucks hat der Parameter $\omega=u_\tau/u_\infty$ auch bei allgemeinen Gleichgewichtsgrenzschichten nur geringen Einfluß auf die Geschwindigkeitsverteilungen und ändert sich nur schwach mit der örtlichen Reynolds-Zahl. Daher sind die Grenzschichten Nr. 1 bis 5 in Tab. 6 auch näherungsweise mit den Bedingungen glatter Oberflächen verträglich. Hiernach ist ein fast eindeutiger Zusammenhang zwischen dem dimensionslosen Druckgradienten und dem Formparameter I zu erwarten. J. F. Nash[4]) hat dafür auf Grund der vorliegenden Versuchsergebnisse die empirische Beziehung

$$I = 6{,}1\sqrt{\Pi + 1{,}81} - 1{,}7 \tag{4.154}$$

angegeben. Jedoch besteht bei der Verwirklichung der Gleichgewichtsgrenzschichten eine gewisse Willkür. Die eine Möglichkeit ist, die Druckverteilung so zu variieren, daß der Formparameter I in Strömungsrichtung konstant bleibt; bei der anderen Möglichkeit kann man den Druckgradienten Π konstant halten. Die Unterschiede bleiben offensichtlich innerhalb der experimentellen Genauigkeitsschranken.

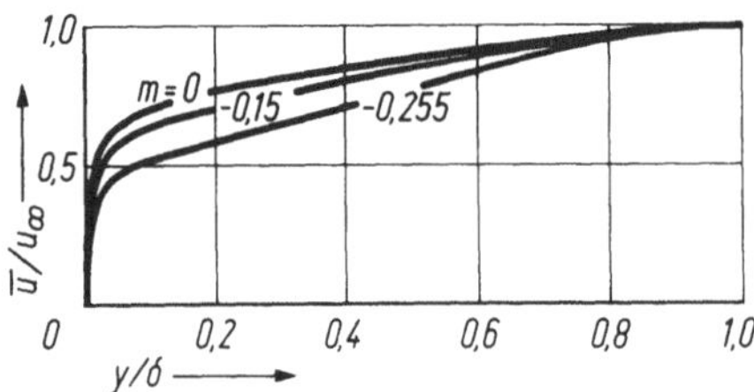

Fig. 89
Geschwindigkeitsprofile von Gleichgewichtsgrenzschichten (nach Versuchen von P. Bradshaw)

[1]) Clauser, F. H.: Turbulent boundary layers in adverse pressure gradients. J. Aeron. Sci. **21** (1954) 91–108.

[2]) Bradshaw, P.: The turbulence structure of equilibrium boundary layers. J. Fluid Mech. **29** (1967) 625–645.

[3]) Herring, H. J.; Norbury, J. F.: Some experiments on equilibrium turbulent boundary layers in favourable pressure gradients. J. Fluid Mech. **27** (1967) 541–549.

[4]) Nash, J. F.: Turbulent boundary layer behaviour and the auxiliary equation. NPL Aeron. Rep. 1137, 1965.

Interessant sind hauptsächlich die Grenzschichten mit Druckanstieg, bei denen sich sehr wesentliche Änderungen der Geschwindigkeitsprofile einstellen, wie aus den Beispielen der Fig. 89 zu ersehen ist. Die gleichen Profile sind in Fig. 90 in der Form (Außengesetz) $F=(u_\infty-\bar{u})/u_\tau$ über y/δ aufgetragen. Mit wachsendem Druckanstieg ergeben sich weniger völlige Geschwindigkeitsprofile, dies äußert sich in der Zunahme der Formparameter $H_{12}=\delta_1/\delta_2$ und I. Die örtlichen Reibungsbeiwerte $c_f(=2\omega^2)$ werden dabei kleiner; ihr Verlauf als Funktion der örtlichen Reynolds-Zahl ist in logarithmischer Darstellung in Fig. 91 wiedergegeben.

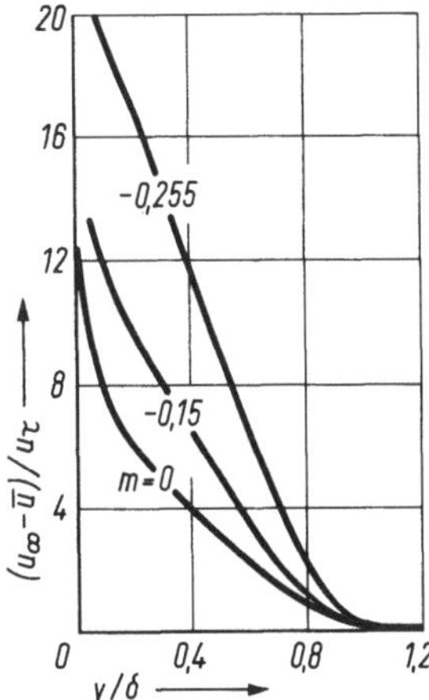

Fig. 90
Das Außengesetz von Gleichgewichtsgrenzschichten (nach Versuchen von P. Bradshaw)

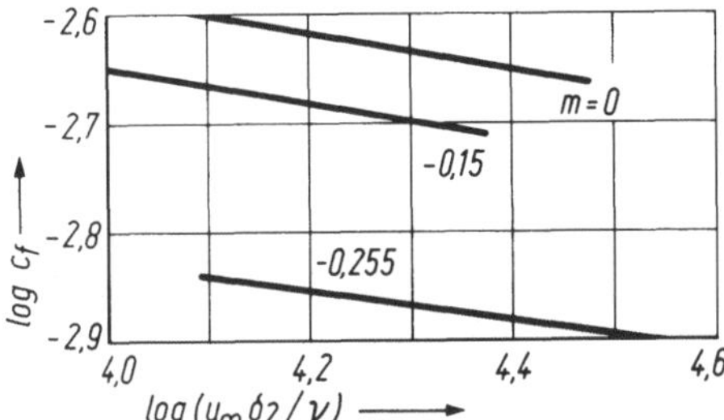

Fig. 91
Örtliche Reibungsbeiwerte von Gleichgewichtsgrenzschichten (nach P. Bradshaw)

Der Zusammenhang zwischen dem dimensionslosen Druckgradienten und dem Exponenten des Geschwindigkeitsgesetzes (4.148) ist vom theoretischen und experimentellen Standpunkt aus gleichermaßen interessant. Dieser Zusammenhang ist nämlich keineswegs eindeutig. Eliminiert man in der Impulsgleichung $(1/\omega)\mathrm{d}\Delta/\mathrm{d}x$ mit Hilfe von (4.150), so ergibt sich aus (4.152)

$$-m=\frac{\Pi(1-\omega I)}{\Pi(3-2\omega I)+1}. \tag{4.155}$$

Andererseits besteht die Beziehung $I = f(\Pi)$. Akzeptiert man Nashs Formel (4.154), so kann man in einem m, Π-Diagramm Kurven konstanter Werte ω einzeichnen, Fig. 92. In dieses Schaubild sind auch nach (4.155) Linien konstanter Werte $H_{12} = \delta_1/\delta_2 = (1 - \omega I)^{-1}$ gestrichelt eingetragen. Bemerkenswert ist, daß die Kurven $\omega = \text{const}$ bei kleinen Π zunächst sehr steil verlaufen, dann aber umbiegen und wieder leicht ansteigen, so daß sich für m Minima ergeben. Offenbar gibt es also Situationen, in denen bei gleicher Druckverteilung zwei turbulente Grenzschichten mit sehr unterschiedlichen Geschwindigkeitsprofilen erzeugt werden können. Die Minimalwerte von m treten bei mäßigen Werten von Π auf und auch die zugehörigen Formparameter I haben mäßige Werte. Die bei Laboratoriumsversuchen erreichten Kleinstwerte liegen bei $m = -0{,}29$. Zum Vergleich sei erwähnt, daß der Minimalwert der ähnlichen Lösungen der laminaren Grenzschichten $m = -0{,}0904$ beträgt. Turbulente Grenzschichten können also, ohne abzulösen, wesentlich steilere Druckanstiege als laminare überwinden.

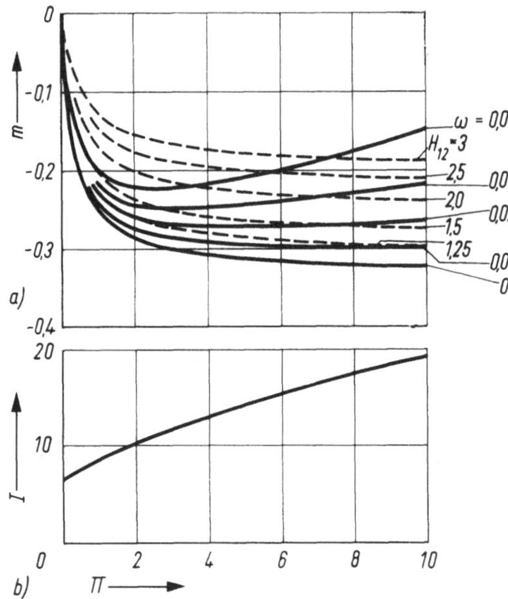

Fig. 92
Zusammenhang zwischen dem Exponenten m nach (4.148), den Formparametern I und H_{12}, und dem dimensionslosen Druckgradienten Π
a) m nach Gl. (4.155)
——— Kurven $\omega = \text{const}$
— — — Kurven $H_{12} = \text{const}$
b) $I = f(\Pi)$ nach Gl. (4.154)

Mit wachsendem Π steigt I unbegrenzt an, während ω gleichzeitig kleiner wird, so daß das Produkt ωI für Grenzschichten mit verschwindender Wandschubspannung (Ablösung) einem endlichen Wert zustrebt, der nach Versuchen bei etwa $\omega I = 0{,}6$ bis 0,7 liegt.

4.4.5 Turbulenzstruktur. Eine die Turbulenzstruktur kennzeichnende Feldgröße, die die Wirkung des Druckgradienten auf die Strömung verdeutlicht, ist die Schub-

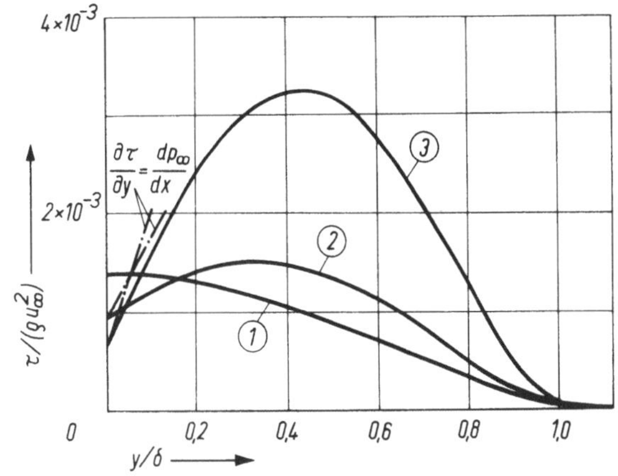

Fig. 93
Dimensionslose Schubspannungsverteilungen von Gleichgewichtsgrenzschichten (nach P. Bradshaw)

① $m = 0$ $Re_2 = 7750$
② $= -0{,}15$ $= 22900$
③ $= -0{,}255$ $= 38800$

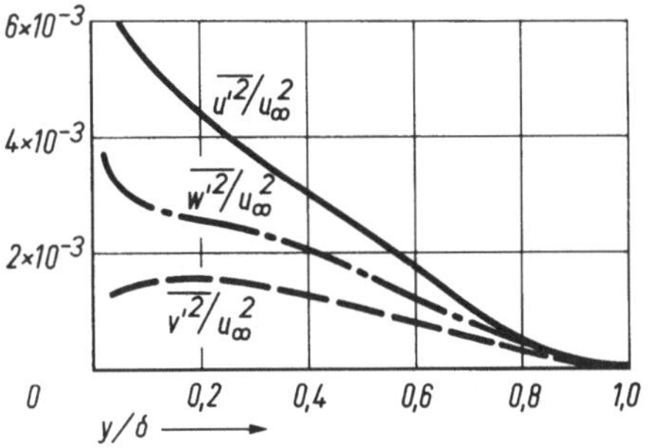

Fig. 94
Verteilungen der Geschwindigkeitsschwankungen in der Grenzschicht an einer flachen Platte, $\bar{p}_\infty = \text{const}$ (nach Versuchen von P. S. Klebanoff)

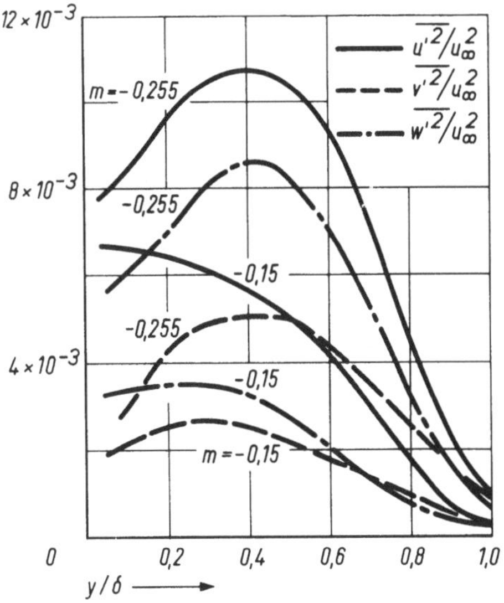

Fig. 95
Verteilungen der Geschwindigkeitsschwankungen in Gleichgewichtsgrenzschichten (nach Versuchen von P. Bradshaw)

spannung, die wie bei freier Turbulenz gemessen oder aus der Verteilung der gemittelten Geschwindigkeit berechnet werden kann. Für Gleichgewichtsgrenzschichten ergibt die Integration von Gl. (4.144)

$$\frac{\tau}{\tau_w} = 1 + \Pi\left[3\int_0^{\eta} F\,d\eta_1 - 2\omega\int_0^{\eta} F^2\,d\eta_1 - \eta F + \omega F\int_0^{\eta} F\,d\eta_1\right] - \frac{1}{\omega}\frac{d\Delta}{dx}\left[\int_0^{\eta} F\,d\eta_1 - \omega\int_0^{\eta} F^2\,d\eta_1 - \eta F + \omega F\int_0^{\eta} F\,d\eta_1\right]. \qquad (4.156)$$

Die Richtung der Schubspannung ist dadurch festgelegt, daß die äußere Strömung stets eine Schleppkraft auf die inneren Schichten ausübt. Bei konstantem oder fallendem Druck wird die gesamte Schleppkraft auf die Wand übertragen. Die Schubspannung hat deshalb in diesen Fällen ihren Maximalwert an der Wand und fällt monoton auf den Wert Null am Grenzschichtrand ab. Bei positiven Druckgradienten nehmen die auf die inneren Schichten wirkenden Druckkräfte einen Teil der Schleppkraft der äußeren Strömung auf; die Schubspannung ist daher jetzt kleiner an der Wand und ihr Größtwert erscheint in einigem Abstand von der Wand. Die in Fig. 93 dargestellten Schubspannungsverteilungen der Gleichgewichtsgrenzschichten zeigen, wie das Maximum der dimensionslosen Schubspannung mit wachsendem Druckgradienten nach außen wandert und dem Betrag nach zunimmt. Die Wirkung des Druckgradienten auf die Verteilungen der Schwankungsgeschwindigkeiten, Fig. 94 und 95, hat die gleiche Tendenz, wenngleich sie nicht so ausgeprägt ist. Die Verteilungen des Intermittenzfaktors, in Fig. 52 für den Fall $\bar{p}_\infty = \text{const}$ wiedergegeben, lassen keine markanten Unterschiede zwischen den drei Grenzschichten erkennen.

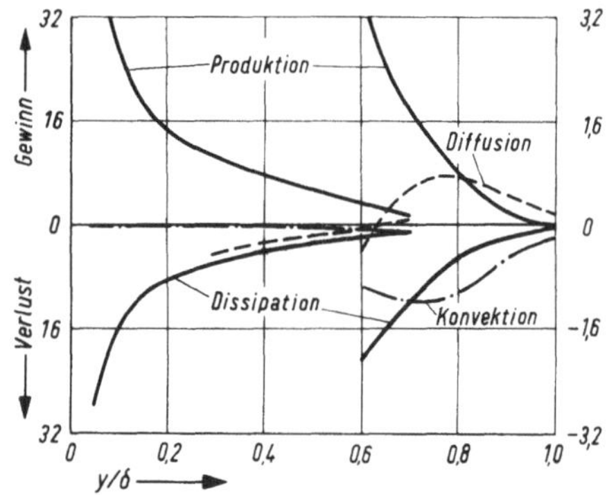

Fig. 96
Gleichgewicht der kinetischen Energie der Schwankungen bei der Grenzschicht an der Platte, $\bar{p}_\infty = \text{const}$ (nach P. S. Klebanoff)

$$\text{Konvektion} = \frac{\delta}{2u_\tau^3}\left[\bar{u}\,\partial\overline{q^2}/\partial x + \bar{v}\,\partial\overline{q^2}/\partial y\right]$$

$$\text{Produktion} = -\frac{\delta}{u_\tau^3}\overline{u'v'}\,\partial\bar{u}/\partial y$$

$$\text{Dissipation} = \delta\varepsilon/u_\tau^3$$

$$\text{Diffusion} = \frac{\delta}{u_\tau^3}\frac{\partial}{\partial y}\left[\overline{v'(q^2/2 + p'/\varrho)}\right]$$

Energiebilanzen der Turbulenz. Die vier Glieder der kinetischen Turbulenzenergiegleichung, für die im äußeren Teil der Grenzschichten die Form (4.85) gilt, sind in Fig. 96 für die Grenzschicht an der Platte bei $\bar{p}_\infty = \text{const}$ nach Meßergebnissen von P. S. Klebanoff[1]) als Funktion von y/δ angegeben; sie wurden durch Multiplizieren mit

[1]) Siehe Fußnote 3, S. 140.

δ/u_τ^3 dimensionslos gemacht. In kleineren Wandabständen ($y/\delta<0{,}2$) sind Dissipation ε und Produktion $\tau(\partial\bar{u}/\partial y)$ durch die Gesetzmäßigkeiten der universellen Wandströmung bedingt und das Bild ähnelt hier dem der Rohrströmung. Im äußeren Teil der Schicht werden alle Glieder verhältnismäßig klein; sie sind für $y/\delta\geq 0{,}6$ in zehnfach vergrößertem Maßstab angegeben. Die Transportglieder gewinnen mit zunehmendem y/δ an Einfluß und im äußersten Gebiet halten sich turbulente Diffusion und konvektive Energie etwa die Waage.

Einen vollständigen Überblick über den Energiehaushalt gewinnt man hier wie auch bei der Rohrströmung erst, wenn man die einzelnen Glieder durch die viskose Unterschicht bis zur Wand hin verfolgt. Die Turbulenzerzeugung und Dissipation wurden in 3.2.3 besprochen und es mag hier erwähnt werden, daß die Energieproduktion im Maßstab der Fig. 96 einen Spitzenwert von 650 im Abstand $y/\delta=0{,}005$ erreicht; der Maximalwert der direkten Dissipation beträgt 2600 an der Wand. Tatsächlich werden bei einer Grenzschicht-Reynolds-Zahl $u_\infty\delta/\nu=70000$ fast 60% des gesamten Energieverlustes der gemittelten Strömung innerhalb einer Wandschicht von nur 1% der Grenzschichtdicke durch die Viskosität in Wärme umgewandelt; 40% der kinetischen Energie werden durch direkte Dissipation vernichtet.

Fig. 97 zeigt die Energiebilanz für eine Gleichgewichtsgrenzschicht mit positiven Druckgradienten nach Abschätzungen von Bradshaw; hier wurde den einzelnen Funktionen durch Multiplikation mit δ/u_∞^3 eine dimensionslose Form gegeben. Die

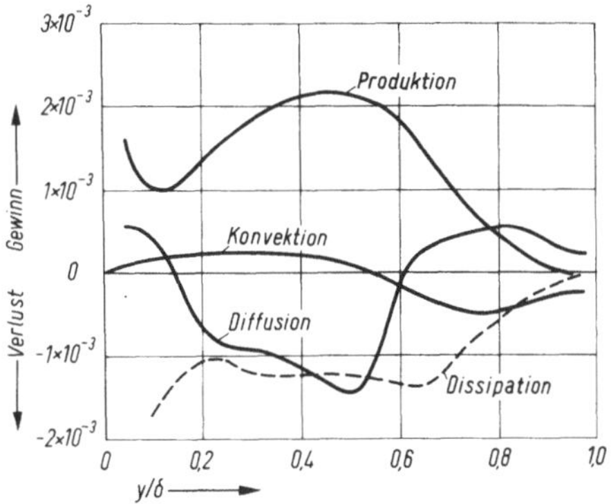

Fig. 97
Gleichgewicht der kinetischen Energie der Schwankungen bei Gleichgewichtsgrenzschichten, $m=-0{,}255$ (nach P. Bradshaw)

$$\text{Konvektion} = \frac{\delta}{2u_\infty^3}\left[\bar{u}\,\frac{\partial\overline{q^2}}{\partial x}+\bar{v}\,\frac{\partial\overline{q^2}}{\partial y}\right]$$

$$\text{Produktion} = -\frac{\delta}{u_\infty^3}\,\overline{u'v'}\,\partial\bar{u}/\partial y$$

$$\text{Dissipation} = \delta\,\varepsilon/u_\infty^3$$

$$\text{Diffusion} = \frac{\delta}{u_\infty^3}\,\frac{\partial}{\partial y}\left[\overline{v'(q^2/2+p'/\varrho)}\right]$$

Unterschiede gegenüber der Grenzschicht mit konstantem Druck sind erheblich. Insbesondere haben Produktion und Dissipation über einem beträchtlichen Teil der Schicht wesentlich größere Werte.

4.4.6. Berechnungsverfahren. Über das Verhalten von Grenzschichten bei beliebigen Druckverteilungen $\bar{p}_\infty(x)$ können naturgemäß nur wenig allgemeingültige Aussagen gemacht werden. Andererseits besteht ein starkes Bedürfnis an Methoden zur rechnerischen Vorausbestimmung wichtiger Kenngrößen wie Reibungswiderstand, Grenzschichtdicke, Ablösestelle usw.

Die vorliegenden Berechnungsverfahren lassen sich in zwei große Gruppen unterteilen. Die eine Gruppe umfaßt die Methoden, bei denen man sich von vornherein auf die Berechnung einiger globaler Kenngrößen beschränkt; für diese ist ein System gewöhnlicher Differentialgleichungen zu lösen. Man nennt diese Verfahren gewöhnlich Integralmethoden. Bei den übrigen Verfahren werden die Bewegungsgleichungen für die gemittelten Geschwindigkeiten durch Beziehungen der in 3.4 besprochenen Art in lösbare partielle Differentialgleichungen übergeführt; diese Verfahren werden auch als Feldmethoden bezeichnet. Die Verfahren beider Gruppen basieren in starkem Maß auf empirischen Elementen. Einen Überblick über den derzeitigen Entwicklungsstand der Grenzschichtberechnung einschließlich vieler Vergleiche mit Versuchsergebnissen vermitteln die „Sitzungsberichte der 1968 AFOSR-IFP-Standford Conference“ [26]; der zweite Band über diese Tagung [27] stellt eine umfassende Sammlung von Versuchsergebnissen zur Verfügung.

Integralmethoden. Die Möglichkeit, die partiellen Differentialgleichungen der Grenzschichten durch Bilden von Integralmomenten auf Systeme endlich vieler gewöhnlicher Differentialgleichungen zurückzuführen, wurde zuerst bei der Berechnung laminarer Grenzschichten angewendet; sie ist anderen Methoden zur angenäherten Lösung partieller Differentialgleichungen durchaus gleichwertig. Das Besondere bei den turbulenten Grenzschichten liegt darin, daß die Integralmethoden – zumindest bis jetzt – weniger wegen der rechnerischen Vereinfachungen gewählt werden, als vielmehr um den Mangel an geeigneten Prinzipien zur detaillierten Erfassung der Turbulenz zu umgehen. Zweifellos ist es ein Vorteil, daß sich Annahmen über den örtlichen Turbulenzmechanismus erübrigen; schwerer wiegt jedoch der Nachteil, daß die Erweiterungen solcher Methoden auf allgemeinere Strömungen, als für die sie ursprünglich entwickelt worden sind, meistens auf große Schwierigkeiten stößt.

Geschwindigkeitsprofile. Der Kern der Integralmethoden ist die geeignete Darstellung der Grenzschichtprofile der gemittelten Geschwindigkeit. Eine durch viele Versuchsergebnisse immer wieder bestätigte Tatsache ist, daß sich die Geschwindigkeitsprofile mit bemerkenswerter Genauigkeit durch eine Kurvenschar mit nur einem freien Parameter beschreiben lassen; d.h. im einzelnen, daß die für Gleichgewichtsgrenzschichten angegebene Form benutzt werden kann. Der wandnahe Teil ist universell im Sinne des Wandgesetzes von 3.2, und das Außengesetz

$$\frac{u_\infty - \bar{u}}{u_\tau} = F\left(\frac{y u_\tau}{\delta_1 u_\infty}, I\right) \tag{4.157}$$

ist als eine einparametrige Kurvenfamilie anzusehen, wobei jetzt die Größe I nach (4.129) als freier Parameter gewählt wird. Praktisch hat sich die von D. Coles[1])

---

[1]) Coles, D.: The law of the wake in the turbulent boundary layer. J. Fluid Mech. **1** (1956) 191–226.

gegebene Form allgemein eingeführt, nach der das universelle Wandgesetz nach (3.68) durch eine „Nachlauf-Funktion“ (Wake-Function) $w(y/\delta)$ ergänzt wird, Fig. 98,

$$\bar{u} = u_\tau \left[f(y u_\tau/\nu) + \frac{B}{\varkappa} w(y/\delta) \right] \qquad (0 \leq y \leq \delta); \tag{4.158}$$

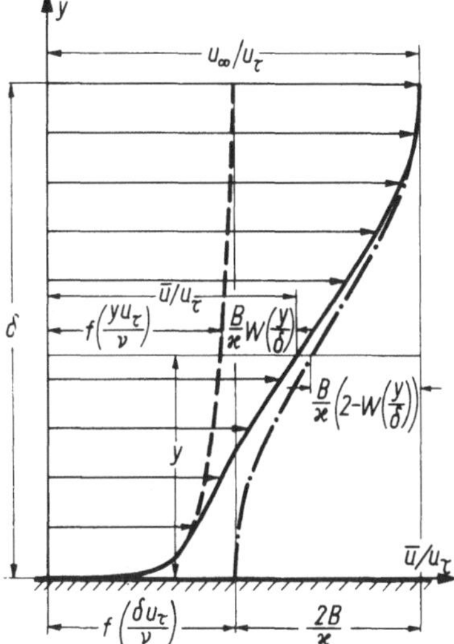

Fig. 98
Hypothetisches Geschwindigkeitsprofil der turbulenten Grenzschicht
——— Gesamtes Geschwindigkeitsprofil, Gl. (4.158)
— — — Geschwindigkeitsverteilung gemäß dem universellen Wandgesetz, Gl. (3.63)
—·— Geschwindigkeitsverteilung des Nachlaufs

hierbei ist B ein freier Multiplikator und $\varkappa$ die v. Kármánsche Konstante (Gl. (3.67)). Die Nachlauf-Funktion $w(y/\delta)$, die für

$$y = 0 \qquad w(0) = 0,$$

$$y = \delta \qquad w(1) = 2,$$

ist und die Normierungsbedingung

$$\int_0^1 w\left(\frac{y}{\delta}\right) \mathrm{d}\left(\frac{y}{\delta}\right) = 1 \tag{4.159}$$

erfüllt, wurde von Coles ursprünglich rein numerisch angegeben, jedoch sind mehrfach einfache Formeln vorgeschlagen worden, z. B.

$$w\left(\frac{y}{\delta}\right) = 2 \sin^2\left(\frac{\pi}{2} \frac{y}{\delta}\right). \tag{4.160}$$

Sie hat etwa die Gestalt der Geschwindigkeitsverteilung der freien Strahlgrenze (vgl. 4.3.5) oder eines halben Nachlaufs. Mit diesem Modell stellt sich das Außengesetz als

$$F\left(\frac{y}{\delta}\right) = -\frac{1}{\varkappa}\ln\frac{y}{\delta} + \frac{B}{\varkappa}\left[2 - w\left(\frac{y}{\delta}\right)\right] \qquad (y \leq \delta) \tag{4.161}$$

dar. Diese Darstellung ist rein empirisch und stützt sich nicht auf mechanische Ähnlichkeitsbetrachtungen. Daß die Geschwindigkeitsverteilungen am Außenrand mit einem leichten Knick in die reibungsfreie Strömung übergehen, ist lediglich ein Schönheitsfehler, den man durch eine Zusatzverteilung mühelos vermeiden kann. Wenn man die Abweichungen des Geschwindigkeitsprofils vom logarithmischen Gesetz in der Unterschicht vernachlässigt, ergibt die Integration

$$\frac{\delta_1 u_\infty}{\delta u_\tau} = \frac{1+B}{\varkappa}, \tag{4.162}$$

und zwischen B und dem Formfaktor I besteht der funktionale Zusammenhang

$$I = \frac{2 + 3{,}2B + 1{,}522B^2}{\varkappa(1+B)}. \tag{4.163}$$

Da das Geschwindigkeitsprofil durch (4.158) festliegt, sind alle anderen Profilparameter einschließlich des örtlichen Reibungsbeiwertes $c_f = 2(u_\tau/u_\infty)^2$ berechenbar. Für c_f gilt die Beziehung (4.127) mit K als Funktion von I bzw. B,

$$K = -\frac{1}{\varkappa}\ln\frac{1+B}{\varkappa} + \frac{2B}{\varkappa}. \tag{4.164}$$

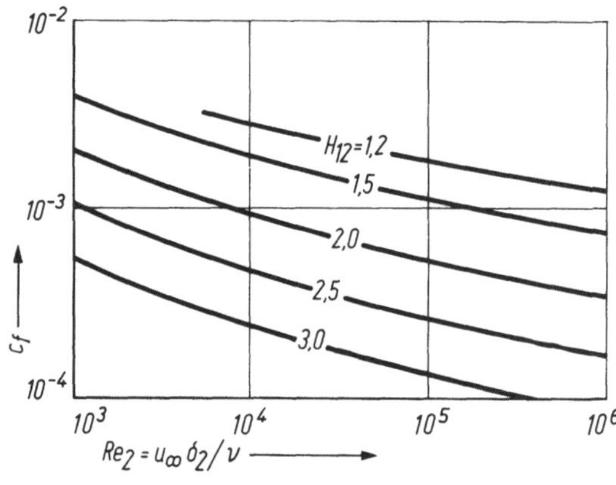

Fig. 99
Örtlicher Reibungsbeiwert der turbulenten Grenzschicht an glatten Oberflächen

Die Beziehungen sind in gleicher Weise für glatte und rauhe Oberflächen anwendbar. Fig. 99 gibt den hiernach berechneten Reibungsbeiwert für glatte Oberflächen als Funktion von $Re_2 = u_\infty \delta_2/\nu$ und $H_{12} = \delta_1/\delta_2$ wieder.

Anmerkung. Für weniger strenge Ansprüche lassen sich die turbulenten Grenzschichtprofile durch das ältere Potenzgesetz

$$\frac{\bar{u}}{u_\infty} = \left(\frac{y}{\delta}\right)^n \tag{4.165}$$

beschreiben, wobei sich die verschiedenen Grenzschichtdickenverhältnisse als Funktion des Exponenten n ausdrücken lassen:

$$\frac{\delta_1}{\delta} = \frac{n}{n+1}; \quad \frac{\delta_2}{\delta} = \frac{n}{(n+1)(2n+1)}; \quad H_{12} = 2n+1. \tag{4.166}$$

Nachteilig ist, daß sich der Reibungsbeiwert hiernach nicht berechnen läßt, so daß man auf weitere empirische Formeln zurückgreifen muß, z. B. auf die vielbenutzte Formel von H. Ludwieg und W. Tillmann[1])

$$c_f = 0{,}246 \cdot 10^{-0{,}678 H_{12}} \cdot Re_2^{-0{,}268}. \tag{4.167}$$

Grenzschichtgleichungen. Nach der analytischen Darstellung der Geschwindigkeitsprofile sind zur Grenzschichtberechnung nur noch zwei Größen, nämlich δ und B oder alternativ δ_2 und H_{12} zu ermitteln. Die hierzu erforderlichen Beziehungen entwickeln sich aus den Grenzschichtgleichungen (4.102) bis (4.104). So vielfältig die bekannt gewordenen Integralmethoden auch sind, fast ausnahmslos wird die v. Kármánsche Impulsgleichung (4.108) als gewöhnliche Differentialgleichung für die Impulsverlustdicke δ_2 benutzt. Eine zweite Gleichung wird dann zur Bestimmung des Formparameters H_{12} oder B benötigt. Eine Integralmethode erster Ordnung, die auf einem algebraischen Zusammenhang zwischen dem Formparameter und dem Druckgradienten beruht, wie er beim Pohlhausen-Verfahren für laminare Grenzschichten durch die Wandbindung vermittelt wird, ist für turbulente Grenzschichten gänzlich unzureichend.

Für Integralmethoden höherer Ordnung bieten sich unter vielen Möglichkeiten, weitere Differentialgleichungen herzuleiten, vor allem die Integralmomente der Grenzschichtgleichung an, die man ähnlich wie die v. Kármánsche Impulsgleichung gewinnt, indem man die Grenzschichtgleichung vor der Integration mit einer Gewichtsfunktion $\bar{u}^m y^n$ multipliziert[2]). Für m und n kann man beliebige, nicht negative, reelle Zahlen setzen; $m=0$, $n=0$ ergibt die Impulsgleichung. Die häufig benutzte Gleichung für die kinetische Energie der gemittelten Strömung erhält man mit $m=1$, $n=0$. Mit den Definitionen

Energieverlustdicke $$\delta_3 = \int_0^\infty \frac{\bar{u}}{u_\infty}\left[1-\left(\frac{\bar{u}}{u_\infty}\right)^2\right] \mathrm{d}y, \tag{4.168}$$

Dissipationsintegral $$D = \int_0^\infty \left(-\overline{u'v'} + \nu \frac{\partial \bar{u}}{\partial y}\right)\frac{\partial \bar{u}}{\partial y}\,\mathrm{d}y \tag{4.169}$$

---

[1]) Ludwieg, H.; Tillmann, W.: Untersuchungen über die Wandschubspannung in turbulenten Reibungsschichten. Ing.-Arch. **17** (1949) 288–299.

[2]) Vgl. hierzu Rotta, J. C.: [19], 153ff.

läßt sich die Gleichung für die kinetische Energie in der für Rotationskörper bei axialer Anströmung gültigen Form

$$\frac{1}{2}\frac{\mathrm{d}}{\mathrm{d}x}(u_\infty^3\,\delta_3)+\frac{u_\infty^3}{2}\frac{\delta_3}{r}\frac{\mathrm{d}r}{\mathrm{d}x}=D+\int\limits_0^\infty \bar{u}\frac{\partial(\overline{u'^2}-\overline{v'^2})}{\partial x}\mathrm{d}y+ \\ +\frac{1}{r}\frac{\mathrm{d}r}{\mathrm{d}x}\int\limits_0^\infty \bar{u}\,\overline{u'^2}\,\mathrm{d}y \tag{4.170}$$

schreiben, wobei natürlich die letzten beiden Glieder der rechten Seite in der Regel wieder vernachlässigbar sind.

Die Wirkung der Turbulenz. Die Impulsgleichung, (4.108), enthält nach Fortlassen der letzten beiden Glieder nur Größen, die bei vorgegebenem Geschwindigkeitsprofil bestimmt sind. Demgegenüber beruht das Dissipationsintegral in (4.170) auf der Schubspannungsverteilung, die aus dem Profil der gemittelten Geschwindigkeit nicht ohne weiters zu ermitteln ist. Auch die anderen Gleichungen, die man sich aus den Grenzschichtgleichungen herleiten kann, enthalten je ein Glied, in welchem die Wirkung der Turbulenz zum Ausdruck kommt und über dessen Größe auf Grund des Geschwindigkeitsprofils allein nicht zu entscheiden ist. Da zwischen den verschiedenen Gleichungen kein prinzipieller Unterschied besteht, sollen sich die weiteren Diskussionen auf die Energiegleichung beschränken. Natürlich kann man sich das Dissipationsintegral ausrechnen, wenn man Mischungsweg- oder Austauschansatz mit passend angenommenen Verteilungen für l bzw. ε_τ einführt. Praktisch bestimmt man es aber meistens, indem man gemessene Grenzschichten mit (4.170) nachrechnet und D als Unbekannte ansieht. Mit welchen Parametern und wie man diese Ergebnisse dann korreliert, um eine allgemein anwendbare Beziehung aufzustellen, ist die Frage, die über Brauchbarkeit oder Unbrauchbarkeit des Berechnungsverfahrens entscheidet. Es ist zunächst naheliegend, das Dissipationsintegral mit den Parametern des Geschwindigkeitsprofils am gleichen Ort x zu korrelieren; d.h. man setzt den Dissipationsbeiwert

$$c_D=\frac{2D}{\varrho u_\infty^3} \tag{4.171}$$

als Funktion von Re_2 und H_{12} oder, wenn man die Gültigkeit gleich auf rauhe Oberflächen ausdehnen will, als Funktion von c_f und H_{12} an. Diesen funktionalen Zusammenhang quantitativ aus Versuchsergebnissen von Grenzschichten mit beliebigen Druckverteilungen zu erschließen, ist mühevoll und mit erheblichen Unsicherheiten behaftet. Für Gleichgewichtsgrenzschichten kann man ihn relativ einfach erfassen, wenn man von der empirischen Beziehung, (4.154), zwischen Formparameter und Druckgradienten ausgeht. Man definiert den Formparameter

$$H_{32}=\delta_3/\delta_2, \tag{4.172}$$

setzt $\delta_3 = \delta_2 H_{32}$ in Gl. (4.170) ein und eliminiert $d\delta_2/dx$ vermittels der Impulsgleichung. Die geringe Variation von H_{32} darf man vernachlässigen, so daß also $dH_{32}/dx \approx 0$ ist. Schließlich wird du_∞/dx bzw. $d\overline{p}_\infty/dx$ mit (4.154) eliminiert und man erhält für den Dissipationsbeiwert

$$c_D = c_f \frac{H_{32}}{2} \left\{ 1 + \sqrt{c_f/2}\, I \left[\left(\frac{I+1{,}7}{6{,}1} \right)^2 - 1{,}81 \right] \right\}. \tag{4.173}$$

Die Energieverlustdicke und damit H_{32} liegen ebenso wie δ_2 fest, wenn man (4.157), (4.160) und (4.161) in (4.168) einsetzt,

$$\delta_3 = \delta_1 \left[2 - 3 \frac{u_\tau}{u_\infty} I + \left(\frac{u_\tau}{u_\infty} \right)^2 I_2 \right], \tag{4.174}$$

wobei

$$I_2 = \int_0^\infty F^3 \, d\left(\frac{y u_\tau}{\delta_1 u_\infty} \right) = \frac{6 + 11{,}14\,B + 8{,}5\,B^2 + 2{,}56\,B^3}{\varkappa^2 (1+B)}. \tag{4.175}$$

Akzeptiert man Gl. (4.173) als Näherung für Grenzschichten mit allgemeinen Druckverteilungen, so hat man mit Gl. (4.157) bis (4.175) und der Impulsgleichung ein geschlossenes Gleichungssystem, eine Integralmethode zweiter Ordnung. Die numerische Lösung, deren Kern die simultane Integration der Impuls- und Energiegleichung ist, bereitet mit Rechenautomaten keine Schwierigkeiten. Es sind zwei Anfangsbedingungen zu fixieren, in der Regel δ_2 und δ_1 oder δ_3. Man begnügt sich gewöhnlich mit der Berechnung des Reibungsbeiwertes und einiger charakteristischer Grenzschichtdicken (δ_2 und δ_1), jedoch ist durch die Formeln (4.158) und (4.160) das gesamte Feld der gemittelten Geschwindigkeit $\overline{u}(x, y)$ bestimmt und mit den Kontinuitäts- und Bewegungsgleichungen (4.102) bis (4.104) auch die Normalkomponente $\overline{v}$ und die Schubspannung τ.

Rechnungen auf Grund dieser Formeln liefern für Grenzschichten, die sich von Gleichgewichtsgrenzschichten nicht stark unterscheiden, mit Versuchsergebnissen gut übereinstimmende Resultate. Die Ergebnisse sind aber weniger befriedigend, wenn der Formparameter H_{12} rasche Änderungen erfährt. Daß der Dissipationsbeiwert an der Stelle x von der Grenzschichtentwicklung stromaufwärts von x beeinflußt und deshalb nicht allein durch örtliche Größen wie H_{12}, Re_2 bestimmt wird, ist nach den Ausführungen von Kapitel 3 leicht einzusehen. Es sind verschiedene Vorschläge zur Berücksichtigung dieser Tatsache untersucht worden. K. O. Felsch[1]) führte den allgemeinen Ansatz

$$c_D = f(H_{12}, Re_2, \Pi) \tag{4.176}$$

ein und ermittelte die Funktion auf der rechten Seite aus Versuchsergebnissen.

In 3.1.6 wurde das Verhalten des Turbulenzmechanismus mit dem eines viskoelastischen Mediums verglichen; der Dissipationsbeiwert wird also auf Änderungen

[1]) Walz, A.: Strömungs- und Temperaturgrenzschichten. Karlsruhe 1966, 109ff.

des Geschwindigkeitsprofils und des Druckgradienten nicht plötzlich reagieren. Man benötigt deshalb eine Gleichung zur Erfassung dieser Relaxation. Die Rechnungsergebnisse werden schon wesentlich verbessert, wenn man einfach das an der Stelle x nach (4.173) berechnete c_D als den an der stromabwärts liegenden Stelle $x+\Delta x$ wirksamen Wert ansieht und

$$\Delta x = 4\delta \tag{4.177}$$

annimmt[1]). Für diese Annahme läßt sich an Hand der Mischungswegkonzeption insofern eine anschauliche Erklärung geben, als Δx etwa dem Weg entspricht, den die Turbulenzballen in Strömungsrichtung zurücklegen, bevor sie durch Vermischen ihre Individualität einbüßen.

Eine weitere Möglichkeit besteht darin, den Dissipationsbeiwert mit einer Differentialgleichung, beispielsweise

$$\delta_2 \frac{\mathrm{d}c_D}{\mathrm{d}x} = k(c_{D_e} - c_D), \tag{4.178}$$

zu bestimmen[2]), wobei c_{D_e} der Dissipationsbeiwert für Gleichgewichtsgrenzschichten und k eine Konstante ($\approx 0{,}009$) ist; dabei wird allerdings die Ordnung des zu lösenden Systems von Differentialgleichungen um Eins erhöht, und man gelangt zu einer Integralmethode dritter Ordnung. Hierzu muß dann noch eine dritte Anfangsbedingung (z. B. der Dissipationsbeiwert) festgelegt werden.

Feldmethoden. Die Feldmethoden haben halbempirische Verfahren, wie sie in 3.4 beschrieben worden sind, zur Grundlage, und die entstehenden Systeme von partiellen Differentialgleichungen werden numerisch, in der Regel unter Benutzung von Differenzenverfahren, gelöst.

Die Anwendung des Austauschansatzes, Gl. (3.106) oder der Mischungswegformel, (3.107), führt auf Lösungsverfahren, die denen für laminare Grenzschichten ähnlich sind. Zunächst sind jedoch Annahmen für die Verteilung der Wirbelviskosität bzw. des Mischungsweges erforderlich. Während man bei freier Turbulenz mit einfachen Annahmen relativ gut mit Messungen übereinstimmende Geschwindigkeitsprofile errechnet, ist es bei Grenzschichten wesentlich schwieriger, geeignete Verteilungen für ε_τ oder l zu finden. Die Turbulenzbewegung wird nämlich einerseits durch die feste Wand stark beeinflußt, und andererseits ähnelt die Strömungsform in größeren Wandabständen der Nachlaufströmung. Die einfachste Annahme eines konstanten Wertes der Wirbelviskosität für den äußeren Teil der Schicht wurde von F. H. Clauser[3]) und A. A. Townsend [12] auf Gleichgewichtsgrenzschichten angewen-

[1]) Rotta, J. C.: Vergleichende Berechnungen von turbulenten Grenzschichten mit verschiedenen Dissipationsgesetzen. Ing.-Arch. **38** (1969) 212–222.

[2]) Goldberg, P.: Upstream history and apparent stress in turbulent boundary layers. Gas Turbine Lab., Mass. Inst. Techn. Rep. 85, 1966.

[3]) Clauser, F. H.: The turbulent boundary layer. Advances Appl. Mech. **4** (1956) 1–51.

det. Die auf diese Weise erhaltenen Lösungen konnten durch Zusammenfügen mit dem universellen Wandgesetz zu Geschwindigkeitsprofilen für die ganze Grenzschicht ergänzt werden.

Diese Annahmen wurden von G. L. Mellor[1]) und Mitarbeitern sowie von A. M. O. Smith[2]) und Mitarbeitern ausgebaut und auf Grenzschichten mit beliebigen Druckverteilungen angewendet. Die Verfahren der beiden Forschergruppen unterscheiden sich nur in weniger wichtigen Einzelheiten. Zur konstanten Wirbelviskosität des äußeren Teils wird für die inneren Partien eine Verteilung des Mischungswegs gemäß den Erfordernissen des Wandgesetzes hinzugefügt. T. Cebeci und A. M. O. Smith verwenden für die Unterschicht die van Driestsche Beziehung (3.116), tragen dabei aber der Variation der Schubspannung Rechnung, für die sich nach (4.104) bei kleinem y

$$\tau = \tau_w + \frac{d\bar{p}_\infty}{dx} y \tag{4.179}$$

ergibt. Daher wird folgender Ausdruck für die Wirbelviskosität der inneren Schichten benutzt

$$\varepsilon_{\tau i} = (\varkappa y)^2 \left\{1 - \exp\left[-\frac{y}{\nu A}\left(\frac{\tau_w}{\varrho} + \frac{d\bar{p}_\infty}{dx}\frac{y}{\varrho}\right)^{\frac{1}{2}}\right]\right\}^2 \left|\frac{\partial \bar{u}}{\partial y}\right| \quad \text{für } 0 \le y \le y_k. \tag{4.180}$$

Die ursprünglich konstante Wirbelviskosität der äußeren Schichten wird mit dem Intermittenzfaktor γ multipliziert,

$$\varepsilon_{\tau a} = e_\tau u_\infty \delta_1 \gamma \quad \text{für} \quad y \ge y_k, \tag{4.181}$$

wobei γ auf Grund der Messungen Klebanoffs durch

$$\gamma = \left[1 + 5{,}5\left(\frac{y}{\delta}\right)^6\right]^{-1} \tag{4.182}$$

angenähert wird. Für die Konstanten wurde $\varkappa = 0{,}4$, $A = 26$ und $e_\tau = 0{,}0168$ gesetzt. Der Wert von y_k, der die Gültigkeitsbereiche der Formeln (4.180) und (4.181) trennt, ergibt sich aus der Bedingung, daß die Wirbelviskosität gleiche Werte annimmt:

$$\varepsilon_{\tau i} = \varepsilon_{\tau a} \quad \text{für} \;\; y = y_k. \tag{4.183}$$

Die wirklichen Verteilungen der Wirbelviskosität und des Mischungswegs bei Gleichgewichtsgrenzschichten, aus Meßergebnissen errechnet, sind aus Fig. 100 und 101 zu ersehen. Die Verteilungen sind für die drei Grenzschichten in bemerkenswert guter Übereinstimmung miteinander. Jedoch ist die Wirbelviskosität im äußeren Teil der Grenzschicht bei weitem nicht konstant, das gilt auch für das Verhältnis ε_τ/γ; trotz-

[1]) Mellor, G. L.: The effects of pressure gradients on turbulent flow near a smooth wall. J. Fluid Mech. **24** (1966) 255–274.

[2]) Cebeci, T.; Smith, A. M. O.: A finite-difference solution of the incompressible turbulent boundary-layer equations by an eddy-viscosity concept. In: Kline, S. J.; Morkovin, M. V.; Sovran, G.; Cockrell, D. J. (Eds.): [26], 346–355.

dem liefern die Rechnungen mit $\varepsilon_\tau = \text{const}$ annehmbare Annäherungen für die Geschwindigkeitsprofile. Auch die Verteilungen des Mischungswegs weichen nicht viel voneinander ab. Über einen beträchtlichen Bereich ergibt sich ein nahezu konstanter

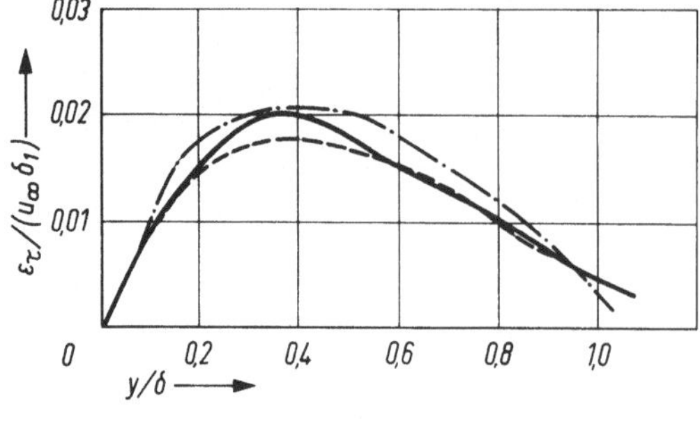

Fig. 100
Verteilung der Wirbelviskosität bei Gleichgewichtsgrenzschichten (nach P. Bradshaw)
——— $\bar{p}_\infty = \text{const}$ (Klebanoff)
— — — $m = -0{,}15$
—·— $m = -0{,}255$

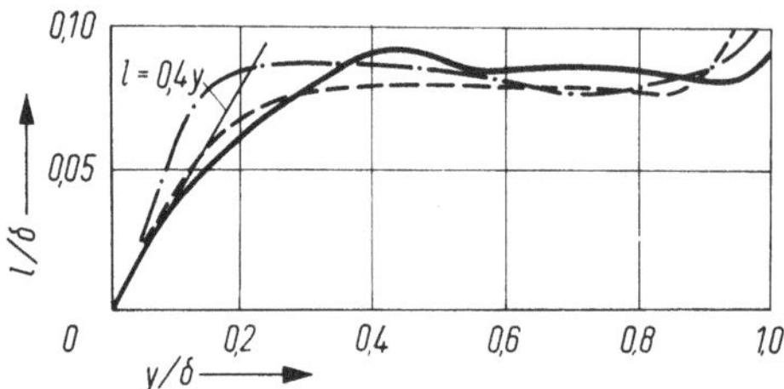

Fig. 101
Verteilung des Mischungswegs bei Gleichgewichtsgrenzschichten (nach P. Bradshaw)
——— $\bar{p}_\infty = \text{const}$ (Klebanoff)
— — — $m = -0{,}15$
—·— $m = -0{,}255$

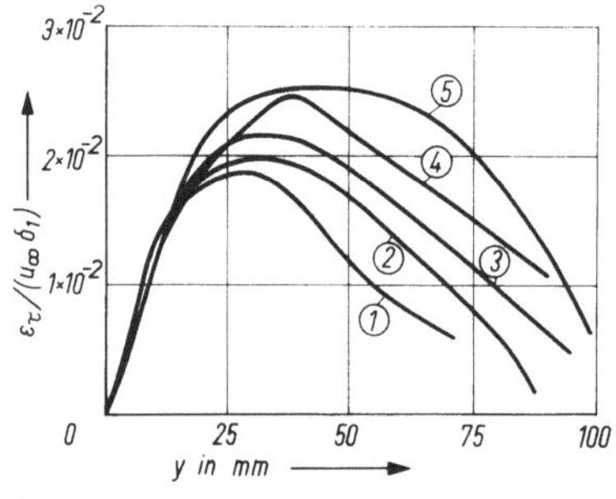

Fig. 102
Wirbelviskosität für eine Nichtgleichgewichtsgrenzschicht mit abnehmendem Druckgradienten (nach P. Bradshaw)
① $x = 47$ inch, Gleichgewicht $m = -0{,}255$
② 65 inch
③ 71 inch
④ 83 inch
⑤ 95 inch
②–⑤: $\bar{p}_\infty = \text{const}$

Wert für l/δ. Am Außenrand scheinen die Mischungswege nach unendlich abzubiegen; dies ist das Gegenstück zu der bei freier Turbulenz erwähnten Singularität am Rande des Turbulenzfeldes, die sich bei konstantem Mischungsweg einstellt.

In Fig. 102 wird die Wirbelviskosität für eine Grenzschicht gezeigt, in der ein anfänglich starker positiver Druckgradient $(u_\infty \sim x^{-0{,}255})$ mit x auf Null abfällt. Hier liegt nachdrücklich keine universelle Verteilung für ε_τ vor.

Der größte Mangel der Feldmethoden, die auf universeller Verteilung der Wirbelviskosität aufbauen, liegt in der Vernachlässigung der Relaxationseffekte der Turbulenz. Die halbempirischen Verfahren von 3.4.2, deren Grundlage die Gleichung für die kinetische Turbulenzenergie ist, sind diesen Methoden überlegen.

Der Formalismus von P. Bradshaw, D. H. Ferriss und N. P. Atwell ist nur bei voll turbulenter Strömung gültig und kann daher die wirklichen Randbedingungen an der Wand ($\overline{u}=0$) nicht erfüllen. Im Bereich der Wandnähe wird die gemittelte Geschwindigkeitsverteilung durch das universelle Wandgesetz fortgesetzt. Für den Beginn der Rechnung müssen das Profil der gemittelten Geschwindigkeit und die Schubspannungsverteilung als Anfangsbedingungen vorgegeben werden. Das Verfahren ist in größerem Umfang angewendet worden und hat sich gut bewährt. Es liegen Rechenprogramme für verschiedene Lösungsmethoden und in verschiedenen Programmiersprachen vor[1]).

Bei dem Verfahren von G. S. Glushko, das I. E. Beckwith und D. M. Bushnell[2]) neu bearbeitet haben, kann die Rechnung in der laminaren Grenzschicht begonnen werden: durch Einführen einer schwachen Störverteilung für die Turbulenzenergie geht die laminare Lösung bei einer bestimmten Reynolds-Zahl ziemlich plötzlich in die turbulente über. Die Stärke der Störung beeinflußt die Reynolds-Zahl dieses

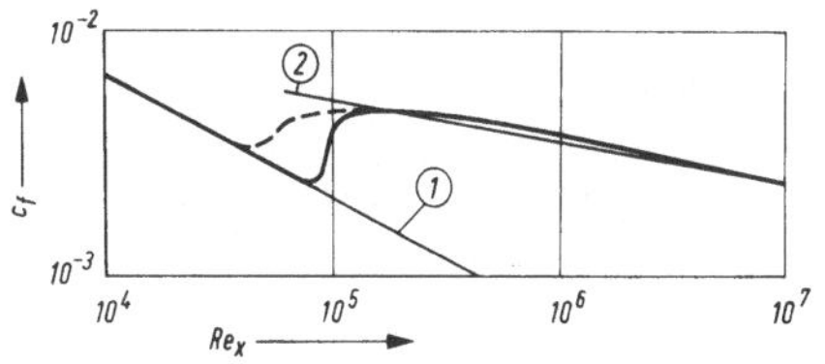

Fig. 103
Örtlicher Reibungsbeiwert als Funktion der Reynolds-Zahl Re_x nach Rechnungen von I. E. Beckwith und D. M. Bushnell
——— schwache Anfangsströmung
— — — $2{,}5\cdot 10^4$-mal stärkere Anfangsströmung
① laminare Grenzschicht
② turbulente Grenzschicht nach Fig. 85, ($x_0=0$)

Übergangs, nicht aber das asymptotische Verhalten der Lösung. In Fig. 103 ist der Verlauf des örtlichen Reibungsbeiwertes der ebenen Platte als Funktion der Reynolds-Zahl $Re_x=\overline{u}_\infty x/\nu$ nach dieser Rechnung dargestellt, um zu zeigen, daß mit Verfahren dieser Art beachtliche Leistungen möglich sind.

Einzelheiten der numerischen Lösungsmethoden und Rechenergebnisse der beschriebenen Feldmethoden möge der Leser dem Originalschrifttum und den erwähnten Ergebnissen der 1968 AFOSR-IFP-Stanford Conference [26] entnehmen.

[1]) Ferriss, D. H.; Bradshaw, P.: A computer program for the calculation of boundary-layer development using the turbulent energy equation. NPL Aeron. Rep. 1269, 1968.
Ferriss, D. H.: An implicit numerical method for the calculation of boundary-layer development using the turbulent energy equation. NPL Aeron. Rep. 1295, 1969.
Nash, J. F.: A finite-difference method for the calculation of incompressible turbulent boundary layers in two dimensions. Lockheed-Georgia Company, Marietta, Aerospace Sci. Lab. ER-9655, 1968.

[2]) Siehe Fußnote 2, S. 177. In diesem Bericht wird auch ein Rechenprogramm beschrieben.

5. Weitere Probleme

Die Theorie turbulenter Strömungen umfaßt noch weitere Fragen, die in den vorliegenden Kapiteln nicht behandelt wurden. Als wichtigste erscheinen die Ausbreitung von Wärme und Beimengungen, die Erzeugung und Ausstrahlung von Schall sowie die Wirkung erheblicher Dichteänderungen. Diese Probleme können im Rahmen dieses Buches nicht ausführlich dargestellt werden; einige Hinweise auf das Wesentlichste und auf das Schrifttum müssen hier genügen. Ferner wird in diesem Kapitel kurz über theoretische Versuche gesprochen, das Turbulenzproblem auf strengere Weise als mit halbempirischen Methoden der Lösung zuzuführen.

5.1. Wärmetransport und Vermischung

Eine hervorstechende und praktisch außerordentlich bedeutende Wirkung turbulenter Bewegung ist, daß Wärme und andere dem Strömungsmedium anhaftende Eigenschaften oder Beimengungen durch Vermischungsvorgänge transportiert werden. Effektiv handelt es sich um konvektive Transportvorgänge, die durch die ungeordnete Bewegung der Turbulenz bewirkt werden.

Bei der Behandlung dieser Transportvorgänge erheben sich zwei verschiedene Arten von Fragestellungen, die verschiedene Behandlungsmethoden verlangen, nämlich die Eulersche und die Lagrangesche Behandlung. Zur Erläuterung diene Fig. 104. Im

Fig. 104
Zur turbulenten Vermischung

Zeitpunkt t_0 haben alle Flüssigkeitsteilchen im Gebiet A eine bestimmte Beimengung mit der Konzentration 1. Zur späteren Zeit t sei diese „Wolke" verzerrt und örtlich verschoben. Bei der Eulerschen Behandlung ist die Wahrscheinlichkeit dafür zu ermitteln, daß der feste Punkt $\mathbf{x}$ zur Zeit t innerhalb des Gebietes B der Beimengungen liegt. Praktisch ist diese Wahrscheinlichkeit mit der (über die Gesamtheit der Realisationen) gemittelten Konzentration der Beimengung identisch. Dagegen wird bei der Lagrangeschen Behandlung nach den durchschnittlichen geometrischen Kennzeichen des Volumens der Beimengungen gefragt; die mittlere Ausbreitung des Volumens um seinen Schwerpunkt ist z. B. ein solches Kennzeichen.

Die Lagrangesche Behandlung, bei der man den Weg der einzelnen Flüssigkeitsteilchen im statistischen Mittel verfolgt, wird hauptsächlich angewandt, um das Wesen der Diffusion zu ergründen. Sie geht auf die klassische Arbeit von G. I. Taylor[1]) zurück. Für mehr auf die praktischen Belange ausgerichtete Fragen benutzt man meistens die Eulersche Behandlung.

Bei der theoretischen Behandlung setzt man gewöhnlich die Temperaturunterschiede im Strömungsfeld als so klein bzw. die Beimengungen als von solcher Art voraus, daß die Stoffeigenschaften des Strömungsmediums dadurch nicht geändert werden. Die eigentliche Turbulenzbewegung bleibt deshalb von der Diffusion oder dem Wärmetransport unbeeinflußt[2]).

Bei der Eulerschen Behandlung geht man von den bekannten Transportgleichungen aus, im Fall eines Temperaturfeldes also von Gl. (1.157). Man kann die Mittelung durchführen (Gl. (1.182)) und weitere Operationen gemäß den Ausführungen von 1.3.6 vornehmen. Die molekulare Wärmeleitung (Fouriersches Gesetz) bzw. die molekulare Diffusion (Ficksches Gesetz), die sich den genannten Vorgängen überlagert, spielt eine ähnliche Rolle wie die molekulare Reibung bei den Geschwindigkeitsschwankungen und kommt hauptsächlich im Bereich großer Wellenzahlen zur Wirkung. Im Wellenzahlenbereich der lokalisotropen Turbulenz (vgl. 2.4.1) gelten bei großen Reynolds-Zahlen auch für die Temperatur- und Konzentrationsschwankungen universelle Verteilungsgesetze.

Im allgemeinen kann man bei räumlich veränderlichen Mittelwerten der Temperatur oder der Konzentration von Beimengungen annehmen, daß die Flüssigkeitsbewegung von Orten höherer Temperatur oder Konzentration mehr fortschleppt als die Flüssigkeitsteile, die aus den Gebieten niedrigerer Mittelwerte kommen, wiederbringen. Von solchen Überlegungen ausgehend, wurde der Austauschansatz (3.106) auch auf turbulente Wärmeleitung und Diffusion übertragen. Für den Wärmefluß nach Gl. (1.183) setzt man z. B. bezüglich der y-Richtung

$$\overline{q_t} = c\varrho\overline{v'T'} = -c\varrho\,\varepsilon_q\frac{\partial\overline{T}}{\partial y}, \tag{5.1}$$

wobei die Austauschgröße ε_q die gleiche Dimension wie die Wirbelviskosität ε_τ hat. Dieser Ansatz wird häufig gebraucht, obgleich die in 3.4.1 gegen den Austauschansatz vorgebrachten Bedenken auch hier im gleichen Maß zutreffen. Infolge des prinzipiell ähnlichen Aufbaus der Navier-Stokesschen Gleichung und der Temperaturdifferentialgleichung (und auch der Kontrationstransportgleichung) haben die Austauschgrößen der verschiedenen Transportprozesse (Impuls, Wärmeinhalt, Beimengungen) zumindest gleiche Größenordnung innerhalb der gleichen Strömung. Für den Wärmetransport definiert man in Analogie zur Prandtl-Zahl (Gl. (1.145)) eine „turbulente Prandtl-Zahl“

$$Pr_t = \frac{\varepsilon_\tau}{\varepsilon_q} = \frac{\overline{u'v'}}{\overline{v'T'}}\,\frac{\partial\overline{T}/\partial y}{\partial\overline{u}/\partial y}; \text{ nach Versuchen meistens } 0{,}5 \leq Pr_t \leq 0{,}9. \tag{5.2}$$

[1]) Vgl. Fußnote 2, S. 15. Bezüglich neuerer Darstellungen und weiteren Schrifttums sei der Leser auf die Artikel von Batchelor, G. K.; Townsend, A. A.: [13] und Lin, C. C.; Reid, W. H.: [18] verwiesen.

[2]) Vgl. das in 1.3.2 im Anschluß an Gl. (1.157) Gesagte.

Wenn das Feld der gemittelten Geschwindigkeiten gegeben ist (aus Versuch oder Rechnung), so läßt sich die Reynolds-Spannung $-\varrho\overline{u'v'}$ aus der Reynoldsschen Gleichung errechnen. Mit Hilfe von Gl. (1.177) und Gl. (1.182) kann man dann bei bekannten oder angenommenen turbulenten Prandtl-Zahlen und vorgegebenen Rand- und Anfangsbedingungen das gemittelte Temperaturfeld berechnen[1]).

5.2. Erzeugung und Ausbreitung von Schall

Die mit der Turbulenzbewegung verbundenen Druckschwankungen, die ja ein wichtiges Glied im Gleichgewicht der Schwankungskräfte bilden, bleiben zu einem Teil auf das Turbulenzfeld beschränkt, zum anderen Teil werden sie als Schallschwingungen in die weitere Umgebung ausgestrahlt.

Die örtlichen Druckschwankungen, die auch als Pseudo-Schall bezeichnet werden, sind von der Kompressibilität des Strömungsmediums weitgehend unabhängig. Sie können als quasi-stationär behandelt werden und stehen deshalb durch die in 1.3.4 gegebenen Beziehungen mit den Geschwindigkeitsschwankungen in Zusammenhang. Die Druckschwankungen wirken natürlich auf benachbarte Konstruktionsteile ein. So sind z.B. die Wanddruckschwankungen unter der turbulenten Grenzschicht an der Lärmübertragung auf die Innenräume bei Hochgeschwindigkeitsflugzeugen beteiligt. Messungen und theoretische[2]) Untersuchungen zur Ermittlung der Druckschwankungen wurden durchgeführt.

Das eigentliche Schallfeld[3]) besteht dagegen aus reinen Kompressionsschwingungen. Die abgestrahlte Energie ist klein im Verhältnis zu der Energie, die durch Zähigkeitskräfte dissipiert wird. Daher ist das von der Turbulenz erzeugte Schallfeld ein Nebenprodukt, das ohne Rückwirkung auf das Geschwindigkeitsfeld bleibt.

Zur Herleitung der Wellengleichung wird die Kontinuitätsgleichung (1.139) nach t und die Impulsgleichung (1.140) nach x_i differenziert; dann wird $\partial^2(\varrho u_i)/(\partial x_i \partial t)$ mit Hilfe der letzteren Gleichung aus der ersteren eliminiert. Es ergibt sich so nach Vernachlässigung der Volumenkräfte

$$\frac{\partial^2 \varrho}{\partial t^2} - \frac{\partial^2(\varrho u_i u_j)}{\partial x_i \partial x_j} = \frac{\partial^2 p}{\partial x_i \partial x_i} - \frac{\partial^2 \tau_{ij}}{\partial x_i \partial x_j}. \tag{5.3}$$

Bei der Näherung der klassischen Akustik werden die Strömungsgeschwindigkeiten u_i und die Stokesschen Spannungen τ_{ij} vernachlässigt. Mit der durch die Beziehung

$$c_0^2 = \frac{\mathrm{d}p}{\mathrm{d}\varrho} \tag{5.4}$$

[1]) Vgl. Rotta, J. C.: Temperaturverteilungen in der turbulenten Grenzschicht an der ebenen Platte. Int. J. Heat Mass Transfer **7** (1964) 215–228.

[2]) Lilley, G. M.: Wall pressure fluctuations under turbulent boundary layers at subsonic and supersonic speeds. AGARD Rep. 454, 1963.

[3]) Vgl. Ffowcs Williams, J. E.: Hydrodynamic noise. Ann. Rev. Fluid Mech. **1** (1969) 197–222.

definierten Schallgeschwindigkeit c_0 ergibt sich dann die homogene Wellengleichung der Dichteschwankungen im gleichförmigen akustischen Medium zu

$$\frac{\partial^2 \varrho}{\partial t^2} - c_0^2 \frac{\partial^2 \varrho}{\partial x_i \partial x_i} = 0. \tag{5.5}$$

Subtrahiert man $c_0^2 \partial^2 \varrho/(\partial x_i \partial x_i)$ auf beiden Seiten von Gl. (5.3) und führt den Tensor

$$T_{ij} = \varrho u_i u_j + (p - c_0^2 \varrho)\delta_{ij} - \tau_{ij} \tag{5.6}$$

ein, so erhält man die Wellengleichung in der von M. J. Lighthill[1]) gegebenen Form,

$$\frac{\partial^2 \varrho}{\partial t^2} - c_0^2 \frac{\partial^2 \varrho}{\partial x_i \partial x_i} = \frac{\partial^2 T_{ij}}{\partial x_i \partial x_j}. \tag{5.7}$$

Diese Gleichung besagt physikalisch, daß eine fluktuierende Strömung, z. B. ein turbulenter Triebwerksstrahl, in gleicher Weise Dichteschwankungen in dem ruhenden Medium der Umgebung hervorruft, wie sie in der klassischen Akustik durch kontinuierliche Verteilungen von pulsierenden Quadrupolen der Stärke T_{ij} erzeugt werden. Als praktisch wichtiges Ergebnis wurde gefunden, daß die von einem turbulenten Strahl der Geschwindigkeit U je Längeneinheit abgestrahlte Schallenergie proportional $\varrho_0 U^8 d^2/c_0^5$ ist, wobei ϱ_0 die Dichte des Mediums und d den Durchmesser des Strahls bedeuten.

Bei großen Mach-Zahlen, bei denen Energie in Form von Machschen Wellen abgestrahlt wird, treffen die Voraussetzungen von Gl. (5.7), z. B. Konstanz der Schallgeschwindigkeit, nicht ganz zu.

5.3. Strömungen mit erheblichen Dichteänderungen

Dichteänderungen erheblicher Größe rufen in Strömungen reeller (viskoser und wärmeleitender) Gase Wechselwirkungen zwischen den Feldgrößen Geschwindigkeit, Druck, Dichte und Temperatur hervor. Ursache solcher Dichteänderungen sind

1. statische Druckgefälle,
2. große Temperaturunterschiede,
3. große Geschwindigkeitsunterschiede,
4. starke Beschleunigungen.

Natürlich können mehrere dieser Ursachen gleichzeitig vorliegen, so daß sich sehr vielseitige Problemstellungen ergeben. Statische Druckgefälle und gleichzeitig kleine Geschwindigkeiten (klein im Vergleich zur Schallgeschwindigkeit) liegen bei Strömungen in der Atmosphäre vor. Große Temperaturunterschiede bei kleinen Geschwindigkeiten werden durch Wärmezu- oder -abfuhr verursacht; hierher gehören

---
[1]) Lighthill, M. J.: Jet noise. AIAA J. 1 (1963) 1507–1517.

die Verbrennungsvorgänge. Die Strömungen mit großen Geschwindigkeitsunterschieden (Mehrfaches der Schallgeschwindigkeit) haben ihr Anwendungsgebiet zum großen Teil in der Luft- und Raumfahrttechnik. Insbesondere Grenzschichten bei Überschallströmungen haben großes Interesse auf sich gezogen. Starke Beschleunigungen treten bei Explosionsvorgängen auf, wo häufig turbulente Strömungen herrschen. Auch bei Strömungen in rotierenden Systemen und in Grenzschichten an gekrümmten Wänden werden die durch Beschleunigung erzeugten Dichteänderungen mitunter wichtig.

Die meisten der vorliegenden Untersuchungen an Scherströmungen bei großen Geschwindigkeiten sind durch das technische Interesse an Reibungswiderstand und Wärmeübergang motiviert worden. Über die Grundlagen sind nur wenige Studien bekannt geworden[1]).

Solange die Dichtevariationen klein oder gar nicht vorhanden sind, wird das Temperatur- bzw. Entropiefeld zwar von der Turbulenzbewegung gesteuert, es bleibt aber ohne Rückwirkung auf das Geschwindigkeitsfeld, wie in 5.1 bereits dargelegt wurde. Mit zunehmenden Dichteunterschieden tritt zunächst eine Wechselwirkung zwischen den gemittelten Feldgrößen ähnlich wie bei laminaren Strömungen ein. In Grenzschichten bleibt z. B. an wärmeisolierten Oberflächen die gemittelte Gesamtenthalpie $\overline{h_g}$ (Gl. (1.124)) bei großen Strömungsgeschwindigkeiten in erster Näherung konstant; das bedeutet, daß die Temperatur $\overline{T}$ zur Wand hin, wo die Geschwindigkeiten klein sind, zunimmt. Die hierdurch hervorgerufenen Änderungen der Dichte und der Zähigkeit beeinflussen das gemittelte Geschwindigkeitsfeld. Da der Druck annähernd unabhängig vom Wandabstand ist, ändert sich die Dichte bei idealen Gasen umgekehrt mit der Temperatur ($\overline{\varrho} \sim 1/\overline{T}$). Bezüglich der Dichteschwankungen sind, ebenso wie bei den Druckschwankungen, zwei unabhängige Bewegungsformen zu unterscheiden, nämlich die Dichteschwankungen des akustischen Feldes und die mit den Geschwindigkeitsschwankungen korrelierten Dichteschwankungen. Die letzteren unterliegen näherungsweise dem Gesetz der isobaren Zustandsänderungen; es gilt also $\varrho'/\overline{\varrho} \approx -T'/\overline{T}$. Nach bisher vorliegenden Feststellungen bleiben die Wirkungen auf das Geschwindigkeitsschwankungsfeld bis zu Mach zahlen $Ma = 5$ gering. Mit zunehmenden Dichteunterschieden (Machzahlen) werden die Wechselwirkungen mehr und mehr auf die Schwankungsfelder übergreifen.

Dagegen vermindert sich die Oberflächenreibung der Grenzschichten schon bei mäßig großen Machzahlen erheblich. Der gleiche Effekt wird bei starker Erwärmung der Oberflächen festgestellt. Es sind hierzu Abschätzungsverfahren entwickelt worden, die in der Mehrzahl Verallgemeinerungen der in 4.4.3 und 4.4.6 beschriebenen Methoden darstellen[2]).

---

[1]) Morkovin, M. V.: Effects of compressibility on turbulent flows. In: Favre, A. (Ed.): [24], 367–380.

Laufer, J.: Thoughts on compressible turbulent boundary layers. In: Bertram, M. H. (Ed.): [21], 1–13.

[2]) Vgl. hierzu Bertram, M. H. (Ed.): [21].

5.4. Analytische Theorien der Turbulenz

Als Möglichkeiten, die in 1.3.6 gegebenen Bewegungsgleichungen für die statistischen Momente zu schließen, wurden in diesem Buch nur halbempirische Methoden besprochen, die allerdings auch als einzige bis jetzt zu praktischen Lösungen geführt haben. Es sind aber verschiedene analytische Theorien untersucht worden, die sich nicht auf Versuchsergebnisse stützen. Zum Teil bedient man sich bewährter Prinzipien der angewandten Mathematik und Mechanik, nämlich der Reihenentwicklungen, verbunden mit der Vernachlässigung von Gliedern höherer Ordnung. Die erzielten Erfolge sind, gemessen am mathematischen Aufwand, bescheiden und gehen über die Klärung grundsätzlicher Fragen und Schwierigkeiten nur selten hinaus.

Die analytischen Theorien wurden ausschließlich auf homogene isotrope Turbulenzfelder angewandt, bei denen sich die geometrischen Schwierigkeiten auf ein Minimum reduzieren. Die Beschränkung auf diesen Fall wirft aber zwei Fragen auf. Einerseits ist fraglich, ob man für die wesentlich komplizierteren Scherströmungen Lösungen ermitteln kann, wenn das Problem für isotrope Turbulenz befriedigend gelöst ist. Andererseits könnte die Aufgabe, eine geeignete Näherung für die turbulenten Wechselwirkungen zu finden, bei isotropen Feldern schwieriger als bei Scherströmungen sein. Wegen der im letzteren Fall z.T. vorherrschenden Wechselwirkungen zwischen gemitteltem Feld und Turbulenz führen hier gröbere Näherungen für die turbulenten Wechselwirkungen möglicherweise zum Ziel, die bei isotroper Turbulenz versagen.

Im einzelnen wurden folgende Prinzipien versucht:

1. Vernachlässigung von Momenten höherer Ordnung,
2. Vernachlässigung von Kumulanten höherer Ordnung,
3. Statistische Modelle,
4. Wiener-Hermitesche Entwicklungen.

1. Bei der einfachsten Anwendung des Prinzips der Vernachlässigung von Momenten höherer Ordnung werden in der Momentengleichung zweiter Ordnung die Momente dritter Ordnung vernachlässigt. Die sich auf diese Weise ergebende Lösung entspricht dem in 2.4.3 behandelten Endstadium der abklingenden Turbulenz. R. G. Deissler[1]) hat die Entwicklung bis zur Gleichung für die Momente vierter Ordnung weitergetrieben und die Momente fünfter Ordnung vernachlässigt. Die Ergebnisse stimmen in einem größeren Bereich von Reynolds-Zahlen mit Windkanalversuchen überein. Nach R. H. Kraichnan[2]) ist diese Methode mit der Entwicklung des Geschwindigkeitsfeldes nach Potenzen der Reynolds-Zahl gleichwertig. Diese Reihe konvergiert aber nur für kleine Reynolds-Zahlen so stark, daß man nach wenigen Gliedern abbrechen darf. Um das Abklinggesetz für große Reynolds-Zahlen zu be-

[1]) Deissler, R. G.: On the decay of homogeneous turbulence before the final period. Phys. Fluids **1** (1958) 111–121. A theory of decaying homogeneous turbulence. Phys. Fluids **3** (1960) 176–187.

[2]) Kraichnan, R. H.: The closure problem of turbulence theory. Proc. Symp. Appl. Math. **13** (1962) 199–225.

kommen, müßte man sehr viele Glieder berücksichtigen. Derartige Rechnungen sind wegen der mathematischen Kompliziertheit nicht durchführbar.

2. Die Kumulanten sind Maße für die Abweichungen der Wahrscheinlichkeitsverteilungen von der Gaußschen Normalverteilung (vgl. 1.2.3). Die Vernachlässigung der Kumulanten vierter Ordnung – man spricht in diesem Fall von Feldern mit Quasi-Normalverteilungen – wurde zuerst von M. Millonschtchikov[1]) vorgeschlagen. Die Momente vierter Ordnung werden dabei durch Produkte von Momenten zweiter Ordnung ausgedrückt, nämlich durch

$$\overline{u_i u_j u_k u_l} = \overline{u_i u_j}\;\overline{u_k u_l} + \overline{u_i u_k}\;\overline{u_j u_l} + \overline{u_i u_l}\;\overline{u_j u_k}\,, \tag{5.8}$$

so daß die Differentialgleichungen für die Momente bis zur dritten Ordnung ein geschlossenes System ergeben. Die Aufgabe wurde von I. Proudman und W. H. Reid[2]), T. Tatsumi[3]) und Y. Ogura[4]) bearbeitet. Der letztere Verfasser fand, daß sich nach dieser Näherung für größere Reynolds-Zahlen negative Werte für das Energiespektrum ergeben können, die eine physikalische Unmöglichkeit sind.

Bei der Berechnung der quadratischen Mittelwerte und Korrelationen von Druckschwankungen führt die Annahme von Gl. (5.8) zu brauchbaren Ergebnissen[5]).

3. An statistischen Modellvorstellungen für die turbulenten Wechselwirkungen sind besonders die von R. H. Kraichnan als „direct interaction approximation" und „Lagrangeian history direct interaction approximation" bezeichneten Konzeptionen bekannt geworden. Ein wesentlicher Punkt dieser Schemata ist, daß Korrelationen von Geschwindigkeiten nicht nur an verschiedenen Punkten des Raumes sondern auch zu verschiedenen Zeiten berücksichtigt werden. Nach dieser Methode gelang R. H. Kraichnan[6]) die Berechnung des Energiespektrums der lokalisotropen Turbulenz (2.4.1), wobei er für die Konstante α in (2.155) den Wert $\alpha = 1{,}77$ ermittelte, der mit dem experimentellen Wert $\alpha = 1{,}44$ (Gl. (2.158)) zu vergleichen ist.

4. Die von N. Wiener[7]) vorgeschlagene Methode, nach der das Zufallsfeld in Hermitesche Polynome entwickelt wird, ist in neuerer Zeit von einer Anzahl von

---

[1]) Millonschtchikov, M.: On the theory of homogeneous isotropic turbulence. C. R. Acad. Sci. U.S.S.R. **32** (1941) 615.

[2]) Proudman, I.; Reid, W. H.: On the decay of a normally distributed homogeneous turbulent velocity field. Philosoph. Trans. Roy. Soc. London A **247** (1954) 163–189.

[3]) Tatsumi, T.: The theory of decay process of incompressible isotropic turbulence. Proc. Roy. Soc. London A **239** (1957) 16–45.

[4]) Ogura, Y.: A consequence of the zero-fourth-cumulant approximation in the decay of isotropic turbulence. J. Fluid Mech. **16** (1963) 33–40.

[5]) Vgl. Batchelor, G. K.: [6], 177ff.

[6]) Kraichnan, R. H.: Lagrangeian history closure approximation for turbulence. Phys. Fluids **8** (1965) 575–598.

[7]) Wiener, N.: Nonlinear problems in random theory. Cambridge, Mass. 1958.

Autoren[1]) auf das Problem der homogenen Turbulenz angewendet worden. Auch hier ist noch kein greifbarer Erfolg zu sehen, jedoch scheinen die hierin enthaltenen Möglichkeiten noch nicht ausgeschöpft zu sein.

5.5. Statistische Strömungsmechanik

Die statistische Mechanik kann hinsichtlich der Ermittlung makroskopischer Eigenschaften aus der atomistischen Struktur der Materie große Erfolge für sich verbuchen. Es ist eine naheliegende Frage, ob nicht eine „statistische Strömungsmechanik" entwickelt werden kann, bei der in ähnlicher Weise ein Wahrscheinlichkeitsaggregat für die Behandlung turbulenter Strömungen geschaffen wird. Es scheint, daß nur eine solche Theorie eine solide Grundlage für das Turbulenzproblem abgeben kann.

Die Bedingungen für eine statistische Strömungslehre sind ungleich schwieriger als für die klassische statistische Mechanik. Der markanteste Unterschied ist, daß man sich mit der Bewegung eines Kontinuums auseinander zu setzen hat, während die auf der Hamilton-Jacobischen Differentialgleichung basierende statistische Mechanik die Bewegung einzelner Partikel mit einer endlichen Anzahl von Freiheitsgraden behandelt. Der Bewegungszustand eines Kontinuums wird durch Funktionen beschrieben. Deshalb ist bei der statistischen Mechanik kontinuierlicher Medien, die den größeren Rahmen für die statistische Strömungsmechanik gibt, der Phasenraum nicht mehr ein endlich dimensionaler Euklidischer Raum, sondern wird zu einem Funktionenraum. Mathematisch liegt das Problem also auf der Ebene der Funktionalanalysis. Um zu sinnvollen Ergebnissen zu gelangen, benötigt man eine hinreichend große Klasse von regulären Integralen der das Problem beherrschenden partiellen Differentialgleichungen. Es liegen einige grundlegende Untersuchungen vor; jedoch waren nur Aufgaben der Behandlung zugänglich, die linearen Differentialgleichungen gehorchen. So wurden z.B. die stochastischen Schwingungen einer in einer Flüssigkeit gespannten Saite studiert, die durch die Brownsche Molekularbewegung angeregt werden[2]).

Das Unvermögen, allgemeine Integrale der Navier-Stokesschen Gleichungen angeben zu können, ist das Haupthindernis auf dem Weg zur statistischen Strömungsmechanik. Erfolge sind nur bei Problemen von zweitrangiger Bedeutung zu verzeichnen, bei denen die Gleichungen linearisiert werden dürfen. Das ist in der Endphase der homogenen Turbulenz (vgl. 2.4.3) und bei den Potentialschwankungen in der Nähe freier Turbulenzgrenzen (vgl. 3.3.5) der Fall. Der in 1.3.3 skizzierte Weg, allgemeine Lösungen der Navier-Stokesschen Differentialgleichungen durch numerische

[1]) Meecham, W. C.; Siegel, A.: Wiener-Hermite expansion in model turbulence at large Reynolds number. Phys. Fluids **7** (1964) 1178–1190.
Bodner, E.: Turbulence theory with time-varying Wiener-Hermite basis. Phys. Fluids **12** (1969) 33–38, und weitere Artikel in Phys. Fluids.

[2]) Kampé de Fériet, J.: Statistical mechanics of continuous media. Proc. Symp. Appl. Math. **13** (1962) 165–198.

Integration zu gewinnen und als Elemente einer Statistik zu benutzen, liegt auf der Linie der statistischen Strömungsmechanik.

Das Problem der statistischen Strömungsmechanik wurde von E. Hopf[1]) durch Einführen des charakteristischen Funktionals formuliert, welches der charakteristischen Funktion einer Zufallsgröße verwandt ist (1.2.3) und die Fouriertransformierte einer beliebigen Phasenverteilung darstellt. Für das charakteristische Funktional konnte Hopf aus den Navier-Stokesschen Gleichungen eine Funktional-Differentialgleichung herleiten, die formal dem unendlichen System partieller Differentialgleichungen für die Momente (vgl. 1.3.5) gleichwertig ist, die aber die Entwicklung einer Phasenverteilung in kompakterer Weise beschreibt. Versuche, einen Lösungsweg für diese Gleichung zu finden, haben noch nicht zu nennenswerten Resultaten geführt.

Weiterführende Bücher

1. Strömungslehre, allgemein

[1] Becker, E.: Gasdynamik. Stuttgart 1966. = Leitfäden der angewandten Mathematik und Mechanik, Bd. 6.

[2] Prandtl, L.; Oswatitsch, K.; Wieghardt, K.: Führer durch die Strömungslehre. 7. Aufl. Braunschweig 1969.

[3] Schlichting, H.: Grenzschicht-Theorie. 5. Aufl. Karlsruhe 1965.

[4] Wieghardt, K.: Theoretische Strömungslehre. Stuttgart 1965. = Leitfäden der angewandten Mathematik und Mechanik, Bd. 4.

2. Spezialwerke über turbulente Strömungen

[5] Abramovich, G. N.: The theory of turbulent jets. (Übers. aus d. Russ.) Cambridge, Mass. 1963.

[6] Batchelor, G. K.: The theory of homogeneous turbulence. London 1953.

[7] Hinze, J. O.: Turbulence. New York 1959.

[8] Kutateladze, S. S.; Leont'ev, A. I.: Turbulent boundary layers in compressible gases. (Aus d. Russ. übers. von D. B. Spalding.) London 1964.

[9] Lumley, J. L.; Panofsky, H. A.: The structure of atmospheric turbulence. New York 1964.

[10] Monin, A. C.; Jaglom, A. M.: Statistische Hydrodynamik. Bd. 1 und 2 (russ.) Moskau 1967.

[11] Patankar, S. V.; Spalding, D. B.: Heat and mass transfer in boundary layers. London 1967.

[12] Townsend, A. A.: The structure of turbulent shear flow. London 1956.

[1]) Hopf, E.: Statistical hydromechanics and functional calculus. J. Rat. Mech. Anal. **1** (1952) 87–123.

3. Handbuchartikel, Monographien, Sammelbände

[13] Batchelor, G. K.; Townsend, A. A.: Turbulent diffusion. In: Batchelor, G. K.; Davies, R. M. (Eds.): Surveys in Mechanics. London 1956, 352–390.

[14] Corrsin, S.: Turbulence: Experimental methods. In: Flügge, S. (Hrsg.): Handbuch der Physik Bd. 8/2. Berlin-Heidelberg-New York 1963, 524–590.

[15] Ellison, T. H.: Atmospheric turbulence. In: Batchelor, G. K.; Davies, R. M. (Eds.): Surveys in Mechanics. London 1956, 400–430.

[16] Friedlander, S. K.; Topper, L.: Turbulence: Classic papers on statistical theory. New York 1961.

[17] Goering, H.: Sammelband zur Statistischen Theorie der Turbulenz. Berlin 1958.

[18] Lin, C. C.; Reid, W. H.: Turbulent flow. Theoretical aspects. In: Flügge, S. (Hrsg.): Handbuch der Physik Bd. 8/2. Berlin-Heidelberg-New York 1963, 438–523.

[19] Rotta, J. C.: Turbulent boundary layers in incompressible flow. Oxford 1962, 1–219. = Prog. Aeron. Sci., Vol. 2.

[20] Schubauer, G. B.; Tchen, C. M.: Turbulent flow. Princeton, N. J. 1959, 75–195. = High Speed Aerodynamics and Jet Propulsion, Vol. 5.

4. Tagungsberichte

[21] Bertram, M. H. (Ed.): Compressible turbulent boundary layers. Symp. Langley Res. Center NASA SP-216, 1969.

[22] Birkhoff, G.; Bellmann, R.; Lin, C. C.: Hydrodynamic Instability. Proc. Symp. Appl. Math. **13** (1962).

[23] Bowden, K. F.; Frenkiel, F. N.; Tani, I. (Eds.): Boundary Layers and Turbulence. Proc. IUGG/IUTAM Symp. Kyoto 1966. Phys. Fluids Supplement 1967.

[24] Favre, A. (Eds.): Mécanique de la turbulence. Colloques Internat. C.N.R.S. 108. Paris 1962.

[25] Frenkiel, F. N.: Fundamental problems in turbulence and their relation to geophysics. Proc. Symp. IUGG/IUTAM 1961.

[26] Kline, S. J.; Morkovin, M. V.; Sovran, G.; Cockrell, D. J. (Eds.): Computation of turbulent boundary layers. Vol. 1. Methods, predictions, evaluation and flow structure. 1968 AFOSR-IFP-Stanford Conference, 1969.

[27] Coles, D. E.; Hirst, E. A.: Computation of turbulent boundary layers. Vol. 2. Compiled Data. 1968 AFOSR-IFP-Stanford Conference, 1969.

[28] Sovran, G.: Fluid Mechanics of internal flow. Proc. Symp. General Motors, 1965. Amsterdam 1967.

Namen- und Sachverzeichnis

Weitere Teubner-Werke